"十三五"江苏省高等学校重点教材

智能建筑信息网络系统

周　霞　鞠全勇　徐　雷　主编

科学出版社

北　京

内 容 简 介

本书紧密围绕智能建筑通信网络技术的发展,在网络通信技术基础的铺垫下,分别对智能建筑信息网络系统中的控制网络、通信网络和物联网的主流技术进行介绍,并结合某商业楼宇智能建筑信息网络系统设计实例,详细阐述各子系统的需求分析、网络设计与功能实现要点。本书主体章节内容分别为智能建筑控制信息网络技术、智能建筑通信信息网络技术、智能建筑物联网技术、智能建筑网络安全技术及智能建筑信息网络系统工程设计案例,为读者提供了由低层到高层、循序渐进地学习智能建筑信息网络系统的素材。

本书内容简明扼要,深入浅出,可作为普通高等学校建筑电气与智能化、电气信息类、自动化类等专业的本科生教材,也可作为智能建筑电气工程、计算机信息系统集成、网络管理、控制工程等领域从业人员的参考用书。

图书在版编目(CIP)数据

智能建筑信息网络系统/周霞,鞠全勇,徐雷主编. —北京:科学出版社,2021.11
"十三五"江苏省高等学校重点教材
ISBN 978-7-03-070431-3

Ⅰ. ①智… Ⅱ. ①周… ②鞠… ③徐… Ⅲ. ①智能建筑-信息网络-网络系统-高等学校-教材 Ⅳ. ①TU855

中国版本图书馆 CIP 数据核字(2021)第 223472 号

责任编辑:张振华 刘建山 / 责任校对:赵丽杰
责任印制:吕春珉 / 封面设计:东方人华平面设计部

科 学 出 版 社 出版
北京东黄城根北街 16 号
邮政编码:100717
http://www.sciencep.com

三河市骏杰印刷有限公司印刷
科学出版社发行 各地新华书店经销
*
2021 年 11 月第 一 版 开本:787×1092 1/16
2021 年 11 月第一次印刷 印张:22 1/4
字数:540 000
定价:59.00 元
(如有印装质量问题,我社负责调换〈骏杰〉)
销售部电话 010-62136230 编辑部电话 010-62135120-2005

前　　言

　　智能建筑信息网络系统是建筑智能化的基础，为实现建筑集成管理和控制提供网络环境。智能建筑信息网络系统是多学科交叉的技术领域，智能建筑信息网络系统的发展全面融合了现场总线、网络与通信工程、物联网的新技术。

　　本书结合社会对应用型人才的需求，跟踪相应技术领域的最新进展，将智能建筑信息网络系统划分为控制信息网络、通信信息网络与物联网三个层次。在层次划分的基础上，加入各层信息网络之间的协议转换与信息共享方式等内容，并从工程应用角度出发，结合某商业建筑信息网络设计实例，培养学生信息网络系统的设计能力。

　　本书以智能建筑信息网络系统建设为主线，对系统的各个组成部分与主流的技术方案进行了详细介绍，并对各部分相关的新技术进行了简要说明。本书的每章都附有一定数量的习题，读者可在学习课程内容的基础上，查阅相关资料来完成，从而进一步巩固所学知识。

　　本书由金陵科技学院鞠全勇教授策划、立项，并完成全书内容的架构设计。周霞编写第 3、4、6 章与 2.3、2.4 节，徐雷编写第 1、5、7 章与 2.1、2.2 节，全书由鞠全勇教授负责统稿。

　　在本书的编写过程中，编者得到了许多同行的关注与大力支持。南京亦精亦诚信息技术有限公司朱卫东与张杨工程师、江苏正泰泰杰赛智能科技有限公司马杰工程师为本书的编写提供了案例材料，金陵科技学院机电工程学院楼宇系的老师们为本书的编写提出了大量宝贵的意见，在此向他们一并表示衷心的感谢。

　　本书配有免费的教学资源包（下载地址：www.abook.cn）。资源包收录了多媒体课件、教案等资源，便于教学。网络技术的发展日新月异，为了跟踪最新技术的发展，本书配套设置了微信公众号：金科智能建筑信息网络系统，定期发布相关新技术介绍的内容，欢迎读者关注并参与互动。

　　由于编者水平有限，书中难免存在不足之处，敬请读者批评指正。编者联系方式为750788229@qq.com。

目　　录

第 1 章

绪 论

智能建筑是伴随人类对建筑内外信息交换、安全性、舒适性、便利性和节能性的要求产生的。智能建筑基于人本理念、绿色发展，以高效、节能、绿色、可持续发展为目标，通过将建筑物的结构、设备、服务和管理根据用户的需求进行最优化组合，为用户提供一个高效、舒适、便利的智能化环境。智能建筑是以计算机和网络技术为核心，将建筑物内暖通、电梯、安防、照明、能耗、消防等各个子系统通过网络系统有机集成于一体的综合整体。其中，信息网络系统是实现各子系统自动化、智能化及各子系统之间联动互通的关键。

1.1 智能建筑信息网络系统概述

智能建筑的定义因不同的国家、地域、文化、经济、技术而有所不同，但无论是什么地区，智能建筑都向着"安全、舒适、节能"的共同目标发展。

1.1.1 智能建筑的发展

从 20 世纪 80 年代美国哈特福德市的第一栋智能型建筑出现，到现在受全球建筑行业推崇的智能化建筑集群，智能建筑技术紧随自动化技术的发展而不断更新迭代，各国各地区也为了适应智能建筑的发展，制定并发布了一系列的设计规范与设计标准。中国工程建设标准化协会通信工程委员会于 1995 年 3 月发布了《建筑与建筑综合布线系统和设计规范》，1995 年 7 月上海华东建筑设计院制定了上海市标准《智能建筑设计标准》，紧接着，中国工程建设标准化协会通信工程委员会颁布了《建筑与建筑群综合布线系统工程设计规范》，1997 年 11 月中华人民共和国建设部（现为"中华人民共和国住房和城乡建设部"）颁布了《1996—2010 年建筑技术政策》，智能建筑作为开发建筑领域的新技术产品纳入《建筑技术政策纲要》中。其后，中华人民共和国国家经济贸易委员会（已于 2003 年 3 月撤销）发布了《"九五"国家重点技术开发指南》，将智能建筑技术列入其中。1997 年、1998 年，中华人民共和国建设部（现为"中华人民共和国住房和城乡建设部"）相继颁布《建筑智能化系统工程设计管理暂行规定》和《建筑智能化系统工程设计和系统集成专项资质管理暂行办法》。1999 年 12 月，建设部住宅产业化办公室编制了《全国住宅小区智能化系统示范工程建设要点与技术导则》。

经过漫长的发展，2015 年，《中共中央 国务院关于深入推进城市执法体制改革 改进城市管理工作的指导意见》指出"积极推进城市管理数字化、精细化、智慧化"，指明智慧市政设施、智慧管网、智能建筑等 5 项重点内容；中共中央、国务院印发的《国家新型城镇化规划（2014—2020 年）》中明确提出推进"智慧城市"建设，指明城市规划管理信息化、基础设施智能化等 6 个建设方向。

习近平同志在 2017 年 12 月 8 日中共中央政治局第二次集体学习时强调要以推行电子政务、建设智慧城市等为抓手，实施国家大数据战略，加快建设数字中国。因此，打造"智慧住建"既是落实国家"互联网+政务服务"的迫切要求，又是"智慧城市"建设的重要内容，更是加快建设"数字中国"的具体举措，加快推进"智慧住建"建设是时代发展的必然。"智慧住建"是以智慧城市建设为目标，运用移动互联网、云计算、大数据等先进技术，整合公共设施和公共基础服务信息，加强城市基础数据和信息资源采集与动态管理，建设城市规划、建设、管理、服务数据库，积极推进住房城乡建设领域业务智能化、公共服务便捷化、市政公用设施智慧化、网络与信息安全化，促进跨部门、跨行业、跨地区信息共享与互联互通，使城乡规划更加科学，城市建设更加有序，城市管理更加精细，政务服务更加便捷，行业管理更加高效。

1.1.2　智能建筑与智能建筑信息网络系统

智能建筑一般是由建筑物内的建筑设备自动化系统（building automation system，BAS）、通信网络系统（communication network system，CNS）和办公自动化系统（office automation system，OAS），通过综合布线系统（generic cabling system，GCS）有机结合而形成的一个综合的整体。通信网络系统在早期被称为通信自动化系统（communication automation system，CAS），所以智能建筑也被称为 3A 系统。

智能建筑信息网络系统是在通信网络系统的基础上，结合综合布线系统，将包含办公自动化系统在内的建筑各功能子系统相连接，从而实现各功能子系统的智能化控制及信息在云端的处理与分析的系统。一般而言，智能建筑信息网络系统根据智能建筑的功能与设计需求分为暖通设备监控系统、电梯监控系统、安全防范系统、智能照明系统、智能能耗监控系统、智能消防系统等。

1.2　智能建筑信息网络技术概述

在数据通信的基础上，将底层设备、信息传输组网与上层应用统一起来，就形成了智能信息网络系统，现在流行的物联网系统就是一个典型的智能信息网络系统。智能建筑信息网络系统是智能信息系统在智能建筑中的应用。本节在对智能信息网络架构进行介绍的基础上，分析智能建筑信息网络系统的组成。

1.2.1　智能信息网络系统架构

智能信息网络系统架构是一个基础的架构，可满足不同规模的信息化应用，典型的智能信息网络系统模型包括底层设备（感知层）、信息传输组网（传输层或网络层）和上层应用（应用层或服务层），如图 1.2.1 所示。

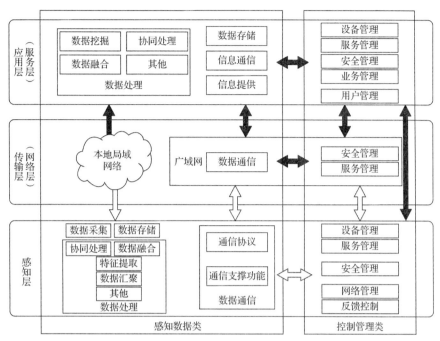

图 1.2.1　智能信息网络系统架构

1. 感知层

感知层要完成数据采集、处理和汇聚等功能，同时完成传感节点、路由节点和传感器网络网关的通信和控制管理功能。按照功能类别来划分，感知层包含如下功能。

1）感知数据类：包括数据采集、数据存储、数据处理和数据通信。数据处理是将采集的数据经过多种处理方式处理后提取出有用的感知数据。数据处理功能可细分为协同处理、特征提取、数据融合、数据汇聚等。数据通信包括传感节点、路由节点和传感器网络网关等各类设备之间的通信，包括通信协议和通信支撑功能。通信协议包括物理层信号收发、接入调度、路由技术、拓扑控制、应用服务。通信支撑功能包括时间同步和节点定位等。

2）控制管理类：包括设备管理、服务管理、安全管理、网络管理、反馈控制，其功能是实现对设备的控制。

感知层的功能框架如图 1.2.2 所示。感知层的数据采集与控制主要用于采集物理世界中发生的物理事件和数据，包括各类物理量、标识、音频、视频数据，并通过执行器改变物理世界，主要包括自组网通信技术、信息处理技术和节点技术。

注：RFID，全称为 radio frequency identification，射频识别。

图 1.2.2　感知层的功能框架

感知层的自组网通信技术主要包括针对局部区域内各类终端间的信息交互而采用的调制、编码、纠错等通信技术,实现各终端在局部区域内的信息交互而采用的媒体多址接入技术,以及实现各个终端在局部区域内信息交互所需的组网、路由、拓扑管理、传输控制、流控制等技术。

感知层的信息处理技术主要指在局部区域内各终端完成信息采集后所采用的模式识别、数据融合、数据压缩等技术,用以提高信息的精度、降低信息冗余度,实现原始级、特征级、决策级等信息的网络化处理。

感知层的节点技术主要指在感知层节点实现的中间件技术,为实现物联网业务服务,如本地或远端发布服务,包括代码管理、服务管理、状态管理、设备管理、时间同步、定位等。

2. 传输层

传输层的作用是完成感知数据到应用服务系统的传输,它不需要对感知数据进行处理。传输层主要包含如下功能。

1)感知数据类:数据通信体现传输层的核心功能,目标是保证数据无损、高效的传输。它包含该层的通信协议和通信支撑功能。

2)控制管理类:主要指现有网络对物联网网关等设备的接入和设备认证、设备离开等的管理,包括设备管理和安全管理,这项功能实现需要配合应用层的设备管理和安全管理功能。

传输层的功能框架如图1.2.3所示。传输层主要用于实现感知层各类信息进行广域范围内的应用和服务所需的基础承载网络,包括移动通信网、互联网、卫星网、广电网、行业专用网及融合网络等。经过十余年的快速发展,移动通信网、互联网等技术已比较成熟,在物联网的早期阶段基本能够满足物联网中数据传输的需要。

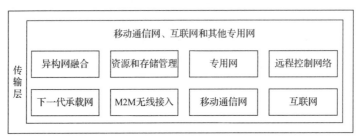

注:M2M,全称为machine-to-machine,机器对机器。

图1.2.3　传输层的功能框架

3. 应用层

应用层的功能是利用感知数据为用户提供服务,包含如下功能。

1)感知数据类:对感知数据进行最后的数据处理,使其满足用户应用,包含数据存储、数据处理、信息通信、信息提供。数据处理包含数据挖掘、协同处理、数据融合等。

2)控制管理类:对用户及网络各类资源的配置、使用进行管理,包括服务管理、安全管理、设备管理、用户管理和业务管理。

应用层的功能框架如图1.2.4所示。应用层主要将物联网技术与行业专业系统进行结合,提供广泛的物物互联的应用解决方案,主要包括业务中间件和行业应用领域。其中,物联网的应用支撑子层用于支撑跨行业、跨应用、跨系统之间的信息协同、共享、互通,物联网应用领域包括智能交通、智能医疗、智能家居、智能物流、智能电力等。

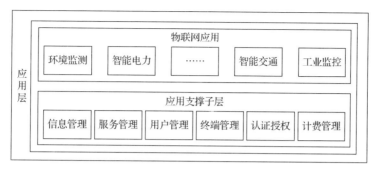

图 1.2.4　应用层的功能框架

1.2.2　智能建筑信息网络系统的组成

　　智能建筑中的信息网络功能子系统主要针对建筑物中的各类机电设备进行监视和控制，各功能子系统在优化能源管理的同时，能够减少人力需求，延长设备使用寿命，从而保证系统的开放性和安全性。

　　图 1.2.5 为智能建筑信息网络系统组成的示例，智能建筑信息网络系统总体上划分为信息层、控制层（子系统层）与应用层（界面显示层）三个层次。信息层负责获取智能建筑

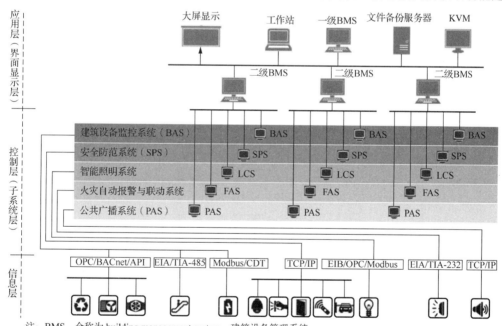

　　注：BMS，全称为 building management system，建筑设备管理系统；

　　　　BAS，全称为 building automation system，也称楼宇自动化系统或建筑设备自动化系统；

　　　　SPS，全称为 security protection system；

　　　　PAS，全称为 public address system；

　　　　TCP/IP，全称为 transmission control protocol/internet protocol，传输控制协议/网际协议；

　　　　KVM，全称为 kernel-based virtual machine，开源内核模拟虚拟机；

　　　　OPC，全称为 object linking and embedding（OLE）for process control，用于过程控制的对象连接嵌入技术；

　　　　BACnet，全称为 building automation and control networks，楼宇自动化与控制网络；

　　　　Modbus，Modicon 公司（现在的施耐德电气）的一种串行通信协议；

　　　　CDT，全称为 cycle distance transmission，循环远动规约；

　　　　EIB，全称为 European installation bus，欧洲安装总线。

图 1.2.5　智能建筑信息网络系统组成的示例

各功能子系统底层设备的状态数据，实现数据的采集、处理与汇聚；控制层负责将信息层提供的数据无损、高效地传输至应用层；应用层在收到控制层传送来的信息数据后，根据不同功能子系统的需要及智能建筑整体控制要求，为用户提供智能化服务，实现智能建筑舒适、节能等功能。

智能建筑信息网络功能子系统主要包括暖通空调系统、电梯监控系统、安全防范系统、智能照明系统、智能能耗监控系统、智能消防系统等。下面根据智能建筑不同的系统网络需求及系统控制总线特点对各主要子系统进行介绍。

1. 暖通空调系统

暖通空调系统是智能建筑设备系统中最主要的组成部分，其作用是保证建筑物内具有适宜的温度和湿度及良好的空气品质，为人们提供舒适的工作、生活环境。暖通空调系统由制冷系统、冷却水系统、空气处理系统和热力系统组成。在暖通空调系统中，设备种类多、数量大、分布广，消耗的电能占建筑物的70%左右。暖通空调监控系统是对建筑物的所有暖通空调设备进行全面管理并实施监控的系统，主要任务就是采用自动化装置监测设备的工作状态和运行参数，并根据负荷情况及时控制各设备的运行状态，实现节能。

如图1.2.6所示，一个完整独立的暖通空调系统由冷热源（包括锅炉、热水/蒸汽、制冷机、冷冻水/液态制冷剂、冷却塔）、空气处理设备（空调机组）、空气输配系统（包括新风、送风、回风和排风）、室内末端设备几部分组成。

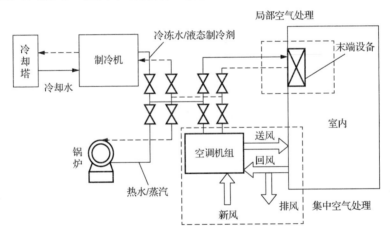

图 1.2.6　暖通空调系统的组成

智能建筑的暖通空调系统的监控主要包括空调系统的监控与冷热源的监控，通过信息网络技术，设计选择合适的传感器，采用通用 BACnet 总线或其他总线形式，通过应用系统的逻辑规则设定，对新风机组、空调机组、冷却水系统、冷冻水系统与热水制备系统等进行监控。

2. 电梯监控系统

电梯是高层建筑的重要设备之一，已经成为人们日常工作与生活中不可缺少的设备。电梯可分为直升电梯和手扶电梯两类。直升电梯按照其用途又可分为客梯、货梯、客货梯、消防梯等。电梯主要由曳引系统、导向系统、门系统、轿厢系统、重量平衡系统、电力拖动系统、电气控制系统、安全保护系统等组成，如图1.2.7所示。

电梯的控制方式可以分为层间控制、简易自动控制、集选控制、有/无司机控制及群控等，电梯的自动化程度主要体现在拖动系统的组成形式。电梯监控系统通过信息网络技术，设计选择合适的传感器，采用CAN（controller area network，控制器局域网络）总线或其他总线形式，最后通过应用系统的逻辑规则设定。电梯监控系统应实现下述功能：

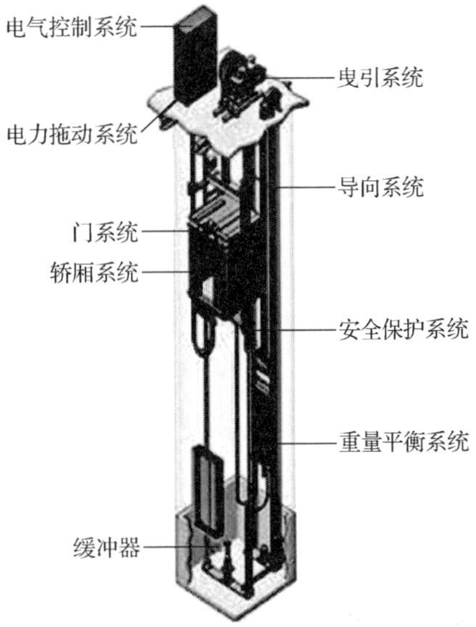

1）按照时间程序设定的运行时间表来启动/停止电梯。

2）监测电梯的运行状态。

3）故障检测与报警。故障检测包括电动机、轿厢门、轿厢上下限超限、轿厢运行速度异常等情况；当出现故障后，能够自动报警，并显示故障电梯的地点、发生故障的时间、故障状态等。

图 1.2.7　电梯的组成

4）紧急状况检测与报警。当发生火灾、故障时检测是否有人困在电梯中，一旦发生该情况，会立即报警。

5）配合消防系统协同工作。当发生火灾时，普通电梯直驶首层放客，切断电梯电源；消防电梯由应急电源供电，在首层待命。

6）配合安全防范系统协同工作。当接到相关信号时，根据安保级别，自动行驶到规定的楼层，并对轿厢门进行监控。

作为智能建筑设备自动化系统的子系统，电梯监控系统必须与中央控制计算机和消防控制系统、安全防范系统进行通信，成为一个有机的整体。

3. 安全防范系统

安全防范系统的根本任务是利用现代化的设备和技术手段，建立人防与技防相结合，多层次、全方位的立体化安全防范体系，保证智能建筑内部人身、财产的安全。智能建筑的安全防范系统一般由出/入口控制系统、入侵报警系统、电子巡更系统和视频安全防范监控系统组成，各个系统有机、协调地进行工作，如图 1.2.8 所示。

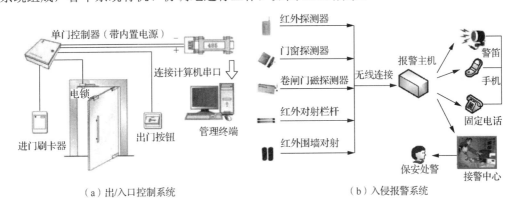

（a）出/入口控制系统　　　　　　（b）入侵报警系统

图 1.2.8　安全防范系统

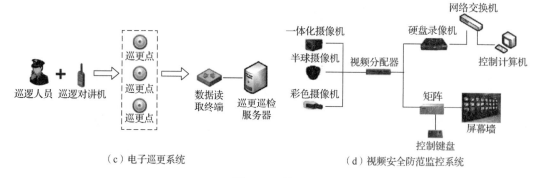

（c）电子巡更系统　　　　　　（d）视频安全防范监控系统

图 1.2.8（续）

　　安全防范系统通过信息网络技术，设计选择合适的传感器，采用通用 TCP/IP（transmission control protocol/internet protocol，传输控制协议/网际协议）或其他总线形式，最后通过应用系统的逻辑规则设定，形成立体化的防护体系，大大提高智能建筑的安全性。

　　4. 智能照明系统

　　智能建筑是多功能的建筑，不同用途的区域对照明有不同的要求。因此，应根据使用的性质和特点，对照明设施进行不同的控制。照明按使用功能，可以分为普通照明和特殊照明。特殊照明是指为美化建筑进行的泛光照明、节日彩灯、广告霓虹灯、喷泉彩灯、航空障碍灯等。

　　智能照明系统与节能有直接的关系。因为在大型建筑中，照明所消耗的电能仅次于空调系统。使用智能照明系统，可以节电 30%～50%。这主要是通过在计算机上设定控制程序，自动控制照明时间，并结合传感器技术控制照明灯具的启动/关闭来实现的。

　　智能建筑中，智能照明系统的任务主要有两个方面：一是环境照度控制，为了保证建筑物内各区域的照度及视觉环境而对灯光进行控制，从而实现舒适照明；二是照明节能控制，以节能为目的对照明设备进行控制，从而实现最大限度的节能。智能照明系统的组成如图 1.2.9 所示。

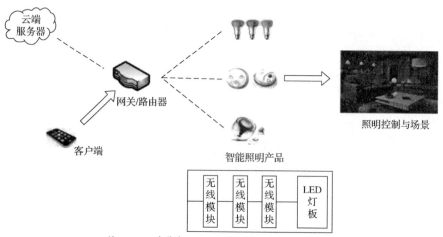

注：LED，全称为 light emitting diode，发光二极管。

图 1.2.9　智能照明系统的组成

智能照明系统通过信息网络技术，设计红外人体传感器、光照度传感器等，采用通用 Pyxos 或其他总线形式，最后通过智能照明控制系统的逻辑规则设定，实现下述功能：

1）按照预先设定的照明控制程序，自动监控室内外不同区域的照明设备的开启和关闭；

2）根据室内外的情况及室内照度的要求，自动控制照明灯具的开启和关闭，并能进行照度的调节；

3）室外景观照明、广告灯可以根据要求进行分组控制，从而产生特殊的效果；

4）正常照明供电发生故障时，该区域的事故照明应立即投入运行；

5）发生火灾时，能够按照灾害控制程序关闭有关的照明设备，开启应急灯和疏散指示灯；

6）当有保安报警时，把相应区域的照明灯打开。

5. 智能能耗监控系统

智能能耗监控系统，是通过对现代电子产业、计算机技术、自动控制原理、物联网思想的综合应用来实现的。系统经由采集设备采集能耗表的能耗量，然后对能耗数据进行处理，接着由另一设备将处理好的数据发送到监控中心，从而实现能耗数据的远程采集，整个过程不需要人员亲自到场，全过程自动化。办公楼建筑的智能能耗监控系统主要包括对电能、水能、冷热量等消耗情况进行全面的监视，同时完成部分设备的管理工作。智能能耗监控系统集成建筑能耗监管系统及电力监控系统，实现全面、集中、统一的展示与管理，充分实现监管控一体化。智能能耗监控系统的组成如图 1.2.10 所示。

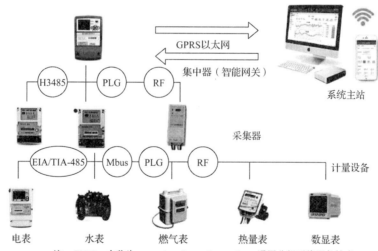

注：GPRS，全称为 general packet radio service，通用分组无线服务技术；
　　RF，全称为 radio frequency，射频。

图 1.2.10　智能能耗监控系统的组成

6. 智能消防系统

智能建筑以高层建筑为主，具有大型化、多功能、高层次和高技术的特点。当这类高层建筑物发生火灾时，火势蔓延途径多，人员疏散困难，火灾的扑救难度大。因此，对于智能建筑，在人力防范的基础上，必须依靠先进的科学技术，建立先进的、行之有效的火灾自动报警系统，把火灾消灭在萌芽状态，最大限度保障智能建筑内部人员、财产的安全，把损失控制在最低限度。智能消防系统的组成如图 1.2.11 所示。

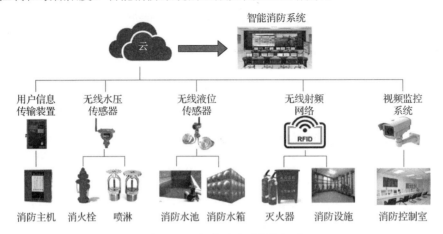

图 1.2.11　智能消防系统的组成

1.2.3　智能信息网络的知识结构

　　智能信息网络系统应用涵盖底层信息感知、信息传输、数据处理与综合应用的全部过程，深刻地反映了物联网与信息技术学科各知识领域之间的紧密联系，从数理与机电基础到测控技术再到系统工程，智能信息网络系统的每一部分与信息技术学科的知识领域一一对应，如图 1.2.12 所示。

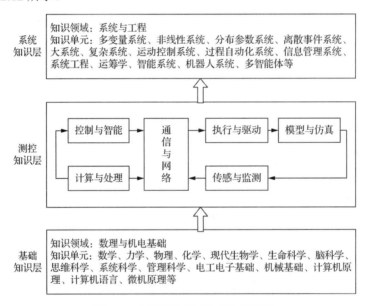

图 1.2.12　智能信息网络的知识结构

　　智能信息网络的感知层对应基础知识层，要求掌握数学、力学、物理、化学、现代生物学、生命科学、系统科学、管理科学、电工电子基础、机械基础、计算机原理等诸多学科知识；传输层对应测控知识层，要求掌握控制与智能、计算与处理、通信与网络、模型与仿真、传感与监测等知识；应用层对应系统知识层，要求掌握多变量系统、非线性系统、分布参数系统、离散事件系统、复杂系统、信息管理系统等知识。

智能信息网络在各行各业均有广泛的应用，智能信息网络的基础技术、产品、应用随着技术的不断发展而不断深化。目前，应用较为成熟的是建筑中的信息网络系统，可实现对建筑内各个自动控制功能子系统的智能化监测、控制与管理。

1.3　智能建筑信息网络系统的发展

智能建筑信息网络系统是智能建筑的中枢神经系统：一方面，通过信息网络技术实现建筑各个功能子系统的数据通信、信息传输、存储及决策处理，实现功能子系统的信息化与智能化；另一方面，信息网络技术将建筑各个功能子系统集合成一个整体，以满足各系统间的数据共享、信息交互、功能联动联控。智能建筑信息网络的基础是数据通信技术，在获取建筑设备的底层数据后，利用智能信息网络技术实现建筑的智能化管理。随着科技的快速发展，智能化设备及智能化系统的设计与应用的数量和规模不断变大，在满足人类智能化需求的同时，也对智能建筑信息网络的功能提出了更高的要求。

1. 智能信息网络集成平台要求

目前的智能建筑信息网络系统主要采用多个平行的集成智能子系统设计模式，要将各个功能子系统相互关联，需要对各子系统管控系统的接口进行统一定义，或使用具有多种数据结构的多模网关进行整合，不同模块还要按照统一的模块标准进行接口设计。

当集成平台通过设定好的接口与智能系统子系统进行数据交换后，集成平台将根据各系统的相互联动关系进行综合决策控制，从而更智能地进行系统管理。其中重点技术包括软件技术、模块接口设计、平台子系统实现、多模态数据协调、数据库组织等。

2. 智能信息网络人才需求

随着我国社会信息化的高速发展，智能建筑、绿色节能建筑成为国家新发展战略和推广建设的方向，对建筑智能化、智能信息网络的技术需求逐年提升，这决定了我国对智能建筑及智能信息网络人才的长期需求。

目前，我国智能建筑信息网络的专业人才较为缺乏，尤其是高级人才，数量紧缺。这是由于建筑智能化及智能建筑信息网络是一门新兴的交叉学科，国内现有高校的建筑智能化专业发展时间不长，且难以实现相关专业的全覆盖。随着科技的发展，建筑智能化技术发展迅速，这对人才的专业需求提出了更高的要求。

智能建筑信息网络系统已经成为高端商业建筑和工业建筑必不可少的组成部分。在民用建筑中，简单的智能家居系统也开始被人们接受，它为整个建筑、家庭的运行管理提供了集中统一的智能化控制平台，缩减了管理的人力成本，提高了建筑的安全性和管理效率。智能家居系统实现了节能优化控制，大大减少了建筑能耗，使建筑向着更智能、更绿色的方向发展。

习题 1

1. 什么是智能建筑？智能建筑的发展目标是什么？
2. 智能建筑由哪几部分组成？
3. 智能建筑信息网络系统根据智能建筑系统的功能和设计需求可划分为哪几部分？
4. 典型智能信息网络系统的架构包括哪几部分？
5. 智能信息网络系统的感知层、传输层和应用层的功能分别是什么？
6. 智能建筑控制信息网络常用的总线技术有哪些？
7. 智能建筑信息网络功能子系统有哪些？它们在智能建筑中的作用是什么？
8. 智能建筑信息网络集成平台的重点技术有哪些？

第2章

网络通信技术基础

信息网络是智能建筑的中枢神经系统，通过信息网络技术可以实现数据通信、信息传输、存储及决策处理，将建筑设备系统集合成一个整体，满足系统内与系统间的数据共享、信息交互与功能联动联控需要。本章主要对网络通信技术基础进行介绍，包括数据通信技术基础、计算机网络概述、五层协议体系结构与网络拓扑结构。

2.1 数据通信技术基础

数据通信是指依照通信协议，应用数据传输技术实现计算机与计算机、计算机与终端及终端与终端之间的数据信息传递。本节在对信息传输常用术语进行介绍的基础上，对多路复用技术进行了说明，最后给出了数据通信的基本模型与基本类型。

2.1.1 信息传输常用术语

1. 数据与信息

数据是携带信息的实体，信息则是数据的内容或解释。信息传输技术中的数据是指能够由计算机处理的数字、代码、字母和符号等。数据有多种表现形式，如文本数据、监控数据、报文数据等。

2. 信号与信号传输

数据以信号的形式传播，信号是携带数据的电压、电流、电磁波或电子编码脉冲电平。信号传输是指在各种信道上把信号从一个节点（地方）送到另一个节点（地方）的过程。

3. 模拟信号与数字信号

模拟信号与数字信号是电信号的两种表现形式，二者使用一定的手段可以相互转换。模拟信号是时间的连续函数，在通信系统中，模拟信号是一种连续变化的电磁波，以幅度、频率或者相位的变化来携带信息。数字信号是时间的离散函数，在通信系统中，数字信号是一系列电脉冲，以是否有脉冲和脉冲的分布来携带信息。

4. 信道

信道的作用是传输信号。通俗地说，信道是指以传输介质为基础的信号通路；具体地说，信道是指由有线或无线线路提供的信号通路；抽象地说，信道是指定的一段频带，它让信号通过，同时又给信号以限制和损害。

在数据通信系统中，对信道可以从广义和狭义两种不同的角度进行理解。从广义上来讲，传输介质与完成信号变换功能的设备都与信号传输相关，因此都可以将其包含在广义信道内。狭义信道仅指传输介质（如双绞电缆、同轴电缆、光纤、微波、短波等）本身。

5. 信号传输方式

信号在传输通道上按时间传送的方式称为传输方式。当信号按时间顺序一个码元接着一个码元地在传输通道上依次传输时，称为串行传输方式，如图 2.1.1 所示。串行传输方式只需要一条传输通道，在远距离通信时其优点尤为突出，如计算机网络中的数据就是按串行方式传输的。

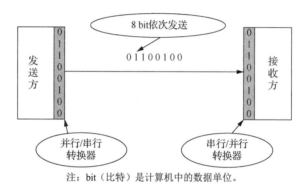

注：bit（比特）是计算机中的数据单位。

图 2.1.1　串行传输

信号的另一种传输方式如图 2.1.2 所示，将一组数据在一个时间单元同时发送到对方，由于需要多条传输通道，故而称为并行传输方式。这种传输方式速度快，但占用信道资源多。例如，CPU（central processing unit，中央处理器）与内存之间的数据传输通常采用并行方式。

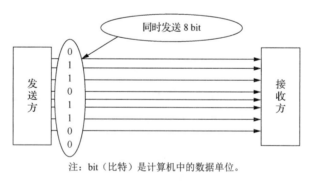

注：bit（比特）是计算机中的数据单位。

图 2.1.2　并行传输

6. 基带传输与频带传输

基带是指电信号所固有的基本频率范围，调制后的基带信号称为频带信号。

在信道中直接传送基带信号时，称为基带传输。基带传输时，传输介质的整个信道被一个基带信号占用，因此基带传输不需要调制解调器（modem），具有设备花费少、速率高和误码率低等优点，适合短距离的数据传输。例如，从计算机到监视器、打印机等外围设备（简称外设）的信号都是基带传输的。

当通信距离较远时，为了提高抗干扰能力和信道复用能力，一般不宜直接采用基带传输。此时，需要把基带信号转换成适合在信道中传输的频带信号，如网络电视和有线电视传输的都是频带信号。频带信号是数字基带信号经调制转换后的模拟信号，可以应用现有的模拟信道进行通信。频带信号经模拟传输媒体传送到接收端后，需再被还原成原来的信号，因此在频带传输的发送端和接收端都要设置调制解调器。

2.1.2　多路复用技术

多路复用技术是指多路信号共用一条物理线路进行信息传送，即在一条通道上传送多路信息。常用的多路复用方式有四种：频分多路复用（frequency division multiplexing，FDM）、时分多路复用（time division multiplexing，TDM）、码分多路复用（code division multiplexing，CDM）与波分多路复用（wavelength division multiplexing，WDM）。

1.　频分多路复用技术

频分多路复用是将线路的整个频带划分为多组频带，每组频带分配给一个通信节点使用，即将单个物理线路的频谱划分成多个逻辑信道，每个逻辑信道具有特定的载波和带宽。频分多路复用技术常用于共享模拟信道。例如，语音信号的频谱一般在 300～3400 Hz 范围内，为了使若干路这种信号能在同一信道上传输，可以把它们的频谱调制到不同的频段，这样合并在一起后不致相互影响，并能在接收端彼此分离开来。为防止各信道之间相互干扰，其中间必须有保护频带隔离，保护频带是一些无用的频谱区。各节点信号经调制后，并行送到传输通道上，接收端进行解调、恢复信号，频分多路复用的基本原理如图 2.1.3 所示。

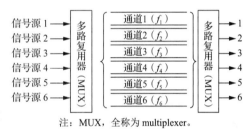

注：MUX，全称为 multiplexer。

图 2.1.3　频分多路复用的基本原理

2.　时分多路复用技术

时分多路复用是采用"时间片"方法的多路复用，即各路信号的抽样值在时间上占据不同的时隙，以实现同一信道中多路信号的"同时"传输而互不干扰。时分多路复用也是多个用户共同使用一条线路，但是各个用户在占用线路的时间上有先有后，且只有在各自占据的时间段内才允许发送信息。采用时分多路复用技术时，所有的用户在不同的时间内占有同样的频率带宽，各路信号在频谱上是重叠的，但在时间上是不重叠的。时分多路复用的基本原理如图 2.1.4 所示，各路信号在时间上交错形成复合信号，由接收端定时采样、分离、接收信号。由于各路信号所占用的时间不同，所以叫作时间分割，简称时分。

时分多路复用技术大多用于数字通信系统，其基本原理是利用发送端和接收端同步启闭的开关来保证发送端的某一时隙对某一路信号开启，其余时隙则分配给其他各路使用，从而实现在同一个公共传输信道上以时间分割方式进行多路传输。

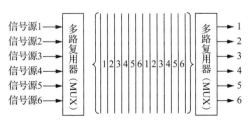

图 2.1.4　时分多路复用的基本原理

3．码分多路复用技术

码分多路复用是利用各路信号码型结构的正交性来实现信号区分的多路复用方法。在码分多路复用中，各路信号在频谱上和时间上都是混叠的，但是代表每路信号的码字是正交的，也可以是准正交或超正交的，相互正交的信号彼此不会有干扰。

多址蜂窝系统是以信道来区分通信对象的，一个信道只容纳 1 个用户进行通话，许多同时通话的用户，互相以信道来区分。移动通信系统是一个多信道同时工作的系统，在移动通信环境的电波覆盖区内，建立用户之间的无线信道连接，是无线多址接入方式，属于多址接入技术。

CDMA（code division multiple access）就是码分多路复用的一种方式，称为码分多址。其基本原理是各站用不同的码型，调制相同载频频率的载波发射信号，各站接收时，根据相应的"码型"来识别和选择自己所需的信号。

4．波分多路复用技术

波分多路复用技术是根据每一信道光波不同的波长将光纤的低损耗窗口划分成若干个信道，把光波作为信号载波的复用技术。在发送端，采用合波器将不同波长的光载波信号合并起来送入一根光纤进行传输；在接收端，再由分波器将这些不同波长、承载不同信号的光载波分开。由于不同波长的光载波信号可以看作互相独立，所以在一根光纤中可以实现多路光信号的复用传输。

2.1.3　数据通信基本模型

数据通信的基本目的是由信源向信宿传送信息，主要满足建筑内功能子系统的数据传输、通信，并实现与建筑外部的信息互通、资源共享。如今，数据通信更多地体现在计算机与计算机之间的数据交换通信，如图 2.1.5 所示。

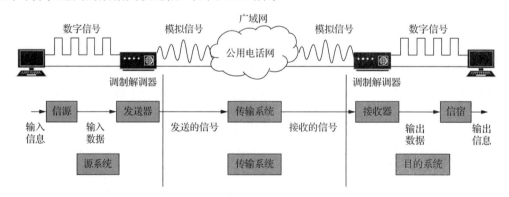

图 2.1.5　数据通信基本模型

由图 2.1.5 可知，数据通信系统主要包括 5 个组成部分：信源（终端设备）、发送器、传输系统、接收器和信宿（终端设备），下面分别对其进行说明。

1．信源和信宿

信源是产生各类信息的实体，它给出的符号是不确定的，可用随机变量及其统计特性描述。与抽象的信息不同，信源是具体的，是信息的发布者，即上载者。信宿是接收各类信息的实体，是信息的接收者，即最终用户。

2. 发送器

发送器将信源产生的消息信号转换为适合在信道中传输的格式，将信源和信道匹配起来。其中，调制是最常见的转换方式，常用在需要频谱传递的场合。对数字通信系统来说，发送器常常分为信源编码与信道编码。

3. 传输系统

数据通信的传输系统根据传输媒介可分为有线通信和无线通信两种形式。有线通信是指传输媒介为导线、电缆、光缆、波导、纳米材料等形式的通信，其特点是媒介能看得见、摸得着，如明线通信、电缆通信、光缆通信和光纤光缆通信等；无线通信是指传输媒介看不见、摸不着（如电磁波等）的一种通信形式，如微波通信、短波通信、移动通信、卫星通信和散射通信等。

4. 接收器

接收器是完成发送器的反转换，即进行解调、解码等。它的任务是从带有干扰的接收信号中正确恢复出相应的原始基带信号。一般来说，接收器接收的信号可分为模拟信号与数字信号，其中，信号的某一参量（如连续波的振幅、频率、相位，脉冲波的振幅、宽度、位置等）可以取无限多个数值，且直接与消息相对应的，称为模拟信号；信号的某一参量只能取有限个数值，并且常常不直接与消息相对应的，称为数字信号，也称为离散信号。终端设备、发送设备、接收设备被称为通信网络节点，连接这些节点的传输介质被称为链路。

2.1.4 数据通信系统的基本类型

数据通信系统按照信息流的方式，可以分为数据处理与查询系统、数据信息交换系统、数据收集与分配系统三类，在现实的应用场合中，这三类系统一般组合使用以满足复杂的业务功能。

1. 数据处理与查询系统

如图 2.1.6 所示，在数据处理与查询系统中，数据通信的一个终端为 CPU。当进行数据处理或查询时，数据终端首先与 CPU 建立数据链路并发送处理或查询指令，CPU 收到指令后开始检查数据文件并通过内容程序对数据进行处理，通过编码、调制等方式将数据转换为适合传输的形态，并发送回数据终端，从而完成处理或查询工作。12306 订票系统、图书馆书目检索系统等均属于此类通信系统。

2. 数据信息交换系统

如图 2.1.7 所示，当某一数据终端需要与另一数据终端进行数据交换时，终端 A 首先要与 CPU 建立数据链路并将交换信息发送给 CPU，CPU 根据接收的指令对数据文件进行检查与处理后与终端 B 建立数据链路，并将处理后的数据发送给终端 B，从而完成信息的交换。常用的网络通信软件如 QQ、微信等，均属于此类通信系统。

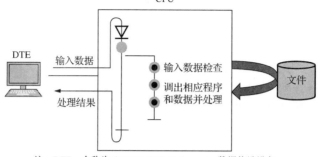

注: DTE，全称为 data terminal equipment，数据终端设备。

图 2.1.6　数据处理与查询系统

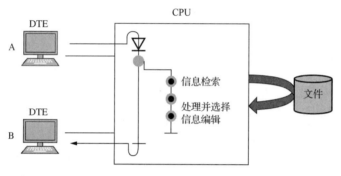

图 2.1.7　数据信息交换系统

3. 数据收集与分配系统

图 2.1.8 给出了数据收集与分配系统的基本处理过程。以证券系统为例，该系统的 CPU 将收集数据终端发送的数量庞大的交易数据，经过 CPU 内的数据存储、计算、分析与编辑，有选择地返回指定的终端，从而将证券指数的变化趋势、分析等具体结果展现给客户，这就是典型的数据收集与分配系统。

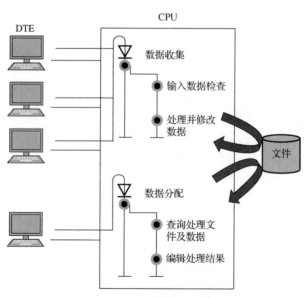

图 2.1.8　数据收集与分配系统

2.1.5 智能建筑数据通信的特点

在智能建筑中，数据通信是楼宇智能化得以实现的底层核心，它决定了建筑内各终端设备与控制系统的连接，也是控制系统与控制系统间反馈联动的主要方式。数据通信作为一种通信业务方式，具有不同于其他通信业务方式的特点，这些特点主要表现在以下几个方面：

1）数据通信需要建立通信控制规程，必须根据严格的通信协议或标准进行数据传输。

2）数据传输可靠性要求高，尤其是对于与安全相关的系统，信号噪声对信号传输的影响将导致严重的后果，因此必须严格控制数据通信的误码率。

3）数据通信具有随机性和高响应特性。考虑数据终端的需求，数据通信速率的平均值和高峰值具有较大的差异，无论什么时候，当数据进行呼叫时，系统均需要快速地执行传输响应。

4）数据通信接口覆盖面高。接口覆盖面决定了数据在不同应用中能否正常通信，由于智能建筑中参与通信的设备多、数据量大，各系统之间可能存在通信介质与通信方式的不同，数据通信在传输中也可能具有不同的通信速率、不同的协议规程，因此数据通信接口覆盖面必须要高。

2.2 计算机网络概述

计算机网络技术是随着现代通信技术和计算机技术的高速发展、密切结合而产生和发展起来的。计算机网络就是由通信线路互相连接的许多独立工作的计算机构成的集合体。图 2.2.1 所示为一个简单的计算机网络示意图。

1）从应用的角度来讲，计算机网络是指将具有独立功能的多台计算机连接起来，能够实现各计算机之间信息交换与资源共享的系统。

2）从资源共享的角度来讲，计算机网络就是一组具有独立功能的计算机和其他设备，以允许用户相互通信和共享计算机资源的方式互连在一起的系统。

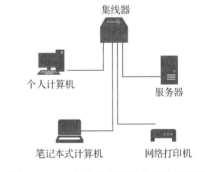

图 2.2.1 一个简单的计算机网络示意图

3）从技术角度来讲，计算机网络就是由特定类型的传输介质（如双绞线、同轴电缆和光纤等）和网络适配器互连在一起，并受网络操作系统监控的网络系统。

2.2.1 计算机网络的组成

计算机网络是一个复杂的集成系统。计算机网络的组成根据应用范围、结构、目的、规模，以及所采用的技术不同而不尽相同，但计算机网络都必须包括硬件和软件两大部分。网络硬件提供的是数据处理、数据传输和建立通信通道的物质基础，而网络软件是真正控制数据通信的。软件的各种网络功能需依赖于硬件去完成，二者缺一不可。

一般而言，计算机网络有 3 个主要组成部分：若干台主机（为用户提供服务）、通信子网（主要由节点交换机和连接这些节点的通信链路组成）和一系列协议（通信双方事先约定好的、必须遵守的规则，能在主机和主机之间，或主机和子网中的各节点之间通信）。

在计算机网络中，能够提供信息和服务能力的计算机是网络资源，而索取信息和请求服务的计算机是网络用户。

计算机网络结构有物理结构和逻辑结构两部分，如图2.2.2所示。

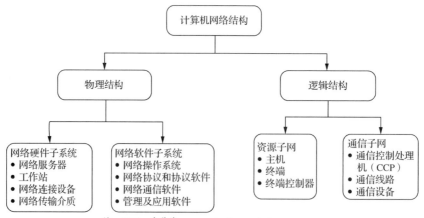

注：CCP，全称为communication control processor。

图2.2.2　计算机网络结构

1. 计算机网络的物理结构

从物理结构上看，计算机网络结构可以分为网络硬件子系统和网络软件子系统。网络硬件子系统包括网络服务器、工作站、网络连接设备、网络传输介质等；网络软件子系统包括网络操作系统、网络协议和协议软件、网络通信软件、管理及应用软件等。

（1）网络硬件子系统

1）网络服务器。网络服务器是计算机网络中的核心设备之一，它既是网络服务的提供者，又是数据的集散地。根据应用分类，网络服务器可以分为数据库服务器、万维网（world wide web，WWW）服务器（也称Web服务器）、邮件服务器、视频点播（video on demand，VOD）服务器、文件服务器等。按硬件性能分类，网络服务器可分为PC（personal computer，个人计算机）服务器、工作站服务器、小型计算机服务器、大型计算机服务器等。

2）工作站。工作站是连接到计算机网络的计算机，工作站既可以独立工作，也可以访问网络服务器，使用网络服务器所提供的共享网络资源。

3）网络连接设备。网络连接设备可以是巨型计算机、大型计算机、小型计算机、工作站或微机，以及笔记本式计算机或其他数据终端设备（如终端服务器）等。网络连接设备是网络的基本模块，是被连接的对象。它的主要作用是负责数据信息的传播、收集、处理、存储和提供资源共享。在网络上可共享的资源包括硬件资源（如高性能外围设备、巨型计算机、大容量磁盘矩阵等）、软件资源（如各种应用程序、软件系统、数据库系统等）和信息资源。

4）网络传输介质。计算机网络的硬件部分除了计算机本身以外，还要有用于连接这些计算机的通信线路和通信设备，即数据通信系统。通信线路分有线通信线路和无线通信线路两种。有线通信线路指的是传输介质及其介质连接部件，包括光纤、同轴电缆、双绞线等；无线通信线路是以无线电波、微波、红外线和激光等无线传输介质及其连接器件作为通信线路。通信设备是指网络连接设备、网络互联设备，包括网卡、集线器（hub）、中继器（repeater）、交换机（switch）、网桥（bridge）和路由器（router）以及调制解调器等通信设备。使用通信线路和通信设备将计算机互相连接起来，在计算机之间建立一条物理信道，以传输数据。通信线路和通信设备负责控制数据的发出、传送、接收或转发，包括信号转换、路由选择、编码与解码、差错校验、通信控制管理等，以完成信息交换。通信线路和通信设备是连接计算机系统的桥梁，是数据传输的通道。

（2）网络软件子系统

网络软件是一种在网络环境下使用和运行或者控制和管理网络工作的计算机软件。根据软件的功能，计算机网络软件可以分为网络系统软件和网络应用软件两大类。

网络系统软件是控制和管理网络运行、分配和管理共享资源、提供网络通信的网络软件。它包括网络操作系统、网络协议软件、通信控制软件和管理软件等。

网络应用软件是指为某一个应用目的而开发的网络软件（如电子图书馆软件、远程教学软件、Internet 信息服务软件等）。网络应用软件为用户提供访问网络的手段、网络服务、资源共享和信息传输等服务。

2. 计算机网络的逻辑结构

从逻辑上来看，计算机网络主要由通信子网和资源子网组成，如图 2.2.3 所示。

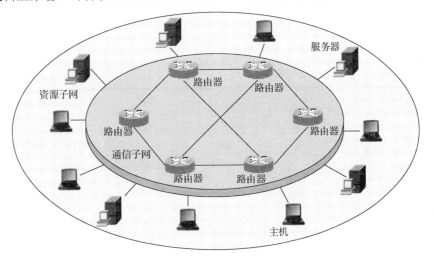

图 2.2.3　计算机逻辑组成模型

（1）通信子网

通信子网又称为数据通信子网，是数据通信提供者，主要由通信控制处理机、通信设备和通信线路组成，用于主机和通信子网的连接，实现网络数据的传输、转发等通信处理任务。

通信控制处理机在网络拓扑结构中被称为网络节点。一方面它作为与资源子网的主机、终端连接的接口，将主机和终端连入网内；另一方面它作为通信子网中的分组存储转发节点，完成分组的接收、校验、存储、转发等，将源主机报文准确发送到目的主机。

通信线路为通信控制处理机与通信控制处理机、通信控制处理机与主机提供通信信道。计算机网络采用了多种通信线路，如电话线、双绞线、同轴电缆、光缆、无线通信信道、微波与卫星通信信道等。

（2）资源子网

资源子网也称为数据处理子网，它是通信服务的使用者，主要由网上的用户主机、终端、终端控制器、联网外围设备、各种软件资源与信息资源组成，用于数据处理和资源共享。

2.2.2　计算机网络的类别

计算机网络的分类方法有很多种，从不同角度观察、划分网络，有利于全面了解网络系统的各种特性。比较常用的计算机网络分类方法有按网络的覆盖范围分类、按网络的管理性质分类等。

1. 按网络的覆盖范围分类

由于网络覆盖的地理范围不同，所采用的传输技术也有所不同，因此形成了不同的网络技术特点和网络服务功能。按覆盖地理范围的大小，计算机网络可分为局域网、城域网和广域网，如表 2.2.1 所示。

表 2.2.1　计算机网络的一般分类

网络的分类	分布距离	跨越地理范围
局域网	10 m	同一房屋
	100 m	同一建筑物
	1000 m	同一校园内
城域网	10 km	城市
广域网	100 km	同一国家
	1000 km	同一洲际

（1）局域网（local area network，LAN）

局域网（图 2.2.4）分布距离短，是最常见的计算机网络。由于局域网分布范围极小，一方面容易管理与配置，另一方面容易构成简洁规整的拓扑结构，加上具有速度快、延迟小的特点，所以成为实现有限区域内信息交换与共享的有效途径，常用于一座大楼、一个学校、一个企业内，属于一个部门或单位组建的小范围网络。

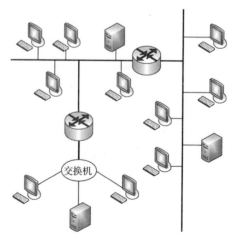

图 2.2.4　局域网

（2）城域网（metropolitan area network，MAN）

城域网（图 2.2.5）又称城市网、区域网、都市网，其规模局限在一座城市的范围内，辐射的地理范围从几十千米至数百千米，传输速率为 2 Mbit/s～1 Gbit/s。城域网是局域网的延伸，通常使用与局域网相似的技术，但是在传输介质和布线结构方面牵涉范围较广。城域网主要指的是大型企业集团、因特网服务提供商（Internet service provider，ISP）、电信部门、有线电视台和政府构建的专用网络和公用网络，最有名的城域网例子是许多城市都有的有线电视网。

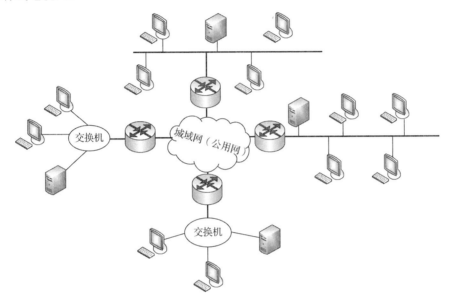

图 2.2.5　城域网

（3）广域网（wide area network，WAN）

广域网（图 2.2.6）分布距离远，从几十千米到几千或几万千米，网络本身不具备规则的拓扑结构。由于广域网速度慢、延迟大，入网站点无法参与网络管理，所以它要包含复杂的互联设备，如交换机、路由器等，由它们负责重要的管理工作，而入网站点只负责收发数据。

注：PSTN，全称为 public switched telephone network，公共交换电话网络；
　　ISDN，全称为 integrated services digital network，综合业务数字网；
　　PDN，全称为 public data network，公用数据网；
　　ATM，全称为 asynchronous transfer mode，异步传输模式；
　　FR，全称为 frame relay，帧中继。

图 2.2.6　广域网

　　互联网在某种程度上属于广域网，但它并不是一种具体的物理网络技术，它是将不同的物理网络技术按某种协议统一起来的一种高层技术，是广域网与广域网、广域网与局域网、局域网与局域网之间的互联，形成了局部处理与远程处理、有限地域范围资源共享与广大地域范围资源共享相结合的互联网。目前，世界上发展最快、最热门的互联网就是Internet，它是世界上最大的互联网。国内主要代表有中国公用分组交换数据网（China public packet switched data newwork，ChinaPAC）、中国公用数字数据网（China digital data network，ChinaDDN）、中国金桥信息网（China golden bridge network，ChinaGBN）、中国教育和科研计算机网（China education and research network，CERNET）等。

　　2. 按网络的管理性质分类

　　（1）公用网（public network）
　　公用网又称为公众网，我国的公用网一般由政府电信部门组建、管理和控制，如中国公用分组交换数据网、中国公用数字数据网等。
　　（2）专用网（private network）
　　专用网由某个部门或企事业单位自行组建，是不允许其他部门或单位使用的，如我国的金融信息网、邮政绿网。此外，军队、铁路、电力等系统均有本系统的专用网。专用网根据网络环境又可细分为部门网络、企业网络和校园网络三种。
　　1）部门网络又称为工作组级网络，它是局限于一个部门的局域网，一般供一个分公司、一个处（科）或一个课题组使用。
　　2）企业网络通常由两级网络构成，高层为用于互联企业内部各个部门网络的主干网，低层则是各个部门或分支机构的部门网络。
　　3）校园网络通常也是两级网络形式，它利用主干网络将院系、办公、行政、后勤、图书馆和师生宿舍等多个局域网连接起来。

　　3. 其他分类方式

　　计算机网络还有其他的分类方式，如按网络的逻辑结构分类可以分为对等网络和基于服务器的网络，按传输介质分类可以分为有线网和无线网，按拓扑结构分类可以分为总线、星形、树形、环形和网状等。

2.2.3　计算机网络的性能指标
　　我们可以从速率、带宽、吞吐量、时延等不同方面来度量计算机网络的性能，下面分别进行介绍。

　　1. 速率

　　速率是计算机网络中最重要的一个性能指标，指的是数据的传输速率，它也称为数据率（data rate）或比特率（bit rate）。
　　比特（bit）是计算机中数据量的单位，也是信息论中使用的信息量的单位。比特（bit）来源于 binary digit，意思是一个"二进制数字"，因此一个比特就是二进制数字中的一个 1 或 0。
　　速率的单位是 bit/s，或 Kbit/s（1 Kbit/s = 2^{10} bit/s = 1024 bit/s）、Mbit/s（1 Mbit/s = 2^{10}

Kbit/s = 1024 Kbit/s）、Gbit/s（1 Gbit/s = 2^{10} Mbit/s = 1024 Mbit/s）或 Tbit/s（1 Tbit/s = 2^{10} Gbit/s = 1024 Gbit/s）等。需要说明的是，在应用中，速率往往是指额定速率或标称速率，非实际运行速率。

2. 带宽

带宽（band width）本来是指信号具有的频带宽度，其单位是赫兹（或千赫、兆赫、吉赫等），表示通信线路允许通过的信号频带范围。在计算机网络中，带宽用来表示网络中某通道传送数据的能力，表示在单位时间内网络中的某信道所能通过的最高数据率。频带宽度与最高数据率密切相关，一条通信链路的频带宽度越宽，其所传输数据的最高数据率也越高。

3. 吞吐量

吞吐量（throughput）表示在单位时间内通过某个网络（或信道、接口）的数据量。吞吐量更经常地被用于对现实世界中的网络进行测量，以便知道实际上到底有多少数据量能够通过网络。吞吐量受网络的带宽或网络的额定速率的限制。例如，对于一个 100 Mbit/s 的以太网（Ethernet），其典型的吞吐量可能只有 70 Mbit/s。

4. 时延

时延（delay 或 latency）是指数据（一个报文或分组、比特）从网络（或链路）的一端传送到另一端所需的时间，有时也称为延迟或迟延。网络中的时延由发送时延（transmission delay）、传播时延（propagation delay）、处理时延（nodal processing delay）、排队时延（queueing delay）四个不同的部分组成。假设从节点 A 向节点 B 发送数据，图 2.2.7 描述了四种不同网络时延的产生。

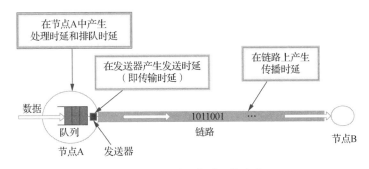

图 2.2.7　四种网络时延的产生

（1）发送时延

发送时延是指节点在发送数据时使数据块从节点进入传输媒体所需的时间，也就是从数据块的第一个比特开始发送算起，到最后一个比特发送完毕所需的时间。对于一定的网络，发送时延并非固定不变，而是与发送的帧长（单位是 bit）成正比，与发送速率成反比。

（2）传播时延

传播时延是指从发送端发送数据开始，到接收端收到数据（或者从接收端发送确认帧，到发送端收到确认帧），总共经历的时间。

与发送时延不同，发送时延发生在机器内部的发送器中，而传播时延发生在机器外部的传输信道媒体上。

（3）处理时延

处理时延是数据在交换节点为存储转发而进行一些必要的数据处理所需的时间。主机或者路由器在收到分组时要花费一定的时间进行处理，如分析分组的首部、从分组中提取数据部分、进行差错检测等，由此产生处理时延。

（4）排队时延

排队时延是节点缓存队列中分组排队所经历的时间，分组在经过网络传输时，要经过许多的路由器，分组在进入路由器后要先在输入队列中排队等待处理，在路由器确定了转发接口后，还要在输出队列中排队等待转发，由此产生排队时延。

数据在网络中经历的总时延就是发送时延、传播时延、处理时延和排队时延之和。对于高速网络链路，我们提高的仅仅是数据的发送速率而不是比特在链路上的传输速率。

5. 时延带宽积

链路的时延带宽积又称为以比特为单位的链路长度，是传播时延与带宽的乘积。如图 2.2.8 所示，以一个圆柱形管道代表链路，管道的长度是链路的传播时延，管道的横截面面积是链路的带宽。因此，时延带宽积就表示这个管道的体积，表示这样的链路可容纳多少比特。例如，设某段链路的传播时延为 20 ms，带宽为 10 Mbit/s，则时延带宽

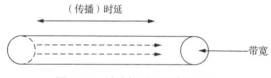

图 2.2.8　链路的时延带宽积示例

积 $= 20 \times 10^{-3} \text{ s} \times 10 \times 10^{6} \text{ bit/s} = 2 \times 10^{5} \text{ bit}$。这表示，若发送端连续发送数据，则在发送的第一比特即将到达终点时，发送端就已经发送了 $2 \times 10^{5} \text{ bit}$，而这 $2 \times 10^{5} \text{ bit}$ 都正在链路上传输。

6. 往返时间

互联网上的信息不是单方向传输的，而是双向交互的。因此，有时需要知道信息双向交互一次所需的时间。往返时间表示从发送方发送数据开始，到发送方收到来自接收方的确认，总共经历的时间。

在互联网中，往返时间还包括各中间节点的处理时延、排队时延及转发数据时的发送时延。当使用卫星通信时，往返时间相对较长，这是很重要的一个性能指标。

7. 利用率

利用率分为信道利用率和网络利用率。信道利用率指出某信道有百分之几的时间是有数据通过的。网络利用率则是全网络的信道利用率的加权平均值。

信道利用率并非越高越好。当某信道的利用率增大时，该信道引起的时延也就迅速增加。当网络的通信量很少时，网络产生的时延并不大，但是当网络的通信量很大时，分组的网络节点在进行处理时需要排队等候，因此网络的时延就会大大增加。

信道和网络的利用率过高就会产生非常大的时延，因此一些拥有较大主干网的互联网服务提供商经常控制他们的信道利用率不超过 50%，如果超过了就要准备扩容以增大线路的带宽。

2.2.4 计算机网络体系结构概述

1. 计算机网络体系结构的形成

计算机网络是一个非常复杂的系统，相互通信的两个计算机系统必须高度协调工作才行，而这种"协调"是相当复杂的。计算机网络体系结构中，通常采用层次化结构定义计算机网络系统的组成方法和系统功能，它将一个网络系统分成若干层次，规定了每个层次应实现的功能和向上层提供的服务，以及两个系统各个层次实体之间进行通信应该遵守的协议。"分层"可将庞大而复杂的问题转化为若干较小的局部问题，而这些较小的局部问题就比较容易研究和处理。

以两个主机之间的通信为例，主机 1 通过网络向主机 2 发送文件，可以将要做的工作进行如下划分。

第一类工作与传送文件直接有关，确信对方已做好接收和存储文件的准备，双方需协调好一致的文件格式。两个主机将文件传送模块作为最高的一层，剩下的工作由下面的模块负责。例如，主机 1 向主机 2 发送文件，首先可以设计一个文件发送模块，只看这两个文件传送模块，好像文件及文件传送命令是按照水平方向的虚线传送的，如图 2.2.9 所示。

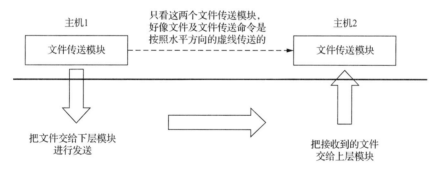

图 2.2.9 文件发送模块

第二类工作与通信服务相关，设计一个通信服务模块，用于实现通信相关的技术，只看这两个通信服务模块，好像可直接把文件可靠地传送到对方，实际上是将文件交给下层模块进行发送，如图 2.2.10 所示。

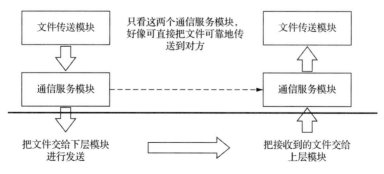

图 2.2.10 通信服务模块

最后设计一个网络接入模块，用于负责做与网络接口细节有关的工作，如规定传输的帧格式、帧的最大长度等，如图 2.2.11 所示。

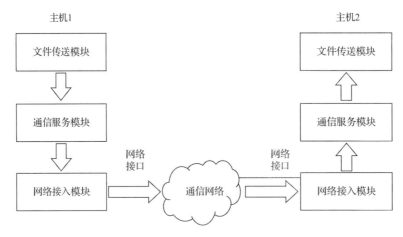

图 2.2.11 网络接入模块

计算机网络系统的分层也并非越多越好，若层数太少，每一层的协议就会太复杂；若层数太多，在描述和综合各层功能的系统工程任务时又会遇到较多的困难。

按层次结构来设计计算机网络的优点如表 2.2.2 所示。

表 2.2.2 计算机网络系统分层结构的优点

序号	优点	分析
1	各层之间相互独立	某一层并不需要知道它的下一层是如何实现的，仅仅需要知道该层通过层间的接口（即界面）所提供的服务
2	灵活性好	当任何一层发生变化时（如由于技术的变化），只要层间接口关系保持不变，在该层以上或以下各层就不受影响
3	结构上可分割	各层都可以采用最合适的技术来实现
4	易于实现和维护	由于整个庞大而又复杂的系统已被分解为若干个相对独立的子系统，所以降低了系统的实现和维护难度
5	有利于功能复用	下层可以为多个不同的上层提供服务
6	促进标准化工作	每一层的功能及其所提供的服务都已有了精确的说明

1974 年，美国的 IBM（international business machines，国际商业机器）公司宣布了系统网络体系结构（system network architecture，SNA），这个著名的网络标准就是按照分层的方法制定的。不久后，一些公司也相继推出自己的具有不同名称的体系结构，但由于网络体系结构的不同，不同公司的设备之间很难互相连通。

图 2.2.12 OSI 参考模型的体系结构

为了使不同体系结构的计算机网络都能互联，国际标准化组织（International Organization for Standardization，ISO）于 1977 年成立了专门机构研究该问题。他们提出了一个试图使各种计算机在世界范围内互联成网的标准框架，将计算机网络通信协议分为七层，即著名的开放系统互连基本参考模型（open systems interconnection reference model，OSI/RM），简称为 OSI 参考模型。图 2.2.12 给出了 OSI 参考模型的体系结构。

2．OSI 参考模型

在 OSI 参考模型的网络体系结构中，除了物理层之外，网络中数据的实际传输方向是垂直的。如图 2.2.13 所示，数据先由用户发送进程给应用层，向下经表示层、会话层等到达物理层，再经传输介质传到接收端，由接收端物理层接收，向上经数据链路层等到达应用层，最后由用户获取。数据在由发送进程交给应用层时，由应用层加上该层的有关控制和识别信息，再向下传送，这一过程一直重复到物理层。在接收端信息向上传递时，各层的有关控制和识别信息被逐层剥去，最后将数据送到接收进程。

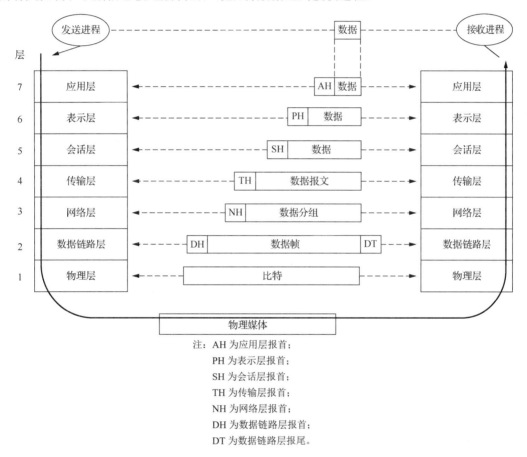

注：AH 为应用层报首；
　　PH 为表示层报首；
　　SH 为会话层报首；
　　TH 为传输层报首；
　　NH 为网络层报首；
　　DH 为数据链路层报首；
　　DT 为数据链路层报尾。

图 2.2.13　OSI 参考模型数据的发送与接收

（1）物理层（physical layer）

物理层上所传递的数据的单位是 bit。发送方发送 1（或 0）时，接收方应当收到 1（或 0），因此物理层要考虑用多大的电压代表"1"或"0"，以及接收方如何识别发送方所发送的比特。物理层还要确定连接电缆的插头的引脚数目及各引脚应如何连接。

（2）数据链路层（data link layer）

数据链路层常简称为链路层。两台主机之间的数据传输，总是在链路上传送的，这就需要使用专门的链路层协议。在两个相邻节点之间传送数据时，数据链路层将网络层交来的数据报组装成帧（framing），并在两个相邻节点间的链路上传送。每一帧包括数据和必要的控制信息（如同步信息、地址信息、差错控制信息等）。

在接收数据时，控制信息能够使接收端确定一个帧的起始位置，即从哪个比特开始和到哪个比特结束。这样，数据链路层在收到一个帧后，就可从中提取出数据部分，上交给网络层。

控制信息能使接收端检测帧是否错误。若发现有差错，数据链路层就会简单地丢弃这个出了差错的帧，以免继续在网络中传送而浪费网络资源。

（3）网络层（network layer）

网络层负责为分组交换网上的不同主机提供通信服务。在发送数据时，网络层把传输层产生的报文段或用户数据报封装成分组或包进行传送。由于网络层应用网际协议（Internet protocol，IP），因此分组也叫作 IP 数据报，简称为数据报。互联网是由大量的异构（heterogeneous）网络通过路由器相互连接而成的。互联网使用的网络层协议是无连接的网际协议和许多种路由选择协议。

（4）传输层（transport layer）

传输层的任务就是负责向两台主机中的进程之间的通信提供通用的数据传输服务。应用进程利用该服务传送应用层报文。由于一台主机可同时运行多个进程，因此传输层有复用和分用的功能。复用就是多个应用层进程可同时使用下面传输层的服务，而分用和复用相反，分用是传输层把收到的信息分别交付上面应用层中的相应进程。

传输层主要使用以下两种协议：

① 传输控制协议（transmission control protocol，TCP）提供面向连接的、可靠的数据传输服务，其数据传输的单位是报文段（segment）；

② 用户数据报协议（user datagram protocol，UDP）提供无连接的、尽最大努力的数据传输服务（不保证数据传输的可靠性），其数据传输的单位是用户数据报。

（5）会话层（session layer）

会话层建立在传输层之上，利用传输层提供的服务，使应用建立和维持会话，并能使会话获得同步。会话层使用校验点可使通信会话在通信失效时从校验点继续恢复通信。这种能力对于传送大的文件极为重要。

（6）表示层（presentation layer）

表示层的主要作用之一是为异种机通信提供一种公共语言，以便能进行互操作。这种类型的服务之所以需要，是因为不同的计算机体系结构使用的数据表示法不同。与会话层提供透明的数据传输不同，表示层是处理所有与数据表示及传输有关的问题，包括转换、加密和压缩。每台计算机可能有它自己的表示数据的内部方法，如 ASCII（American standard code for information interchange，美国信息交换标准代码）与 EBCDIC（extended binary coded decimal interchange code，广义二进制编码的十进制交换码），所以需要表示层协定来保证不同的计算机可以彼此理解。

（7）应用层（application layer）

应用层是体系结构中的最高层。应用层的任务是通过应用进程间的交互来完成特定的网络应用。应用层协议定义的是应用进程间通信和交互的规则。这里的进程是指主机中正在运行的程序。对于不同的网络应用需要有不同的应用层协议。在互联网中，应用层的协议很多，如域名系统（domain name system，DNS）、万维网应用的超文本传输协议（hypertext transfer protocol，HTTP）、电子邮件应用的简单邮件传输协议（simple mail transfer protocol，SMTP）等。我们把应用层交互的数据单元称为报文。

现在在制定网络协议和标准时，一般把 OSI 参考模型作为参照基准，并说明与该参照基准的对应关系。例如，在 IEEE（Institute of Electrical and Electronics Engineers，电气与电子工程师协会）802 局域网标准中，只定义了物理层和数据链路层，并且增强了数据链路层的功能。一般来说，网络的低层协议决定了一个网络系统的传输特性，如所采用的传输介质、拓扑结构及介质访问控制方法等，这些通常由硬件来实现；网络的高层协议则提供了与网络硬件结构无关的、更加完善的网络服务和应用环境，这些通常是由网络操作系统来实现的。

但是，OSI 参考模型只获得了一些理论研究的成果，在市场化方面却失败了。其失败的主要原因包括：

1）OSI 参考模型的专家们在完成 OSI 标准时没有商业驱动力；

2）OSI 参考模型的协议实现起来过于复杂，且运行效率很低；

3）OSI 参考模型的标准的制定周期太长，因而按 OSI 标准生产的设备无法及时进入市场；

4）OSI 参考模型的层次划分也不太合理，有些功能在多个层次中重复出现。

法律上的国际标准 OSI 参考模型并没有得到市场的认可，非国际标准传输控制协议/网际协议（TCP/IP）却获得了最广泛的应用。TCP/IP 常被称为事实上的国际标准。

3．TCP/IP 参考模型

TCP/IP 是指能够在多个不同网络间实现信息传输的协议族（图 2.2.14）。TCP/IP 不仅仅指 TCP 和 IP 两个协议，而是指一个由 FTP（file transfer protocol，文件传输协议）、SMTP、TCP、UDP、IP 等协议构成的协议族，只是因为在 TCP/IP 中 TCP 和 IP 最具代表性，所以被称为 TCP/IP。

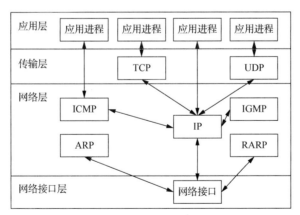

注：ICMP，全称为 Internet control message protocol，网际控制报文协议；
　　ARP，全称为 address resolution protocol，地址解析协议；
　　IGMP，全称为 Internet group management protocol，网际组管理协议；
　　RARP，全称为 reverse address resolution protocol，反向地址转换协议。

图 2.2.14　TCP/IP 参考模型体系结构及各层主要协议

OSI 和 TCP/IP 参考模型有很多共同点，两者都以协议栈概念为基础，并且协议栈中的协议彼此相互独立。除此之外，两个模型中各层的功能也大致相似。例如，在两个模型中，传输层及传输层以上各层都为希望通信的进程提供了一种端到端的独立于网络的传输服务，这些层组成了传输服务提供者。并且，在这两个模型中，传输层之上的各层都是传输服务的用户，并且是面向应用的。

除了这些基本的相似性以外，两个模型也有许多不同的地方。OSI 参考模型在协议发明之前就已经产生了。这种顺序关系意味着 OSI 参考模型不会偏向于任何一组特定的协议，这个事实使得 OSI 参考模型更具有通用性。但这种做法也有缺点，那就是设计者在这方面没有太多的经验，因此对于每一层应该设置哪些功能没有特别好的主意。例如，数据链路层最初只处理点对点（point to point，P2P 或 PTP）的网络，当广播式网络出现后，必须在模型中嵌入一个新的子层。并且，当人们使用 OSI 参考模型和已有协议来构建实际网络时，才发现这些网络并不能很好地满足所需的服务规范，因此不得不在模型中加入一些汇聚子层，以便提供足够的空间来弥补这些差异。

TCP/IP 参考模型恰好相反，TCP/IP 参考模型只是已有协议的一个描述而已。因此，毫无疑问，协议与模型高度吻合，而且两者结合得非常完美。唯一的问题在于，TCP/IP 参考模型并不适用于任何其他协议栈。因此，要想描述其他非 TCP/IP 网络，该模型并不很有用。

从分层角度来看，TCP/IP 分层和 OSI 分层的明显区别有两点：TCP/IP 分层无表示层和会话层，这是因为在实际应用中所涉及的表示层和会话层功能较弱，所以将其内容归并到了应用层；TCP/IP 分层无数据链路层和物理层，但是有网络接口层，这是因为 TCP/IP 参考模型建立的首要目标是实现异构网络的互联，所以在该模型中并未涉及底层网络的技术，而是通过网络接口层屏蔽底层网络之间的差异，向上层提供统一的 IP 报文格式，以支持不同物理网络之间的互联互通。

综合 OSI 参考模型和 TCP/IP 参考模型的优点，提出一种五层协议的体系结构，自上而下分别是应用层、传输层、网络层、数据链路层和物理层。图 2.2.15 给出了几种体系结构之间的比较。2.3 节将具体介绍五层协议的主要内容。

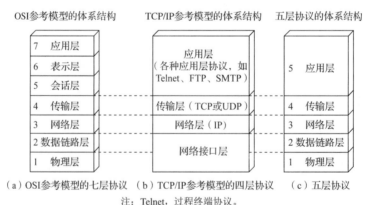

（a）OSI参考模型的七层协议　（b）TCP/IP参考模型的四层协议　（c）五层协议

注：Telnet，过程终端协议。

图 2.2.15　计算机网络体系结构的比较

2.3　五层协议体系结构

本节按照五层协议的体系结构，按自下向上分别对物理层、数据链路层、网络层、传输层和应用层各层的功能与主要协议进行介绍。

2.3.1 物理层

1. 物理层概述

物理层考虑的是怎样才能在连接各种计算机的传输媒体上传输数据比特流，而不是具体的传输媒体。物理层的作用是要尽可能地屏蔽掉不同传输媒体和通信手段的差异。

物理层的主要功能是为数据端设备提供传送数据通路，数据通路可以是一个物理媒体，也可以由多个物理媒体连接而成。物理层要形成适合数据传输需要的实体，为数据传输服务，既要保证数据能在其上正确通过，又要提供足够的带宽。

由于物理连接的方式很多，传输媒体的种类也很多，因此，具体的物理协议相当复杂。信号的传输离不开传输介质，而传输介质两端必然有接口用于发送和接收信号。因此，既然物理层主要关心如何传输信号，那么物理层的主要任务就是规定各种传输介质和接口与传输信号相关的一些特性。

1）机械特性：指明接口所用接线器的形状和尺寸、引线数目和排列、固定和锁定装置等。

2）电气特性：规定了在物理连接上导线的电气连接及有关电路的特性，一般包括接收器和发送器电路特性的说明、信号的识别、最大传输速率的说明、与互连电缆相关的规则、发送器的输出阻抗、接收器的输入阻抗等电气参数等。

3）功能特性：指明物理接口各条信号线的用途（用法），包括接口线功能的规定方法，接口信号线的功能分类——数据信号线、控制信号线、定时信号线和接地线。

4）过程特性：指明利用接口传输比特流的全过程及各项用于传输的事件发生的合法顺序，包括事件的执行顺序和数据传输方式，即在物理连接建立、维持和交换信息时，DTE（data terminal equipment，数据终端设备）/DCE（data communication equipment，数据通信设备）双方在各自电路上的动作序列。

2. 物理层规程

OSI 参考模型的物理层采纳了各种现成的协议，随着通信速率的不断提高，物理层规程也在不断发展，其中与我们平时上网密切相关的两个规程是 IEEE 802.3 和 IEEE 802.11。

1）IEEE 802.3：以太网介质访问控制（media access control，MAC）协议及物理层技术规程。表 2.3.1 列出了几种 IEEE 802.3 协议规程名称。

表 2.3.1　几种 IEEE 802.3 协议规程名称

名称	规程规范对象
IEEE P802.3bt	采用全部 4 对平衡双绞线的第三代以太网供电，包括 10GBASE-T，更低的待机功率和特定的增强功能，以支持物联网应用（如照明、传感器、楼宇自动化）
IEEE P802.3ck	100 Gbit/s、200 Gbit/s 和 400 Gbit/s 电气接口
IEEE P802.3cy	大于 10 Gbit/s 电动汽车以太网
IEEE P802.3db	100 Gbit/s、200 Gbit/s 和 400 Gbit/s 短距离光纤
IEEE P802.3de	点对点的时间同步配对以太网

2）IEEE 802.11：无线局域网（wireless local area network，WLAN）的介质访问控制协议及物理层技术规程。表 2.3.2 列出了几种 IEEE 802.11 协议规程名称。

表 2.3.2　几种 IEEE 802.11 协议规程名称

名称	规程规范对象
802.11—2016	无线局域网物理层和 MAC 层规程
802.11ai—2016	为 IEEE 802.11 的修正案，新增部分机制，以及加速创建网上连线的等待时间
802.11ah—2016	用来支持无线传感器网络（wireless sensor network，WSN），以及支持物联网（Internet of thing，IoT）、智能电网（smart grid）的智能电表（smart meter）等应用
802.11aj—2018	IEEE 802.11ad 的增补标准，开放 45 GHz 的未授权带宽使世界上部分地区可以使用
802.11aq—2018	为 IEEE 802.11 的修正案，增加网上探索的效率，以加快网上的传输速度

2.3.2　数据链路层

1. 数据链路层概述

在物理线路上，为了保证传输数据的正确性，需要一些规程或协议来控制数据的传输。将实现这些规程或协议的硬件和软件加到物理线路中，就构成了数据链路。现在最常用的方法是使用网络适配器（即网卡）来实现这些协议的硬件和软件。一般的网络适配器都包括数据链路层和物理层这两层的功能。

数据链路层使用的信道分为点对点信道和广播信道两种类型。点对点信道使用一对一的点对点通信方式，广播信道使用一对多的广播通信方式，因此过程比较复杂。

无论是点对点信道还是广播信道，数据链路层必须实现一系列相应的功能，主要包括以下三个方面：如何将数据组合成数据帧、如何控制帧在物理信道上的传输、如何处理传输差错。数据链路层协议有许多种，但有三个基本问题是共同的，即封装成帧、透明传输、差错控制。

（1）封装成帧

在一段数据的前后分别添加首部和尾部，就构成了一帧。首部和尾部的一个重要作用就是进行帧定界。控制字符 SOH（start of header）放在一帧的最前面，表示帧的开始。另一个控制字符 EOT（end of transmission）表示帧的结束。

（2）透明传输

如果数据中的某字节的二进制代码恰好和 SOH 或 EOT 一样，数据链路层就会错误地"找到帧的边界"。解决透明传输问题的方法分为字节填充（byte stuffing）和字符填充（character stuffing）。发送端的数据链路层在数据中控制字符 SOH 或 EOT 的前面插入一个转义字符 ESC。接收端的数据链路层在将数据送往网络层之前删除插入的转义字符。如果转义字符也出现在数据当中，那么应在转义字符前面再插入一个转义字符 ESC。当接收端收到连续的两个转义字符时，就删除其中前面的一个。

（3）差错检测

在传输过程中可能会产生差错，1 可能会变成 0，0 也可能变成 1。为了保证数据传输的可靠性，在计算机网络传输数据时，必须采用有效的差错检测措施。在数据链路层传送的帧中，广泛使用了循环冗余检验（cyclic redundancy check，CRC）技术。在发送端，在数据后面添加供差错检测用的冗余码并一起发送；在接收端，对收到的每一帧重新计算 CRC。若得出的余数等于 0，则判定这个帧没有差错，于是便接收；若余数不等于 0，则判定这个帧有差错，于是便丢弃。

2. 点对点协议

对于点对点的链路，目前使用最广泛的数据链路层协议是点对点协议（point-to-point protocol，PPP）。PPP 在 1994 年就已成为互联网的正式标准。PPP 由将 IP 数据报封装到串行链路的方法、链路控制协议（link control protocol，LCP）和网络控制协议（network control protocol，NCP）三个部分组成。

（1）PPP 的帧格式

PPP 帧的首部和尾部分别包括四个字段和两个字段。首部的第一个字段和尾部的第二个字段都是标志字段 F（Flag），规定为 0x7E。标志字段表示一帧的开始或结束，因此标志字段就是 PPP 帧的定界符。连续两帧之间只需要用一个标志字段，如果出现两个连续的标志字段，就表示这是一空帧，应当丢弃。

首部中的地址字段 A 规定为 0xFF（即 11111111），控制字段 C 规定为 0x03（即 00000011）。首部的第四个字段是 2 字节的协议字段。当协议字段为 0x0021 时，PPP 帧的信息字段就是 IP 数据报；当协议字段为 0xC021 时，PPP 帧的信息字段是链路控制协议的数据；当协议字段为 0x8021 时，PPP 帧的信息字段是网络层的控制数据。PPP 尾部的第一个字段（2 字节）使用的是 CRC 的帧检验序列。

PPP 是面向字节的，所有 PPP 帧的长度都是整数字节。PPP 帧的信息字段的长度是可变的，但不超过 1500 字节。当 PPP 用于同步传输时，协议规定采用零比特填充法；当 PPP 用于异步传输时，协议规定采用一种特殊的字符填充法。

1）零比特填充。PPP 用于同步传输时，采用零比特填充法来实现透明传输。在发送端，只要发现有 5 个连续 1，则立即填入一个 0。在接收端对帧中的比特流进行扫描时，每当发现有 5 个连续 1，就把这 5 个连续 1 后的一个 0 删除。

2）字符填充。当 PPP 用于异步传输时，使用字符填充法，把转义字符定义为 0x7D，具体填充方法如下：

① 把信息字段中出现的每一 0x7E 字节转变成 2 字节序列（0x7D，0x5E）；

② 若信息字段中出现一 0x7D 字节（即出现了和转义字符一样的比特组合），则把 0x7D 转变成 2 字节序列（0x7D，0x5D）；

③ 若信息字段中出现 ASCII 值的控制字符，则在该字符前面加入一 0x7D 字节，同时将该字符的编码加以改变。

（2）PPP 的工作状态

当用户拨号接入 ISP 时，路由器的调制解调器对拨号做出确认，并建立一条物理连接。PC 端向路由器发送一系列的 LCP 分组（封装成多个 PPP 帧）。这些分组及其响应选择一些 PPP 参数，并进行网络层配置，NCP 给新接入的 PC 端分配一个临时的 IP 地址，使 PC 端成为 Internet 上的一个主机。

通信完毕后，NCP 释放网络层连接，收回原来分配出去的 IP 地址；接着，LCP 释放数据链路层连接；最后释放的是物理层的连接。

3. 广播信道的 CSMA/CD 协议

载波侦听多路访问（carrier sense multi access，CSMA）又称为"先听后说"，是减少冲突的主要技术。具体方法是在网中各站在发送信息帧之前，先监听信道，看信道是忙还是闲，如信道闲就发送信息帧；否则，就根据退避算法推迟一定的时间再重新监听信道。

载波侦听多路访问/冲突检测（carrier sense multi access with collision detection, CSMA/CD）协议是以太网中的链路层协议。其中，"载波侦听"是指网络上各个工作站在发送数据前，都要确认总线上有没有数据传输。若有数据传输，则不发送数据；若无数据传输，则立即发送准备好的数据。"多路访问"是指网络上所有站点收发数据共用同一条总线，且发送数据是广播式的。"冲突检测"是指发送节点在发出信息帧的同时，还必须监听媒体，判断是否有其他节点也在发送信息帧。

CSMA/CD 协议的规则如下：

① 若信道空闲，则发送信息帧，否则转第②步；

② 若信道忙，则一直监听直到信道空闲，然后立即传输；

③ 若在传输过程中监听到冲突，则发出一个短小的人为干扰信号，让所有的站点都知晓发生了冲突并停止传输；

④ 发完人为干扰信号后等待一段随机时间，再次尝试传输（从第①步开始重复）。

4. 以太网的 MAC 层

（1）MAC 层的硬件地址

在局域网中，硬件地址又称为物理地址，或 MAC 地址。IEEE 802 标准规定 MAC 地址字段为 6 字节（48 位）。IEEE 的注册管理机构负责向厂家分配地址字段 6 字节中的前 3 字节，称为组织标识符；后 3 字节由厂家自行指派，称为扩展标识符，必须保证生产出的网络适配器没有重复地址。

生产网络适配器时，6 字节的 MAC 地址已被固化在网络适配器的只读存储器（read-only memory，ROM）中，网络适配器从网络上每收到一 MAC 帧就首先用硬件检查 MAC 帧中的 MAC 地址。如果是发往本站的帧就收下，并进行其他的处理；否则就将此帧丢弃，不再进行其他的处理。

（2）MAC 帧的格式

常用的以太网 MAC 帧格式有两种标准：DIX Ethernet V2 标准、IEEE 802.3 标准。最常用的 MAC 帧是以太网 V2 格式的，如图 2.3.1 所示。

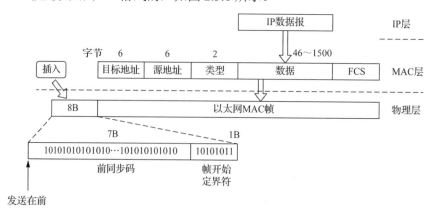

图 2.3.1　以太网 V2 的 MAC 帧格式

由图 2.3.1 可知，以太网 V2 的 MAC 帧由五个字段组成。前两个字段分别为 6 字节长的目的地址和源地址；第三个字段是 2 字节的类型字段，用来标识上一层使用的是什么协议，以便把收到的 MAC 帧的数据上交给上一层的这个协议；第四个字段是数据字段，其长度为 46～1500 字节（最小长度 64 字节减去 18 字节的首部和尾部就得出数据字段的最小长度）；最后一个字段是 4 字节的 CRC 码。

5. 网络适配器

如图 2.3.2 所示，计算机与外界局域网的连接是通过网络适配器进行的。网络适配器可以是在主机箱内插入的一块网络接口板，也可以是计算机主板上集成的网络适配器。

图 2.3.2　计算机通过网络适配器和局域网进行通信

网络适配器和局域网之间的通信通常是通过双绞线或者无线的方式以串行传输方式进行的，网络适配器和计算机之间的通信则是通过计算机主板上的输入/输出（input/output，I/O）总线以并行传输方式进行的。因此，网络适配器的一个重要功能就是进行数据串行传输和并行传输的转换。由于网络上的数据率和计算机总线上的数据率并不相同，所以在网络适配器中必须装有对数据进行缓存的存储芯片。在主板上插入网络适配器时，还必须安装该网络适配器的设备驱动程序。这个驱动程序会告诉网络适配器，应当从存储器的什么位置上把多长的数据块发送到局域网，或者应当在存储器的什么位置上把局域网传送过来的数据块存储下来。另外，网络适配器还要能够实现以太网协议。

需要说明的是，网络适配器所实现的功能包含了数据链路层及物理层这两个层次的功能。网络适配器在接收和发送各种帧时，不使用计算机的 CPU。当网络适配器收到有差错的帧时，就把这个帧直接丢弃而不必通知计算机。当网络适配器收到正确的帧时，就使用中断来通知该计算机，并交付协议栈中的网络层。

2.3.3　网络层

1. 网络层概述

网络层是 OSI 参考模型的第三层，也是最复杂的一层，还是通信子网的最高层，它在下两层的基础上向资源子网提供服务。网络层的主要任务是为网络上的不同主机提供通信。它通过路由选择算法，为分组通过通信子网选择最适当的路径，以实现网络的互联功能。

网络层主要是为传输层提供服务，为了向传输层提供服务，网络层必须要使用数据链路层提供的服务。数据链路层的主要作用是负责解决两个相邻节点之间的通信问题，但并不负责解决数据经过通信子网中多个转接节点时的通信问题。因此，为了实现两个端系统之间的数据透明传送，让源端的数据能够以最佳路径透明地通过通信子网中的多个转接节点到达目的端，使传输层不必关心网络的拓扑结构以及所使用的通信介质和交换技术，网络层必须具有以下功能：

1）分组与分组交换：把从传输层接收到的数据报文封装成分组，再向下传送到数据链路层。

2）网络互联：把一个网络与另一个网络互相连接起来，在用户之间实现跨网络的通信。

3）路由选择：通过路由选择算法为分组通过通信子网选择最适当的路径。

4）差错检测与恢复：用分组中的头部校验和进行差错校验，使用确认和重传机制来进行差错恢复。

5）数据分片与重组：如果要发送的分组超过了协议数据单元允许的长度，那么源节点的网络层就要对该分组进行分片，分片到达目的主机之后，有目的节点的网络层再重新组装成原分组。

2. 网际协议

网际协议（IP）是 TCP/IP 体系中两个主要的协议之一，也是重要的互联网标准协议之一，可使互联起来的许多计算机网络能够进行通信。在 TCP/IP 协议族中，网络层协议除了 IP 外，还包括 ARP、ICMP 与 IGMP。

IP 提供的是一种不可靠的服务，目的是尽可能快地把分组从源节点送到目的节点，但并不提供任何可靠性保证。ICMP 是 IP 的附属协议，用以与其他主机或路由器交换错误报文和其他重要信息，以及把一个 UDP 数据报多播到多个主机。

各个厂家生产的网络系统和设备所传送数据的基本单元的格式不同，它们相互之间不能互通。IP 把各种不同数据单元统一转换成"IP 数据报"格式，使得各种计算机都能在 Internet 上实现互通。

数据报是分组交换的一种形式，它把所传送的数据分段后，再把每个分段作为一个独立的报文传送出去。这样，在开始通信之前就不需要先连接好一条线路，各个数据报也不一定通过同一条路径传输，从而大大提高了网络的坚固性和安全性。

由于每个数据报都是独立的，所以每个数据报都有报头和报文两个部分，报头中有目的地址、源地址等必要内容，使每个数据报不经过同样的路径也都能准确地到达目的地，并在目的地重新组合还原成原来发送的数据。

IP 中还有一个非常重要的内容，那就是给网络上的每台计算机和其他设备都规定了一个唯一的逻辑地址——IP 地址。正是有了这个唯一的地址，才让用户在联网的计算机上操作时，能够高效且方便地找到要通信的对方。

3. IP 地址

（1）IP 地址的发展

IP 地址是按照 IP 规定的格式，为互联网上的每一个网络和每一台主机分配的供全世界标识的、唯一的逻辑通信地址，以此来屏蔽物理地址的差异。

首先出现的 IP 地址是 IPv4，它只有 4 段数字，每一段由 8 位二进制数字组成，即每段最大不超过 255。由于互联网的飞速发展，IP 地址的需求量越来越大，全球 IPv4 地址已在 2019 年 11 月 25 日分配完毕。

地址空间的不足必将妨碍互联网的进一步发展，解决 IP 地址耗尽的根本措施就是采用具有更大地址空间的新版本的 IP，即 IPv6。IPv6 采用 128 位地址长度，几乎可以不受限制地提供地址。按保守方法估算 IPv6 实际可分配的地址，整个地球表面的每平方米面积上仍可分配超过 1000 个地址。在 IPv6 的设计过程中除解决了地址短缺问题外，还考虑了在 IPv4 中没有解决的其他一些问题，主要有端到端 IP 连接、服务质量（quality of service，QoS）、安全性、多播、移动性、即插即用等。

（2）IPv4 地址结构和编址方案

IP 地址用 32 位二进制编址，分为四个 8 位组，由网络号 net-id 和主机号 host-id 两部分构成。网络号确定了该主机所在的物理网络，它的分配必须全球统一；主机号确定了在某一物理网络上的一台主机，它可由本地分配。

如图 2.3.3 所示，IP 地址分为 A～E 五类，其中，A、B、C 类称为基本类，用于主机地址；D 类用于多播；E 类保留不用。

1）A 类 IP 地址：A 类 IP 地址由 1 字节的网络地址和 3 字节的主机地址组成，地址的最高位必须是"0"。A 类 IP 地址中网络标识长度为 7 位，主机标识长度为 24 位。A 类 IP 地址数量较少，一般分配给少数规模将近 1700 万台计算机的大型网络。

2）B 类 IP 地址。B 类 IP 地址由 2 字节的网络地址和 2 字节的主机地址组成，地址的最高 2 位必须是"10"。B 类 IP 地址中网络标识长度为 14 位，主机标识长度为 16 位。B 类 IP 地址适用于中等规模的网络（能容纳计算机 6 万多台）。

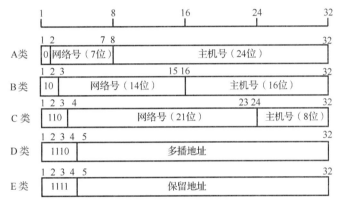

图 2.3.3　IPv4 地址编址方案

3）C 类 IP 地址。C 类 IP 地址由 3 字节的网络地址和 1 字节的主机地址组成，地址的最高 3 位必须是"110"。C 类 IP 地址中网络的标识长度为 21 位，主机标识的长度为 8 位。C 类 IP 地址数量较多，适用于小规模的局域网，每个网络能够有效使用的计算机最多为 254 台。例如，某大学现有 60 个 C 类 IP 地址，则最多可包含有效使用的计算机 254 台×60 ＝ 15240 台。

以上三种 IP 地址中所包含的最大网络数目和最大主机数目如表 2.3.3 所示。

表 2.3.3　三种主要 IP 地址所包含的最大网络数目和最大主机数目

地址类别	网络地址位数	主机地址位数	最大网络数目	网络中最大主机数目
A	7	24	128	16777216
B	14	16	16384	65536
C	21	8	2097152	254

IPv4 地址是 32 位二进制数，不便于用户输入和记忆，为此用一种点分十进制数来表示，其中每 8 位一组用十进制表示，每组值的范围为 0～255，因此 IP 地址用此种方法表示的范围为 0.0.0.0～255.255.255.255。

（3）ARP

从网络层次的角度来看，MAC 地址是物理地址，是数据链路层和物理层使用的地址；IP 地址是网络层和以上各层使用的地址，是一种逻辑地址。

　　尽管在网络层使用 IP 地址，但真正标识主机地址的是物理地址。从 IP 地址到物理地址的转换是由 ARP 来完成的。

　　如图 2.3.4 所示，如果要将网络中的主机 A 与主机 B 连接，那么如何完成从 IP 地址到 MAC 地址的映射查找呢？此时主机 A 会自动运行 ARP，并按以下步骤找出主机 B 的物理地址：

　　1）主机 A 首先检查 ARP 缓存，如果有主机 B 的 IP 地址对应的物理地址，则不用再进行后续的工作。如果缓存中没有，那么 ARP 进程在本局域网上会广播发送一个 ARP 请求分组，上面有主机 B 的 IP 地址。

　　2）在本局域网上，所有主机上运行的 ARP 进程都收到此 ARP 请求分组。

　　3）主机 B 在 ARP 请求分组中见到自己的 IP 地址，知道了主机 A 要与其进行通信，于是在 ARP 高速缓存中写入主机 A 的 IP 地址到物理地址的映射。

　　4）主机 B 向主机 A 发送一个 ARP 响应分组，写入自己的物理地址。

　　5）主机 A 收到主机 B 发送的 ARP 响应分组后，就在其 ARP 高速缓存中写入主机 B 的 IP 地址到物理地址的映射。

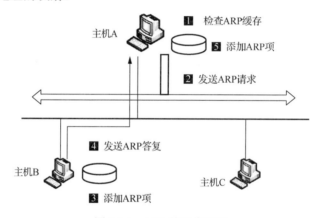

图 2.3.4　ARP 的工作原理

　　（4）子网划分

　　由于两级的 IP 地址不够灵活，所以给每一个物理网络分配一个网络号就会使路由表变得太大从而使网络性能变坏。为了解决上述问题，从 1985 年起在 IP 地址中又增加了一个"子网号字段"，这样就使两级的 IP 地址变成三级的 IP 地址。这种做法叫作划分子网。

　　需要说明的是，将一个物理网络划分为若干个子网是一个单位内部的事情，单位对外仍然表现为没有划分子网的网络。其基本做法是从主机号借用若干个位作为子网号（subnet-id），而主机号（host-id）也就相应减少了若干个位。

　　凡是从其他网络发送给本单位某个主机的 IP 数据报，仍然是根据 IP 数据报的目的网络号（net-id），先找到连接在本单位网络上的路由器，此路由器在收到 IP 数据报后，再按目的网络号（net-id）和子网号（subnet-id）找到目的子网，最后将 IP 数据报直接交付目的主机。

　　划分子网只是把 IP 地址的主机号（host-id）部分进行再划分，并不改变 IP 地址原来的网络号（net-id）。IP 地址划分子网后变成了三级结构，减少了 IP 地址的浪费，使网络的组织更加灵活，且更便于维护和管理。

（5）网络掩码

在数据的传输中，路由器必须从 IP 数据报的目的 IP 地址中分离出网络地址，才能知道下一站的位置。为了从 IP 地址中分离出网络地址，就要使用网络掩码。

网络掩码为 32 位二进制数值，分别对应 IP 地址的 32 位二进制数值。IP 地址中的网络号部分在网络掩码中用"1"表示，IP 地址中的主机号部分在网络掩码中用"0"表示。由此，A、B、C 三类 IP 地址对应的网络掩码如表 2.3.4 所示。

表 2.3.4　三类 IP 地址对应的网络掩码

IP 地址类别	网络掩码
A	255.0.0.0
B	255.255.0.0
C	255.255.255.0

划分子网后，将 IP 地址的网络掩码中相对于子网地址的位设置为 1，就形成了子网掩码。应用子网掩码可以从 IP 地址中分离出子网地址，供路由器选择路由。

选择路由时，用网络掩码与目的 IP 地址按二进制位做逻辑"与"运算，就可保留 IP 地址中的网络地址部分，而屏蔽主机地址部分。同理，将网络掩码的反码与 IP 地址做逻辑"与"运算，则可以得到其主机地址。

由此可见，网络掩码不仅可以将一个网段划分为多个子网段，便于网络管理，还有利于网络设备尽快地区分本网段地址和非本网段的地址。

下面用一个例子说明网络掩码的这一作用和其应用过程。如图 2.3.5 所示，源主机 H_1 与目的主机 H_2 交互信息。在 IP 中，主机或路由器的每个网络接口都分配有 IP 地址和对应的掩码。

源主机 H_1 的 IP 地址：228.130.36.12；

子网掩码：255.255.255.0；

路由地址：228.130.36.1；

目的主机 H_2 的 IP 地址：228.130.38.6；

子网掩码：255.255.255.0；

路由地址：228.130.38.1。

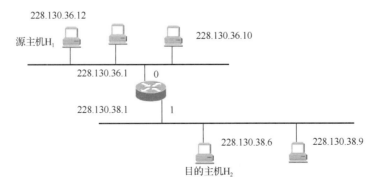

图 2.3.5　网络掩码应用实例

路由器从端口 228.130.36.1 接收到源主机 H_1 发往目的主机 H_2 的 IP 数据报文后，首先用端口地址 228.130.36.1 与子网掩码 255.255.255.0 进行逻辑"与"运算，得到端口网段地址 228.130.36.0，然后将目的地址 228.130.38.6 与子网掩码 255.255.255.0 进行逻辑"与"运算，得到目的网段地址 228.130.38.0。最后将结果 228.130.38.0 与端口网段地址 228.130.36.0 比较，如果相同，则认为是本网段的，不予转发；如果不相同，则将该 IP 报文转发到端口 228.130.38.1 所对应的网段。

（6）无分类编址

划分子网在一定程度上缓解了互联网在发展中遇到的困难，但可能导致互联网主干网上的路由表中的项目数急剧增长。1987 年，RFC（request for comments，网络推荐标准）1009 指明了在一个划分子网的网络中可同时使用几个不同的子网掩码。使用变长子网掩码（variable length subnet mask，VLSM）可进一步提高 IP 地址资源的利用率。在 VLSM 的基础上又进一步提出了无分类编址方法，它的正式名字是无分类域间路由选择（classless inter-domain routing，CIDR）。

使用 CIDR，IP 地址从三级编址又回到了两级编址。CIDR 最主要的特点有两个：

① CIDR 消除了传统的 A、B 和 C 三类地址以及划分子网的概念，因而可以更加有效地分配 IPv4 的地址空间；

② CIDR 使用各种长度的"网络前缀"（network-prefix）来代替分类地址中的网络号和子网号。

CIDR 使用斜线记法，即在 IP 地址后面加上一个斜线"/"，然后写上网络前缀所占的位数（这个数值对应于三级编址中子网掩码中 1 的个数），如 210.76.168.0/24。

CIDR 把网络前缀都相同的连续的 IP 地址组成"CIDR 地址块"。例如，132.16.32.0/20，斜线后面的 20 表示网络前缀的位数，所以这个地址的主机号是 12 位，表示的地址块共有 2^{12} 个地址，起始地址是 132.16.32.0，最大地址是 132.16.47.255。在不需要指出起始地址时，也可将这样的地址块简称为"/20 地址块"。

一个 CIDR 地址块可以表示很多地址，这种地址的聚合常称为路由聚合，也称为构成超网。它使得路由表中的一个项目可以表示很多个原来传统分类地址的路由。路由聚合有利于减少路由器之间的路由选择信息的交换，从而提高整个互联网的性能。

CIDR 虽然不使用子网，但仍然使用"掩码"这一名词。对于"/20 地址块"，它的掩码是 20 个连续的 1。

使用 CIDR 时，路由表中的每个项目由"网络前缀"和"下一跳地址"组成。在查找路由表时可能会得到不止一个匹配结果。正确的做法是，从匹配结果中选择具有最长网络前缀的路由，这叫作最长前缀匹配。网络前缀越长，其地址块就越小，因而路由就越具体。

4. ICMP

为了更有效地转发 IP 数据报和提高交付成功的机会，在网络层使用了 ICMP。ICMP 是互联网的标准协议，允许主机或路由器报告差错情况和提供有关异常情况的报告。

ICMP 报文分为 ICMP 差错报告报文和 ICMP 询问报文两种。ICMP 报文的前 4 字节是统一的格式，共有三个字段：类型、代码和校验和；接着的 4 字节内容与 ICMP 报文的类型有关；最后面是数据字段，其长度取决于 ICMP 的类型。表 2.3.5 给出了几种常用的 ICMP 报文类型。

表 2.3.5　几种常用的 ICMP 报文类型

ICMP 报文类型	类型的值	ICMP 报文的类型
差错报告报文	3	终点不可达
	11	时间超过
	12	参数问题
	5	改变路由
询问报文	8（或 0）	回送请求或回答
	13（或 14）	时间戳请求或回答

ICMP 的一个重要应用就是互联网分组探测器（packet internet groper，PING），用来测试两台主机之间的连通性。PING 使用了 ICMP 回送请求与回送回答报文，是应用层直接使用网络层 ICMP 的一个例子。

在用户计算机接入互联网后，可以通过进入 MS-DOS 来运行 PING 命令。如果只输入 PING，如图 2.3.6 所示，系统将给出 PING 用法的提示。如果输入"PING hostname"（这里的 hostname 是要测试连通性的主机名或其 IP 地址），如图 2.3.7 所示，就可以查看本地计算机到远程的访问对象之间的连通性的测试结果。

图 2.3.6　PING 命令用法

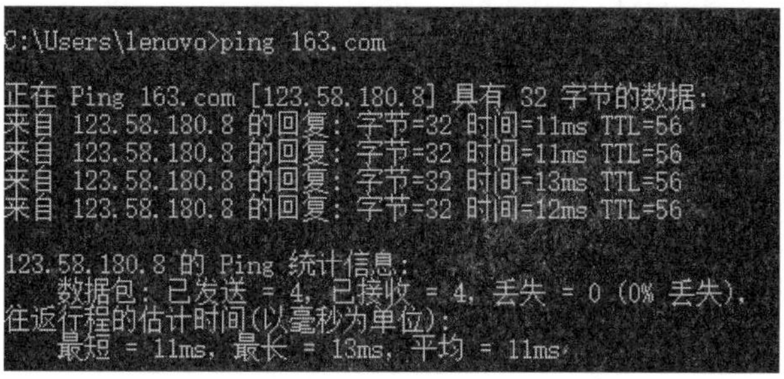

图 2.3.7　连通性的测试结果示例

由图 2.3.7 可知，本机访问的 163.com 的 IP 地址是 123.58.180.8。运行时，计算机一共发出了四个 ICMP 回送请求报文。如果此时服务器工作正常，而且响应这个 ICMP 回送请求报文（有的主机为了防止恶意攻击就不"理睬"外界发送过来的这种报文），那么它就发回 ICMP 回送回答报文。由于往返的 ICMP 报文上都有时间戳，所以很容易计算出往返时间。最后显示出的是统计结果：发送到哪个机器，发送的、收到的和丢失的分组数（但不给出分组丢失的原因），以及往返时间的最小值、最大值和平均值。从得到的结果可以看出，四个分组都收到了，平均时间为 11 ms。

5. 互联网的路由选择协议

（1）路由选择概述

路由选择是指选择通过互联网络从源节点向目的节点传输信息的通道，路由选择包括两个基本操作：最佳路径的判定和网间数据包的交换。在确定最佳路径的过程中，路由选择算法需要初始化和维护路由选择表，路由选择表中主要包括目的网络地址、相关网络节点、对某条路径的满意程度、预期路径信息等内容，对于不同的路由选择算法其内容会有所不同。这是因为：首先，算法设计者的设计目标会影响路由选择协议的运行结果；其次，现有的各种路由选择算法对网络和路由器资源的影响不同；最后，不同的判断标准也会影响最佳路径的计算结果。理想的路由算法应是正确的、完整的、稳定的、公平的，且能适应通信量和网络拓扑的变化。但是，不存在一种绝对的最佳路由算法，所谓"最佳"只能是某一种特定要求下得出的较为合理的选择而已。实际的路由选择算法，应尽可能接近于理想的算法。

路由选择是个非常复杂的问题，它是网络中的所有节点共同协调工作的结果。路由选择的环境往往是不断变化的，而这种变化有时无法事先知道。

从路由算法的自适应性考虑，可以有以下两种策略：

① 静态路由选择策略：即非自适应路由选择，所有路由都由人工设定好，其特点是简单和开销较小，但不能及时适应网络状态的变化。静态路由选择策略适用于很简单的小网络，用人工配置每一条路由。

② 动态路由选择策略：即自适应路由选择，其特点是能较好地适应网络状态的变化，但实现起来较为复杂，开销也比较大。动态路由选择策略适用于较复杂的大网络。

由于互联网的规模非常大，如果让所有的路由器知道所有的网络应怎样到达，那么这种路由表将非常大，处理起来也太花时间。所有这些路由器之间交换路由信息所需的带宽就会使互联网的通信链路饱和。许多单位不愿意外界了解自己单位网络的布局细节和本部门所采用的路由选择协议，但同时还希望连接到互联网上，因此互联网采用的路由选择协议是自适应的、分布式路由选择协议。

为此，可以把整个互联网划分为许多较小的自治系统（autonomous system，AS），自治系统是在单一的技术管理下的一组路由器，而这些路由器使用一种自治系统内部的路由选择协议和共同的度量以确定分组在该自治系统内的路由，同时还使用一种自治系统之间的路由选择协议用以确定分组在自治系统之间的路由。

互联网有两大类路由选择协议：

① 内部网关协议（interior gateway protocol，IGP）：即在一个自治系统内部使用的路由选择协议。目前这类路由选择协议使用得最多，如路由信息协议（routing information protocol，RIP）和开放式最短路径优先（open shortest path first，OSPF）协议。

② 外部网关协议（external gateway protocol，EGP）：若源站和目的站处在不同的自治系统中，当数据报传到一个自治系统的边界时，就需要使用一种协议将路由选择信息传递到另一个自治系统中，这样的协议就是外部网关协议。在外部网关协议中目前使用最多的是边界网关协议（border gateway protocol，BGP）。

（2）RIP

RIP 是内部网关协议中最先得到广泛使用的协议，是一种分布式的、基于距离向量的路由选择协议。

RIP 要求网络中的每一个路由器都要维护从它自己到其他每一个目的网络的距离记录。从一个路由器到与其直接连接的网络的距离定义为 1，从一个路由器到与其非直接连接的网络的距离定义为所经过的路由器数加 1。需要说明的是，RIP 中的"距离"也称为"跳数"（hop count），因为每经过一个路由器，跳数就加 1。

RIP 只适用于小型互联网，允许一条路径最多只能包含 15 个路由器。"距离"的最大值为 16 时就相当于不可达。

RIP 不能在两个网络之间同时使用多条路由，会选择一个具有最少路由器的路由（即最短路由），不管是否还存在另一条高速但路由器较多的路由。

RIP 的主要特点如下：

① 仅和相邻路由器交换信息。

② 交换的信息是当前本路由器所知道的全部信息，即自己的路由表。

③ 按固定的时间间隔交换路由信息。此外，当网络拓扑发生变化时，路由器也及时向相邻路由器通告拓扑变化后的路由信息。

路由器在刚刚开始工作时，它的路由表是空的，只知道与其直接连接的网络的距离（此距离定义为 1）。以后，每一个路由器只和相邻路由器交换并更新路由信息。但当所有路由器都和自己的相邻路由器不断交换路由信息后，所有的路由器最终都会知道到达本自治系统中任何一个网络的最短距离和下一跳路由器的地址，所有的路由器最终都拥有了整个自治系统的全局路由信息。

RIP 对每一个相邻路由器发送过来的路由表信息，按以下步骤对本地路由表信息进行更新：

1）对地址为 X 的相邻路由器发来的路由表信息，先修改此表中的所有项目：把"下一跳字段"中的地址都改为 X，并把所有的"距离"字段的值加 1。每一个项目都有三个关键数据，即到达目的网络 N，距离是 d，下一跳路由器是 X。

2）对修改后的每一个项目，按图 2.3.8 所示的流程进行操作。

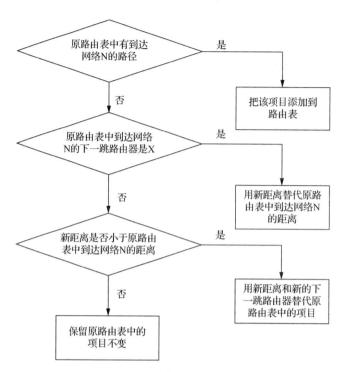

图 2.3.8　RIP 路由表更新方法

3）若 3 分钟还没有收到相邻路由器的更新路由表，则把此相邻路由器记为不可达的路由器，即把距离置为 16。

下面举例来说明 RIP 的路由表更新方法。假定网络中的路由器 A 的路由表如表 2.3.6 所示。

表 2.3.6　路由器 A 的路由表

目的网络	距离	下一跳路由器
N1	2	C
N2	3	B
N3	3	F
N4	5	G

现在路由器 A 收到相邻路由器 C 发来的路由信息如表 2.3.7 所示。

表 2.3.7　路由器 C 发给路由器 A 的路由信息

目的网络	距离	下一跳路由器
N1	4	B
N2	3	D
N5	2	G

请求解路由器 A 更新后的路由表，并详细说明每一个步骤。

【解】把表 2.3.7 中的距离都加 1，并把下一跳路由器都改为 C，如表 2.3.8 所示。

表 2.3.8 修改后的表 2.3.7

目的网络	距离	下一跳路由器
N1	5	C
N2	4	C
N5	3	C

将表 2.3.8 的每一行和表 2.3.6 进行比较，可知：

① 第一行具有相同的下一跳路由器，因此直接进行更新；

② 第二行到达 N2 网络的下一跳路由器不同，且距离更大，因此原表中内容不改变；

③ 第三行在表 2.3.6 中没有，因此要把这一行添加到表 2.3.6 中。

这样，得出更新后的路由器 A 的路由表如表 2.3.9 所示。

表 2.3.9 更新后的路由器 A 的路由表

目的网络	距离	下一跳路由器	说明
N1	5	C	相同的下一跳，更新
N2	3	B	不同的下一跳，距离更大，不改变
N3	3	F	无新信息，不改变
N4	5	G	无新信息，不改变
N5	3	C	新的项目，添加进来

RIP 让一个自治系统中的所有路由器都和自己的相邻路由器定期交换路由信息，并不断更新其路由表，使得从每一个路由器到每一个目的网络的路由的距离都是最短的。这里还应注意：虽然所有的路由器最终都拥有了整个自治系统的全局路由信息，但由于每一个路由器的位置不同，所以它们的路由表也应当是不同的。RIP 存在的一个问题是，当网络出现故障时，要经过比较长的时间（如数分钟）才能将此信息传送到所有的路由器。

（3）BGP

BGP 是不同自治系统的路由器之间交换路由信息的协议，BGP 系统的主要功能是和其他的 BGP 系统交换网络可达信息。

互联网的规模太大，因此自治系统之间的路由选择非常困难；此外，由于相互连接的网络的性能相差很大，所以根据最短距离找出来的路径，可能并不合适；再者，网络中可能存在有的路径的使用代价很高或很不安全的情况。因此，BGP 只能是力求寻找一条能够到达目的网络且比较好的路由（不能兜圈子），而不是非要寻找一条最佳路由，为此 BGP 采用了路径向量路由选择协议。

在配置 BGP 时，每一个自治系统的管理员要选择至少一个路由器作为该自治系统的 BGP 发言人（BGP speaker）。一般说来，两个 BGP 发言人都是通过一个共享网络连接在一起的，而 BGP 发言人通常就是 BGP 边界路由器，但也可以不是 BGP 边界路由器。

一个 BGP 发言人与其他自治系统中的 BGP 发言人要交换路由信息，就要先建立 TCP 连接，然后在此连接上交换 BGP 报文以建立 BGP 会话，利用 BGP 会话交换路由信息。

BGP 的特点如下：

① BGP 交换路由信息的节点数量级是自治系统数的量级，这要比这些自治系统中的网络数少很多。

② 每一个自治系统中，BGP 发言人的数目是很少的，这样就使得自治系统之间的路

由选择不会太复杂。

③ BGP 支持 CIDR，因此 BGP 的路由表也就应该包括目的网络前缀、下一跳路由器，以及到达该目的网络所要经过的各个自治系统序列。

④ 在 BGP 刚刚运行时，BGP 的邻站交换整个的 BGP 路由表，但后来只需要在发生变化时更新有变化的部分。这样做对节省网络带宽和减少路由器的处理开销都有益处。

6. 网际组管理协议（IGMP）

IP 多播技术，是一种允许一台或多台主机（多播源）发送单一数据包到多台主机（一次的，同时的）的 TCP/IP 网络技术。多播作为一点对多点的通信，是节省网络带宽的有效方法之一。多播能使一个或多个多播源只把数据包发送给特定的多播组，但只有加入该多播组的主机才能接收到数据包。目前，IP 多播技术被广泛应用在网络音频/视频广播、交互式会议、多媒体远程教育、"push"技术（如股票行情等）和虚拟现实游戏等方面。

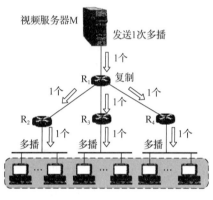

图 2.3.9　IP 多播工作方式

互联网领域的 IP 多播要靠多播路由器来实现。如图 2.3.9 所示，当服务器要向一组客户发送数据时，它不必向每一个终端都发送数据，而是只需将数据发送到一个特定的预约的组地址，这样所有加入该多播组的终端主机均可以收到这份数据。对发送者而言，只需发送一次数据就可以发送到所有接收者，大大增强了数据发送效率，同时减轻了网络的负载和发送者的负担。

IP 多播所传送的分组需要使用多播 IP 地址。在多播数据报的目的地址中写入的是多播组的标识符。多播组的标识符就是 IP 地址中的 D 类地址（多播地址）。每一个 D 类地址标识一个多播组。多播地址只能用于目的地址，不能用于源地址。

为了使路由器知道多播组成员的信息，需要利用 IGMP。多播数据报和一般的 IP 数据报的区别就是它使用 D 类 IP 地址作为目的地址，并且首部中的协议字段值是 2，表明使用 IGMP。多播数据报也是"尽最大努力交付"，但不保证一定能够交付多播组内的所有成员。对于多播数据报，不产生 ICMP 差错报文，因此，若在 PING 命令后面输入多播地址，将永远不会收到响应。另外，连接在局域网上的多播路由器还必须和互联网上的其他多播路由器协同工作，以便把多播数据报用最小代价传送给所有的组成员，为此就需要使用多播路由选择协议。

多播转发必须动态地适应多播组成员的变化（这时网络拓扑并未发生变化）。请注意，单播路由选择通常是在网络拓扑发生变化时才需要更新路由；而多播路由器在转发多播数据报时，不能仅仅根据多播数据报中的目的地址，还要考虑这个多播数据报从什么地方来和要到什么地方去。

IGMP 的工作可分为如下两个阶段：

第一阶段：加入多播组。当某个主机加入新的多播组时，该主机应向多播组的多播地址发送 IGMP 报文，声明自己要成为该组的成员。本地的多播路由器收到 IGMP 报文后，将组成员关系转发给互联网上的其他多播路由器。

第二阶段：探询组成员变化情况。因为组成员关系是动态的，因此本地多播路由器要周期性地探询本地局域网上的主机，以便知道这些主机是否继续是组的成员。只要对某个组有一个主机响应，那么多播路由器就认为这个组是活跃的。但若一个组在经过几次探询后仍然没有一个主机响应，则不再将该组的成员关系转发给其他的多播路由器。

7. IPv6

随着网络的迅猛发展，以及全球数字化和信息化步伐的加快，越来越多的设备、各种机构、个人等加入争夺 IP 地址的行列中，使 IPv4 地址资源越来越匮乏，从而促使了 IPv6 的出现。

（1）IPv6 的地址

IPv6 地址为 128 位，地址空间大于 $3.4×10^{38}$。如果整个地球表面都覆盖着计算机，那么 IPv6 允许每平方米拥有 $7×10^{23}$ 个 IP 地址。

128 位的 IPv6 地址，如果沿用 IPv4 的点分十进制法，则要用 16 个十进制数才能表示出来，读写起来非常麻烦，因而 IPv6 采用了一种新的方式——冒分十六进制表示法，即将地址中每 16 位为一组，写成 4 位的十六进制数，两组间用冒号分隔。

例如，点分十进制 132.210.136.108.255.255.255.255.0.0.18.128.140.10.255.255 可用冒分十六进制表示为 84D2:886C:FFFF:FFFF:0000:1280:8C0A:FFFF。

IPv6 的地址表示有以下几种特殊情形：

① IPv6 地址中每个 16 位分组中的前导零位可以去除做简化表示，但每个分组必须至少保留一位数字。例如，23DB:00C3:0000:2D3B:02FA:00FF:FE58:9B5A 去除前导零位后可写成 23DB:C3:0:2D3B:2FA:FF:FE58:9B5A。

② 某些地址中可能包含很长的零序列，此时可以用一种简化的表示方法——零压缩进行表示，即将冒号十六进制格式中相邻的连续零位合并，用双冒号"::"表示。"::"符号在一个地址中只能出现一次，该符号也能用来压缩地址中前部和尾部的相邻连续零位。例如，地址"FF0C:0:0:0:0:0:0:B1""0:0:0:0:0:0:0:1""0:0:0:0:0:0:0:0"分别可表示为压缩格式"FF0C::B1""::1""::"。

③ 在 IPv4 和 IPv6 混合环境中，有时更适合采用的表示形式为 x:x:x:x:x:x:d.d.d.d。其中，x 是地址中 6 个高阶 16 位分组的十六进制值，d 是地址中 4 个低阶 8 位分组的十进制值。例如，地址"0:0:0:0:0:0:13.1.68.3""0:0:0:0:0:FFFF:129.144.52.38"写成压缩形式为"::13.1.68.3""::FFFF:129.144.52.38"。

IPv6 协议定义了三种地址类型：单播地址（unicast address）、多播地址（multicast address）和任播地址（anycast address）。与原来的 IPv4 地址相比，IPv6 地址取消了 IPv4 地址中的广播地址类型，新增了任播地址类型。在 IPv6 中，广播功能是通过多播来完成的。

① 单播地址：用来唯一标识一个接口，类似于 IPv4 中的单播地址。发送到单播地址的数据报文将被传送给此地址所标识的一个接口。

② 多播地址：用来标识一组接口，类似于 IPv4 中的多播地址。发送到多播地址的数据报文被传送给此地址所标识的所有接口。

③ 任播地址：用来标识一组接口。发送到任播地址的数据报文被传送给此地址所标识的一组接口中距离源节点最近（根据使用的路由协议进行度量）的一个接口。

（2）IPv4 到 IPv6 的过渡

由于现在整个互联网的规模太大，所以，"规定一个日期，从这一天起所有的路由器一律都改用 IPv6"，显然是不可行的。这样，IPv4 向 IPv6 的过渡只能采用逐步演进的办法，在相当一段时间内 IPv4 和 IPv6 会共存于一个环境中。要使 IPv4 和 IPv6 的共存对使用者的影响最小，就需要有良好的转换机制。国际因特网工程任务组（Internet Engineering Task Force，IETF）推荐了双协议栈技术、隧道技术及网络地址转换（network address translation，NAT）技术等转换机制。

应用层协议	
TCP/UDP	
IPv4协议	IPv6协议
链路层及物理层协议	

图 2.3.10　IPv4/IPv6 双 IP 层结构

1）双协议栈技术。

双协议栈是指将 IPv6 协议栈和 IPv4 协议栈安装在同一个网络节点，通过该节点既能和使用 IPv6 协议的网络节点进行数据传输，又能与使用 IPv4 协议的节点进行数据传输，具有该功能的通信节点又称为 IPv4/IPv6 节点。图 2.3.10 所示为用双 IP 层结构来完成双协议栈节点。

在各种过渡技术中，双协议栈技术的应用最为广泛，很多其他过渡技术都是以双协议栈技术为基础。在应用中，网络通信中的路由器或者主机都可以设置成双协议栈节点。双协议栈技术的优点是兼容 IPv4 协议和 IPv6 协议的通信，并且易于实现；其缺点也很明显，每个双协议栈节点同时运行两套协议，一方面仍然需要为每个节点分配一个 IPv4 地址，因此无法解决 IP 地址短缺的问题；另一方面，同时维护、计算并存储两套表项，增加了节点的负担，对节点的处理性能要求更高。

2）隧道技术。

隧道技术是通过将一种 IP 数据包嵌套在另一种 IP 数据包中进行网络传递的技术。隧道类型有多种，按照应用场景的不同可分为 IPv4 over IPv6 隧道和 IPv6 over IPv4 隧道。

① IPv6 over IPv4 是基于 IPv4 隧道来传送 IPv6 数据报文的隧道技术，将 IPv6 报文封装在 IPv4 报文中，这样 IPv6 协议报文就可以穿越 IPv4 网络进行通信。如图 2.3.11 所示，IPv6 over IPv4 隧道两端的节点必须支持 IPv4/IPv6 双协议栈，除隧道两端的节点外，其他节点不需要支持双协议栈。

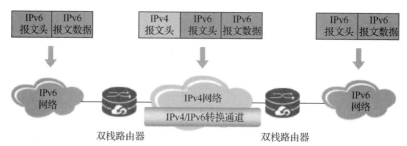

图 2.3.11　IPv6 over IPv4 隧道

② 利用 IPv4 over IPv6 隧道技术可以通过现有的运行 IPv4 协议的 Internet 骨干网络将局部的 IPv6 网络连接起来，因而隧道技术是 IPv4 向 IPv6 过渡初期最易于采用的技术。如图 2.3.12 所示，IPv4 over IPv6 隧道对 IPv4 报文进行封装，即隧道发送端将 IPv4 报文封装在 IPv6 包中，在 IPv6 网络上传送该封装包；当封装包到达隧道接收端时，解掉封装包的 IPv6 包头，取出 IPv4 报文继续处理。

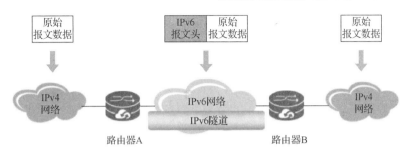

图 2.3.12　IPv4 over IPv6 隧道

③ NAT 过渡技术。

NAT 过渡技术的应用示意图如图 2.3.13 所示。其中，NAT64 是一种有状态的网络地址与协议转换技术，支持通过 IPv6 网络侧用户发起连接访问 IPv4 侧网络资源，满足了 IPv6 主机与 IPv4 网络互通的需求。NAT64 也支持通过手工配置静态映射关系实现 IPv4 网络主动发起连接访问 IPv6 网络

图 2.3.13　NAT 过渡技术的应用示意图

的请求。DNS64 则主要是配合 NAT64 的工作，将 DNS 查询信息中的 IPv4 地址合成到 IPv6 地址中，并返回合成的 IPv6 地址给 IPv6 侧用户。

（3）IPv6 的主要协议

1）地址配置协议。

IPv6 使用两种地址自动配置协议，分别为无状态地址自动配置协议（SLAAC）和 IPv6 动态主机配置协议（DHCPv6）。SLAAC 不需要服务器对地址进行管理，主机直接根据网络中的路由器通告信息与本机 MAC 地址结合计算出本机 IPv6 地址，实现地址自动配置；DHCPv6 由 DHCPv6 服务器管理地址池，用户主机从服务器请求并获取 IPv6 地址及其他信息，达到地址自动配置的目的。

2）路由协议。

IPv4 初期对 IP 地址规划得不合理，使得网络变得非常复杂，路由表条目繁多。尽管通过划分子网及路由聚合在一定程度上缓解了这个问题，但这个问题依旧存在。因此 IPv6 设计之初就把地址从用户拥有改成运营商拥有，在此基础上，路由策略也发生了一些变化。与 IPv4 相同，IPv6 路由协议同样分成 IGP 与 EGP，其中，IGP 包括由 RIP 变化而来的 RIPng（RIP next generation，下一代 RIP），由 OSPF 变化而来的 OSPFv3 等，EGP 则主要是由 BGP 变化而来的 BGP4+。

3）ICMPv6 协议。

与 IPv4 一样，IPv6 也不保证数据报的可靠交付，因为互联网中的路由器可能会丢弃数据报。因此 IPv6 也需要使用 ICMP 来反馈 IPv6 节点在数据报处理过程中出现的错误消息，并实现简单的网络诊断功能。新的版本称为 ICMPv6，它比 ICMPv4 要复杂得多。ICMPv6 新增加的邻居发现功能代替了 ARP 的功能，所以在 IPv6 体系结构中已经没有 ARP 了。此外，ICMPv6 还为支持 IPv6 中的路由优化、IP 多播、移动 IP 等增加了一些新的报文类型。

8. 虚拟专用网

由于 IP 地址紧缺，一个机构能够申请到的 IP 地址数往往很难满足本机构所有终端主

机的要求。另外，考虑到互联网并不很安全，一个机构内也并不需要把所有的主机都接入外部的互联网。

如果在一个机构内部的计算机通信也采用 TCP/IP，那么对于这些仅在机构内部使用的计算机就可以由本机构自行分配 IP 地址，而不需要向互联网管理机构申请。但由此可能带来的问题是，在内部使用的本地地址有可能会和互联网中某个 IP 地址冲突，这样就会出现地址的二义性问题。

为了解决此问题，RFC 1918 指明了一些专用地址。专用地址只能用作本地地址而不能用作全球地址。在互联网中的所有路由器，对目的地址是专用地址的数据报一律不进行转发。2013 年 4 月，RFC 6890 给出了所有特殊用途的 IPv4 地址，但三个专用地址块的指派并无变化，即

① 10.0.0.0 到 10.255.255.255（或记为 10.0.0.0/8，又称为 24 位块）；
② 172.16.0.0 到 172.31.255.255（或记为 172.16.0.0/12，又称为 20 位块）；
③ 192.168.0.0 到 192.168.255.255（或记为 192.168.0.0/16，又称为 16 位块）。

利用公用的互联网作为本机构各专用网之间的通信载体，这样的专用网又称为虚拟专用网（virtual private network，VPN）。"专用网"是因为这种网络是为本机构的主机用于机构内部的通信，而不是用于和网络外非本机构的主机通信。"虚拟"表示"好像是"，但实际上并不是，因为现在并没有真正使用通信专线，而 VPN 只是在效果上和真正的专用网一样。

那么，在专用网上使用专用地址的主机如何与互联网上的主机通信呢？目前使用最多的是 NAT 方法。

NAT 方法于 1994 年提出，使用时需要在专用网连接到互联网的路由器上安装 NAT 软件。装有 NAT 软件的路由器叫作 NAT 路由器，它至少有一个有效的外部全球 IP 地址。所有使用本地地址的主机在和外界通信时，都要在 NAT 路由器上将其本地地址转换成全球 IP 地址，只有这样才能和互联网连接。

2.3.4　传输层

1. 传输层协议概述

传输层是 OSI 参考模型的中间层，从通信和信息处理的角度看，传输层是面向通信部分的最高层，同时也是用户功能中的最低层。传输层的目的是向用户透明地传送报文，并向高层用户屏蔽下面网络核心的细节。

在一台主机中经常有多个应用进程同时分别和另一台主机中的多个应用进程通信。通信的真正端点并不是主机而是主机中的进程，端到端的通信是应用进程之间的通信。传输层负责提供主机中两个进程之间数据的传送，复用和分用是传输层中非常重要的功能。根据应用程序的不同需求，传输层需要有两种不同的传输协议，即面向连接的 TCP 和无连接的 UDP。

UDP 是一种无连接协议，提供无连接服务。在传送数据之前不需要先建立连接。它传送的数据单位协议是 UDP 报文，对方的传输层在收到 UDP 报文后，不需要给出任何确认。虽然 UDP 不提供可靠交付，但在一些情况下 UDP 是一种最有效的工作方式。

TCP 是一种面向连接的协议，提供面向连接的服务。它传送的数据单位协议是 TCP 报文段。TCP 只提供点对点服务，不提供广播或多播服务。由于 TCP 要提供可靠的、面向连接的传输服务，因此不可避免地增加了许多开销。这不仅使协议数据单元的首部增大很多，

还要占用许多处理机资源。

表 2.3.10 列出了常见的使用 UDP 和 TCP 的各种应用和应用层协议。

表 2.3.10 使用 UDP 和 TCP 的各种应用和应用层协议

应用	应用层协议	传输层协议
域名转换	DNS	UDP
文件传送	FTP	TCP
路由选择协议	RIP	UDP
IP 地址配置	DHCP	UDP
万维网	HTTP	TCP
电子邮件	SMTP	TCP
IP 电话	专用协议	UDP
多播	IGMP	UDP

注：DHCP，全称为 dynamic host configuration protocol，动态主机配置协议。

运行在计算机中的进程是用进程标识符来标识的，但由于在互联网上使用的计算机的操作系统种类很多，而不同的操作系统又使用不同格式的进程标识符，因此在网络应用中不宜使用计算机操作系统指派它的进程标识符来区分各种应用。为了使运行不同操作系统的计算机的应用进程能够互相通信，就必须用统一的方法对 TCP/IP 体系的应用进程进行标识。

解决这个问题的方法就是在传输层使用协议端口号，通常简称为端口。虽然通信的终点是应用进程，但我们可以把端口当作通信的终点，因为我们只要把要传送的报文交到目的主机的某一个合适的目的端口即可，剩下的工作（即最后交付目的进程）就由 TCP 来完成。

TCP/IP 传输层端口用一个 16 位端口号进行标识。需要注意的是，端口号只具有本地意义，即端口号只是为了标识本计算机应用层中的各进程。在互联网中，不同计算机的相同端口号是没有联系的。由此可见，两个计算机中的进程要互相通信，不仅需要知道对方的 IP 地址（为了找到对方的计算机），而且需要知道对方的端口号（为了找到对方计算机中的应用进程）。

传输层端口的分类及常用的熟知端口号分别如表 2.3.11 和表 2.3.12 所示。

表 2.3.11 传输层端口号的分类

服务器端使用的端口号	熟知端口	数值一般为 0～1023
	登记端口号	数值为 1024～49151，使用前必须在 IANA 登记
客户端使用的端口号	短暂端口号	数值为 49152～65535，留给客户进程选择暂时使用

注：IANA，全称为 the Internet assigned numbers authority，互联网数字分配机构。

表 2.3.12 常用的熟知端口号

应用程序	FTP	Telnet	SMTP	DNS	TFTP	HTTP	SNMP	HTTPS
熟知端口号	21	23	25	53	69	80	161	443

注：TFTP，全称为 trivial file transfer protocol，简单文件传输协议；

SNMP，全称为 simple network management protocol，简单网络管理协议。

2. UDP

UDP 在 IP 的数据报服务之上实现复用、分用和差错检测的功能。虽然 UDP 只能提供不可靠的交付，但 UDP 在某些方面有其特殊的优点：

① UDP 是无连接的，发送数据之前不需要建立连接，因此减少了开销和发送数据之前的时延。

② UDP 尽最大努力交付，但不保证可靠交付，因此主机不需要维持复杂的连接状态表。

③ UDP 是面向报文的，一次交付一个完整的报文。

④ UDP 没有拥塞控制，因此网络出现的拥塞不会使源主机的发送速率降低。这对某些实时应用是很重要的，符合多媒体通信的要求。

⑤ UDP 支持一对一、一对多、多对一和多对多的交互通信。

⑥ UDP 的首部开销小，只有 8 字节。

发送方 UDP 对应用程序交下来的报文，既不合并，也不拆分，而是保留这些报文的边界，在添加 UDP 首部后就向下交付 IP 层。无论多长的报文，UDP 都照样发送，即一次发送一个报文。

接收方 UDP 对 IP 层交上来的用户数据报，在去除首部后就原封不动地交付上层的应用进程，一次交付一个完整的报文。

因此，应用程序必须选择大小合适的报文。若报文太长，UDP 把它交给 IP 层后，IP 层在传送时可能要进行分片，这会降低 IP 层的效率。若报文太短，UDP 把它交给 IP 层后，会使 IP 数据报首部的相对长度太大，进而降低 IP 层的效率。

UDP 报文有两个字段：数据字段和首部字段。首部字段只包括源端口号、目的端口号、长度和校验和 8 字节，如图 2.3.14 所示。当传输层从 IP 层收到 UDP 报文时，就根据首部中的目的端口，把 UDP 报文通过相应的端口，上交给应用进程。

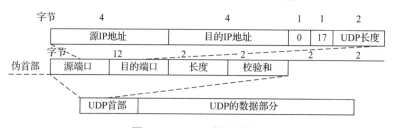

图 2.3.14　UDP 报文首部

3. TCP 概述

（1）TCP 连接的特点

TCP 是面向连接的、提供可靠交付服务的传输层协议。应用程序在使用 TCP 之前，必须先建立 TCP 连接。在传送数据完毕后，必须释放已经建立的 TCP 连接。通过 TCP 连接传送的数据，无差错、不丢失、不重复，并且按序到达。

虽然应用程序和 TCP 的交互是一次一个大小不等的数据块，但 TCP 把应用程序交下来的数据仅仅看成一连串无结构的字节流。TCP 不保证接收方应用程序所收到的数据块和发送方应用程序所发出的数据块具有对应大小的关系。但接收方应用程序收到的字节流必须和发送方应用程序发出的字节流完全一样。

需要说明的是，TCP 连接是一条虚连接而不是一条真正的物理连接。TCP 对应用进程一次把多长的报文发送到 TCP 的缓存中是不关心的。TCP 根据对方给出的窗口值和当前网络拥塞的程度来决定一个报文段应包含多少字节。TCP 可以把太长的数据块划分短一些再传送，也可以等待积累有足够多的字节后再构成报文段发送出去。

（2）TCP 连接的套接字

TCP 把连接作为最基本的抽象，每一条 TCP 连接只能有两个端点，每一条 TCP 连接只能是点对点的。TCP 连接的端点叫作套接字（socket），端口号拼接到 IP 地址后就构成了套接字，即

套接字（socket）=(IP 地址:端口号)

每一条 TCP 连接唯一地被通信两端的两个套接字确定，即

TCP 连接::= {socket1,socket2} = {(IP1: port1),(IP2: port2)}

成功建立一个新的 TCP 连接，需要保证该连接中四个要素组合体的唯一性，即保证每个连接具有唯一的{(ServerIP:Server port),(ClientIP:Client port)}组合。同一个 IP 地址可以有多个不同的 TCP 连接，而同一个端口号也可以出现在多个不同的 TCP 连接中。

服务器端的同一个 IP 和 port，可以与多个不同的客户端或同一个客户端的多个不同端口成功建立多个 TCP 连接，只要保证{(ServerIP:Server port),(ClientIP:Client port)}这个组合唯一不重复即可。

（3）TCP 报文的首部

TCP 虽然是面向字节流的，但 TCP 传送的数据单元却是报文段。一个 TCP 报文段分为首部和数据两部分，而 TCP 的全部功能都体现在它首部中各字段的作用。TCP 报文段首部的前 20 字节是固定的，后面是根据需要而增加的选项，如图 2.3.15 所示。

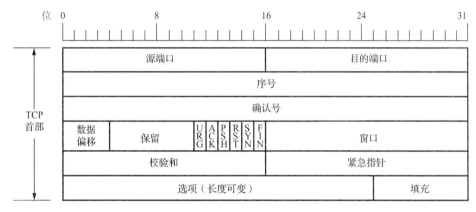

图 2.3.15 TCP 报文的首部组成

由图 2.3.15 可知，TCP 首部最少包括 2 字节源端口号、2 字节目的端口号、4 字节数据流字节序号、4 字节确认号、半字节长的以 32 位字为单位计算出的数据偏移、6 位保留字段、5 位标志字段、2 字节窗口字段和 2 字节校验和。首部固定部分的各字段的意义如下：

1）源端口和目的端口：加上 IP 首部的源 IP 地址和目的 IP 地址，确定唯一的 TCP 连接。另外，通过目的端口来决定 TCP 将数据报交付于哪个应用程序，从而实现 TCP 的分用功能。

2）序号：占 4 字节，序号的范围为[0,4284967296]。由于 TCP 是面向字节流的，所以在一个 TCP 连接中传送的字节流中的每一字节都按顺序编号，首部中的序号字段则是指本报文段所发送的数据的第一字节的序号。另外，序号是循环使用的，当序号增加到最大值时，下一个序号就又回到了 0。

3）确认号：当 ACK 标志位为 1 时有效，表示期望收到的下一个报文段的第一个数据字节的序号。确认号为 N，则表明到序号 $N-1$ 为止的所有数据字节都已经被正确地接收到了。

4）数据偏移/首部长度：指 TCP 报文段的首部长度，它指出 TCP 报文段的数据部分的起始位置与 TCP 报文段的起始位置的距离。首部长度占 4 字节，但它的单位是 32 位字，即以 4 字节为计算单位，因此首部长度的最大值为 60（15×4=60）字节，这就意味着选项的长度不超过 40 字节。

5）保留位：必须为 0。

6）6 个控制位：TCP 的控制位及其性质如表 2.3.13 所示。

表 2.3.13 TCP 的控制位及其性质

控制位	性质
URG	当 URG=1 时，表明紧急指针字段有效
ACK	当 ACK=1 时，表明确认号字段有效
PSH	如果发送的报文段中 PSH=1，则接收方接收到该报文段后，直接将其交付给应用进程，而不再等待整个缓存都填满后再向上交付
RST	复位标志，当 RST=1 时，表明 TCP 连接中出现严重差错，必须释放连接，然后重新建立传输连接
SYN	同步序号，用来发起一个连接。当 SYN=1 而 ACK=0 时，表明这是一个连接请求报文段，若对方同意建立连接，则应在响应的报文段中使 SYN=1 和 ACK=1
FIN	用来释放一个连接。当 FIN=1 时，表明此报文段的发送方的数据已发送完毕，并要求释放连接

7）窗口：接收方让发送方下次发送报文段时设置的发送窗口的大小。

8）校验和：校验的字段范围包括首部和数据这两部分。

9）紧急指针：当 URG=1 时紧急指针才有效，它指出本报文段中的紧急数据的字节数。值得注意的是，即使窗口为 0，也可发送紧急数据。

10）选项与填充：选项应该为 4 字节的整数倍，否则用 0 填充。最常见的可选字段是最长报文大小（maximum segment size，MSS），每个连接方通常都在通信的第一个报文段中指明这个选项，它指明本端所能接收的最大长度的报文段。如果不指明该选项，则默认为 536（20 字节+20 字节+536 字节=576 字节的 IP 数据报），其中，IP 首部和 TCP 首部各 20 字节，而 Internet 上标准的 MTU（maximum transmission unit，最大传输单元）（最小）为 576 字节。

（4）TCP 可靠传输的原理

TCP 发送的报文段是交给 IP 层传送的，但 IP 层只能提供尽最大努力服务。为了在不可靠的网络上实现可靠传输，TCP 必须采用适当的措施使两个传输层之间的通信变得可靠，TCP 主要采取的措施如下：

1）数据分片：在发送端对用户数据进行分片，在接收端进行重组，由 TCP 确定分片的大小并控制分片和重组。

2）到达确认和超时重发：当 TCP 数据发送端发出数据后，它将启动超时定时器，等待目的端确认收到这个报文段。如果在定时器超时之后没有收到相应的确认，将重发这个报文段。当 TCP 数据接收端收到数据时，它将根据分片数据序号向发送端发送一个确认。

3）失序处理和重复处理：作为 IP 数据报来传输的 TCP 分片可能会发生重复和失序，TCP 将丢弃重复收到的数据，并对收到的数据进行重新排序，然后以正确的顺序交给应用层。

4）数据校验：TCP 通过应用首部和数据的校验和，检测数据在传输过程中的任何变化。如果收到分片的校验和有差错，TCP 将丢弃这个分片，且不发送确认，从而通过超时引起发送端的重发。

5）流量控制：TCP 连接的每一端都有固定大小的缓冲空间，接收端只允许另一端发送接收端缓冲区所能接纳的数据，TCP 在滑动窗口的基础上提供点对点通信的流量控制，抑制发送端发送数据的速率，以便接收端来得及接收。

6）拥塞控制：拥塞控制是一个全局性的过程，涉及所有的主机、所有的路由器，以及与降低网络传输性能有关的所有因素。拥塞控制就是防止过多的数据注入网络中，使网络中的路由器或链路不致过载。拥塞控制的一个前提就是网络能够承受现有的网络负荷。

4. TCP 的流量控制

TCP 采用大小可变的滑动窗口进行流量控制，窗口大小的单位是字节。发送窗口在连接建立时由双方商定。但在通信的过程中，发送方的发送窗口数值不能超过接收方给出的接收窗口的数值，接收端可根据自己的资源情况，随时动态地调整对方发送窗口的上限值。

发送窗口的上限值是指建立连接后，当前发送端未经接收端确认就可发送的最大数据量。利用滑动窗口机制可以很方便地在 TCP 连接上实现流量控制。在建立 TCP 连接时，双方协商窗口尺寸，同时接收端预留数据缓冲区；连接建立好后，发送端则可以根据协商的结果，发送符合窗口尺寸的数据字节流，并等待对方的确认；在通信过程中，发送端根据确认信息，改变发送窗口的尺寸。下面通过图 2.3.16 所示的例子来说明如何利用滑动窗口机制进行流量控制。

为了方便讲述流量控制原理，我们做一些设定：

1）假定数据传输在一个方向进行，即 A 发送数据，B 接收数据；

2）每一个报文段为 100 字节，数据报文段序号的初始值设为 1；

3）用 win 表示接收窗口，seq 表示字节序号，ack 表示确认字段的值，即期待接收到的字节序号；

4）在连接建立时，B 告诉 A，其 win = 500。

图 2.3.16 中的各个步骤的说明如表 2.3.14 所示。

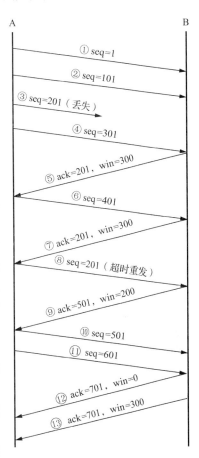

图 2.3.16　利用滑动窗口机制进行流量控制示例

表 2.3.14　步骤说明

步骤	步骤说明
①	A 发送了序号 1～100，还能发送 400 字节
②	A 发送了序号 101～200，还能发送 300 字节
③	A 发送了序号 201～300，但此报文段丢失了
④	A 发送了序号 301～400，还能发送 100 字节
⑤	B 通知 A，允许 A 发送序号 201～500，共 300 字节
⑥	A 发送了序号 401～500，不能再发送数据了
⑦	B 通知 A，允许 A 发送序号 201～500，共 300 字节
⑧	A 超时重新发送了序号 201～300，但不能再发送新的数据了

续表

步骤	步骤说明
⑨	B 通知 A，允许 A 发送序号 501~700，共 200 字节
⑩	A 发送了序号 501~600，还能发送 100 字节
⑪	A 发送了序号 601~700，不能再发送数据了
⑫	B 通知 A，700 字节都收到了，但不能再发送数据了
⑬	B 通知 A，允许 A 发送序号 701~1000，共 300 字节

　　由图 2.3.16 与表 2.3.14 可知，接收方的主机 B 进行了三次流量控制。在第⑤步把窗口值减小到 300；在第⑫步把窗口值减到 0，即不允许发送方再发送数据了。但在 B 向 A 发送了零窗口的报文段后不久，B 的接收缓存又有了一些存储空间，于是 B 向 A 发送了窗口值为 300 的报文段。

　　现在我们考虑一种情况，假设在图 2.3.16 中，第⑬步的报文段在传送过程中丢失了，那么 A 会一直等待收到 B 发送的非零窗口的通知，而 B 也会一直等待 A 发送的数据。如果没有其他措施，这种互相等待的死锁局面将一直延续下去。

　　为了解决这个问题，TCP 为每一个连接设有一个持续计时器，只要 TCP 连接的一方收到对方的零窗口通知，就启动持续计时器。若持续计时器设置的时间到，就发送一个仅携带 1 字节的数据的零窗口探测报文段，对方就在确认这个探测报文段时给出现在的窗口值。如果窗口值仍然是零，那么收到这个报文段的一方就重新设置持续计时器。如果窗口值不是零，那么死锁的僵局就可以打破了。

　　在 TCP 流量控制中，如何控制发送报文段的时机仍然是一个较为复杂的问题。下面我们分别对两种极端情况进行分析，从而说明如何控制发送报文段的时机。

　　第一种情况被称为发送方糊涂窗口综合征，即发送方 TCP 每次接收到 1 字节的数据后就发送。此时，用户只发送 1 个字符，加上 20 字节的 TCP 首部和 20 字节的 IP 首部，形成 41 字节的 IP 数据报。接收方 TCP 立即发出确认，构成的数据报是 40 字节。显然这种传送方法的效率比较低。

　　解决上述问题的一种有效方法是使用 Nagle 算法。若发送应用进程把要发送的数据逐字节地送到 TCP 的发送缓存，发送方就把第一个数据字节先发送出去，把后面到达的数据字节都缓存起来。当发送方收到对第一个数据字符的确认后，再把发送缓存中的所有数据组装成一个报文段发送出去，同时继续对随后到达的数据进行缓存。只有在收到对前一个报文段的确认后才继续发送下一个报文段。当到达的数据已达到发送窗口大小的一半或已达到报文段的最大长度时，就立即发送一个报文段。

　　第二种情况被称为接收方糊涂窗口综合征。当接收方的 TCP 缓冲区已满时，接收方才会向发送方发送窗口大小为 0 的报文。此时接收方的应用进程每次只读取 1 字节，于是接收方又发送窗口大小为 1 字节的更新报文，发送方应邀发送 1 字节的数据，于是接收窗口又满了，如此循环往复。

　　显然这样严重降低了网络的效率，解决该问题的一种有效的方法是让接收方等待一段时间，使接收缓存已有足够空间容纳一个最长的报文段，或者等到接收缓存已有一半空闲的空间，才发出确认报文，并向发送方通知当前的窗口大小。

5. TCP 的拥塞控制

在某段时间，若对网络中某资源的需求超过了该资源所能提供的可用部分，网络的性能就要变坏，这种现象称为拥塞。若网络中有许多资源同时产生拥塞，网络的性能就要明显变坏，整个网络的吞吐量将随输入负荷的增大而下降。

TCP 采用基于窗口的方法进行拥塞控制。发送方维持一个拥塞窗口（congestion window，cwnd），拥塞窗口的大小取决于网络的拥塞程度，并且在动态地变化。发送端利用拥塞窗口根据网络的拥塞情况调整发送的数据量。因此，发送窗口的大小不仅取决于接收方公告的接收窗口，还取决于网络的拥塞状况，真正的发送窗口值为公告窗口值和拥塞窗口值中的较小值。

只要网络没有出现拥塞，拥塞窗口就可以再增大一些，以便把更多的分组发送出去，这样就可以提高网络的利用率。但只要网络出现拥塞或有可能出现拥塞，就必须把拥塞窗口减小一些，以减少注入网络中的分组数，从而缓解网络出现的拥塞。

我们可以从两个方面来判断网络是否发生拥塞：第一方面为重传定时器超时，现在通信线路的传输质量一般很好，因传输出差错而丢弃分组的概率是很小的，只要出现了超时，就可以猜想网络可能出现了拥塞；第二方面为收到三个重复的 ACK，个别报文段会在网络中丢失，预示可能会出现拥塞，因此可以尽快采取控制措施，避免拥塞。

TCP 的拥塞控制算法有慢开始、拥塞避免、快重传和快恢复四种。

1）慢开始算法：由小到大逐渐增大拥塞窗口数值，使用慢开始算法，每经过一个传输轮次，拥塞窗口 cwnd 就加倍。

为了防止拥塞窗口 cwnd 增长过大引起网络拥塞，还需要设置一个慢开始门限 ssthresh 状态变量。当 cwnd < ssthresh 时，使用慢开始算法；当 cwnd > ssthresh 时，停止使用慢开始算法而改用拥塞避免算法；当 cwnd = ssthresh 时，既可使用慢开始算法，也可使用拥塞避免算法。

2）拥塞避免算法：让拥塞窗口 cwnd 缓慢地增大，即每经过一个往返时间就把发送方的拥塞窗口 cwnd 加 1，而不是加倍，使拥塞窗口 cwnd 按线性规律缓慢增长。

3）快重传算法：采用快重传算法可以让发送方尽早知道发生了个别报文段的丢失。发送方只要连续收到三个重复确认，就知道接收方确实没有收到报文段，此时应当立即进行重传，这样就不会出现超时，发送方也就不会误认为出现了网络拥塞。使用快重传算法可以使整个网络的吞吐量提高约 20%。

4）快恢复算法：当发送方收到连续三个重复的确认时，发送方会认为网络很可能没有发生拥塞，因此并不执行慢开始算法，而是执行快恢复算法，即将门限值调整为当前门限值的一半，并开始执行拥塞避免算法。

下面我们举例说明 TCP 拥塞控制的方法。图 2.3.17 所示为拥塞控制过程中 TCP 拥塞窗口的变化过程。

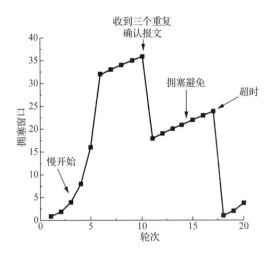

图 2.3.17　TCP 拥塞窗口 cwnd 在拥塞控制时的变化情况

假设慢开始门限的初始值为 32 个报文段，即 ssthresh = 32。为了清楚显示各传输轮次，表 2.3.15 列出了 TCP 的传输轮次 n 与拥塞窗口 cwnd 大小的关系。

表 2.3.15　TCP 的传输轮次 n 与拥塞窗口 cwnd 大小的关系

n	1	2	3	4	5	6	7	8	9	10
cwnd	1	2	4	8	16	32	33	34	35	36
n	11	12	13	14	15	16	17	18	19	20
cwnd	18	19	20	21	22	23	24	1	2	4

由图 2.3.17 与表 2.3.15 可知：

① TCP 在传输轮次[1，6]和[18，20]时，工作在慢开始阶段，此时 cwnd 值按指数级增长。

② TCP 在传输轮次[6，10]和[11，17]时，工作在拥塞避免阶段，此时 cwnd 值按步长加 1 线性增长。

③ 在第 10 轮次发送方收到三个重复的确认报文。根据快重传算法，发送方只要连续收到三个重复确认，就应立即进行重传，这样就不会出现超时，也不会误认为出现了网络拥塞。此时执行快恢复算法，调整门限值 ssthresh = 36/2 = 18，进入拥塞避免阶段。

④ 在第 17 轮次网络出现了超时，发送方判断为网络拥塞。于是调整门限值 ssthresh = 24/2 = 12，同时设置拥塞窗口 cwnd = 1，进入慢开始阶段。

6. TCP 的传输连接管理

TCP 的传输连接是用来传送 TCP 报文的，其建立和释放是每一次面向连接的通信中必不可少的过程。传输连接包含三个阶段：连接建立、数据传送和连接释放。传输连接的管理就是使传输连接的建立和释放都能正常地进行。

（1）TCP 连接的建立

在 TCP 连接建立的过程中要解决以下三个问题：

① 要使每一方能够确知对方的存在；

② 要允许双方协商一些参数（如最大窗口值、是否使用窗口扩大选项和时间戳选项及

服务质量等）；

③ 能够对传输实体资源（如缓存大小、连接表中的项目等）进行分配。

TCP 连接的建立采用客户/服务器方式，主动发起连接建立的应用进程叫作客户（client），而被动等待连接建立的应用进程叫作服务器（server）。

TCP 建立连接的过程叫作握手，建立连接需要在客户和服务器之间交换三个 TCP 报文段。图 2.3.18 所示为三次握手建立 TCP 连接的过程。

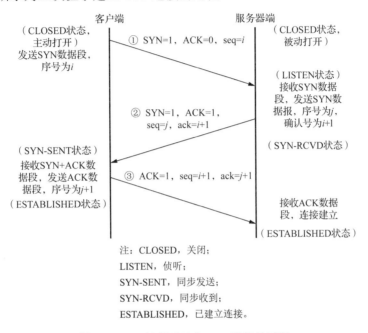

图 2.3.18　三次握手建立 TCP 连接的过程

由图 2.3.18 可知，在连接建立之前，客户和服务器两端的 TCP 进程都处于 CLOSED 状态。服务器端的 TCP 进程创建传输控制块 TCB，准备接收客户端进程的连接请求，然后服务器端进程处于 LISTEN 状态，等待客户端的连接请求。

① TCP 连接的第一次握手：客户端的 TCP 进程首先创建传输控制模块，然后向服务器端发出连接请求报文段，该报文段首部中的 SYN=1，ACK=0，同时选择一个初始序号 seq=i。TCP 规定，SYN=1 的报文段不能携带数据，但要消耗一个序号。这时，TCP 客户进程进入 SYN-SENT 状态。

② TCP 连接的第二次握手：服务器端收到客户端发来的请求报文后，如果同意建立连接，就向客户端发送确认。确认报文中的 SYN=1，ACK=1，确认号 ack=i+1，同时为自己选择一个初始序号 seq=j。同样该报文段也是 SYN=1 的报文段，不能携带数据，但同样要消耗一个序号。这时，TCP 服务器端进入 SYN-RCVD 状态。

③ TCP 连接的第三次握手：TCP 客户端进程收到服务器端进程的确认后，还要向服务器端给出确认。确认报文段的 ACK=1，确认号 ack=j+1，而自己的序号为 seq=i+1。TCP 的标准规定，ACK 报文段可以携带数据，但如果不携带数据则不消耗序号，因此，如果不携带数据，则下一个报文段的序号仍为 seq=i+1。这时，TCP 连接已经建立，客户端进入 ESTABLISHED 状态。当服务器端收到确认后，也进入 ESTABLISHED 状态。

由图 2.3.18 可知，前两次的握手显然是必需的，为什么客户端收到服务器端发来的确认后还要向服务器端再发送一次确认呢？这主要是为了防止已失效的请求报文段突然又传送到了服务器端而产生连接的误判。

现假定出现一种异常情况：客户端发送了一个连接请求报文段到服务器端，但是在某些网络节点上长时间滞留了，而后客户端又超时重发了一个连接请求报文段到该服务器端，并正常建立连接，数据传输完毕，就释放了连接。如果这时候第一次发送的请求报文段延迟一段时间后，又到了服务器端，很显然，这本是一个早已失效的报文段，但是服务器端收到后会误以为客户端又发出了一次连接请求，于是向客户端发出确认报文段，并同意建立连接。

假设不采用三次握手，这时服务器端只要发送了确认，新的连接就建立了。而客户端并没有发出建立连接的请求，因此不会理会服务器端的确认，也不会向服务器端发送数据。此时，服务器端会一直等待客户端发送数据，直到超出保活计时器的设定值，才会判定客户端出了问题而关闭这个连接。这样就浪费了很多服务器的资源。如果采用三次握手，只要客户端不向服务器端发出确认，服务器端收不到确认，就知道客户端没有要求建立连接，从而不建立该连接。

（2）TCP 连接的释放

TCP 连接的释放过程比较复杂。数据传输结束后，通信的双方都可释放连接，并停止发送数据。假设现在客户端和服务器端都处于 ESTABLISHED 状态，图 2.3.19 给出了 TCP 连接释放的四次握手过程。

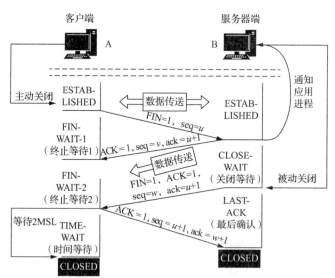

注：MSL，全称为 maximum segment lifetime，最长报文寿命。

图 2.3.19　TCP 连接的释放

① TCP 连接释放的第一次握手：客户端 A 的 TCP 进程先向服务器端 B 发出连接释放报文段，并停止发送数据，主动关闭 TCP 连接。释放连接报文段的 FIN=1，序号为 seq=u，该序号等于前面已经传送过去的数据的最后 1 字节的序号加 1。这时，A 进入 FIN-WAIT-1 状态，等待 B 的确认。TCP 规定，FIN 报文段即使不携带数据，也要消耗一个序号。

② TCP 连接释放的第二次握手：服务器 B 收到连接释放报文段后立即发出确认释放连接的报文段，确认号为 ack=u+1，序号 v 等于 B 前面已经传送过的数据的最后 1 字节的

序号加 1。然后 B 进入 CLOSE-WAIT（关闭等待）状态，此时 TCP 服务器进程应该通知上层的应用进程，因而 A 到 B 这个方向的连接就释放了，这时 TCP 处于半关闭状态，即 A 已经没有数据要发了，但 B 若发送数据，A 仍要接受，也就是说从 B 到 A 这个方向的连接并没有关闭，这个状态可能会持续一些时间。

③ TCP 连接释放的第三次握手：A 收到 B 的确认后，就进入了 FIN-WAIT2 状态，等待 B 发出连接释放报文段。如果 B 已经没有要向 A 发送的数据了，那么其应用进程就通知 TCP 释放连接。这时 B 发出的连接释放报文段中 FIN=1，确认号还重复上次已发送过的确认号，即 ack=u+1，序号 seq=w，因为在半关闭状态 B 可能又发送了一些数据，因此该序号为半关闭状态发送的数据的最后 1 字节的序号加 1。这时 B 进入 LAST-ACK 状态，等待 A 的确认。

④ TCP 连接释放的第四次握手：A 收到 B 的连接释放请求后，必须对此发出确认。确认报文段中，ACK=1，确认号 ack=w+1，而自己的序号 seq=u+1，然后进入 TIME-WAIT 状态。这时候，TCP 连接还没有释放，必须经过时间等待计时器设置的时间 2MSL 后，A 才进入 CLOSED 状态。二者都进入 CLOSED 状态后，连接就完全释放了。

为什么 A 在 TIME-WAIT 状态必须等待 2MSL 时间呢？有以下两个方面的原因。

一方面是为了保证 A 发送的最后一个 ACK 报文段能够到达 B。该 ACK 报文段很有可能丢失，因而使处于 LAST-ACK 状态的 B 收不到对已发送的 FIN+ACK 报文段的确认，于是 B 可能会超时重传这个 FIN+ACK 报文段，而 A 就在这 2MSL 时间内收到这个重传的 FIN+ACK 报文段，接着 A 重传一次确认，并重新启动 2MSL 计时器。最后 A 和 B 都进入 CLOSED 状态。如果 A 在 TIME-WAIT 状态不等待一段时间就直接释放连接，到 CLOSED 状态，那么就无法收到 B 重传的 FIN+ACK 报文段，也就不会再发送一次确认 ACK 报文段，这样 B 就无法正常进入 CLOSED 状态。

另一方面是为了防止已失效的请求连接出现在本连接中。A 在发送完最后一个 ACK 报文段后，再经过时间 2MSL，就可以使本连接持续的时间内所产生的所有报文段都从网络中消失。这样就可以使下一个新的连接中不会出现这种旧的连接请求报文段。

2.3.5　应用层

1. 应用层概述

每个应用层协议都是为了解决某一类应用问题，而问题的解决又往往是通过位于不同主机中的多个应用进程之间的通信和协同工作来完成的。应用层的具体内容就是规定应用进程在通信时所遵循的协议。

需要注意的是，应用层协议与网络应用并不是同一个概念，应用层协议只是网络应用的一部分。例如，万维网应用是一种基于客户/服务器体系结构的网络应用，包含很多部件，有万维网浏览器、万维网服务器、万维网文档的格式标准，以及一个应用层协议 HTTP。HTTP 定义了在万维网浏览器和万维网服务器之间传送的报文类型、格式和序列等规则。而万维网浏览器如何显示一个万维网页面，万维网服务器是用多线程还是用多进程来实现，都不是 HTTP 所定义的内容。

应用层的许多协议都是基于客户/服务器方式的。客户和服务器是指通信中所涉及的两个应用进程。客户/服务器方式所描述的是进程之间服务和被服务的关系，客户是服务请求方，服务器是服务提供方。

下面先讨论很多应用协议都要使用的域名系统；然后在此基础上，重点介绍万维网的工作原理及其主要协议；接着讨论用户经常使用的文件传输与电子邮件，并对日益增加的P2P应用进行介绍。

2. 域名系统（DNS）

用户与互联网上某台主机通信时，必须要知道对方的IP地址，然而用户很难记住长达32位的二进制主机地址，即使是点分十进制的IP地址也并不易记忆。在应用层为了便于用户记忆各种网络应用，连接在互联网上的主机不仅有IP地址，而且有便于用户记忆的主机名字。DNS就是互联网使用的命名系统，用来把便于人们使用的机器名字转换为IP地址。

域名到IP地址的解析是由分布在互联网上的许多域名服务器程序（可简称为域名服务器）共同完成的。域名服务器程序在专设的节点上运行，而人们也常把运行域名服务器程序的机器称为域名服务器。

互联网采用层次树形结构的命名方法。任何一个连接在互联网上的主机或路由器，都有唯一的层次结构的名字，即域名。域名的结构由标号序列组成，各标号之间用点隔开，如mail.163.com是表示网易用于收发电子邮件的计算机（即邮件服务器）的域名，它由三个标号组成：标号com是顶级域名，标号163是二级域名，标号mail是三级域名。DNS规定域名中的标号由英文字母和数字组成，每个标号不超过63个字符，且不区分大小写。

域名只是个逻辑概念，并不代表计算机所在的物理地点。变长的域名和使用有助于记忆的字符串，是为了便于使用。IP地址是定长的32位二进制数字，以便于机器进行处理。

需要说明的是，域名中的"点"和点分十进制IP地址中的"点"并无一一对应的关系。点分十进制IP地址中一定是包含三个"点"，但每一个域名中"点"的数目不一定正好是三个。

图2.3.20给出了互联网域名空间的结构，在最上面的是根，但没有对应的名字。根下面一级的节点就是最高一级的顶级域名，顶级域名再往下划分子域名，即二级域名。二级域名再往下划分就是三级域名、四级域名。表2.3.16给出了常见顶级域名的含义。

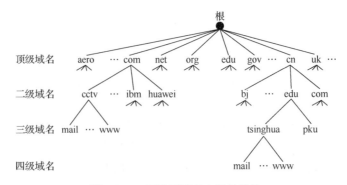

图2.3.20　互联网域名空间的结构

表 2.3.16　常见顶级域名的含义

顶级域名	含义	顶级域名	含义
cn	中国	gov	政府部门
us	美国	edu	教育机构
uk	英国	mil	军事部门
com	公司和企业	int	国际组织
net	网络服务机构	aero	航空运输企业
org	非营利性组织	museum	博物馆

DNS 通过分布在各地的域名服务器实现。从理论上讲，可以让每一级的域名都有一个相对应的域名服务器，使所有的域名服务器构成和图 2.3.21 相对应的"域名服务器树"的结构。但这样做会使域名服务器的数量太多，使域名系统的运行效率降低。因此 DNS 就采用划分区的办法来解决这个问题。

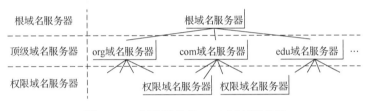

图 2.3.21　树形结构的 DNS 域名服务器

一个服务器所负责管辖的范围叫作区，各单位根据具体情况来划分自己管辖范围的区。每一个区设置相应的权限域名服务器，用来保存该区中所有主机的域名到 IP 地址的映射。

互联网上的 DNS 域名服务器也是按照层次安排的，每一个域名服务器都只负责管辖域名体系中的一部分。根据域名服务器所起的作用，可以把域名服务器划分为以下四种不同的类型。

（1）根域名服务器

根域名服务器是最高层次的域名服务器，也是最重要的域名服务器。互联网的顶级域名解析服务由根域名服务器完成，根域名服务器对网络安全、运行稳定至关重要。不管是哪一个本地域名服务器，若要对互联网上任何一个域名进行解析，只要自己无法解析，就首先求助于根域名服务器。

在互联网上共有 13 个不同 IP 地址的根域名服务器，它们的名字是用一个英文字母命名，从 a 一直到 m（前 13 个字母）。需要说明的是，虽然互联网的根域名服务器总共只有 13 个域名，但这不表示根域名服务器由 13 台机器组成。在互联网中，根域名服务器是由 13 套装置构成的，每一套装置在很多地点安装镜像根域名服务器，但都使用同一个域名。

（2）顶级域名服务器

顶级域名服务器负责管理在该顶级域名服务器注册的所有二级域名。当收到 DNS 查询请求时，就给出相应的回答（可能是最后的结果，也可能是下一步应当找的域名服务器的 IP 地址）。

（3）权限域名服务器

权限域名服务器负责一个区的域名服务器。当一个权限域名服务器还不能给出最后的查询回答时，就会告诉发出查询请求的 DNS 客户，下一步应当找哪一个权限域名服务器。

（4）本地域名服务器

本地域名服务器对 DNS 非常重要。当一个主机发出 DNS 查询请求时，这个查询请求报文就发送给本地域名服务器。本地域名服务器离用户较近，一般不超过几个路由器的距离。当所要查询的主机也属于同一个本地 ISP 时，该本地域名服务器立即就能将所查询的主机名转换为它的 IP 地址，而不需要再去询问其他的域名服务器。

主机向本地域名服务器的查询一般采用递归查询。如果主机所询问的本地域名服务器不知道被查询域名的 IP 地址，那么本地域名服务器就以 DNS 客户的身份，向其他根域名服务器继续发出查询请求报文。

本地域名服务器向根域名服务器的查询通常是采用迭代查询。当根域名服务器收到本地域名服务器的迭代查询请求报文时，要么给出所要查询的 IP 地址，要么告诉本地域名服务器下一步应当向哪一个域名服务器进行查询。

每个域名服务器都维护一个高速缓存，用来存放最近用过的名字及从何处获得名字映射信息的记录，这样可大大减轻根域名服务器的负荷，并大大减少互联网上的 DNS 查询请求和回答报文的数量。为保持高速缓存中内容的正确性，域名服务器应为每项内容设置计时器，并处理超过合理时间的项，从而提高域名转换的准确性。

3. 万维网

（1）万维网概述

万维网（WWW）是一个大规模的、联机式的信息储藏所。万维网用链接的方法能非常方便地从互联网上的一个站点访问另一个站点，从而主动地按需获取信息。万维网中每个站点都存放了许多文档，供互联网上的主机查阅。

万维网是一个分布式的超媒体系统，它是超文本系统的扩充。所谓超文本是指包含指向其他文档的链接的文本（一个超文本能由多个信息源链接而成）。利用一个链接可使用户找到另一个文档，这些文档可以位于世界上任何一个接在互联网上的超文本系统中。

超媒体与超文本的区别是文档内容不同。超文本文档仅包含文本信息，而超媒体文档还包含其他表示方式的信息，如图形、图像、声音、动画，甚至包括活动视频图像。

万维网以客户/服务器方式工作，万维网文档所在的计算机是万维网服务器，在该服务器上运行服务程序；访问万维网的用户计算机是万维网客户端，该客户端上运行的浏览器则是万维网的客户程序。客户程序向服务器程序发出请求，服务器程序向客户程序送回客户所要的万维网文档，万维网必须解决以下几个问题：

① 如何标识分布在互联网各个地方的万维网文档？
② 用什么样的协议来实现万维网上的各种链接？
③ 如何显示不同风格的万维网文档？
④ 如何使用户能够很方便地找到所需的信息？

为了解决第一个问题，万维网使用统一资源定位符（uniform resource locator，URL）来标识万维网上的各种文档，并使每一个文档在整个互联网的范围内具有唯一的标识符 URL。为了解决第二个问题，就要使万维网客户程序与万维网服务器程序之间的交互遵守严格的协议，这就是 HTTP。HTTP 是一个应用层协议，它使用 TCP 连接进行可靠的传输。为了解决第三个问题，万维网使用超文本标记语言（hyper text markup language，HTML），使得万维网页面的设计者可以很方便地从本页面的某处链接到互联网上的任何一个万维网页面，并且能够在自己的主机屏幕上将这些页面显示出来。最后，为了在万维网上方便地查找信息，用户可使用各种搜索工具（即搜索引擎）。

（2）统一资源定位符（URL）

URL 是对可以从互联网上得到的资源的位置和访问方法的一种简洁表示。URL 给资源的位置提供一种抽象的识别方法，并用这种方法给资源定位。URL 相当于一个文件名在网络范围的扩展。因此 URL 是与互联网相连的机器上的任何可访问对象的一个指针。由于访问不同对象所使用的协议不同，所以 URL 还指出读取某个对象时所使用的协议。URL 由四个部分组成，并且在 URL 中的字符区分大小写，其格式为

<协议>://<主机 >:<端口>/<路径>

① URL 的第一部分是<协议>，即使用什么协议来获取该万维网文档。最常用的协议是 HTTP，其次是 FTP。

② URL 的第二部分是<主机>，即这个万维网文档是在哪一台主机上，这里的<主机>就是指该主机在互联网上的域名。

③ URL 的第三部分是<端口>，指明链接的端口。大部分方案都给协议指定一个默认的端口，也可以随意指定一个十进制形式的端口，并用冒号与主机隔开。如果忽略端口，那么这个冒号也要忽略。

④ URL 的第四部分是<路径>，即端口路径，它提供了如何对特定资源进行访问的详细信息。需要注意的是，端口与路径间的"/"不是路径的一部分，路径的语法依赖于所使用的方案。

现在很多浏览器为了方便用户使用，在输入 URL 时，可以把最前面的"http://"甚至把主机名最前面的"www"省略，由浏览器替用户把省略的字符添上。

（3）超文本传输协议（HTTP）

从层次的角度看，HTTP 是面向事务的应用层协议，是万维网上能够可靠地交换文件（包括文本、声音、图像等各种多媒体文件）的重要基础。

客户与服务器之间的 HTTP 连接是一种一次性连接，它限制每次连接只处理一个请求，当服务器返回本次请求的应答后便立即关闭连接，下次请求再重新建立连接。这种一次性连接主要考虑的是万维网服务器面向的是网络中大量的用户，且只能提供有限个连接，故服务器不会让一个连接处于等待状态，及时地释放连接可以大大提高服务器的执行效率。

HTTP 是一种无状态协议，同一个客户第二次访问同一个服务器上的页面时，服务器的响应与第一次被访问时的相同，因为服务器并不记得曾经访问过的这个客户，也不记得曾经为该客户服务过多少次。HTTP 的无状态特性简化了服务器的设计，使服务器更容易支持大量并发的 HTTP 请求。

HTTP 是一种面向对象的协议，允许传送任意类型的数据对象。它通过数据类型和长度来标识所传送的数据内容和大小，并允许对数据进行压缩传送。当用户在一个 HTML 文档中定义了一个超文本链接后，浏览器将通过 TCP/IP 与指定的服务器建立连接。

HTTP 是基于客户/服务器模式，且面向连接的，图 2.3.22 给出了典型的 HTTP 的会

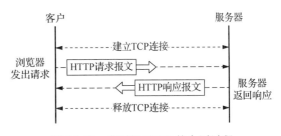

图 2.3.22　典型的 HTTP 的会话过程

话过程。

①　客户与服务器建立连接：客户端的浏览器向服务器端发出建立连接的请求，服务器端给出响应就可以建立连接。

②　客户向服务器提出请求：客户端按照协议的要求通过连接向服务器端发送自己的请求。

③　服务器给出应答：服务器端按照客户端的要求给出应答，把结果返回给客户端。

④　客户与服务器关闭连接：客户端接到应答后关闭连接。

（4）文件传输协议（FTP）

FTP 是互联网上使用最广泛的文件传输协议。FTP 提供交互式的访问，允许客户指明文件的类型与格式，并允许文件具有存取权限。FTP 屏蔽了各计算机系统的细节，因而适合于在异构网络中任意计算机之间传输文件。

FTP 使用可靠的 TCP 传输服务，其主要功能是减少或消除在不同操作系统下处理文件的不兼容性。FTP 使用客户/服务器方式，一个 FTP 服务器进程可同时为多个客户进程提供服务。FTP 的服务器进程由两大部分组成：一个主进程，负责接收新的请求；另外有若干个从属进程，负责处理单个请求。

如图 2.3.23 所示，在进行文件传输时，FTP 的客户和服务器之间要建立两个并行的 TCP 连接：控制连接和数据连接。控制连接在整个会话期间一直保持打开，FTP 客户所发出的传输请求，通过控制连接发送给服务器的控制进程，但控制连接并不用来传输文件。实际用于传输文件的是数据连接。服务器的控制进程在接收到 FTP 客户发送来的文件传输请求后就创建数据传送进程和数据连接，用来连接客户和服务器的数据传送进程。数据传送进程实际完成文件的传输，在传输完毕后关闭数据传送连接并结束运行。

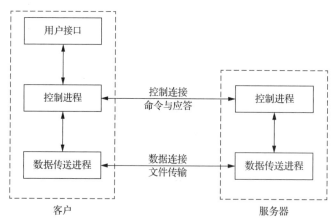

图 2.3.23　FTP 使用的两个 TCP 连接

当客户进程向服务器进程发出建立连接请求时，要寻找连接服务器进程的熟知端口（21），同时还要告诉服务器进程自己的另一个端口号码，用于建立数据传送连接。接着，服务器进程用自己传送数据的熟知端口（20）与客户进程所提供的端口号码建立数据传送连接。由于 FTP 使用了两个不同的端口号，所以数据连接与控制连接不会发生混乱。

（5）万维网的文档

要使任何一台计算机都能显示出任何一个万维网服务器上的页面，就必须解决页面制作的标准化问题。HTML 就是一种制作万维网页面的标准语言，它消除了不同计算机之间信息交流的障碍。

HTML 通过标识符来标记要显示的网页中的各个部分。网页文件本身是一种文本文件，通过在文本文件中添加标识符，来告诉浏览器如何显示其中的内容。浏览器按顺序阅读网页文件，然后根据标识符解释和显示其标记的内容，对书写出错的标记将不指出其错误，且不停止其解释执行过程，编制者只能通过显示效果来分析出错原因和出错部位。需要说明的是，对于不同的浏览器，对同一标识符可能会有不完全相同的解释，因而可能会有不同的显示效果。

HTML 在万维网的发展过程中起着重要的作用，有着重要的地位。但随着网络应用的深入，特别是电子商务的应用，HTML 的局限性也越来越明显地显现了出来，如 HTML 只能用于信息显示，无法描述数据，可读性差，搜索时间长等。HTML 不可扩展，不允许应用程序开发者为具体的应用环境自定义标记。HTML 可以设置文本和图片显示方式，但没有语义结构，即 HTML 显示数据是按照布局而非语义显示的。万维网的文档出现了以下几种主要形式：

① XML（extensible markup language）是可扩展标记语言，XML 最初的设计目的是进行 EDI（electronic data interchange，电子数据交换），确切地说是为 EDI 提供一个标准数据格式。XML 文件格式是纯文本格式，在许多方面类似于 HTML。但 XML 不是要替换 HTML，而是对 HTML 的补充。

② XHTML（extensible hyper text markup language）是可扩展超文本标记语言，其表现方式与 HTML 类似，不过语法上更加严格。XHTML 是当前 HTML 版的继承者。

③ CSS（cascading style sheets）是层叠样式表，它是一种样式表语言，用于为 HTML 文档定义布局。CSS 与 HTML 的区别是，HTML 用于结构化内容，而 CSS 用于格式化结构化的内容。

④ CGI（common gateway interface）是公共网关接口，它是一种标准，定义了动态文档应如何创建，输入数据应如何提供给应用程序，以及输出结果应如何使用。CGI 程序是存放在 HTTP 服务器上，为用户和 HTTP 服务器之外的其他应用程序提供交互手段的软件。

⑤ 活动文档（active document）提供了一种连续更新屏幕内容的技术，这种技术把创建文档的工作移到浏览器端进行。当浏览器请求一个活动文档时，服务器就返回这个活动文档程序的副本或脚本，然后就在浏览器端运行。此时，活动文档程序可与用户直接交互，以便连续更新屏幕的显示内容。虽然活动文档克服了静态文档内容固定不变的不足，但活动文档一旦建立，它所包含的内容也就被固定下来而无法及时刷新。

（6）万维网的信息检索系统

在万维网中用来进行搜索的工具叫作搜索引擎。搜索引擎的种类很多，大体上可划分为三大类，即全文检索搜索引擎、分类目录搜索引擎、垂直搜索引擎。

① 全文检索搜索引擎是一种纯技术型的检索工具。它的工作原理是通过搜索软件到互联网上的各网站收集信息，找到一个网站后可以从这个网站再链接到另一个网站，然后按照一定的规则建立一个很大的在线数据库供用户查询。用户在查询时只要输入关键词，就可以从已经建立的索引数据库上进行查询（并不是实时地在互联网上检索信息）。全球著名的全文检索搜索引擎有两个，分别是谷歌 Google（www.google.com）和百度（www.baidu.com）。

② 分类目录搜索引擎并不采集网站的任何信息，而是将各网站向搜索引擎提交网站信息时填写的关键词和网站描述等信息，经过人工审核编辑后，如果被认为符合网站登录的条件，则输入分类目录的数据库中，供网上用户查询。著名的分类目录搜索引擎包括雅虎（www.yahoo.com）、新浪（www.sina.com）、搜狐（www.sohu.com）、网易（www.163.com）等。

③ 垂直搜索引擎是针对某一个行业的专业搜索引擎，是搜索引擎的细分和延伸。其根据特定用户的特定搜索请求，对网站中的某类专门信息进行深度挖掘与整合后，再以某种形式将结果返回给用户。垂直搜索是相对通用搜索引擎的信息量大、查询不准确、深度不够等提出来的新的搜索引擎服务模式，通过针对某一特定领域、某一特定人群或某一特定需求提供的、有特定用途的信息和相关服务。垂直搜索引擎的应用方向很多，如供求信息搜索、购物搜索、房产搜索、人才搜索、地图搜索、音乐搜索、图片搜索、交友搜索等，几乎各行各业、各类信息都可以进一步细化成各类垂直搜索引擎。

4. 电子邮件

电子邮件（E-mail）是互联网上常见的一种应用。电子邮件把邮件发送到收件人使用的邮件服务器，并放在收件人的邮箱中，收件人可随时到自己使用的邮件服务器中进行读取。一个电子邮件系统应具有图 2.3.24 所示的三个主要组成构件，这就是用户代理、邮件服务器，以及邮件发送协议和邮件读取协议。

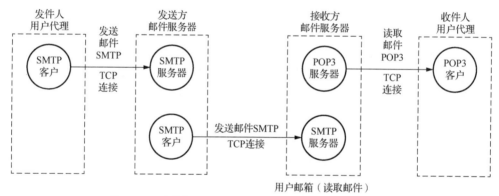

注：POP3，全称为 post office protocol-version3，邮局协议版本 3。

图 2.3.24 电子邮件的发送与接收

（1）电子邮件的发送

SMTP 是维护传输秩序、规定邮件服务器之间进行哪些工作的协议，它的目标是可靠、高效地传送电子邮件。SMTP 通信分为连接建立、邮件传送和连接释放三个阶段。

SMTP 首先根据用户的邮件请求，建立发送方 SMTP 与接收方 SMTP 之间的双向通道。接收方 SMTP 可以是最终接收者，也可以是中间传送者。发送方 SMTP 产生并发送 SMTP 命令，接收方 SMTP 向发送方 SMTP 返回响应信息。

连接建立后，发送方 SMTP 发送 MAIL 命令指明发件人，如果接收方 SMTP 认可，则返回 OK 应答。发送方 SMTP 再发送 RCPT 命令指明收件人，如果接收方 SMTP 也认可，则再次返回 OK 应答；否则将给予拒绝应答。当有多个收件人时，双方将如此重复多次。这一过程结束后，发送方 SMTP 开始发送邮件内容，并以一个特别序列作为终止。如果接收方 SMTP 成功处理了邮件，则返回 OK 应答。

由于 SMTP 仅限于传送 7 位的 ASCII 值，于是在这种情况下就提出了多用途互联网邮件扩展（multipurpose Internet mail extensions，MIME）。MIME 并没有改动或取代 SMTP，而是继续使用原来的邮件格式，但增加了邮件主体的结构，并定义了传送非 ASCII 值的编码规则。也就是说，MIME 邮件可在现有的电子邮件程序和协议下传送。MIME 和 SMTP 的关系如图 2.3.25 所示。

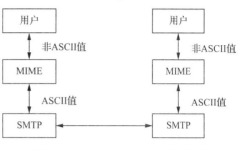

图 2.3.25　MIME 和 SMTP 的关系

（2）电子邮件的接收

现在常用的邮件读取协议有两个，即 POP3 和 IMAP（Internet message access protocol，网际报文存取协议）。

POP3 采用客户/服务器的工作方式。在接收邮件的用户计算机中的用户代理必须运行 POP3 客户程序，在收件人所连接的 ISP 的邮件服务器中则运行 POP3 服务器程序。POP3 支持离线邮件处理，其具体过程是，邮件发送到服务器上时，电子邮件客户端调用邮件客户机程序以连接服务器，并下载所有未阅读的电子邮件。这种离线访问模式是一种存储转发服务，将邮件从邮件服务器端送到个人终端机器上。POP3 的一个特点就是只要用户从 POP3 服务器中读取了邮件，POP3 服务器就把该邮件删除。

POP3 不提供对邮件更强大的管理功能，更多的管理功能由 IMAP4 来实现。IMAP4 提供了在远程邮件服务器上管理邮件的手段，它能为用户提供有选择地从邮件服务器接收邮件、基于服务器的信息处理和共享邮箱等功能。IMAP4 使用户可以在邮件服务器上建立任意层次结构的保存邮件的文件夹，并且可以灵活地在文件夹之间移动邮件，随心所欲地组织自己的邮箱。如果用户代理支持，那么 IMAP4 甚至可以实现选择性下载附件的功能。与 POP3 类似，IMAP4 仅提供面向用户的邮件收发服务。邮件在 Internet 上的收发还是依靠 SMTP 服务器来完成。

5. 动态主机配置协议

动态主机配置协议（DHCP）是一个局域网的网络协议。DHCP 提供了即插即用联网机制，这种机制允许一台计算机加入新的网络和获取 IP 地址而不用手动参与。

DHCP 采用客户/服务器方式，需要 IP 地址的主机在启动时向 DHCP 服务器广播发送发现报文，这时该主机就成为 DHCP 客户。本地网络上所有主机都能收到此广播报文，但只有 DHCP 服务器才能回答此广播报文。

DHCP 采用 UDP 作为传输协议。如图 2.3.26 所示，DHCP 服务器在收到 DHCP 客户端提出的请求后，先在其数据库中查找该计算机的配置信息。若找到了，则返回找到的信息；若找不到，则从服务器的 IP 地址池中取一个地址分配给该计算机。DHCP 服务器的回答报文叫作提供报文（DHCP offer）。

DHCP 服务器分配给 DHCP 客户的 IP 地址是临时的，因此 DHCP 客户只能在一段有限的时间内使用这个分配到的 IP 地址，DHCP 称这段时间为租用期。租用期的数值应由 DHCP 服务器自己决定，DHCP 客户也可在自己发送的报文中提出对租用期的要求。

图 2.3.26 DHCP 地址配置过程

如果每个网络上都有 DHCP 服务器，就会导致 DHCP 服务器的数量太多。现在是每一个网络至少有一个 DHCP 中继代理，它配置了 DHCP 服务器的 IP 地址信息。DHCP 中继代理在 DHCP 服务器和客户端之间转发 DHCP 数据包，当 DHCP 客户端与服务器不在同一个子网上时，就必须由 DHCP 中继代理来转发 DHCP 请求和应答消息。DHCP 中继代理的数据转发，与通常的路由转发是不同的。通常的路由转发相对来说是透明传输的，设备一般不会修改 IP 包内容；而 DHCP 中继代理接收到 DHCP 消息后，会重新生成一个 DHCP 消息，然后转发出去。

如图 2.3.27 所示，当 DHCP 中继代理收到主机发送的发现报文后，就以单播方式向 DHCP 服务器转发此报文，并等待其回答。收到 DHCP 服务器回答的提供报文后，DHCP 中继代理再将此提供报文发回给主机。

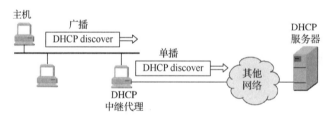

图 2.3.27 DHCP 中继代理以单播方式转发发现报文

6．P2P 应用

P2P 应用就是指具有 P2P 体系结构的网络应用。图 2.3.28 给出了一种 P2P 体系结构示意图，所谓 P2P 体系结构就是在这样的网络应用中，没有（或只有极少数的）固定的服务器，而绝大多数的交互都是使用对等方式（P2P 方式）进行的。

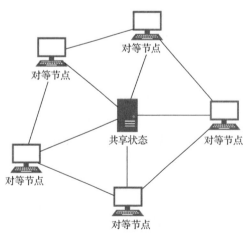

图 2.3.28 P2P 体系结构

P2P 的应用范围很广，如文件分发、实时音频或视频会议、数据库系统、网络服务支持等。在 P2P 网络环境中，彼此连接的多台计算机都处于对等的地位，各台计算机有相同的功能，无主从之分，一台计算机既可作为服务器，设定共享资源供网络中其他计算机所使用，又可作为工作站，整个网络一般来说不依赖专用的集中服务器，也没有专用的工作站。网络中的每一台计算机既能充当网络服务的请求者，又能对其他计算机的请求做出响应，提供资源、服务和内容。

最早使用 P2P 工作方式的是 Napster，这个名称来自 1999 年美国东北大学的新生 Shawn Fanning 所写的一个叫作 Napster 的软件，其目的是通过互联网免费下载各种 MP3 文件。Napster 的文件传输是 P2P 方式，但文件的定位是客户/服务器方式。

Napster 能够搜索 MP3 文件，提供检索功能，所有 MP3 文件的索引信息都集中存放在 Napster 目录服务器中。这个目录服务器起着索引的作用，使用者只要查找目录服务器，就可知道应从何处下载所要的 MP3 文件。Napster 目录服务器就用这些用户信息建立起一个动态数据库，集中存储所有用户的 MP3 文件。当某个用户想下载某个 MP3 文件时，就向目录服务器发出查询，目录服务器检索出结果后向用户返回存放这一文件的计算机的 IP 地址，用户就可以从中选取一个地址下载想要的 MP3 文件。

为了更加有效地在大量用户之间使用 P2P 技术下载共享文件，最近几年已经开发出很多种新的 P2P 共享文件程序，它们使用分散定位和分散传输技术。常用的 P2P 共享文件程序包括电骡（eMule）、比特洪流（bit torrent，BT）等。下面以 eMule 为例，简要说明其工作原理。

eMule 把每一个文件划分为许多小文件块，并使用多源文件传输协议（multiple file transfer protocol，MFTP）进行传输，因此用户可以同时从很多地方下载一个文件中的不同文件块。由于每一个文件块都很小，并且是并行下载，所以下载可以比较快地完成。此外，eMule 用户在下载文件的同时，也在上传文件，因此，互联网上成千上万的 eMule 用户在同时下载和上传一个个小的文件块。

P2P 技术还在不断地被改进，但随着 P2P 文件共享程序日益广泛的使用，也产生了一系列的问题。这些问题已迫使人们重新思考下一代互联网应如何演进，如音频/视频文件的知识产权问题。当盗版的或不健康的音频/视频文件在互联网上利用 P2P 文件共享程序广泛传播时，要对 P2P 的流量进行有效的管理，在技术上还是有相当难度的。由于现在 P2P 文件共享程序的大量使用，已经消耗了互联网主干网上大部分的带宽。因此，如何制定出合理的收费标准，既能让广大网民接受，又能使网络运营商盈利并继续加大投入，也是目前迫切需要解决的问题。

2.4　网络拓扑结构

网络中的计算机、路由器等设备要实现互联，就需要以一定的结构方式进行连接，这种连接方式就叫作拓扑结构。常用的网络拓扑结构有星形、总线、树形及网状等，不同的拓扑结构确定了不同的网络应用，也就决定了不同的网络技术。

2.4.1　星形拓扑结构

星形拓扑结构的每个节点都由一条点对点链路与中心节点（公用中心交换设备，如交换机、集线器等）相连，基本的星形拓扑结构如图 2.4.1 所示。星形网络中的一个节点如果向另一个节点发送数据，首先将数据发送到中心节点，然后由中心节点将数据转发到目标

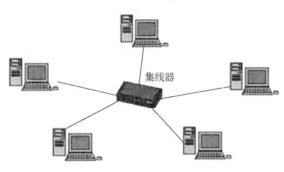

图 2.4.1　星形拓扑结构

节点。信息的传输是通过中心节点的存储转发技术实现的，并且只能通过中心节点与其他节点通信。星形拓扑网络是局域网中最常用的拓扑结构。

1. 星形拓扑结构的主要优点

（1）维护管理容易

由于星形拓扑结构的所有节点通信都由中心节点来支配，所以维护管理工作可以集中在中心节点进行。

（2）可靠性高

在星形拓扑结构中，每条通信缆线只与一个设备相连，因此，单条通信缆线的故障只影响一个设备，不会影响全网。

（3）故障隔离和检测容易

由于各信息点都有自己的专用缆线直接连到中心节点，因此故障容易被检测和隔离，不会影响网络中其他节点用户的使用。

（4）灵活性强

若要增加节点，只需要从中心节点拉一条线即可，而要去掉一个节点，也只需要把相应节点设备移除即可。

2. 星形拓扑结构的主要缺点

（1）安装工作量大

相对其他结构来说，星形拓扑结构的每个从节点到主节点之间都是专用通道，用线量大，布线安装工作量大，缆线材料费用与施工费用也随之增加。

（2）对中央节点的依赖性强

如果连接中心的信息处理设备出现故障，那么全系统将瘫痪，故对中心信息处理设备的可靠性和冗余度要求都很高。

尽管星形拓扑结构的实施费用较高，但是星形拓扑的优势使其物超所值。每台设备通过各自的缆线连接到中心设备，因此某条缆线出现问题时只会影响到相应的一台设备，而网络的其他节点依然可正常运行。这个优点极其重要，这也正是大部分新建网络采用星形拓扑结构的原因所在。

2.4.2　总线拓扑结构

总线拓扑结构采用一条通信总线作为公共的传输通道，所有的节点都通过相应的接口直接连接到总线上，并通过总线进行数据传输。应用总线拓扑结构时，连接在总线上的所有设备共享信道容量，连接在总线上的设备越多，网络发送和接收数据就越慢。

总线网络使用广播式传输技术，总线上的所有节点都可以发送数据到总线上，数据沿总线传播。但是，由于所有节点共享同一条公共通道，所以在任何时候都只允许一个节点发送数据。当一个节点发送数据，并在总线上传播时，数据可以被总线上的所有其他节点接收。各节点在接收数据后，分析目的物理地址再决定是否接收该数据。图 2.4.2 给出了总线拓扑结构的示意图。智能建筑的消防报警系统、机电设备监控系统常采用这种结构。

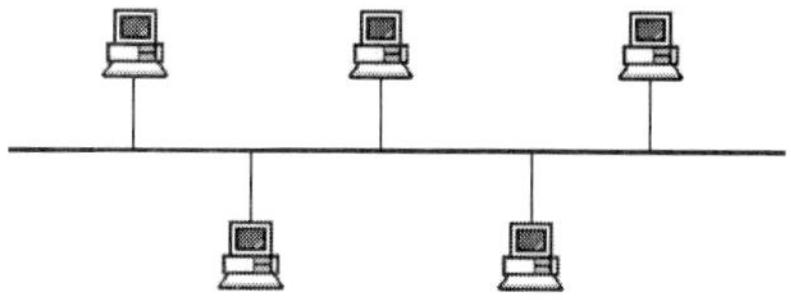

1. 总线拓扑结构的优点

1）易于安装、缆线用量小、组网费用低。总线型网络中的节点都连接在一个公共的通信介质上，所以需要的缆线长度较短，从而降低安装费用，且易于布线和维护。

图 2.4.2　总线拓扑结构

2）易于扩充。在总线型网络中，如果要增加缆线长度，可通过中继器加上一个附加段；如果需要增加新节点，可在总线的任何点将其接入。

2. 总线拓扑结构的缺点

1）故障诊断困难。总线拓扑结构采取分布式控制，故障检测需在系统的各个节点进行。

2）故障隔离困难。由于所有节点共享一条传输通道，所以线上任何一处发生故障，所有节点都无法完成信息的发送和接收。对于介质的故障，不能简单地撤销某工作站，这样会切断整段网络。如果通信介质或中间某一接口点出现故障，那么整个网络随即瘫痪。

3）所有节点的设备必须是智能的。因为接在总线上的节点要有介质访问控制功能，所以必须具有智能化有源设备，从而增加了节点的硬件和软件费用。

4）一次仅能一个用户发送数据，其他用户必须等到获得发送权才能发送数据。

5）各节点是共用总线带宽的，传输速率会随着接入网络用户的增多而下降。

2.4.3　树形拓扑结构

如图 2.4.3 所示，树形拓扑结构可以被看成星形拓扑结构的叠加，因此又称为分层的集中式结构。树形拓扑以其独有的特点而与众不同，它具有层次结构，是一种分层网。树形网络的最高层是 CPU，最低层是终端，其他各层可以是多路转换器、集线器或部门用计算机。树形拓扑结构具有一定的容错能力，一般一个分支节点的故障不影响另一个分支节点的工作，任何一个节点送出的信息都由根节点接收后重新发送到所有的节点，树形拓扑结构也是广播式网络。Internet 大多采用树形拓扑结构。

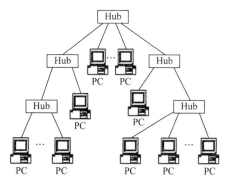

图 2.4.3　树型拓扑结构

1. 树形拓扑结构的优点

1）易于扩充。树形拓扑结构可以延伸出很多分支和子分支，这些新节点和新分支都能容易地加入网内。

2）故障隔离容易。如果某一分支的节点或线路发生故障，则很容易将故障分支与整个系统隔离开来。

3）结构简单。网络中任意两个节点之间不产生回路，每个链路都支持双向传输。

2. 树形拓扑结构的缺点

1）对根节点的依赖性太强。如果根节点发生故障，则全网不能正常工作。

2）除叶节点及与其相连的链路外，中间任何一个节点产生故障都会影响整个网络系统的正常运行。

2.4.4　网状拓扑结构

网状拓扑结构是一种分布式的控制结构。各个工作站连成一个网状结构，没有中心节点，也不分层次，通信功能分散在组成网络的各个工作站中，它具有较高的可靠性，方便资源共享。但在网状拓扑网络中，节点之间的连接是任意的，没有规律可言，因此线路复杂，网络管理也较为困难，一般在广域网中才采用这种拓扑结构。

1. 网状拓扑结构的优点

1）网状拓扑结构中任意两个节点之间，存在两条或两条以上的通信路径，当一条路径发生故障时，还可以通过另一条路径把信息送至目的节点，因此网络可靠性高；

2）网络可组建成各种形状，采用多种通信信道，多种传输速率；

3）网内节点共享资源容易；

4）可改善线路的信息流量分配；

5）可选择最佳路径，传输延迟小。

2. 网状拓扑结构的缺点

1）网络结构复杂，不易管理和维护；

2）线路成本高，仅适用于大型广域网；

3）因为有多条路径，所以可以选择最佳路径来减少时延、改善流量分配、提高网络性能，但控制复杂、软件协议也比较复杂。

习题 2

1．什么是计算机网络技术？计算机网络由哪几部分组成？

2．计算机网络的物理结构包括哪些？

3．计算机网络有哪几种分类方法？具体分为什么？

4．计算机网络的主要性能指标有哪些？

5．分析计算机网络带宽与速率的关系。

6．计算机网络系统分层结构有哪些优点？

7．简述OSI参考模型的7个层次的含义。

8．物理层要解决哪些问题？物理层的主要特点是什么？

9．物理层的接口有哪几个方面的特性？各包含什么内容？

10．数据链路层的三个基本问题（封装成帧、透明传输和差错检测）为什么都必须要解决？

11．一个 PPP 帧的数据部分（用十六进制写出）是 7D 5D FD 57 7D 5E 7D 23 85 7D 5E，请写出真正的数据（用十六进制写出）。

12．假设 PPP 使用同步传输技术传送比特串 0110000000111111111000，那么经过零比特填充后变成了怎样的比特串？若接收端收到的 PPP 帧的数据部分是 000111011111011110100，那么删除发送端加入的零比特后变成怎样的比特串？

13．以太网使用的 CSMA/CD 协议是以争用方式接入共享信道的。这与传统的时分多路复用（TDM）相比优缺点如何？

14．IP 地址分为几类？各类如何表示？IP 地址的主要特点是什么？

15．已知一个网络的掩码为 255.255.255.240，问该网络能够连接多少台主机？

16．假定网络中的路由器 A 的路由表如题表 2.1 所示。

题表 2.1　路由 A 的路由表

目的网络	距离	下一跳路由器
N1	2	D
N2	3	C
N3	4	F
N4	3	G

现在路由器 A 收到从路由器 C 发来的路由信息如题表 2.2 所示。

题表 2.2　路由器 C 发给路由器 A 的路由信息

目的网络	距离	下一跳路由器
N1	3	B
N2	4	C
N5	3	E

请求解路由器 A 更新后的路由表，并详细说明每一个步骤。

17．假设 TCP 的传输轮次 n 与拥塞窗口 cwnd 大小的关系如题表 2.3 所示。

题表 2.3　TCP 的传输轮次 n 与拥塞窗口 cwnd 大小的关系

n	1	2	3	4	5	6	7	8	9	10
cwnd	1	2	4	8	16	32	64	65	66	67
n	11	12	13	14	15	16	17	18	19	20
cwnd	68	34	35	36	37	38	1	2	4	8

（1）请画出拥塞窗口与传输轮次的关系曲线。

（2）指明 TCP 工作在慢开始阶段的时间间隔。

（3）指明 TCP 工作在拥塞避免阶段的时间间隔。

（4）在哪个轮次之后发送方是通过收到三个重复的确认检测到丢失报文段的？

（5）在哪个轮次之后发送方是通过超时检测到丢失报文段的？

（6）在第 1 轮次、第 13 轮次和第 19 轮次发送时，调整门限值 ssthresh 分别被设置为多大？

18．为什么说 UDP 是面向报文的，而 TCP 是面向字节流的？

19．某个应用进程使用传输层的 UDP，在继续向下交给 IP 层后，又封装成 IP 数据报。既然都是数据报，是否可以跳过 UDP 而直接交给 IP 层？请分析是否可以使用 TCP 进行实时数据的传输。

20．主机 A 向主机 B 连续发送了两个 TCP 报文段，其序号分别是 200 和 300。试问：

（1）第一个报文段携带了多少字节的数据？

（2）主机 B 收到第一个报文段后发回的确认中的确认号应当是多少？

（3）如果主机 B 收到第二个报文段后发回的确认中的确认号是 380，试问主机 A 发送的第二个报文段中的数据有多少字节？

（4）如果主机 A 发送的第一个报文段丢失了，但第二个报文段到达了主机 B。主机 B 在第二个报文段到达后将向 A 发送确认，试问这个确认号应为多少？

21．试用具体例子说明为什么在传输连接建立时要进行三次握手。请说明如不这样做可能会出现的情况。

22．在 TCP 连接释放过程中，在 ESTABLISHED 状态下，服务器进程能否先不发送 $ack = u+1$ 的确认？

23．DNS 的主要功能是什么？DNS 中的本地域名服务器、根域名服务器、顶级域名服务器及权限域名服务器有何区别？

24．FTP 的主要工作过程是怎样的？为什么说 FTP 是带外传送控制信息？

25．搜索引擎可分为哪几种类型？各有什么特点？

26．说明 SMTP 通信的过程。

27．在电子邮件中，为什么需要使用 POP 和 SMTP 这两个协议？IMAP 与 POP 有何区别？

28．DHCP 是什么？适用于什么场合？

29．现在流行的 P2P 文件共享应用程序都有哪些特点？存在哪些值得注意的问题？

30．常用的网络拓扑结构有哪些？各有何优缺点？

第 3 章

智能建筑控制信息网络技术

智能建筑控制信息网络承担着建筑内控制信息的通信任务，与传统的数据通信网络相比，控制信息网络与设备的关系更加密切。通常来说，智能建筑控制信息网络主要基于现场总线技术来实现，本章在对通用串行通信技术进行分析的基础上，详细介绍智能建筑控制信息网络中常用的几种现场总线技术。

3.1 通用串行数据通信技术

本节首先对通用串行通信技术基础进行简介，然后对常用的 EIA（Electronic Industries Association，电子工业协会）/TIA（Telecommunication Industries Association，通信工业协会）-232 与 EIA/TIA-485 串行通信技术进行阐述。

3.1.1 串行通信技术基础

1. 串行通信的概念

串行通信，是指通信双方按位进行、遵守时序的一种通信方式。在串行通信中，将数据按位依次传输，每位数据占据一个固定的时间长度。串行通信只需要少数几条线就可以在系统间交换信息，特别适合于远距离通信场合。

串行通信的数据传输按位顺序进行，最少只需要一根传输线即可完成通信，成本低但传送速度慢。与并行通信相比，串行通信具有较为显著的优点，即传输距离长，可以从几米到几千米。正是由于串行通信的接线少、成本低，因此在数据采集和控制系统中得到了广泛的应用。

2. 串行通信的分类

在串行传输中，数据是一位一位地按照顺序依次传输的，每位数据的发送和接收都需要时钟来控制时间，发送端通过发送时钟确定数据位的开始和结束，接收端需要在适当的时间间隔内对数据流进行采样并正确识别数据，接收端和发送端必须保持步调一致，否则数据传输就会出现差错。为了解决这个问题，串行通信可以采用同步串行通信和异步串行通信两种方法。

（1）同步串行通信

同步串行通信包含专门用于识别通信开始的同步信号，一般加在需要传输的数据前面。通信双方同步后，开始信息帧的传输。

信息帧由同步字符、数据字符和校验字符组成。其中，同步字符位于帧开头，用于确认数据字符的开始；数据字符在同步字符之后，由所需传输的数据块长度来决定；校验字符有 1 或 2 个，用于接收端对接收到的字符序列进行正确性校验。同步串行通信的缺点是要求发送时钟和接收时钟保持严格的同步。但是同步串行通信的同步字符往往不统一，这样不便于不同厂家串口之间的通信。所以现在的串行通信几乎不再用同步串行通信，通常我们所说的串行通信默认指异步串行通信。

（2）异步串行通信

异步串行通信是指通信双方以帧作为数据传输单位且发送方传送帧的间隔时间不一定的串行通信方式。异步串行通信中有两个比较重要的指标：字符帧格式和波特率。异步通信数据通常以字符或字节为单位组成字符帧传输。字符帧由发送端逐帧发送，接收设备逐帧接收。发送端和接收端可以由各自的时钟来控制数据的发送和接收，这两个时钟源彼此独立、互不同步。

在还没有开始数据传输或者数据已经传输完毕后，异步串行通信的传输线上必须一直保持为逻辑"1"电平的状态。一旦接收端检测到传输线上发送过来的逻辑"0"电平，就表示发送端已经开始发送数据，每当接收端收到字符帧中的停止位时，就知道一帧数据已经发送完毕。

3. 串行通信的工作模式

串行通信数据传输通常是点对点进行传输的，按照数据传输的方向分成单工模式和双工模式。双工模式按照是否可以同时进行接收和发送，分为半双工模式和全双工模式。

（1）单工模式

单工模式是指消息只能单方向传输的工作模式。如图 3.1.1 所示，在单工通信中，信号流是单方向的，发送端与接收端也是固定的，即发送端只能发送信息，不能接收信息；接收端只能接收信息，不能发送信息。

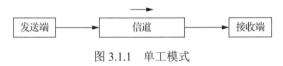

图 3.1.1　单工模式

（2）半双工模式

半双工模式是指数据可以沿两个方向传送，但不能在两个方向上同时进行数据传送，同一时刻一个信道只允许单方向传送。由于双方数据传送必须轮流交替地进行，所以半双工模式又被称为双向交替通信。如图 3.1.2 所示，半双工方式要求每个端口都有发送装置和接收装置，且每个端口都需要有一个收发切换电子开关，通过切换来决定数据传输方向。半双工模式要频繁变换信道方向，故效率低，但可以节约传输线路。

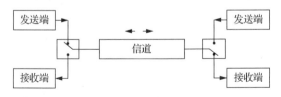

图 3.1.2　半双工模式

EIA/TIA-485 标准是半双工通信协议，适用于收发双方共享一对线进行通信，也适用于多个点之间共享一对线路进行总线方式联网。EIA/TIA-485 接口芯片已广泛应用于工业控制、仪器仪表、多媒体网络、机电一体化产品等诸多领域，可用于 EIA/TIA-485 接口的芯片种类也越来越多。

（3）全双工模式

全双工模式分别由两根可以在两个不同的端点同时发送和接收的传输线来进行数据传输，通信双方都能在同一时刻进行发送和接收操作。

如图 3.1.3 所示，在全双工模式中，每一端都有发送器和接收器，有两条传输线，可在交互式应用和远程监控系统中应用，数据传输效率较高。由于全双工模式的收发可以同时进行，所以通信效率比半双工模式至少提高了一倍。

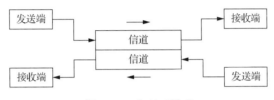

图 3.1.3　全双工模式

尽管大多数 EIA/TIA-485 标准的连接是半双工的，但也可形成全双工 EIA/TIA-485 通信模式。在全双工模式下，信息的发送与接收都有各自的通路。

4. 串行通信参数

串行通信方式是发送方将字节拆分成一个接一个的位传输出去，接收方在收到数据后，再将此一个一个的位组合成原来的字节，如此完成 1 字节的传输。在传输的过程中，通信双方一定要明确具体传输的方式并保持一致，否则双方就无法理解对方所传过来的信息含义。因此双方为了进行通信，必须遵守一定的通信规则，这个共同的规则就是通信端口的参数。通常来说，串行通信端口必须对比特率、数据位、停止位等参数进行设置。

（1）比特率

比特率是衡量通信速率的参数，它表示每秒传送的位的个数。当我们提到时钟频率时，就是指比特率。例如，如果协议需要通信速率为 4800 比特率，那么时钟的频率应是 4800 Hz。比特率就是每秒传输 0 或 1 的个数。例如，如果比特率是 9600 bit/s，那么它传输一位 0 或 1 的时间就是 1/9600 s，约为 0.1 ms。

（2）数据位

数据位是通信中实际数据的位数。当计算机发送一个串行信息帧时，实际的数据一般是 8 位的，但是也有 5、6、7 位的。如何设置数据位，取决于要传送的数据位数。例如，标准的 ASCII 值是 0~127（7 位），而扩展的 ASCII 值是 0~255（8 位）。

（3）停止位

停止位用于表示单个数据包或者一帧的最后一位。典型的停止位为 1 位，也有 1.5 和 2 位的。由于数据是在传输线上定时的，并且每一个设备都有自己的时钟，所以在通信中两台设备间很可能出现小小的不同步。因此停止位不仅仅是表示传输的结束，也是提供计算机校正时钟同步的机会。停止位的位数越多，不同时钟同步的容忍程度越大，数据传输率也就越低。随着串行通信硬件抗干扰能力越来越强，现在几乎都选 1 位停止位。

（4）奇偶校验位

奇偶校验是串行通信中一种简单的检错方式，有三种设置方式：偶校验、奇校验和无校验。对于奇偶校验的情况，串口设置 1 位校验位，用以确保传输的数据有奇数个或者偶数个逻辑高位。例如，对于数据 011，如果是偶校验，那么校验位为 0，保证逻辑“1”的位数是偶数；如果是奇校验，那么校验位为 1，这样就保证逻辑“1”的位数是奇数。随着串行通信硬件抗干扰能力越来越强，现在很多情况下都选择无校验方式。

目前，串行通信常用的格式为（9600,N,8,1），即比特率为 9600 bit/s、无奇偶校验位、8 位数据位、1 位停止位。

3.1.2 EIA/TIA-232 串口技术

EIA/TIA-232 是美国电子工业协会制定的物理接口标准，也是目前较为广泛使用的一种标准。EIA/TIA-232 是数据终端设备（DTE）与数据通信设备（DCE）之间的接口标准。DTE 是具有一定数据处理能力以及发送和接收数据能力的设备。大多数的数字处理设备的数据传输能力是很有限的，直接将相隔很远的两个数据处理设备相连起来，是不能进行通信的，必须在数据处理设备和传输线路之间加上一个中间设备，这个中间设备就是 DCE。DCE 的作用是在 DTE 和传输线路之间提供信号转换和编码的功能，并且负责建立、保持和释放数据链路的连接。

1. EIA/TIA-232 接口的特性

EIA/TIA-232 采用负逻辑、非归零电平编码，逻辑“0”相当于数据“0”（SPACE，空号）或控制线的“接通”状态，而逻辑“1”相当于数据“1”（MARK，传号）或控制线“断开”状态。EIA/TIA-232 规定逻辑“1”的电平为 -15～-5 V，逻辑“0”的电平为 5～15 V，-5～5 V 为过渡区域，不做定义。

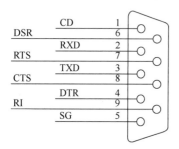

图 3.1.4　EIA/TIA-232 串口 9 针接口图

EIA/TIA-232 的通信标准是以一个 25 针的接口来定义的，并在早期的计算机上广泛使用，而在当前的计算机机型上均采用 9 针的简化版本。现在 EIA/TIA-232 通信均默认采用 9 针的接口，如图 3.1.4 所示，9 针接口的引脚名称及说明如表 3.1.1 所示。

表 3.1.1　EIA/TIA-232 串口 9 针接口引脚名称及说明

引脚名称	全称	说明
RI	ringing	振铃提示
TXD	transmitted data	数据输出线
RXD	received data	数据输入线
RTS	request to send	要求发送数据
CTS	clear to send	回应对方发送的 RTS 的发送许可，告诉对方可以发送
DSR	data set ready	告知本机在待命状态
DTR	data terminal ready	告知数据终端处于待命状态
CD	carrier detect	载波检出，用以确认是否收到调制解调器的载波
SG	signal ground	信号线的接地线（严格来说是信号线的零标准线）

由表 3.1.1 可知，EIA/TIA-232 有两个专门用于流控制的引脚：一个是 RTS（用于请求发送），一个是 CTS（用于确认发送）。在发送数据前，DTE 先将 RTS 设为高电平，向 DCE 请求数据。如果 DCE 不允许发送数据，则将 CTS 保持低电平；如果允许发送数据，则将 CTS 置为高电平。这是一种简单且有效的单向数据流控制机制。

为了对数据流进行进一步的控制，通信双方都增加了向对方汇报当前自身状态的能力。为了实现这一目的，通信双方增加了 DTR 和 DSR 信号。DTE 使用 DTR 信号告知已经准备好接收数据，DCE 使用 DSR 信号说明已经准备好接收数据。这两个信号不像 RTS 和 CTS 那样，只是单向的请求与应答，它们是双向的握手信号。

DTE 和 DCE 通信的最后一个流控制信号是载波监听（CD）。CD 不直接对流进行控制，而只是表征调制解调器可以与对方进行通信。

EIA/TIA-232 采取不平衡传输方式，即单端通信方式。在码元畸变小于 4%的情况下，传输电缆长度应为 15 m，在实际应用中，约有 99%的用户是按码元畸变 10%～20%的范围工作的，所以实际使用中最大距离可以远超 15 m，如在传输速率为 9600 bit/s 时可以达到 75 m。

2. EIA/TIA-232 接口的连接

在设计计算机与外围设备的通信时，通常在 9 针的基础上进行简化，最简单的情况下只连接发送线、接收线和地线即可满足通信的要求。但这种连接方式不能进行任何形式的硬件流控制。下面根据有无握手信号进行分类，对 EIA/TIA-232 端口的各种连接方式进行说明。

（1）无握手信号的通信连接方式

图 3.1.5 所示的是无握手信号的通信连接方式，这也是最简单的连接方式，仅仅是 RXD 和 TXD 上的数据传输。这种连接方式不能进行任何形式的硬件流控制，在单片机中一般采用这种无任何握手信号的连接方式，使用这种方式必须有起始位和停止位。在进行通信时，如果发送方一直发送，而接收方没有足够的能力或时间进行应答，就会产生数据丢失。

（2）带有回环握手信号的连接方式

采用无握手信号的通信连接方式时，对于一般的软件存在着问题，如果软件按正常的方式检测调制解调器的握手信号，就会因为检测不到合适的握手信号而挂在那里。为了避免这种情况，同时又能使用最简单的三线的连接方式，便产生了图 3.1.6 所示的带有回环握手信号的连接方式。

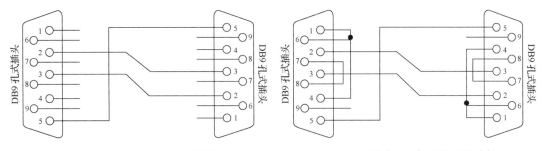

图 3.1.5　无握手信号的通信连接　　　图 3.1.6　带有回环握手信号的连接

采用这种方式的目的，主要是使最简单的三线通信方式也适用于普通的软件。首先考虑 DSR 信号，此信号表示对方已经处于待命状态。在图 3.1.6 中，这根线连接到了 DTR。这就是说，本地的软件检测到的不是对方的待命信号，而是本地的 DTR 信号。大部分设备软件在检查 DSR 和 CD 信号时都要先将本地的 DTR 信号置为高电平，这时这种连接方式就可以适用了，同样的技巧也应用在了 CTS 和 RTS 上。

相对于无握手信号的通信连接方式，这种方式在功能上并没有任何提高。通信双方都不能对数据流进行控制，都只能采用 XON 和 XOFF 字符的握手方式。因此，在数据传输速率超过接受方所能承受的能力时就会产生数据丢失。

（3）带有部分握手信号的连接方式

以上两种连接方式虽然很实用，但是都没有提供硬件流控制。如果通信时需要硬件流控制，就可以采用图 3.1.7 所示的带有部分握手信号的连接方式。

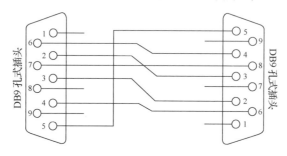

图 3.1.7　带有部分握手信号的连接

这种连接方式下，本地的 RTS、CTS 与对方的 CD 连在了一起。这样，只有在对方检测 CD 信号时，RTS 信号才会传递给对方，现在的软件中几乎都是采用这种检测 CD 的方式。

DSR 和 DTR 交叉互联，通信双方就可以互相告知对方本地是否处于待命状态，如果对方处于待命状态就发送数据；如果对方没有处于待命状态就停止发送。

大部分软件在使用 RTS 和 CTS 的同时也会检查 DSR 信号，在这种情况下，这种连接方式就可以使用了。如果软件只采用 RTS 和 CTS 握手，就不能采用这种带有部分握手信号的连接方式。

（4）带有完整握手信号的连接方式

图 3.1.8 所示为带有完整握手信号的连接方式，这种连接方式是成本最高的，它使用了七根连接线。只有振铃指示（ring indicator，RI）和 CD 没有连接。在这种连接方式下，RTS 和 CTS 仅用于告诉对方自己是否可以进行通信，此时 RTS 和 DTR 都可以用来对数据流进行控制。

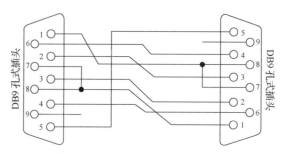

图 3.1.8　带有完整握手信号的连接

由于 EIA/TIA-232 接口标准出现较早，所以难免有不足之处，主要有以下四点：

1）接口的信号电平值较高，易损坏接口电路的芯片；与 TTL（transistor transistor logic，晶体管-晶体管逻辑）电平不兼容，需要使用电平转换电路才能实现与 TTL 电路的连接。

2）传输速率较低，在异步传输时，比特率最大值为 115.2 Kbit/s。

3）接口使用一根信号线和一根信号返回线构成共地的传输形式，共地传输易产生共模干扰，所以抗噪声干扰能力弱。

4）传输距离有限，最大传输距离标准值为 15 m。

正是 EIA/TIA-232 这些明显的缺点，导致了 EIA/TIA-485 的出现。

3.1.3　EIA/TIA-485 串口技术

EIA/TIA-485 是在 EIA/TIA-232 基础上发展起来的一种串口标准，它支持多个节点，可以长距离传输，并且接收信号灵敏度高。由于 EIA/TIA-485 标准仅规定接口的电气特性，不限制插件、高层协议和电缆电线结构，所以在 EIA/TIA-485 标准的基础上，用户可以根据实际需求去定义私有的高层通信协议，这个特性使 EIA/TIA-485 标准的应用非常灵活。可以远距离传输、支持多节点（最多 256 个）、低成本、开发灵活是 EIA/TIA-485 标准独具的优势，这些优势使 EIA/TIA-485 标准成为远距离传输工业应用中比较受欢迎的标准之一。

1. EIA/TIA-485 接口的特性

EIA/TIA-485 标准定义了一个基于单对平衡线的多点、双向的双工通信链路，是一种极为经济，并具有相当高噪声抑制传输率、传输距离和宽共模范围的通信平台。

EIA/TIA-485 采用平衡发送和差分接收方式。在发送端，驱动器将 TTL 电平信号转换成差分信号输出；在接收端，接收器将差分信号变成 TTL 电平，能有效地抑制共模干扰，提高信号传输的准确率。

对于发送端，逻辑"1"以两线间的电压差为+2～+6 V 表示，逻辑"0"以两线间的电压差为-2～-6 V 表示。对于接收端，差分电压信号为-2500～-200 mV 时，为逻辑"0"；差分电压信号为+200～+2500 mV 时，为逻辑"1"；差分电压信号为-200～+200 mV 时，为高阻状态。

EIA/TIA-485 的最大传输速率为 10 Mbit/s。当比特率为 1200 bit/s 时，最大传输距离理论上可以达到 15 km。通信缆线的长度与传输速率成反比，只有在传输速率小于 100 Kbit/s 时，才可能使用规定最大的电缆长度。在远距离传输时，EIA/TIA-485 需要两个终端电阻接在传输总线的两端，其阻值要求等于传输电缆的特性阻抗；在短距离传输（通信距离小于 300 m）时可以不接终端电阻。

EIA/TIA-485 可以采用二线与四线方式，二线制可实现真正的多点双向通信，而采用四线连接时，只能有一个主设备，其余为从设备。当 EIA/TIA-485 总线挂接多台设备用于组网时，能实现点到多点及多点到多点的通信。

连接在同一 EIA/TIA-485 总线上的设备要求使用相同的通信协议，且具有不同的地址。在不需要发送数据时，所有的设备处于接收状态，只有当需要发送数据时，串口才翻转为发送状态，以避免冲突。

2. EIA/TIA-485 接口的连接

利用 EIA/TIA-485 接口可以使一个或者多个信号发送器与接收器互连，在多台计算机

或带处理器的设备之间实现远距离数据通信,形成分布式测控网络系统。EIA/TIA-485 收发器采用平衡发送和差分接收,具有抑制共模干扰的能力。

在发送端,网络将串口的 TTL 电平信号转换为差分信号 A 和 B 两路来输出;在接收端,差分信号首先被还原成 TTL 电平信号再进行接收。EIA/TIA-485 总线在传输距离较近时,由于干扰因素较少而不需要接入终端电阻;当进行远距离的传输时,总线上需要接入两个终端电阻来保证两条传输线之间的差分电压。

EIA/TIA-485 可以连接成半双工通信方式,也可以连接成全双工通信方式,不同的通信方式选用不同的总线收发器。

(1)EIA/TIA-485 的半双工连接

在大多数应用条件下,EIA/TIA-485 的端口连接采用半双工通信方式,有多个驱动器和接收器共享一条信号通路。图 3.1.9 所示为 EIA/TIA-485 接口的半双工连接的电路图,其中 EIA/TIA-485 差动总线收发器采用 75LBC184。

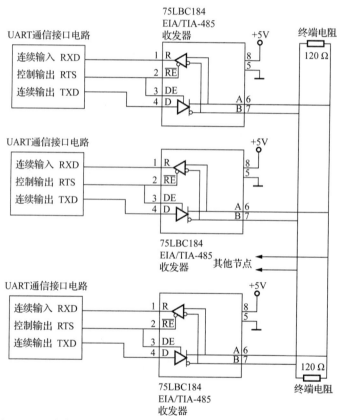

注:UART,全称是 universal asynchronous receiver/transmitter,通用异步收发器。

图 3.1.9　EIA/TIA-485 接口的半双工连接的电路图

(2)EIA/TIA-485 的全双工连接

尽管大多数 EIA/TIA-485 的连接是半双工的,但也可以形成全双工连接,当采用全双工连接方式时,可选择 75159 系列总线收发器。图 3.1.10 和图 3.1.11 分别为两点和多点之间的全双工连接方式。

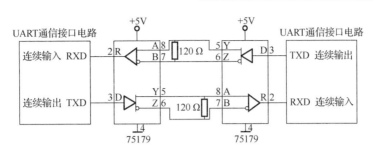

图 3.1.10　两个 EIA/TIA-485 接口的全双工连接

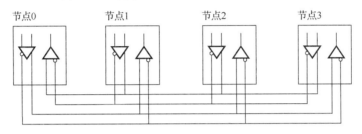

图 3.1.11　多个 EIA/TIA-485 接口的全双工连接

　　EIA/TIA-485 总线技术成熟、结构简单、可靠性高、抗干扰能力强，但是 EIA/TIA-485 总线仅仅对物理层进行了定义，其通信协议完全依赖于软件的支持，这就增加了系统通信软件的负担。但 EIA/TIA-485 总线在长距离传输时的抗干扰能力及传输速率的优势，使其在小系统网络中还是有着广泛的成熟应用。

3.2　Modbus

3.2.1　Modbus 概述

　　Modbus 总线协议是由施耐德公司发明的、全球首个应用于工业现场的总线通信协议，早在 2004 年 Modbus 就已被制定为我国工业自动化标准。Modbus 总线具有开放性好、传输介质选择多、协议格式简单、支持的硬件型号多、组网成本低、灵活性高等优点。

　　Modbus 总线最多可以支持 247 个远程控制器，在小型网络中，Modbus 总线的成本优势较大。特别是在低压配电方面，由于施耐德公司的推动，再加上相对低廉的实现成本，Modbus 现场总线在低压配电市场上所占的份额大大超过了其他现场总线，成为低压配电上应用最广泛的现场总线。在智能建筑能耗检测中，Modbus 也得到了广泛应用。

　　Modbus 协议发展至今，已经形成一个庞大的协议族，主要包括 Modbus 串行链路协议和 Modbus TCP。

　　在串行链路的 Modbus 网络中，通信使用主从网络结构。在网络中只有一个设备是主节点，只有主节点才能启动数据传输。每个从节点都有一个唯一的地址，主节点可以与指定的从节点进行单播模式通信，也可以使用广播模式和所有的从节点进行通信。在广播模式（当主节点发送的请求报文的地址域值为 0 时，代表广播请求）下，主节点向所有的子节点发送请求，所有的从节点都需要接收处理，但不需要向主节点返回报文。在单播模式下，主节点需要知道从节点的地址，所有的从节点都会收到主节点发送的消息，但只有指定地址的从节点才会执行响应。指定地址的从节点根据主节点消息中的功能码判断需要做什么样的响应，并使用 Modbus 协议发出响应消息。

在应用 Modbus TCP 的网络中，各通信节点使用"对等技术"进行通信，所有的节点都能够与其他节点进行通信。在单播模式通信的过程中，各节点既能作为主节点也可以作为从节点。节点内部提供多个通道，允许同时发生多个传输进程。尽管任何一个节点都能够启动传输，但是仍然遵循主从原则。如果某个节点发送消息启动传输，那么它只能作为主节点，并期望从指定从节点获得响应。当指定从节点收到消息后，它将按照 Modbus 协议生成响应格式返回给主节点。

3.2.2 Modbus 协议的体系结构

1. Modbus 协议栈的结构

Modbus 协议是 OSI 参考模型最上层应用层的报文传输协议。图 3.2.1 描述了 Modbus 协议栈的结构。由图 3.2.1 可以看出，可以采用以下多种不同的方式实现 Modbus 协议：
① 各种媒体（如 EIA/TIA-232、EIA/TIA-485 等）上的异步串行通信；
② 以太网上的 TCP/IP；
③ Modbus Plus（Modbus+），一种高速令牌传递网络。

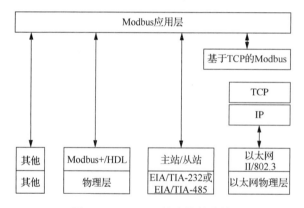

图 3.2.1　Modbus 协议栈的结构

Modbus 协议可以应用在不同网络中，通过将 Modbus 协议报文转换为相应网络上使用的帧或数据包结构，可以扩展 Modbus 报文的传输和应用范围。需要说明的是，Modbus 网络不能同时使用两种混合的通信模式，同一个网络通信只允许使用一种通信方式，且同一个 Modbus 网络的设备，必须设置为相同的通信参数模型。

2. 通用数据帧及数据模型

Modbus 协议采用请求/应答方式，定义了一个与通信物理层无关的协议数据单元（protocol data unit，PDU）。通过在 PDU 上加入附加域形成不同的应用数据单元（application data unit，ADU），可以使该协议在不同总线或网络上实现。图 3.2.2 给出了 Modbus 通用数据帧的结构。

图 3.2.2　Modbus 通用数据帧结构

由图 3.2.2 可知，在通用数据帧结构中，功能码和数据组成 PDU，PDU 定义了数据访问和操作的核心概念。为了在不同的总线和网络中传输 Modbus 所需的数据，Modbus 包含了一组使用不同网络协议的 ADU，主节点通过创建 Modbus 应用数据单元来启动传输。下面分别介绍各个组成部分。

（1）地址域

地址域对于不同的网络有不同的规定。对于串行链路 Modbus 来说，主站不需要设置站地址，允许的从设备地址是 0～247（十进制）。其中，地址 0 用作广播地址，智能设备的地址可以从 1～247 中任意配置。

（2）功能码

Modbus 功能码由 1 字节进行编码作为请求/应答 PDU 的元素。功能码的有效范围是十进制 1～255（其中 128～255 作为异常响应保留）。Modbus 协议将功能码分为三类：公共功能码、用户定义功能码及保留功能码。其中，公共功能码是被定义好的、具有一致性的可用功能码；用户定义功能码由用户根据实际需求来定义；保留功能码是一些公司对传统产品所使用的功能码，这些功能码对于公共使用是无效的。表 3.2.1 列出了 Modbus 常用的功能码。

表 3.2.1　Modbus 常用的功能码

功能码	名称
01	读线圈
02	读输入状态
03	读多个寄存器
04	读输入寄存器
05	写单个线圈
06	写单个寄存器
07	读异常状态
08	诊断
16	写多个寄存器
128～255	保留

（3）数据

数据域是由两位十六进制数构成的，范围为 00H～FFH。通常，Modbus 可访问的数据存储在线圈、离散量输入、保持寄存器、输入寄存器四个地址范围中的一个，这些地址范围定义了所包含的数据类型和访问权限。

这些数据由从节点本地进行管理，所以从节点可以直接访问这些地址范围的数据。表 3.2.2 描述了每个地址范围所使用的数据类型、访问权限及内容。

表 3.2.2　每个地址范围所使用的数据类型、访问权限及内容

名称	数据类型	访问权限	内容
线圈	布尔	读/写	通过应用程序改变该类型数据
离散量输入	布尔	只读	I/O 系统提供该类型数据
保持寄存器	无符号双字节整型	读/写	通过应用程序改变该类型数据
输入寄存器	无符号双字节整型	只读	I/O 系统提供该类型数据

（4）差错检测

Modbus 串行链路上传送的帧，无论采用何种传输模式，都需要对接收到的数据帧进行校验，以确保通信数据的正确性。

3．Modbus 事务处理框架

Modbus 事务处理框架描述了从节点如何处理主节点发送的消息的过程。从节点在返回响应消息的过程中，正常（无差错）响应和异常响应（差错）都是通过功能码域来标识的。对于一个正常响应，从节点会执行主节点报文帧中功能码的请求响应。对于异常响应，从节点会将原始功能码的最高有效位设置为逻辑"1"作为差错码返回给主节点。图 3.2.3 和图 3.2.4 分别描述了正常响应和异常响应的 Modbus 事务处理的过程。

图 3.2.3　Modbus 事务处理（正常响应）　　　图 3.2.4　Modbus 事务处理（异常响应）

3.2.3　Modbus 串行链路协议

在串行链路的 Modbus 网络中，支持两种传输模式：ASCII 传输模式和 RTU（remote terminal unit，远程终端单元）传输模式。各个模式分别定义了报文域的位如何在线路上串行传送、信息如何封装成报文及报文如何解码。在一个 Modbus 串行网络中只能选择其中一种模式，且所有的通信设备需保持传输模式一致。

1．ASCII 传输模式

在 ASCII 传输模式下，数据帧中每 8 位的字节都作为一个标准 ASCII 字符发出。使用 ASCII 传输模式，消息以冒号"："字符（ASCII 值 3AH）开始，以回车换行符（ASCII 值 0DH，0AH）结束。使用 ASCII 传输模式的报文帧结构如表 3.2.3 所示。

表 3.2.3　ASCII 传输模式的报文帧结构

起始	地址	功能码	数据	校验	结束
1 字符	2 字符	2 字符	0~2×252 字符	2 字符	2 字符

2. RTU 传输模式

在 RTU 传输模式下，每字节由两个 4 位的十六进制字符来表示。表 3.2.4 列出了 RTU 传输模式的报文帧结构。

表 3.2.4　RTU 传输模式的报文帧结构

起始	地址	功能码	数据	校验	结束
≥3.5 字符间隔时间	8 bit	8 bit	0～252 字节	16 bit	≥3.5 字符间隔时间

由 RTU 传输模式的消息帧结构可以看出，在 RTU 传输模式下，报文帧并没有标记帧的开始和结尾，整个报文帧必须以连续的字符流发送。在完整的一帧消息开始传输时，必须和上一帧消息之间至少有 3.5 个字符时间的间隔，这样接收方在接收时才能将该帧作为一个新的数据帧接收。另外，在本数据帧进行传输时，帧中传输的每个字符之间不能出现超过 1.5 个字符时间的间隔，否则，本帧将被视为无效帧，但接收方将继续等待和判断下一次 3.5 个字符时间的间隔之后出现的新一帧并进行相应的处理。

相比 ASCII 传输模式，在相同的波特率下，RTU 传输模式可传送更多的数据。一般工业智能仪器仪表采用的都是 RTU 传输模式。ASCII 传输模式采用纵向冗余校验（longitudinal redundancy check，LRC）对报文信息进行验证，RTU 传输模式应用 CRC 方法对报文信息进行差错校验。表 3.2.5 列出了 RTU 传输模式与 ASCII 传输模式的比较。

表 3.2.5　RTU 传输模式和 ASCII 传输模式比较

传输模式	进制	字节位数	位信息	备注
RTU	8 位二进制	11	1 个起始位；8 个数据位，先传送 LSB；1 个奇偶校验位；1 个停止位	吞吐量大，常采用的模式
ASCII	十六进制	10	1 个起始位；7 个数据位，先传送 LSB；1 个奇偶校验位；1 个停止位	效率低，备用模式

3.2.4　Modbus TCP

Modbus TCP 是将工业现场总线 Modbus 协议和以太网 TCP/IP 融合在一起的一种工业以太网应用层协议。Modbus TCP 使用一种非常简单的方法把 Modbus 帧嵌入 TCP 帧中，使得 Modbus 协议从一种在串行数据链路层上传输的无容错机制的、不可靠的数据帧变成能在以太网上传输的面向连接的、可靠的数据帧。

1. Modbus TCP 组件的结构模型

如图 3.2.5 所示，Modbus TCP 功能组件划分为四层，分别是用户应用层、通信应用层、管理层和 TCP/IP 层。用户应用层为用户提供与设备无关的应用程序，通信应用层则为用户应用程序

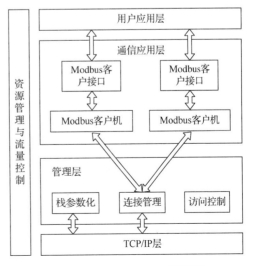

图 3.2.5　Modbus TCP 功能组件

提供一套简约的客户机及服务器实现的应用程序接口（application programming interface，API），这些 API 可以指定到某个客户机或服务器上来操作四种基本类型的数据（离散量输入、线圈、寄存器输入和寄存器输出）。管理层实现通信过程的建立和结束，并管理链接客户端和服务器的各种数据流。TCP/IP 层位于 Modbus TCP 功能组件的底层，提供基本的通信链路、差错控制、流量控制、地址管理及物理链路规范。

Modbus TCP 应用于以太网的物理层和数据链路层，而以太网节点设施价格低廉，应用广泛，标准统一。其传输层和网络层采用的是 TCP/IP，不但适应几乎所有的底层协议，还可以轻易接入互联网，具有更大的拓展性。

Modbus TCP 的通信网络可以包括不同类型的设备，除了可以连接 TCP/IP 网络上的客户机和服务器，还可以连入 Modbus RTU 串行链路上的主机和从机。这样就使得原来使用 EIA/TIA-485 网络的工业现场设备不需要进行大的修改，即可简易升级为互联网设备，因而 Modbus TCP 在电力、化工、机械等监控系统中得到了广泛的应用。

2. Modbus TCP 模式的数据帧结构

在 Modbus TCP 模式下，串行链路中的主/从设备分别转变为客户端/服务器端设备，客户端相当于主站设备，而服务器端相当于从站设备。基于 TCP/IP 网络的传输特性，串行链路上一主多从的结构模式也演变为多客户端/多服务器端的通信模型。Modbus TCP 模式以一个完整的 TCP/IP 协议栈作为基础，Modbus TCP 服务器端通常使用 502 号端口作为接收报文的端口。

Modbus TCP 报文在基础 PDU 单元的基础上添加了一个 MBAP（Modbus application header，Modbus 报文首部）数据段作为整条消息的起始字段。如表 3.2.6 所示，MBAP 数据段包括四个组成部分。第一部分是事务元标识符段，该数据段表示 Modbus 查询/应答的传输过程，占用 2 字节的空间，可以将其规定为每完成一次通信过程，该段数据内容加 1，也可直接将该段数据设置为 0；第二部分为协议标识符段，占 2 字节，当标记为 Modbus 协议时，设置为 0x00；第三部分为字节长度字段，占 2 字节，用于记录后续字节数；第四部分为单元标识符段，占 1 字节，用于识别从机设备。

表 3.2.6   MBAP 数据段包含的域

域	长度	描述	客户机	服务器
事务元标识符	2 字节	Modbus 请求/响应事物标识码	客户机启动	服务器从接收的请求中重新复制
协议标识符	2 字节	0=Modbus 协议	客户机启动	服务器从接收的请求中重新复制
长度	2 字节	以下字节数量	客户机启动（请求）	服务器（响应）启动
单元标识符	1 字节	串行总线或者其他总线上连接的远程从站的识别码	客户机启动	服务器从接收的请求中重新复制

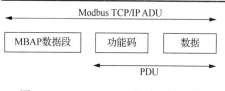

由于 MBAP 数据段携带地址域和附加长度域，比 CRC 差错校验更能确保报文的准确性，所以 Modbus TCP 的帧将不再带有地址域和差错校验域，Modbus TCP 的数据帧结构如图 3.2.6 所示。

图 3.2.6   Modbus TCP 的数据帧结构

3.3 Pyxos

3.3.1 Pyxos 概述

Pyxos FT 平台是美国埃施朗（Echelon）公司开发的一种嵌入式控制平台，基于 Pyxos FT 平台可以开发出与远程传感器、执行器相互通信的智能设备和控制器。PBus 总线是基于该嵌入式平台的一种总线技术，可以用来扩展 I/O 总线。PBus 总线能够和现有的 LonWorks、Modbus 或 BACnet 等控制网络平台技术结合，构成任意规模的自动控制网络。在智能建筑中，Pyxos 在灯光照明控制、能耗数据采集等系统中得到了广泛应用。

Pyxos FT 嵌入式控制网络平台包括 Pyxos FT 芯片、使用 Pyxos FT 芯片的设备以及由这些设备构成的完成特定功能的网络，在 Pyxos FT 芯片上有完整的通信协议。Pyxos FT 芯片可以配置成工作在 Pilot 模式，或工作在 Point 模式。当 Pyxos FT 芯片用作主控制器的网络收发器时，这个主控制器节点就被称为 Pyxos Pilot；当 Pyxos FT 芯片用作传感器和执行器的网络收发器时，这些传感器和执行器节点就被称作 Pyxos Point。

表 3.3.1 给出了 Pyxos FT 平台的性能指标，其主要特性如下：

1）自管理网络：Pyxos FT 芯片中写进了完整的通信协议，Pyxos FT 网络不需要特殊的工具或专业的技术人员就可以实现网络的配置，这能够降低网络的安装和维护成本，实现网络的即插即用。

2）自由拓扑网络布线：基于 Pyxos FT 技术的设备或组件之间连接时，使用一对双绞线，支持总线型和自由拓扑结构。

3）链路电源技术：Pyxos FT 技术支持在一对双绞线上，既传输网络数字信号，又传输 24 V 的交流或直流电。也就是说，基于 Pyxos FT 技术的设备，可以同时从通信数据线上取得工作电源，该特点特别适合那些不能为设备提供本地供电方式的应用场合。

4）无极性的网络连接：基于 Pyxos FT 技术的设备之间采用无极性的双绞线进行连接，可以避免由于安装错误引发的故障，并且只使用一对双绞线，能够有效降低线路原因所导致的网络故障。

5）强大的扩展性：网络中任何从设备的损坏都不会影响到系统中其他设备的运行，维护保养方便。系统具有强大的可扩展性，对于功能的增加或控制回路、电气的增加，只需要增加挂接相应的主设备和从设备，而不需要改动系统内原有的硬件、接线便能达到要求。

6）方便布线施工：整个系统只需要一条 PBus 总线进行连接，没有大量的电缆敷设和繁杂的控制设计。控制模块安装在智能控制箱内，现场控制面板只需要一条 PBus 总线进行连接。

7）维护管理方便：功能和控制的修改方便灵活，只需要少量的程序调整，而不需要现场重新布线，从而可节约能源，提高效率。

表 3.3.1 Pyxos FT 平台的性能指标

内容	性能指标
传感器或执行器个数	32 个
响应时间（2 个智能节点）	1.8 ms
响应时间（32 个智能节点）	25 ms

续表

内容	性能指标
PBus 链路电源	直流 24 V 或交流 24 V
Pyxos FT 芯片工作电压	$3.3\times(1\pm10\%)$V
工作温度	$-40\sim+85$℃

3.3.2　Pyxos FT 协议

在 Pyxos FT 网络中，Pyxos FT 协议已经嵌入 Pyxos FT 芯片中，Pyxos Pilot 和 Pyxos Point 使用的是同一种通信协议——Pyxos FT 协议。该协议是一整套用于数据表示、信号发送和错误检测的标准规则，可使所有设备能够通过一条通信信道进行信息的传送。

Pyxos FT 协议使用时分多路复用模式（TDM）管理 Pyxos Pilot 和 Pyxos Point 之间的通信，所有设备都能够周期地、可预测地取得网络的使用权。TDM 是严格意义上的主从式体系结构，为了确保媒体访问控制时延足够小，协议对设备的数量与数据包的长度都进行了限制。

Pyxos FT 协议将两个或多个并发的数据流当作一个个子信道编码，并将其合并为一个数据流，经过合并的数据流在接收端被解码。当 Pyxos Point 被安装到网络时，Pyxos Pilot 会为其分配一个唯一的时间槽。一个 Pyxos Point 一旦分配了时间槽，它将一直使用同一个时间槽直到其从网络中被移出。Pyxos Point 只有在分配时间槽以后才能够发送数据到 Pyxos Pilot，并从 Pyxos Pilot 接收数据。每个节点的时间槽中，8 字节用于写时间槽，8 字节用于读时间槽。Pyxos FT 芯片先将信息发送到写时间槽，然后在读时间槽中读取信息。图 3.3.1 显示了一个划分为 4 个时间槽的帧的组成。

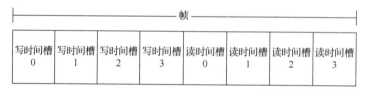

图 3.3.1　Pyxos 网络帧中的时间槽划分

如图 3.3.2 所示，Pyxos Pilot 通过在每个帧的起始位置包含一个 SOF（start of frame，帧起始）数据位的组合形式发起和 Pyxos Point 的通信。这种 SOF 组合形式为 Pyxos Pilot 与 Pyxos Point 之间提供同步通信。Pyxos Pilot 在 SOF 数据位之后立即开始对每个时间槽写数据，在完成写时间槽操作之后，Pyxos Pilot 从时间槽中读取数据。

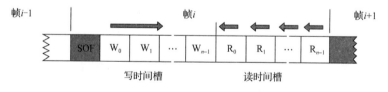

图 3.3.2　Pyxos 网络帧组成结构

一个 Pyxos FT 网络最多有 32 个传感器或者执行器节点，因此节点的时间槽数目可以配置为 2～32。Pyxos Pilot 把网络视为一个至多有 32 个时间槽的集合，并通过时间槽编号寻址每一个 Pyxos Point。带有主处理器的 Pyxos Point 无论其数据值是否更新都会发送数据到 Pyxos Pilot。无主处理器的 Pyxos Point 只有在数据值发生更新时才发送数据给 Pyxos Pilot，或者等待 Pyxos Pilot 对 Pyxos Point 的 Pyxos FT 芯片 I/O 寄存器的主动轮询。

在 Pyxos FT 网络中，Pyxos Pilot 和 Pyxos Point 既可以工作在按需操作模式中，也可以工作在持续操作模式中。对于按需操作模式，Pyxos Pilot 和 Pyxos Point 根据网络预先确定的时间间隔发送或者接收数据，Pyxos Pilot 在发送一个帧（一个写和一个读）之后停止工作。而对于持续操作模式，Pyxos FT 芯片在完成对帧中最后一个时间槽的读操作以后，立即自动地开始下一个 SOF。如果 Pyxos Pilot 或者 Pyxos Point 没有新的数据报告给帧，它将在时间槽中写一个特殊的值，标识没有新的数据更新。

3.3.3 Pyxos 网络

1. Pyxos 设备类型

Pyxos 网络中的设备分为 Pyxos Pilot 和 Pyxos Point。在一个 Pyxos 网络中可以有一个 Pyxos Pilot 节点和最多 32 个 Pyxos Point 节点。下面对 Pyxos Pilot 和 Pyxos Point 进行介绍，并对 Pyxos 链路电源技术进行说明。

（1）Pyxos Pilot

Pyxos Pilot 是 Pyxos 网络中的主控制器，其作用是控制网络行为，管理传感器和执行器。图 3.3.3 给出了 Pyxos Pilot 的基本组成结构。

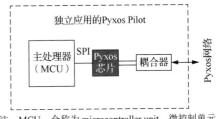

注：MCU，全称为 microcontroller unit，微控制单元。

图 3.3.3　Pyxos Pilot 的基本组成结构

Pyxos Pilot 用于管理 Pyxos 网络中所有设备的通信，并可以和其他类型的网络收发器相连。图 3.3.4 给出了一个网络化的 Pyxos Pilot 结构示例，Pyxos Pilot 的主处理器连接了埃施朗公司的智能收发器，从而使 Pyxos Pilot 能够管理 LonWorks 网络的通信。

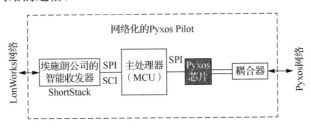

图 3.3.4　网络化的 Pyxos Pilot 结构

Pyxos Pilot 的主处理器可以是任何能够满足网络应用需求的主处理器，低成本的 8 位或者 16 位微控制器都可满足要求。当用户将一个已有的应用程序转换用于 Pyxos FT 平台时，用户可以将任何或者所有已有的本地 I/O 用基于 Pyxos FT 网络的 I/O 替换。用户同样可以把 Pyxos Pilot 中用于实现传感器或者执行器的线性化程序移植到 Pyxos Point 上，从而将 Pyxos Pilot 中更多的代码空间释放出来。

（2）Pyxos Point

Pyxos Point 是 Pyxos FT 网络中的一个功能节点，每个节点完成一定的控制功能与数据处理功能，并对本地 I/O 接口进行管理和控制。

无处理器的 Pyxos 芯片可以组成最简单的 Pyxos Point，称为 Unhost Point。这种节点只由 Pyxos FT 芯片构成而不含处理器，适用于简单传感器和控制器，只能控制少数有限的数字 I/O 接口。在这种节点中，数据的传输是通过 Pyxos FT 芯片利用 Pyxos FT 网络来发送的。

图 3.3.5 给出了无处理器的 Pyxos Point 结构。

相对于简单的没有处理器的节点，基于 Pyxos FT 芯片也可以组成含有 CPU 的、能够处理复杂指令的或者控制复杂传感器节点的 Pyxos Point，称为 Hosted Point。在 Hosted Point 中，主处理器连接控制传感器或者执行器的所有 I/O 接口，可以处理数据并将数据通过 Pyxos FT 网络发送到其他节点。

图 3.3.6 给出了一个基于主处理器的 Pyxos Point 结构。采用基于主处理器的 Pyxos Point 的网络应用，不仅可以使用并控制更复杂的 I/O，还能够实现输入或者输出数据的筛选。

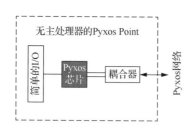

图 3.3.5　无处理器的 Pyxos Point 结构

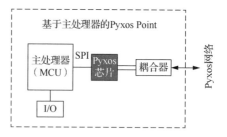

图 3.3.6　基于主处理器的 Pyxos Point 结构

（3）Pyxos 链路电源

Pyxos FT 网络中的 Pyxos Pilot 和 Pyxos Point 有以下两种获取电源的方式：

① 从本地电源上获取，电源直接连接到 Pyxos Pilot 和 Pyxos Point 上；

② 通过 Pyxos FT 网络通信缆线获取，通常由 Pyxos Pilot 提供。

我们把通过 Pyxos FT 网络缆线为 Pyxos Pilot 或者 Pyxos Point 供电的技术称为链路电源技术。在这种情况下，Pyxos Pilot 或者 Pyxos Point 连接在同一对双绞线上，这对双绞线既作为通信数据线，又作为电源线，从而避免了单独布线的需求。Pyxos FT 网络既可以有从本地供电的设备，也可以有采用链路电源供电的设备。

对于一个采用链路电源技术的网络，Pyxos FT 网络中的一个设备除了要连接到 AC 输电线上以外，还要包含为网络供电的电源。这个为网络供电的电源设备的选择完全取决于用户的应用，它既可以是一个 Pyxos Pilot，也可以是一个 Pyxos Point，甚至可以是一个特殊的设备（如一个插件式的电源适配器）。

Pyxos FT 网络中的其他设备都可以从网络获得供电。Pyxos FT 网络连接每个 Pyxos FT 设备，链路电源通过网络为每个设备供电。

2. Pyxos 网络拓扑结构

PBus 系统能够支持总线拓扑结构和自由拓扑结构，分别如图 3.3.7 和图 3.3.8 所示。

1）总线拓扑结构：将网络上的所有传感器与执行器都连接到一根主线上。如果节点的传感器或者执行器出现问题，则直接将传感器或者执行器去除；如果总线出现问题，则需要切断通信链路重新更换。

2）自由拓扑结构：使用者可以将节点自由地连接到主控器上，不受任何拓扑结构的限制。使用时，先将一个传感器或执行器连接到 PBus 总线，其他的传感器或执行器可以连接到已连接的网络中的任何位置。

使用总线拓扑结构时，总线的最大长度为 400 m，每个传感器或执行器连接至总线的分节点距离不能超过 0.3 m，在总线的两端各需配置一个阻抗为 105 Ω 的阻容网络作为终端匹配器。对于自由拓扑结构，Pyxos 网络所有连线的最大长度为 100 m，可以在网络的任意位置使用一个阻抗为 52 Ω 的阻容网络作为终端匹配器。无论是总线拓扑结构，还是自由拓扑结构，网络中最多可以连接 32 个执行器或控制器。

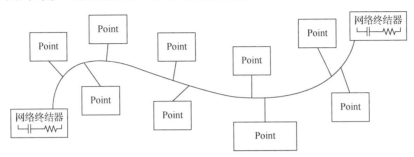

图 3.3.7 总线拓扑结构示意图

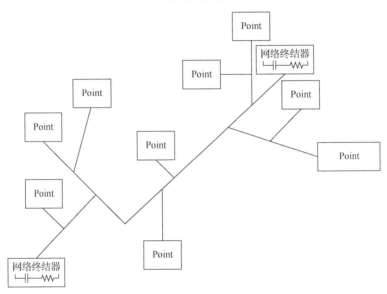

图 3.3.8 自由拓扑结构示意图

3.4 BACnet

3.4.1 BACnet 概述

楼宇自动控制网络数据通信协议（A data communication protocol for building automation and control network），简称为 BACnet 数据通信协议，是国际标准化组织、美国国家标准协会以及美国采暖、制冷与空调工程师学会定义的用于智能建筑设备集成控制的通信协议。

BACnet 针对智能建筑及控制系统的应用所设计的通信，可用于暖通空调系统，也可用于照明控制、门禁系统、火警侦测系统及其相关的设备。BACnet 提供了五种业界常用的标准协议，以防止设备供应商及系统从业者的垄断，也大大增加了系统未来的扩展性与兼容性。

BACnet 技术的主要特点包括以下几个方面：

1）BACnet 数据通信协议阐述了建筑物自动控制网络的功能，系统组成单元相互分享数据实现的途径、使用的通信媒介、可以使用的功能及信息如何翻译的全部规则。BACnet 数据通信协议由五种局域网通信协议、它们之间相互通信的协议、信息数据的表示方式、建筑物自动控制设备功能组成。

2）BACnet 是一种开放性的计算机控制网络，符合 OSI 参考模型，其规范的是楼宇内机电设备控制器之间的数据通信，是实现计算机控制的空调、给水排水、变配电和其他建筑设备系统的服务和协议。

3）BACnet 标准目前将 5 种类型的物理层/数据链路技术作为自己所支持的物理层/数据链路层的技术规范，形成其协议。这 5 种类型的技术分别是 ISO 8802-3 以太网、ARCNET、主从/令牌传递（master-slave/token passing，MS/TP）网、点对点（P2P）连接和 LonTalk 协议网。

4）BACnet 数据通信协议采用了面向对象的技术，定义了一组具有属性的对象来表示建筑物设备的功能，用属性的值来描述对象的特征和功能。一个 BACnet 对象就是一个表示某设备的功能的数据结构。对象是在设备之间传输的一组数据结构，其属性就是数据结构中的信息。

3.4.2 BACnet 数据通信协议的体系结构

BACnet 数据通信协议的体系结构以 OSI 参考模型为基础，保留了其对于不同通信过程进行分层的方式，并根据 BACnet 的一些特点，对模型进行了改动和删减。OSI 参考模型中每层的构建，均需要在设备制造时投入很多费用，而很多复杂的通信模式在 BACnet 中并没有使用，删减过程考虑了 BACnet 的主要特点。

首先，BACnet 在广义上是一种局域网，并不涉及广域网的通信模式，并且网络中的这些设备，既不会经常在空间上移来移去，也不会在功能上发生巨大的变化，站点和通信数据的格式内容基本保持不变，因此在绝大部分楼宇自动控制系统应用中也并不需要这么多的层次。可在 OSI 参考模型的基础上进行删减，去掉不必要的通信功能，以减少信息处理成本。

其次，BACnet 控制系统只需要规定传输协议的数据内容，对数据链路层的数据结构和协议内容并不需要特殊规定。因此，协议的数据链路层可采用已经成熟的传输协议，如以太网、ARCNET 和 LonTalk，不但可以降低研发成本，成熟的通信协议也有利于性能和稳定性的提高。

根据以上两个特点，BACnet 数据通信协议的体系结构为简化的四层体系结构，具体内容和结构如图 3.4.1 所示。和 OSI 参考模型相比，由于减少了协议的传输内容和对现有数据链路层通信协议的使用，所以 BACnet 数据通信协议的体系结构更加紧凑，信息传输更加高效稳定，能够满足楼宇自动控制系统对实时性的要求。

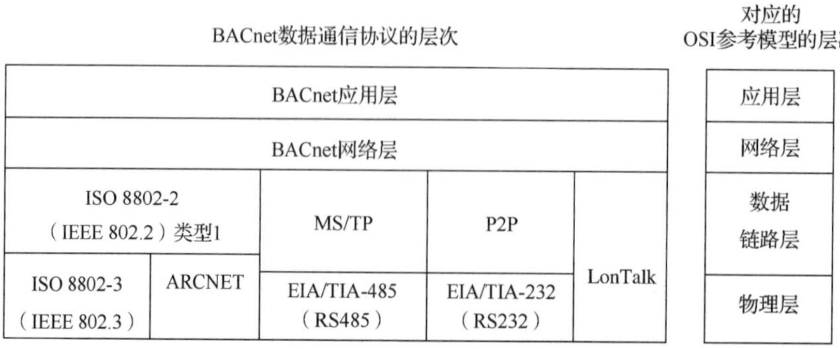

BACnet数据通信协议的层次					对应的OSI参考模型的层次
BACnet应用层					应用层
BACnet网络层					网络层
ISO 8802-2（IEEE 802.2）类型1		MS/TP	P2P	LonTalk	数据链路层
ISO 8802-3（IEEE 802.3）	ARCNET	EIA/TIA-485（RS485）	EIA/TIA-232（RS232）		物理层

图 3.4.1 BACnet 数据通信协议的层次与 OSI 参考模型层次对应关系

从图 3.4.1 可以看出，BACnet 标准的数据链路层和物理层与 OSI 参考模型中类似，具有实现网络通信传输的功能，但由于 BACnet 标准需要具体的设备状态和数据，因此网络中数据链路层和物理层给出了具体的定义和内容；BACnet 标准的网络层经过简化之后可以高效地实现 BACnet 标准的路由；BACnet 标准的应用层，具有 OSI 参考模型中 4~7 层的通信处理功能，用于实现楼宇自动控制网络中信息的语义解读、信息转换、数据帧同步等功能。下面分别对各层的协议和功能进行说明，并对应用层服务类型与 BACnet/IP 进行详细阐述。

1. 物理层和数据链路层

BACnet 的物理层为数据端设备提供传送数据的通路，确保比特流能在物理信道上进行透明传输。BACnet 的数据链路层在物理连接的基础上建立、维护和释放数据链路，在对等实体间实现帧的透明传输、流量控制和差错控制，管理竞争信道的使用权。

建立简单的物理连接，设备只能感应到其他设备的高低电平信号，但无法传输更多的内容。对于网络而言，设备根据接收到的单一信息无法确定发送出信息的设备是哪一个，也无法判断收到的信息是否是发送给本设备的，因此，需要数据链路层对物理层信息传输的信息格式进行规定，保证信息传输的寻址、数据内容解读、设备间的相互访问等功能的实现。

BACnet 的物理层和数据链路层功能互补，完成网络中下端设备通信，彼此相互依存、不可分割。BACnet 标准规定了 5 种具体的物理层和其对应的数据链路层，以适应不同系统对于控制系统的不同要求。

1）数据链路层 ISO 8802-2 类型 1 定义的逻辑链路控制（logical link control，LLC）协议和物理层 ISO 8802-3 介质访问控制（MAC）协议及物理层协议。ISO 8802-2 类型 1 仅提供无确认的无连接服务，ISO 8802-3 是以太网协议的国际标准版本。

2）数据链路层 ISO 8802-2 类型 1 定义的 LLC 协议和物理层 ARCNET（ATA/ANSI 878.1）协议。

3）数据链路层 MS/TP 协议和物理层的 EIA/TIA-485 协议。MS/TP 协议是针对楼宇控制系统而设计的数据链路层通信协议，与 LLC 协议类似，MS/TP 通过控制访问 EIA/TIA-485 物理层而向网络层提供接口。

4）数据链路层 P2P 协议和物理层的 EIA/TIA-232 协议。

5）LonTalk 协议。

由于 BACnet 标准只需要在网络中传输具有一定意义的数据帧，并没有对数据链路层中的内容做特别的规定，所以只要是可以实现 BACnet 的物理层和数据链路层功能的任何协议，都可以作为该协议底层使用。

2. 网络层

BACnet 网络层的功能相对简单，主要是为了在 BACnet 之间实现互联时，能够屏蔽各种异构的 BACnet 在链路技术方面的差异，并将报文从一个 BACnet 传递到另一个 BACnet。

在 BACnet 数据通信协议中，网络层实现数据在不同网络之间的数据传输，帮助不同局域网内的数据选择传输路由，因此，要求网络层具有远距离传输信息的功能。另外，网络设备需要实现不同网络地址的灵活转变和物理地址的准确查询，以准确定位目的网络和设备。因此，BACnet 网络层的主要功能是实现不同网络间数据的稳定高效通信和路由选择。

3. 应用层

BACnet 通过应用编程接口为上层应用程序提供服务，并用于应用层通信。应用层提供确认和非确认两种类型的服务，并定义了请求、指示、响应和确认四种服务原语，它们通过应用层数据单元进行通信。BACnet 的应用层还提供了可靠的端到端传输和差错校验、报文分组、流量控制、报文重组和序列控制等功能。

应用层协议要解决 BACnet 设备通信中的三个问题：通用应用服务程序通信规范、下层设备通信规范和同层设备通信规范。应用层主要包括应用进程和应用实体两部分，下面对这两部分做具体分析描述。

应用进程是一种实现特定功能的数据处理的方法。应用进程的一部分是应用程序，该部分对信息进行分析处理，实现某种功能；另一部分是应用实体，完成 BACnet 网络中的数据通信。两部分程序内容之间采用应用编程接口交换信息。由于 BACnet 数据通信协议功能较为简单，所以应用层协议中只规定了应用实体的内容，与应用实体采用接口交互的是某个函数或调用控制器中的某个子函数。

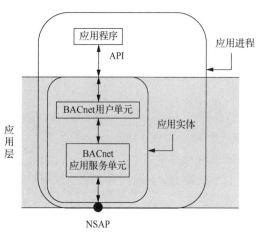

注：NSAP，全称为 N service access point，N 层服务访问点。

图 3.4.2　BACnet 应用进程模型

图 3.4.2 所示为 BACnet 应用进程模型，图中阴影部分是应用进程位于 BACnet 应用层中的部分。

由图 3.4.2 可知，应用实体由 BACnet 用户单元和 BACnet 应用服务单元（application service element，ASE）两部分组成。BACnet 应用服务单元是一组特定内容的应用服务，其中包括了 BACnet 数据通信协议中规定的所有服务种类和服务内容，如文件访问服务、报警与事件服务、对象访问服务、远程设备管理服务、虚拟终端服务和网络安全性等内容。

BACnet 用户单元的功能是保证服务完整执行的上下文信息、保证和本地 API 对接、记录并产生标志位和其对应的服务类型、对超时重传计时器进行维护，以及将设备的行为要求映射成 BACnet 的对象。

由于设备的每个行为请求都会被 BACnet 的应用层抽象成一个 BACnet 对象，所以 BACnet 设备就指任何能采用 BACnet 进行数据通信的设备。在 BACnet 局域网中，每个 BACnet 设备只有唯一的设备对象，且在同一局域网中，其地址固定不变。一个物理设备在很多情况下就代表一个 BACnet 设备，如一个支持 BACnet 数据通信协议的压力感器就代表一个 BACnet 设备。一个物理设备也可以具有多个"虚拟的"BACnet 设备的功能。当 BACnet 设备需要和其他设备进行应用程序的通信时，应用程序就以 API 接口为介质，对本地 BACnet 用户单元进行访问。

当一个 BACnet 设备需要向一个远端 BACnet 设备进行应用程序的通信时，该设备应用层就调用 API，将自身设备的一些信息参数写入 API 中。API 中的一部分参数会直接通过数据链路层和物理层下传到远端设备中；另一部分则按照 BACnet 数据通信协议内容形成应用层服务原语，经用户单元和应用服务单元对数据进行相应处理，从而形成应用层协议数据单元（application protocol data unit，APDU）。APDU 再经网络层的服务访问点下传到网络层，并以此形式逐层向下传输到远端设备中，在经过远端设备中的协议栈对服务原语进行解析分析后，传递给设备用户单元。只看接收设备中的数据，可以认为接收设备的指示原语是从设备自身应用服务单元传递到用户单元的。相同地，设备对原语进行响应时，也按照同样的方式传递信息。

4. BACnet/IP 技术

BACnet 标准最初的时候，是为一幢楼宇范围的自动控制网络协议而制定的局域网标准。随着时代的发展，将 BACnet 系统跨园区、城市、地区等连接起来的要求越来越多，于是 BACnet 就需从局域网扩展为广域网，其中最合适的实现方法就是利用现有的 IP，实现 BACnet 与互联网的无缝连接。

BACnet 中的 IP 技术应用可以概括为两个方面：

① 利用 IP 技术实现多个 BACnet 网络的连接，且这些连接的网络间可以实现数据和信息的共享；

② 直接利用 IP 技术建立 BACnet 网络，也就是将 IP 技术作为 BACnet 网络的底层实现标准，也就是作为 BACnet 标准的一部分。

图 3.4.3 显示了 BACnet/IP 的体系结构。IP 上层使用的是 UDP，UDP 层将来自 BVLL（BACnet virsual link layer，BACnet 虚拟链路层）的数据封装成 IP 数据包，也将收到的 IP 数据包分段拆开，提取其中的有效相关数据给 BVLL。

BACnet应用层					
BACnet网络层					
ISO 8802-2 （IEEE 802.2）类型1		MS/TP	P2P	LonTalk	BVLL
					UDP
ISO 8802-3	ARCNET	EIA/TIA-485	EIA/TIA-232		IP

图 3.4.3　BACnet/IP 的体系结构

BACnet 标准使用以下两种技术来实现 IP 网络将多个 BACnet 互联：

第一种技术是 B/IP PAD（BACnet/Internet protocol packet assembler disassembler，BACnet/网际协议包封装/拆装设备）技术，这种技术也叫作"隧道"技术，其功能和作用相当于一个路由器，能够识别 BACnet 报文并将其进行 IP 数据帧封装，然后进行互联网传输。

第二种技术是 BACnet/IP 技术，其作用就是将 BACnet 报文直接封装成 IP 帧，然后进行互联网传输。

尽管使用 B/IP PAD 技术较为简单，但存在一些不容易克服的缺点，为了能够更便利地利用 IP 网络实现 BACnet 的互联，以及克服直接利用 UDP/IP 难于对 BACnet 中的广播通信机制进行控制和管理的不足，同时实现动态增减 BACnet 设备的功能，就在 B/IP PAD 基础上进行补充而开发出了新的协议，称为 BACnet/IP。

BACnet/IP 技术通过 BVLL 来完成 BACnet 的广播管理，通过使用 TCP/IP 的 UDP 进行数据报文的传输。这种方式可以使 BACnet 报文不必再进行重新符合 IP 格式的定义。UDP 是无连接不可靠的数据报协议，BACnet 中会在应用层完成对数据的确认。

BVLL 是一个新定义的微协议层，位于 BACnet 网络层和 IP 层之间，为 BACnet 网络层与通信协议 UDP 提供一种接口机制。该协议在 NPCI（network protocol control information，网络协议控制信息）和 BACnet/IP 报文（IP 头+UDP 报头）中增加了虚拟链路控制信息（BACnet virtual link control information，BVLCI）报文，从而使得 BACnet 能够进行广播处理。此外，BVLL 还提供了针对其他通信协议的扩展机制。

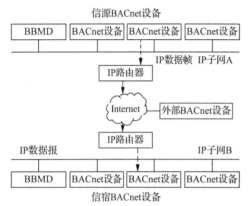

注：BBMD，全称为 BACnet/IP broadcast management device，BACnet/IP 广播管理设备。

图 3.4.4　BACnet/IP 网络结构

采用 BACnet/IP 体系结构的 BACnet 是 BACnet/IP 网络，这个网络由若干个具有唯一网络号的 IP 子网组成，如图 3.4.4 所示。

在图 3.4.4 中，IP 子网 A 和 IP 子网 B 组成了一个 BACnet/IP 网络。BACnet/IP 网络中的 BACnet 设备即是 BACnet 中的节点，同时也是 IP 网络中的节点，任意两个节点均可以直接进行通信，不需要经过封装和拆装的端到端处理。图 3.4.4 中两个 IP 子网有各自不同的 IP 子网号，但有且只有一个 BACnet 标识号。

BACnet 广播管理设备使用广播路由表管理 BACnet/IP 网络内的广播通信机制，并实现对外部设备的管理。

外部 BACnet 设备并不在组成 BACnet/IP 网络的子网之中，而是接入 BACnet/IP 网络以外其他 IP 子网的设备。但是外部 BACnet 设备可以作为一个移动的 BACnet 网络节点随时方便地与 BACnet/IP 网络互联，成为 BACnet/IP 网络中的节点。因此外部 BACnet 设备既能够接收来自 BACnet/IP 网络的广播，也可以主动向 BACnet/IP 网络进行广播，即外部 BACnet 设备和 BACnet/IP 网络之间可以实现双向广播通信。

3.4.3　BACnet 网络结构

1. BACnet 网络组件

（1）网桥

网桥也称为桥接器，是连接两个 LAN 的一种存储/转发设备，它能将一个大的 LAN 分割为多个网段，或将两个以上的 LAN 互联为一个逻辑 LAN，使 LAN 上的所有用户都可访问服务器。

（2）中继器

中继器是连接网络线路的一种装置，常用于两个网络节点之间物理信号的双向转发工作。中继器主要完成物理层的功能，负责在两个节点的物理层上按位传递信息，完成信号的复制、调整和放大功能，以此来延长网络的长度。

（3）节点

节点可以是工作站、客户机、服务器、具有寻址能力的智能控制器，也可以是终端设备，与一个有独立地址和具有传送或接收数据功能的网络相连。拥有自己唯一网络地址的设备都是网络节点。

（4）路由器

路由器是连接两个或多个 BACnet 从而形成 BACnet 互联网的设备。在路由器中将每个网络连接处称为一个端口。BACnet 路由器使用 BACnet 网络层协议报文来维护路由表。

路由器在启动时，向每个端口广播一个 I-Am-Router-To-Network 报文，其中包含每个可到达网络的网络号。这使其他路由器可以根据报文内容建立或者更新其路由表中的条目。

在路由器接收报文时，如果流量大于它的处理速度，其缓存器可能会溢出，这将造成数据的丢失。路由器要有一种功能，当它的缓存器将要溢出时，它能够通知源设备暂停发送数据或者放慢发送的速度。在 BACnet 中，路由器使用 Router-Busy-To-Network 报文和 Router-Available-To-Network 报文来实现流量控制的功能。

（5）半路由器

在 BACnet 中，将两个网络通过广域网进行连接的设备是半路由器。半路由器创建和同步路由的规程与路由器不相同。点对点连接总是需要在两个半路由器之间建立连接从而形成一个完整的路由器，图 3.4.5 表示了点对点连接的示意图。

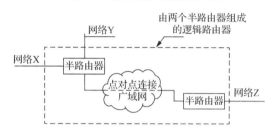

图 3.4.5　两个半路由器组成的点对点连接

半路由器是一个设备或节点，用在一个点对点连接的一端。两个半路由器形成一个路由器，并建立起一个有效的点对点连接。

2. BACnet 互联网络拓扑结构

为了能适应各种网络应用的需求，BACnet 数据通信协议没有严格规定其网络拓扑结构。下面从物理网段开始，依次说明 BACnet 中的基本组成部分，最后给出 BACnet 互联网络拓扑结构。

（1）物理网段

如图 3.4.6 所示，物理网段是直接连接一些 BACnet 设备的一段物理介质。

（2）网段

如图 3.4.7 所示，一个或多个物理网段通过中继器在物理层连接，形成网段。

图 3.4.6　物理网段的结构　　　　　　　　图 3.4.7　网段的结构

（3）BACnet 网络

如图 3.4.8 所示，BACnet 网络由一个或多个 BACnet 网段通过网桥互连而成。每个 BACnet 网络都形成一个单一的 MAC 地址域，这些在物理层和数据链路层上连接各个网段的设备，可以利用 MAC 地址实现报文的过滤。

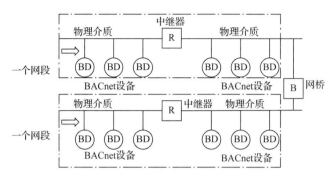

图 3.4.8　BACnet 网络的结构

（4）BACnet 互联网络

如图 3.4.9 所示，将使用不同 LAN 技术的 BACnet 多个网络，用 BACnet 路由器互联起来，便形成了一个 BACnet 互联网络。在一个 BACnet 互联网络中，任意两个节点之间恰好存在着一条报文通路。

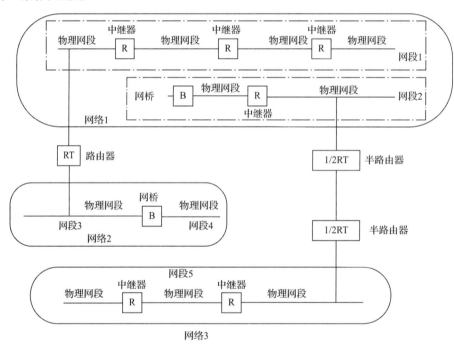

图 3.4.9　BACnet 互联网络拓扑结构

3.5　控制器局域网总线

3.5.1　控制器局域网总线概述

控制器局域网（CAN）是由德国 Bosch（博世）公司为车载电器而开发的串行多主控制局部网络。Bosch 公司开发 CAN 总线的初衷是解决车辆上数目繁多的车载电器之间的通信难题，以保证车载电器之间通信的准确性和稳定性。

作为一种实时性强、成本低、抗干扰性能好、传输距离远的串行总线，CAN 总线已在车载电器、工业控制、智能建筑与医疗器械等诸多领域得到了广泛应用。在智能建筑中，灯光控制、电梯控制、安防控制等系统都需要应用实时的数据传输与处理，分布式实时 CAN 总线正好顺应了这一需求，可以实现智能建筑灯光控制系统、电梯控制系统与安防控制系统中各功能模块运行状态的实时监测与控制。

CAN 总线的通信协议是具有国际标准的现场总线，在众多领域得到了广泛的应用。CAN 总线技术具有以下基本特征：

1）CAN 总线在通信时不依靠物理地址进行数据交换，而采用标识符进行数据通信，可以实现点对点、一点对多点的多种传输方式。

2）CAN 总线的通信接口能够实现 CAN 总线通信协议在物理层和数据链路层的功能，能够完成对通信数据的成帧过程。

3）CAN 总线通信协议采用多主竞争结构，总线上的任何节点在任何时刻都可以主动向总线上发送数据，从而实现节点间的自由通信。

4）CAN 总线的通信节点之间具有较强的实时性，这些节点根据优先权访问总线，并采用逐位仲裁的竞争方式向总线发送数据。

5）CAN 总线的通信物理结构简单，由 CAN-H 和 CAN-L 两条线组成，并且支持多种通信介质，如双绞线、同轴电缆和光纤等。

6）CAN 总线上任意两个节点之间的数据传输距离最大可达 10 km，CAN 总线的传输速率随着其传输距离的缩短而变大。当传输距离在 40 m 内时，CAN 总线的最大传输速率可达 1 Mbit/s。

3.5.2　CAN 协议的体系结构

CAN 协议的体系结构包含 ISO/OSI 七层网络模型中的三层结构，即物理层、数据链路层和应用层。其中，前两层主要通过 CAN 硬件实现，应用层由用户自行定义设计来满足自身需求，以适应不同领域的应用。图 3.5.1 给出了 CAN 总线的层次结构，下面分别对各层进行说明。

1．物理层

CAN 物理层特性符合 ISO 11898 标准。物理层定义信号传输方式，主要包括物理信号子层（physical signaling sublayer，PLS）、物理介质连接（physical medium attachment，PMA）和介质相关接口（medium dependent interface，MDI）三个部分。其中，PLS 主要涉及位编码与解码、位时间以及同步说明；PMA 主要描述驱动器/接收器特征；MDI 主要描述连接器的接口。

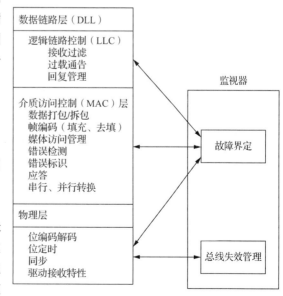

图 3.5.1　CAN 总线的层次结构

（1）位数值表示与通信距离

如图 3.5.2 所示，V_{CAN-H} 和 V_{CAN-L} 为 CAN 总线收发器与总线之间的两个接口引脚的电压，数据信号是以这两条线之间的"差分"电压的形式来表示的。CAN 总线上用"显性"（dominant）和"隐性"（recessive）两个互补的逻辑值来表示"0"和"1"。当总线处于隐性状态时，CAN-H 和 CAN-L 两条数据线上的电压被固定在平均电压附近，两条数据线之间的差分电压 V_{diff} 近似于 0，对应逻辑"1"；当总线处于显性状态时，CAN-H 和 CAN-L 两条数据线上的电压大于最小阈值的差分电压，对应逻辑"0"。

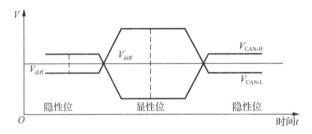

图 3.5.2   总线位的数值表示

CAN 总线上任意两个节点之间的最大传输距离与其传输速率有关，表 3.5.1 列出了传输速率与相应的最大通信距离的数据（这里的最大通信距离是指在同一条总线上两个节点之间的距离）。

表 3.5.1   CAN 总线任意两节点之间的最大距离

传输速率/（Kbit/s）	1000	500	250	125	100	50	20	10	5
最大通信距离/m	40	130	270	530	620	1300	3300	6700	10000

（2）位时序

CAN 总线上一个正常位时间可以划分为四个互不重叠的时间段，分别是同步段（SYNC-SEG）、传播段（PROP-SEG）、相位缓冲段 1（PHASE-SEG1）和相位缓冲段 2（PHASE-SEG2）。图 3.5.3 给出了 CAN 总线上一个位时间的结构。

图 3.5.3   CAN 总线位时间结构

图 3.5.3 中，同步段用于同步总线上不同的节点，使多个连接在总线上的单元通过此段实现时序调整，同步进行接收和发送工作；传播段用于补偿总线的物理时延，物理时延包括发送单元的输出时延、总线上的传播时延和接收单元的输入时延，传播段的时间为各时延时间的和的两倍；相位缓冲段 1 和相位缓冲段 2 用于补偿边沿阶段的错误，它们可以用重新同步的方式来更改时长。

采样点（sample point）是 CAN 控制器读总线电平并解释位值的一个时间点。当采样次数为 1 时，相位缓冲段 1 的结束点为采样点；当采样次数为 3 时，相位缓冲段 1 的结束点为第三次采样点，三次采样中相同的两次的总线位值为采样结果。

（3）CAN 总线传输介质

CAN 总线的物理传输介质必须支持"显性"和"隐性"状态，且"显性"状态支配"隐性"状态。CAN 总线传输可以采用双绞线、光纤，也可以采用无线通信方式，不同介质应用不同的收发器，其中最常用的为双绞线。目前，采用双绞线的 CAN 总线分布式系统已得到广泛应用，如汽车电子、电梯控制、电力系统、远程传输等。

双绞线在技术上容易实现且造价低，应用双绞线理论上对节点数无限制，且对环境电磁辐射有一定的抑制能力，但随着频率的增长，双绞线线对的衰减迅速增高，因而实际应用时的传输距离是有限的。

2. 数据链路层

数据链路层由逻辑链路控制（LLC）层和介质访问控制（MAC）层组成。其中，LLC层主要完成数据的接收过滤、数据超载通知及恢复管理提供信息等功能；而 MAC 层主要的功能包括数据打包/拆包、帧编码、媒体访问管理、错误检测和标识、应答等方面。

（1）CAN 报文格式

如表 3.5.2 所示，CAN 总线上的报文帧按功能可以分为 5 类，其中，数据帧和远程帧的实现方式由用户自行定义，其他种类的帧则由硬件自行发送。

表 3.5.2　CAN 报文帧种类

报文类型	作用	实现方式
数据帧	传输数据	用户
远程帧	请求接收数据	用户
过载帧	未准备好接收数据	硬件
错误帧	检测到错误	硬件
帧间隔	帧间间隙	硬件

1）数据帧。数据帧是节点传送信息的主体，是节点间用于数据交换的帧，共由 7 个字段构成，分别为帧起始（SOF）、仲裁字段、控制字段、数据字段、CRC 字段、应答字段与帧结尾，如图 3.5.4 所示。

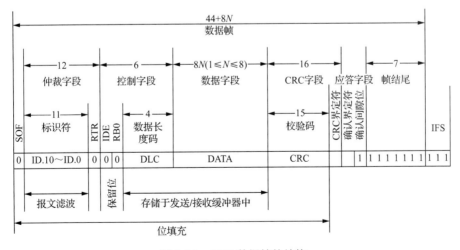

图 3.5.4　CAN 数据帧的结构

① SOF：用来指示报文开始传输，总线上节点检测到显性位逻辑"0"时，做好接收的准备。

② 仲裁字段：标准帧的仲裁字段由 11 位标识符和远程传输请求（remote transmission

request）位组成，标识符的大小表示报文发送的优先级，可根据 RTR 位的显隐性判断报文类型，显性"0"表示该报文为数据帧，隐性"1"表示该报文为远程帧。

③ 控制字段：扩展位标识符（identifier extension bit，IDE）的显隐性代表该报文是标准帧还是扩展帧（标准帧设置为"0"），保留位（RB0）设为显性"0"，长度字段（DLC0～3）表示数据段的长度。

④ 数据字段：数据帧发送的数据，可传输 0～8 字节。

⑤ CRC 字段：包含由硬件计算出的 15 位 CRC 检验码和 CRC 界定符，用于判断数据传送是否正确。

⑥ 应答字段：接收节点正确接收总线上的报文时，将确认界定符设置为"0"给予应答。

⑦ 帧结尾：7 个连续的隐性位表示该报文发送完成。

2）远程帧。远程帧是用于接收节点向具有相同 ID 的发送节点请求数据的帧，其构成与数据帧相似，没有数据字段部分，共由 6 个字段组成，分别是 SOF、仲裁字段、控制字段、CRC 字段、应答字段与帧结尾。

3）过载帧。过载帧用于接收节点通知发送节点，告知其尚未做好接收准备的帧。当接收方还没有准备好接收数据时，发送过载帧通知发送方暂缓发送数据，实现数据发送的延迟处理，过载帧只能在帧间隔产生。

4）错误帧。错误帧是当检测出错误时向其他单元通知错误的帧。在报文传输过程中，当有节点检测到接收数据出现错误时发送错误报告，通知发送节点立即停止数据的发送，其他节点也停止接收数据，避免出错。错误帧在帧传输时产生。

5）帧间隔。数据帧和远程帧与其他种类的帧之间需要用帧空间（inter-frame spacing，IFS）隔离开来，过载帧和错误帧之间不需要有帧空间。

（2）仲裁与管理机制

在串行通信的 CAN 网络结构中，没有主节点和从节点之分，任何节点都可以在任意时刻请求占用网络资源发送数据。当在 CAN 总线上挂接的不同节点单元在同一时刻请求发送数据时，为避免冲突，提高总线利用率，就需要对报文的发送顺序进行仲裁，确定在当前时刻占用总线资源的节点。

CAN 总线采取的是去中心化的分布式通信原则，当总线处于空闲状态时，首先发送报文的节点具有最高优先级；当不同节点同时发送数据时，优先权根据起始于第一位仲裁的结果判断，连续输出"显性"最多的节点具有更高的优先级。

CAN 总线上的每一个数据帧或远程帧都具有唯一的 11 位 ID，总线的仲裁机制本质上就是 CAN-H 和 CAN-L 上两个信号的"线与"过程。在同一时刻，若总线的不同节点同时发送隐性位"1"和显性位"0"，则总线经过逻辑"与"过程呈现出显性状态，因此，总线的忙闲状态取决于显性位"0"而不是隐性位"1"。

图 3.5.5 为不同节点在同一时刻请求发送报文的仲裁过程。假定在某一时刻三个节点 Node1、Node2 和 Node3 同时发送 SOF，请求开始发送报文，且 3 个节点发送报文的仲裁字段的前 5 个标识位 ID.10～ID.6 都相同。在发送到标识位 ID.5 时，Node2 发送的电平信号为隐性"1"，Node1 和 Node3 发送的电平信号为显性"0"，经过逻辑"与"过程后，CAN 总线此时显示为显性电平状态，Node2 经过比较电平的状态后知道仲裁失败而暂停发送。在发送到标识位 ID.2 时，Node3 发送的电平信号为显性"0"，Node1 发送的电平信号为隐性"1"，CAN 网络此时表现为显性电平状态，因此 Node1 仲裁失败而暂停发送。最后，

Node3 仲裁成功获得总线的使用权。因此，当 CAN 网络上不同节点的报文帧发送出现时，标识符小的报文更容易通过仲裁过程而获得总线的使用权。

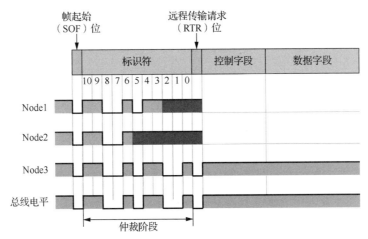

图 3.5.5　请求发送报文的仲裁过程

CAN 总线采用 CSMA/CD 机制进行非破坏性的逐位仲裁解决报文冲突，每个节点在进行发送时还会对总线电平进行监控。CAN 总线节点间的仲裁逻辑如表 3.5.3 所示，若当前总线的信号状态与节点发出的二进制位的电平状态一致，则说明节点获得总线使用权，可以继续发送报文的其他部分；若当前总线的信号状态与节点发出的二进制位的电平状态不一致，则说明在仲裁过程中有更高优先级的报文抢占了总线资源，节点应暂停发送，转为接收状态，继续监听总线状态，在总线空闲时再次请求发送数据。

表 3.5.3　CAN 总线节点间的仲裁逻辑

CAN 节点发送电平	CAN 总线电平状态	CAN 节点行为
0	0	继续发送数据
0	1	报错
1	0	暂停发送，转为接收
1	1	继续发送数据

3. 应用层

CAN 总线为局域网总线，没有规定与实际应用相关的应用层，因此当面对复杂的任务时，需要通过用户自定义或采用通用的应用层协议来处理，具有高度的开放性，也正因为如此，目前还没有一个有关应用层协议的统一标准。物理层和数据链路层协议都由硬件实现，应用层协议由软件实现，提供流程控制、报文段定义、网络管理、节点监控等附加功能。

3.5.3　CAN 总线网络结构及调度算法

1. CAN 总线拓扑结构

CAN 网络结构可以设计成多种方式，常见的有总线拓扑结构、使用 CAN 中继器构成的优化总线拓扑结构、利用 CAN 集线器构成的星形拓扑结构等。

（1）总线拓扑结构

如图 3.5.6 所示，在总线拓扑结构中，传输介质是一条总线，各节点通过相应硬件接口接到总线上。一个节点发送数据，其他所有节点都能接收。由于所有节点共享一条传输链路，所以一次只允许一个节点发送信息，需有某种存取控制方式，确定下一个可以发送信息的节点。

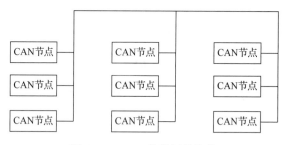

图 3.5.6　CAN 总线拓扑结构

总线拓扑结构简单，又是无源工作，所需要的缆线数量少，在采用总线拓扑结构时，增加或减少用户比较方便。

由于总线拓扑结构中的支线会带来支线反射，进而会影响总线通信，图 3.5.7 给出了一种应用 CAN 中继器构成的优化总线拓扑结构，分支网络通过 CAN 中继器连接到干线网络上，能够增加通信距离与工作节点数量。

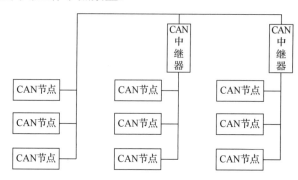

图 3.5.7　应用中继器优化的 CAN 总线拓扑结构

（2）星形拓扑结构

在星形拓扑结构中，每个节点通过点对点连接到中央节点，任何两个节点之间的通信都通过中央节点进行。由于 CAN 总线是个多主站结构的通信网络，所以只要总线是空闲的，任何一个端接节点都可以发送数据。星形拓扑结构不能破坏这种工作方式，因此，在中央节点处不能出现 CAN 控制器，否则，便构成了节点与中央节点间的点对点通信网络，就不是严格意义上的 CAN 星形拓扑结构了。如图 3.5.8 所示，中央节点是工作在物理层上的 CAN 总线集线器时，才是严格意义上的星形拓扑结构。

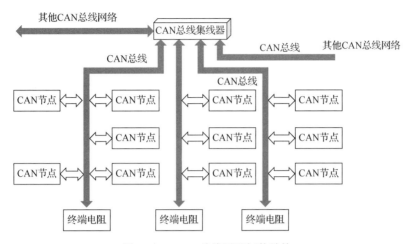

图 3.5.8　CAN 总线星形拓扑结构

CAN 总线采用星形拓扑结构时没有支线的概念，不存在支线反射现象，且各节点相互独立，一个节点的故障不会影响整个系统的工作。表 3.5.4 给出了总线拓扑结构和星形拓扑结构的比较。

表 3.5.4　总线拓扑结构和星形拓扑结构比较

比较项目	总线拓扑结构	星形拓扑结构
实现方法	利用分线器	利用集线器
有无源方式	无源	有源
支线反射	有，波特率限制支线长度	无
支线长度	受限，最长不超过 1 m	不受限，可达 15 m
布线难易度	考虑支线长度，较难	容易
增删节点	受收发器驱动能力限制	受集线器端口数量限制
工作方式	多主站	多主站
信号延迟	仅是传输线延迟	增加了集线器上的信号转发延迟
物理容错	没有	强大的物理容错
错误影响	一个节点的错误影响整个网络	各节点相互独立，不互相影响

2. CAN 总线网络调度算法

CAN 总线网络是一个实时系统，它的事件触发机制和固定优先级调度策略限制了总线利用率，而且存在传输延迟、公平性与实时性不好等问题。但是网络中各类信息的传输都有严格的时间要求，要求迅速处理消息，避免因消息处理不及时而造成的缺陷。

系统进行任务管理时需要从实际情况出发，给每一个任务合理分配时间片，只有给任务选择最合适的发送时间，信息才能被及时响应，实时性才能得到保证，进而提高总线的利用率。因此，系统调度算法的合理性决定着系统性能的好坏，国内外很多研究者都致力于探索更为合适的调度算法，并取得了一些优秀的研究成果，表 3.5.5 列出了常见的 CAN 总线调度策略和适用场合。

表 3.5.5　常见的 CAN 总线调度策略和适用场合

分类依据	调度策略	适用场合
信息触发机制	时间触发调度	消息的时间特性参数确定
	事件触发调度	系统资源灵活分配
	混合触发调度	有硬实时要求
报文优先级的分配方式	静态调度	总线负载不大且消息的时间特性参数确定
	动态调度	总线负载很大
	混合调度	结合静态和动态两种算法的优势
报文产生的周期性	周期调度	主要传输周期报文
	随机调度	主要传输非周期报文

（1）静态调度算法

静态调度算法常用于消息的时间特性确定的控制系统中，是最普遍的保证任务实时性的方法。消息的时间特性主要包含消息的产生时刻、周期、截止期等参数，静态调度算法按照确定的时间约束参数和系统需求调整任务的执行顺序，合理地把任务安排到系统的各个处理器中，适用于调度周期性消息。周期性消息的发送时刻可预测，无须动态进行资源请求和分配，能充分利用网络资源，且任务的运行顺序是不变的，便于系统的可调度性分析。静态调度算法主要分为两类：优先级固定的静态调度算法和基于表的静态调度算法。

优先级固定的静态调度算法是指在系统运行前的离线状态下，参考任务的时间特性参数和重要程度给所有信息预先设置好优先级，其本质就是利用网络带宽来换取消息的可靠性。这类算法工作量比较小，复杂度不高，其最为常见的有速率单调调度（rate monotonic，RM）算法和截止期单调调度（deadline monotonic，DM）算法。

RM 算法根据任务的发送周期来确定其优先级。周期越小的任务优先级越高，周期越大的任务优先级越低，且要求系统中周期任务的截止期必须等于其周期。DM 算法的思想与 RM 算法相似，不同的是，它根据任务的截止期来确定其优先级，截止期越小的任务优先级越高，截止期越大的任务优先级越低。

基于表的静态调度算法将系统运行的时间轴切分为一系列的矩阵周期，即通常所说的调度表，按照调度表的规定严格控制每一个任务的发送时刻，以避免数据在发送时出现冲突。

（2）动态调度算法

动态调度算法可以在系统运行过程中动态调整消息传输的先后顺序，相比静态调度算法，其灵活性强，但其本质上是以增加系统开销来换取信息传输的可靠性、实时性和灵活性的。总线上的节点执行任务时互相都会有影响，因此信息的传输时间是不固定的，动态调度算法可以让信息的优先级随着任务的执行状态做相应的调整，但该类算法编码复杂，计算量大。常见的动态调度算法有最小松弛度优先（least laxity first，LLF）算法、最早截止期优先（earliest deadline first，EDF）算法、优先级晋升（priority promotion，PP）算法及分布式优先级队列（distributed priority queue，DPQ）算法等。

EDF 算法的核心是根据任务的截止期动态调整信息的优先级，系统优先执行截止期最短的任务。节点根据其截止期在系统运行时调整任务的优先级，最大程度保证任务传输不超过发送时限，该算法的缺点是系统负载过大时不能保障算法的性能。

LLF 算法与 EDF 算法相似，不同的是 LLF 算法使系统优先执行剩余执行时较小的任务。PP 算法和 DPQ 算法本质上都是通过晋升消息的标识符来动态调整任务的执行顺序的，

PP 算法中任务的优先级随着节点仲裁失利逐渐提高；DPQ 算法将任务视为先进先出的队列，通过不断更新任务在队列中的位置来提高发送的优先级。

（3）混合调度算法

混合调度算法结合了静态调度算法的可预测性和动态调度算法的灵活性。根据任务的实时性要求，将 CAN 总线网络中传输的信息分为硬实时信息、软实时信息和非实时信息三类。硬实时信息是指实时性要求极高的信息；软实时信息一般是指周期性信息，也有实时性方面的要求；非实时信息是指实时性要求不高的一些任务。

混合调度算法的具体过程：通过标识符设置硬实时任务的优先级高于软实时任务和非实时任务，软实时任务的优先级高于非实时任务，即将硬实时任务中反映优先级的标识符 ID 的第一位设置为"0"，软实时任务标识符 ID 的首位和次高位分别设置为"1"和"0"，非实时任务标识符 ID 的首位和次高位都设置为"1"。这样任务的优先级由高到低依次为硬实时任务、软实时任务、非实时任务，任务优先级设置完成后，再利用静态或动态调度算法分别对这三类任务进行调度。

图 3.5.9 给出了一种混合调度算法设置标识符的方式。其中，硬实时任务采用动态的 EDF 算法实时晋升任务的优先级，软实时和非实时任务采用静态的 RM 算法分配任务的优先级。混合调度算法可以提高总线的利用率，降低传输时延，提高控制系统网络通信的性能。

图 3.5.9 混合调度算法的信息标识符设置

3.6 ZigBee

3.6.1 ZigBee 概述

ZigBee 技术是一种基于 IEEE 802.15.4 标准的短距离无线网络通信技术。ZigBee 主要的工作频段为 2.4 GHz、868 MHz 及 915 MHz。ZigBee 组网方式灵活，与传感器配合使用能够组成无线传感器网络，实现一对多通信。

目前，ZigBee 技术已在工业、农业、智能家居等领域得到了广泛的应用，并逐渐成为物联网行业的主流技术之一。将 ZigBee 无线通信技术应用于智能家居领域，一方面可以提高家居操作的便捷性，另一方面可以改善人们的生活居住体验。

ZigBee 无线通信技术可以实现有效的信号抗干扰功能，在为人们创造便利的同时，还可以减少对其他用户造成的信号干扰。ZigBee 技术的主要特点包括以下几个方面：

1）低功耗：ZigBee 技术信号收发过程仅有几十毫秒，耗时较短，所以其大部分时间处于低功耗模式，在该模式下，两节五号电池可以供其工作半年之久。

2）低成本：ZigBee 是开源技术，不需要专利费用，其协议使用也不复杂，随着其大量的应用和产业化，硬件成本会进一步降低。使用 ZigBee 技术可以有效地降低成本。

3）低速率：ZigBee 相较于其他无线传输技术，速率较低但能满足其工作场景的通信要求。

4）短距离：ZigBee 技术专门用于短距离的通信，其有效覆盖范围为 10～100 m。在应用时，可以通过提升发射功率或者使用高增益天线，将通信距离提升到 1～3 km，从而满足不同场景的使用。

5）低时延：ZigBee 休眠与工作模式的切换、节点入网等过程只需要几十毫秒，实现了数据的实时传输。

6）高容量：ZigBee 在结构设计上选取的是多种类型的拓扑结构，根据不同环境的使用容量要求，主要选取星形、树形和网状这几种拓扑结构类型。拓扑结构是由一个主节点连接管理多个子节点，每个主节点最多可以连接 254 个子节点。主节点又由上一层网络节点支配，这样最多可以组成 65000 个节点的通信网络。

7）高安全：ZigBee 提供了三级安全模式，包括无安全设定、使用访问控制清单防止非法获取数据及采用高级加密标准（AES-128）的对称密码，以灵活确定其安全属性。

3.6.2 ZigBee 协议体系结构

ZigBee 技术作为一种无线网络标准，它是在 IEEE 802.15.4 标准的基础上发展而来的。在标准化方面，IEEE 802.15.4 工作组负责确定的低速率、无线个人局域网标准，定义了物理层（PHY）和介质访问控制（MAC）层的协议。物理层规范确定了无线网络的工作频段以及该频段上传输数据的基准传输速率。介质访问控制层规范定义了在同一区域工作的多个 IEEE 802.15.4 无线信号如何共享空中信道。

ZigBee 联盟从 IEEE 802.15.4 标准着手，主要负责网络层（NWK）与应用层（APL）的协议。ZigBee 协议的架构如图 3.6.1 所示，它主要包括物理层、介质访问控制层、网络层以及应用层，下面分别对各层进行说明。

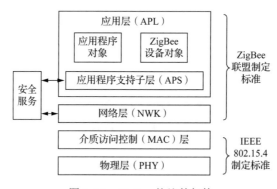

图 3.6.1　ZigBee 协议的架构

1. 物理层

物理层由底层控制模块和收发器组成，定义了无线信道与 MAC 层之间的接口，提供物理层数据服务和物理层管理服务，主要完成启动和关闭无线收发设备、信道选择、信道能量检测、链路质量检测、空闲信道评估、为载波检测多址与碰撞避免进行空闲频道评估、频道选择、数据的发送及接收等功能。

IEEE 802.15.4 定义了三个载波频段用于 ZigBee 数据的收发：868～868.6 MHz、902～928 MHz 和 2400～2483.5 MHz。这三个频段共提供 27 个信道，信道编号为 0～26。其中，868 MHz 频段 1 个信道；915 MHz 频段 10 个信道，信道区间为 2～10；2.4 GHz 频段 16 个信道，信道区间为 11～26，最大传输速率可达 250 Kbit/s。

不同国家使用的频段要求不同，2.4 GHz 频段在中国和全球各个国家范围内是通用的，中国使用的就是 2.4 GHz 频段。欧洲和北美使用的频段不同，欧洲地域使用 868 MHz 频段，而北美国家使用 915 MHz 频段。

IEEE 802.15.4 通过射频固件和射频硬件定义了 MAC 层和物理信道间的接口，并提供了两种服务：物理层数据服务和物理层管理服务。物理层参考模型如图 3.6.2 所示，物理层数据服务实现了物理层协议数据单元（physical protocol data unit，PPDU）在物理信道上的发送和接收。物理层管理实体（physical layer management entity，PLME）提供了物理层管理功能的一些接口，同时，还负责物理层个域网信息库（physical layer personal area network information base，PHY PIB）的维护。

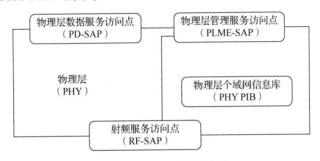

图 3.6.2 物理层参考模型

图 3.6.2 中，射频服务访问点（radio frequency service access point，RF-SAP）是由硬件驱动程序提供的接口，而物理层数据服务访问点（physical data service access point，PD-SAP）是物理层提供给 MAC 层的数据服务接入点，物理层管理服务访问点（physical layer management entity service access point，PLME-SAP）则是物理层给 MAC 层提供的管理服务计入点。物理层数据实体接口的目标是向上层提供所需的常规数据服务，管理实体接口的目标是向上层提供访问内部层参数、配置和管理数据的服务。

物理层通过物理层管理实体提供 5 个方面的服务，分别如下：

① 激活或休眠射频收发器：用于控制收发设备的工作状态。

② 信道能量检测：为上层提供信道选择的依据，主要是测量目标信道中接收信号的功率强度。该检测本身不进行解码操作，检测结果为有效信号功率和噪声信号功率之和。

③ 接收包链路质量指示：为上层服务提供接收数据时无线信号的强度和质量信息，它要对检测信号进行解码，生成一个信噪比指标。

④ 空闲信道评估：为冲突避免的多路载波监听提供信道是否空闲的判断。

⑤ 数据包传输与接收。

2. 介质访问控制（MAC）层

MAC 层的主要功能为介质访问控制，IEEE 802.15.4 定义的 MAC 层协议提供数据传输服务和管理服务，其模型如图 3.6.3 所示。其中，PD-SAP 是物理层提供给 MAC 层的数据服务接口，PLME-SAP 是物理层给 MAC 层提供的管理服务接口，MLME-SAP（MAC layer management entity service access point）是由链路层提供给网络层的管理服务接口，MCPS-SAP（MAC common parts sub-layer data service access point）是 MAC 层提供给网络层的数据服务接口。MAC 层的数据传输服务主要是实现 MAC 数据帧的传输；MAC 层的管理服务主要有设备间的同步实现、信道的访问、个域网（personal area network，PAN）的建立和维护、节点的关联与取消关联、在两个对等的 MAC 层实体间提供可靠的链路等。

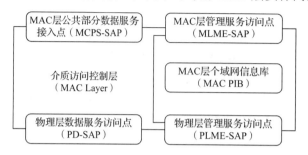

图 3.6.3　MAC 层模型

MAC 层的主要功能实现如下：

（1）免冲突载波检测多址接入机制

CSMA/CA（carrier sense multiple access with collision avoid，带有冲突避免的载波侦听多路访问）是一种避免各站点之间数据传输冲突的算法，其特点是发送包的同时不能检测信道上有无冲突，只能尽量"避免"。

CSMA/CA 协议的工作原理如图 3.6.4 所示，当主机需要发送一个数据帧时，首先检测信道，在持续检测到信道空闲达一个分布协调功能帧间间隔（distributed inter frame space，DIFS）之后，主机才发送数据帧。接收主机正确接收到该数据帧，等待一个短帧帧间间隔（short inter frame space，SIFS）后马上发出对该数据帧的确认。若源站在规定时间内没有收到确认帧 ACK，就必须重传此帧，直到收到确认为止，或者经过若干次重传失败后放弃发送。当一个站检测到正在信道中传送的 MAC 层帧首部的"持续时间"字段时，就调整自己的网络分配向量（network allocation vector，NAV）。NAV 会指出必须经过多少时间才能完成这次传输，才能使信道转入空闲状态。

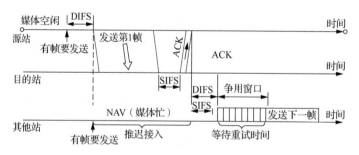

图 3.6.4　CSMA/CA 协议的工作原理

CSMA/CA 采用二次检测避免冲突方式，准备发送信息的节点在发送前侦听介质一段时间（大约为介质最长传播延迟时间的 2 倍），如果在这一段时间内介质为"闲"，则开始准备发送，发送准备的时间较长，约为前一段侦听时间的 2～3 倍。准备结束后，真正要将信息发送前，再由节点对介质进行一次迅速短暂的侦听，若仍为空闲，则正式发送；若这时侦听到介质上有信息传输，则马上停止即将开始的发送，延迟一段随机时间，然后重复以上的二次检测过程。由于第二次侦听的时间短，在这么短暂的时间内有两个点同时发送信息的可能性很小，所以基本上可以避免冲突。CSMA/CA 的缺点是，发送后一旦发生冲突，也不会中止自己的发送，直到发送完毕才知道错误，然后需要重新侦听、重新发送。

（2）PAN 的建立和维护

在一个新设备上电的时候，如果设备不是协调器，它将通过扫描发现已有的网络，然后选择一个网络与之进行关联；如果设备是协调器，则扫描已有网络，选择空余的信道与合法的 PANID（个域网 ID），然后构建一个新网络。当一个设备在通信过程中，与其关联的协调器失去同步，也需要通过扫描通知其协调器。为了实现这些功能，IEEE 802.15.4 标准专门定义了 4 种扫描：能量检测信道扫描（energy detect channel scan）、主动信道扫描（active channel scan）、被动信道扫描（passive channel scan）和孤立信道扫描（orphan channel scan）。

（3）关联和解除关联

关联即设备加入一个网络，解除关联即设备从这个网络中退出。对于一般的设备（路由器或者终端节点），在启动完成扫描后，就已经得到附近各个网络的参数，下一步就是选择一个合适的网络与协调器进行关联。在关联前，上层需要设置好相关的 PIB 参数，如物理信道选择、PANID、协调器地址等。

（4）信标帧

信标帧实现网络中设备的同步工作和休眠，建立 PAN 主协调器。在使用信标帧的网络中，一般设备通过协调器信标帧的同步来得知协调器里是否有发送给自己的数据。另外，为了减少设备的功耗，设备需要知道信道何时进入不活跃时段，这样，设备可以在不活跃时段关闭射频，而在协调器广播信标帧时打开射频。所有这些操作都需要通过信标帧实现精确同步。

3. 网络层（NWK）

网络层是 ZigBee 协议的核心部分，主要实现设备连接和网络断开所采用的机制，以及在帧信息传输过程中所采用的安全性机制。此外，网络层还实现了节点的加入和离开、设备的路由发现、路由维护和数据的转发，以及对邻居设备的发现和相关节点信息的存储等功能。

网络层为应用层提供了两种服务实体［网络层数据实体（network layer data entity，NLDE）和网络层管理实体（network layer management entity，NLME）］的接口。网络层数据实体通过网络层数据实体服务接入点（network layer data entity service access point，NLDE-SAP）提供数据传输服务，网络层管理实体通过网络层管理实体服务接入点（network layer management entity service access point，NLME-SAP）提供管理服务。同时，NLME 还会应用 NLDE 来完成一些管理任务，同时它负责维护网络信息数据库（network information base，NIB）。网络层的逻辑模型如图 3.6.5 所示。

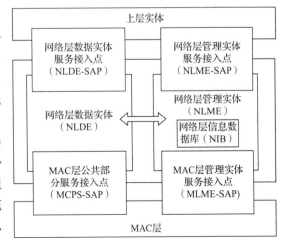

图 3.6.5　网络层的逻辑模型

（1）网络层数据实体

网络层数据实体为数据提供服务。在两个或者更多的设备之间传送数据时，将按照应用协议数据单元的格式进行传送，并且这些设备必须在同一网络中。

网络层数据实体通过增加一个适当的协议头，从应用支持层协议数据单元中生成网络层的协议数据单元。此外，网络层数据实体可以指定拓扑传输路由，网络层数据实体能够发送一个网络层的协议数据单元到一个合适的设备，该设备可能是最终的目标通信设备，也可能是在通信链路中的一个中间通信设备。

（2）网络层管理实体

网络层管理实体负责提供应用程序与协议栈互相作用的管理服务，具体如下。

① 配置一个新的设备：根据所要求的操作有效配置协议栈，配置选项包括成为 ZigBee 协调器的操作和加入现存网络的操作；

② 启动网络：具有建立新网络的能力；

③ 加入和离开网络：具有加入和离开网络的能力，以及在作为 ZigBee 协调器或路由器时要求设备离开网络的能力；

④ 地址分配：使协调器和路由器具有为加入网络的设备分配地址的能力；

⑤ 邻居发现：具有发现、记录和报告设备单跳邻居信息的能力；

⑥ 路由发现：具有发现和记录信息传输有效路径的能力。

4. 应用层（APL）

应用层主要根据具体应用由用户开发，维持节点的功能属性，发现该节点工作空间中其他节点的工作，并根据服务和需求使多个节点之间进行通信。ZigBee 的应用层由应用层框架（application framework，AF）、应用支撑子层（application support sublayer，APS）、ZigBee 设备对象（ZigBee device object，ZDO）和厂商定义的应用对象组成，它们通过对应接口来实现与网络层的通信。

（1）应用框架

应用框架是设备应用对象的工作环境。在框架里面，应用对象通过应用支撑子层数据实体服务接入点（application support sub layer data entity server access point，APSDE-SAP）收发数据，通过应用支撑子层管理实体服务接入点（application support sub layer management entity server access point，APSME-SAP）实现对应用对象设备的控制和管理。应用支撑子层数据实体的主要职责是管理整个网络事物、发现并问询网络设备及建立设备间的简洁逻辑连接。每个 ZigBee 设备上最多可以定义 240 个应用对象，每一个对象可对应端口 1 到端口 240 中的一个。还有两个特殊功能端口：端口 0 被保留做 ZDO 的数据接口，端口 255 作为广播的数据接口。端口 241～254 用于扩充。

（2）应用支撑子层

应用支撑子层是保证通信质量的关键所在，它主要是在网络层与应用层之间提供访问通道，同时维护绑定节点间的信号传输。在数据收发时，如果数据帧没有找到目标，应用支撑子层会将数据临时存储在缓冲器里。

应用支撑子层提供网络层和应用层之间的接口，该接口包含通用的一系列服务，这些服务可被 ZDO 和设备商定义的应用对象通过服务接入点使用。这些服务由两个实体提供，即应用支撑子层数据实体（application support sub layer data entity，APSDE）和应用支撑子层管理实体（application support sub layer management entity，APSME）。其中，前者为网络内两个或多个设备提供数据传输服务，后者提供设备发现、设备绑定服务和维护所管理的对象的资料，也就是应用支撑子层信息库（application support sublayer information base，APSIB）。应用支撑子层的参考模型如图 3.6.6 所示。

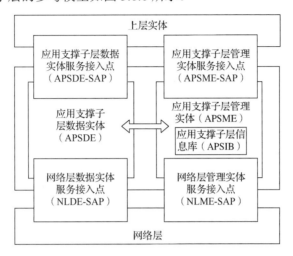

图 3.6.6　应用支撑子层的参考模型

（3）ZigBee 设备对象

ZDO 处于应用架构和应用支撑子层之间，为应用架构内的应用对象提供了公共接口，供用户自定义的应用对象调用应用支撑子层的服务及网络层的服务，实现设备角色定义和管理、地址发现和管理、绑定和安全等功能。ZDO 的功能定义在终端 0 上，ZDP（ZigBee device profile，ZigBee 设备配置文件）是该应用接口的配置文件。ZDO 是 ZigBee 协议栈低层部分的接口，通过 APSDE-SAP 和 APSME-SAP 来实现数据和控制信息的传输。ZigBee 设备对象的主要功能如下：

① 初始化应用支撑子层、网络层和安全服务提供者；

② 从终端应用收集各种配置信息来确定和执行发现管理、安全管理、网络管理和绑定管理；

③ 定义设备在网络中的角色，如协调器、路由器、终端设备；

④ 在网内发现设备并确定其提供的应用服务种类；

⑤ 发起或响应绑定请求；

⑥ 在网内设备间建立安全可靠的关系。

3.6.3　ZigBee 网络

1. ZigBee 网络设备类型

根据 ZigBee 网络设备的功能是否完整，可将其分为两类：简化功能设备（reduced function device，RFD）和全功能设备（full function device，FFD）。FFD 为网络中可以实现路由和转发功能的节点，处理能力强，可为网络上传输的信息提供通道，一般采用电源供电。相比 FFD，RFD 只能与 FFD 进行通信，不可以实现转发和路由的功能，但 RFD 消耗资源和存储开销非常少，通常在网络中作为终端设备节点来使用。

ZigBee 全功能设备与简化功能设备间的关系如表 3.6.1 所示。

表 3.6.1 ZigBee 网络设备关系表

设备类型	拓扑类型	能否充当协调器	通信对象
简化功能设备（RFD）	星形	否	协调器设备节点
全功能设备（FFD）	网状、星形、树形	能	任何 ZigBee 设备节点

根据 IEEE 802.15.4 标准，ZigBee 技术在上述的基础上定义了三种网络设备，分别是协调器（coordinator）、路由器（router）及终端设备（end device）。协调器与路由器为 FFD，而终端多采用 RFD。通常一个 ZigBee 网络由一个协调器、多个路由器及终端节点组成。

（1）ZigBee 协调器

它主要包括所有的网络设备功能，是一种复杂的电子元器件，其特点主要有计算能力强、数据空间大，通过发送网络信标帧实现网络节点的统一管理，同时，实现了节点数据的实时存储和信息下发。协调器是整个网络实现网络联通的中心，并且一个 ZigBee 网络只有一个 ZigBee 协调器。协调器的主要功能包括完成建立网络、参数配置，使用时还提供信道选择、网络标识、给网络新入设备分配地址的功能。网络建立完成后，其他操作不再依赖此协调器，此时它便充当路由器的角色。协调器通常采用电源供电。

正常工作状态下，协调器主要完成以下功能：

① 接受设备加入网络，或者将一个设备与网络断开连接；

② 响应其他设备请求的设备服务和服务发现，包括对自己的请求和对自己的处于睡眠状态的子设备的请求；

③ 支持 ZigBee 设备间的绑定功能；

④ 保证绑定项的数目不能超过属性规定值；

⑤ 维护当前连接设备列表，接受孤立扫描，实现孤立设备与网络的重新连接；

⑥ 接收和处理终端设备的通知请求等工作。

（2）ZigBee 路由器

它也是一个全功能设备，功能类似于 IEEE 802.15.4 定义的协调器，但它不能建立网络。它进入网络后，将获得一定的 16 位短地址空间。在其通信范围内，它能允许其他节点加入或者离开网络，分配及收回短地址、路由和转发数据。路由器通常用多跳路由方式形成多条通信链路，以此来帮助实现数据在网络中的收发，从而增大无线网络的覆盖范围。路由器工作时，需要一直处于通电状态，一般采用主干电路供电，特殊情况下可以使用电池。

正常情况下，路由器主要完成以下工作：

① 允许其他设备与网络建立连接；

② 接受、执行将某设备从网络中移出的命令；

③ 响应设备发现和服务发现；

④ 可以从信任中心获取密钥，与远方设备建立密钥、管理密钥等；

⑤ 应当维护一个与其连接的设备列表，允许设备重新加入网络。

（3）ZigBee 终端设备

它属于组网系统中的末端节点，可以是全功能设备也可以是简化功能设备，它只能与其父节点通信，从其父节点处获得网络标识符、短地址等相关信息。终端设备主要负责无线网络数据的采集，通过与协调器、路由设备进行连接，构建一套网络通信链路，实现网络地址获取。ZigBee 终端设备可以根据功能需要保持休眠或唤醒状态，运行需要的内存少，消耗低，常用电池作为供电能源。

正常操作状态下，终端设备要响应设备发现和服务发现请求，接收协调器发出的通知信息，检查绑定表中是否存在与它匹配的项等。在安全的网络中还应完成各种密钥的获取、建立和管理工作。

2. ZigBee 网络拓扑结构

如图 3.6.7 所示，ZigBee 网络常用的拓扑结构共有三种，分别是星形结构、树形结构和网状结构。

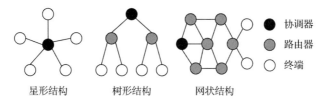

图 3.6.7 ZigBee 网络拓扑结构

星形结构适用于节点数量较少的应用场景，由一个协调器节点和多个终端节点构成。这种拓扑结构所用设备费用低，组网实现简单，任意终端节点可以直接与中心协调器进行通信，但终端节点之间的通信必须依靠协调器进行中转，因此容易发生丢包故障、网络拥塞等。

树形结构主要由一个协调器节点、多个路由器及终端节点构成。网络稳定前，建立和保障网络正常运行由协调器负责，路由器的任务是网络延伸以及信息传输，终端节点进行数据的采集和上报。可以把树形网络看成多层星形网络，协调器是树根，路由器是树干，而终端节点就是树的叶子。任意终端节点可以通过其上一级的路由节点进行通信，网络的覆盖距离可以进一步增大，但因为其根节点单一，所以遇到问题时容易产生故障。树形结构适用于网络覆盖范围较大的应用场景。

网状结构的设备类型与树形结构类似，不同的是网状结构中路由节点之间的通信完全对等，设备信息传输的通道不固定，稳定性较高。网状拓扑网络相较于前两种结构组网更加复杂，可以实现任意两个节点在网内的通信，收发数据时有多条通道可以作为传输链路使用，这种网络应用时更加可靠。网状网络具有自组织、自愈合的能力，任意两个节点可以实现互联互通，网络适应能力强，组网灵活，通信保障性强，出现问题时不影响功能的使用，但是组网对硬件的要求多、成本高、能耗大。网状结构适用于对可靠性、时延性要求较高的应用场景。

3.7 蓝 牙

3.7.1 蓝牙概述

蓝牙作为一种短距离无线通信技术，具有低成本、低功耗、组网简单和适于语音通信等优点。蓝牙技术最初设计的主要目的是取代设备之间通信的有线连接，以便将移动终端与移动终端、移动终端与固定终端之间的通信设备以无线方式连接起来。蓝牙的无线通信连接技术使得人们从有线连接的束缚中解放出来，蓝牙已经成为近年来发展最快的无线通信技术之一，具有广阔的应用前景。

蓝牙的创始者是瑞典爱立信移动通信公司（以下简称爱立信公司）。1994 年，爱立信公司开始进行无线通信接口的研究。随着项目的不断推进，爱立信公司逐渐意识到近距离无线通信技术的应用是电子产品发展的关键，要使这项技术获得成功，必须得到业界其他公司的支持与应用。1998 年，爱立信公司联合了诺基亚、英特尔、IBM 和东芝公司成立了蓝牙技术联盟（Special Interest Group，SIG）。SIG 负责蓝牙技术标准的制定、产品测试，并协调各国电子产品生产商对于蓝牙的具体事宜。随着蓝牙技术的不断发展，摩托罗拉、3COM、微软等公司很快加盟 SIG。SIG 着眼于全球的无线短距离通信技术的发展与应用，将蓝牙技术标准完全公开，并于 1999 年 7 月发布了蓝牙规范的 1.0 版本。随后，SIG 不断完善蓝牙版本，目前蓝牙规范已发展到 6.0 版本。蓝牙技术的主要特点如下。

（1）开放性

由 SIG 制定的蓝牙无线通信规范是完全公开和共享的。蓝牙是一个由厂商们自己发起的技术协议，完全公开，而并非某一家独有和保密。只要成为 SIG 的成员，就有权使用蓝牙的最新技术，参与蓝牙规范标准的制定，无偿使用最新的蓝牙研究成果开发自己的产品，只要产品通过 SIG 的测试与认证，就可投入市场。

（2）功耗低

蓝牙进行功率控制的形式有自适应发射功率控制及调节基带链接方式，其中链接的模式包括休眠、保持、呼吸及活跃。这四种模式的功耗逐渐增加，但响应时间在逐渐减少，为了降低能量的损耗，选用基带链接模式进行调节。

（3）互操作性和兼容性

蓝牙产品在满足蓝牙规范的基础上，还需要做 SIG 认证，只有通过认证的蓝牙产品，才被允许进入市场。这规范了蓝牙产品的生产标准，提高了不同公司产品的互操作性，也可方便地共享不同产品的数据，从而实现了不同产品兼容的目标。

（4）安全性高

蓝牙技术在设备的权鉴及链路数据流等方面进行了加密算法处理。4.0 版本的蓝牙通过 AES-128 算法进行加密，针对传输数据包采取了严格的加密及认证行为，数据传输的安全性高。

（5）抗干扰能力强

蓝牙工作在全球通用的 2.4 GHz 的 ISM（industrial，scientific and medical，工业、科学和医学）无线电频段，由于运行在 ISM 频段的无线电波过多，若不采取措施，信号传输时就容易受到干扰。蓝牙技术采用跳频技术、前向纠错编码及自行重传机制来确保系统的抗干扰能力。

3.7.2　蓝牙规范

蓝牙规范是由 SIG 制定的，属于一种在通用无线传输模块和数据通信协议基础上开发的交互服务和应用。蓝牙规范由核心协议和应用框架两个文件组成，其中核心协议描述了各层通信协议及其之间的关系，通过这些协议来实现具体的应用产品为应用框架的主要内容。伴随着蓝牙产品应用模型及市场需求的不断更新，蓝牙的应用框架也不断地被扩充。

蓝牙协议采用分层结构，遵循开放系统互连参考模型。蓝牙规范的核心内容就是蓝牙协议栈。蓝牙协议栈是一种在不同蓝牙设备之间产生数据信息交换的通信标准，这个协议栈允许设备定位、互相连接并彼此交换数据，从而在蓝牙设备之间实现互操作性的交互式应用。

所有的蓝牙设备制造厂商都必须严格遵守蓝牙协议中的要求和规定，以保证蓝牙产品间的互操作性。在设计协议栈时，基本原则是最大限度地重复使用现存的协议，尽管不同的协议栈对应不同的应用，但都使用公共的网络层和数据链路层。完整的蓝牙协议栈如图 3.7.1 所示，该图显示了数据经过无线传输时，协议栈中各个协议之间的相互关系。

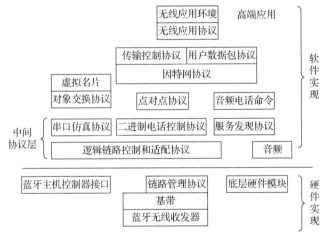

图 3.7.1　蓝牙协议栈

由图 3.7.1 可知，蓝牙协议栈是将蓝牙规范分成两部分考虑的，即软件实现和硬件实现两部分。其中，软件实现部分又由中间协议层和高端应用层两大部分组成。在具体蓝牙技术的应用中，硬件实现和软件实现是分别设计的，两者的执行过程也是可以分离的，这使二者的生产厂商都可以得到最大程度的产品互补，从而降低软硬件开发之间的影响。

按照蓝牙协议的逻辑功能，可将协议栈分为底层传输协议、中间层协议和高端应用层协议三个部分，下面分别对其进行说明。

1. 底层传输协议

蓝牙底层传输协议实现蓝牙信息数据流的传输链路，是蓝牙协议体系的基础。底层传输协议的作用是使蓝牙设备间能够相互确认对方的位置，并建立和管理蓝牙设备间的物理链路和逻辑链路。这部分的传输协议可以再划分为两部分，即低层传输协议和高层传输协议。其中，低层传输协议主要包括蓝牙射频协议（radio frequency protocol，RFP）与基带协议（base band protocol，BBP），负责语言、数据无线传输的物理实现以及蓝牙设备间的联网组网。高层传输协议主要包括链路管理协议（link manager protocol，LMP）和主机控制接口（host control interface，HCI）。这部分为高层应用屏蔽了跳频序列选择等底层传输操作，为高层程序提供有效的、有利于实现数据分组的格式。

（1）低层传输协议

低层传输协议对应于 OSI 参考模型中的物理层，主要包括射频协议与基带协议。蓝牙射频协议处于蓝牙协议栈的底层,主要包括频段与信道安排、发射机特性和接收机特性等,用于规范物理层无线传输技术,实现空中数据的收发。基带层在蓝牙协议栈中位于蓝牙射频层之上,与射频层一起构成了蓝牙的物理层。

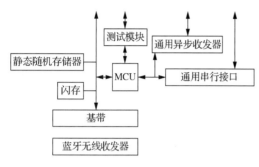

图 3.7.2　蓝牙底层硬件模块

低层传输协议运行在单芯片蓝牙底层硬件模块上,底层硬件模块是蓝牙技术的核心,任何具有蓝牙功能的设备都必须包含底层硬件模块。如图 3.7.2 所示,底层硬件模块主要由微处理器(MCU)、蓝牙无线收发器、基带、静态随机存储器、通用异步收发器、通用串行接口及测试模块等部分构成。

蓝牙无线收发器是蓝牙设备的核心,任何蓝牙设备都要有蓝牙无线收发器。蓝牙无线收发器通过自适应跳频并且工作在无须授权的 2.4 GHz 的 ISM 频段来实现数据信息的过滤和传输。如图 3.7.3 所示,2.4 GHz ISM 是全世界公开通用的无线频段,蓝牙工作在这一频段可以获得更大的使用范围和更强的抗干扰能力。

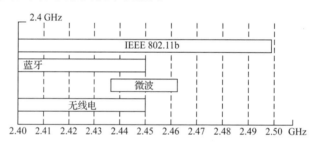

图 3.7.3　2.4 GHz ISM 频段

在大多数国家,此带宽足以定义 79 个 1 MHz 的物理信道。实际上各个国家在各个频率和带宽上都会有一些区别,具体如表 3.7.1 所示。

表 3.7.1　国际上蓝牙频率的分配

区域	调节范围/GHz	RF 信道
中国、美国、欧洲的大部分国家	2.4～2.4835	$f = (2.402+n)$ MHz, $n = 0,\cdots,78$
日本	2.471～2.497	$f = (2.473+n)$ MHz, $n = 0,\cdots,22$
西班牙	2.445～2.475	$f = (2.449+n)$ MHz, $n = 0,\cdots,22$
法国	2.4465～2.4835	$f = (2.454+n)$ MHz, $n = 0,\cdots,22$

为减少其他设备的干扰,我国规定蓝牙设备的工作频率是 2.402～2.483 GHz,79 个跳频点中至少 75 个点是伪随机的,且这些跳频点在 30 s 内使用时长不能超过 0.4 s。

由图 3.7.3 可知,ISM 频段是对 802.11 无线局域网、蓝牙、微波等无线电通信系统都开放的频段,这就使得使用 ISM 频段的蓝牙设备容易受干扰,同时也会严重影响到使用该频道的无线电设备。蓝牙是通过跳频扩频技术解决工作频段受干扰的问题,这可以使蓝牙设备工作在一个很宽的频带上进行信号传输,同时扩频信号仅受到小部分窄带信号的影响,从而使得蓝牙设备不容易受到其他无线电波和信号的影响。在实际应用中,如果一个频道受到其他设备信号的干扰,蓝牙设备为加强信号的可靠性和安全性,可以跳到另一个没有干扰的频道上工作。

蓝牙基带层是蓝牙硬件模块的关键模块。发送数据时，基带将来自高层协议的数据进行信道编码，向下传给蓝牙无线收发器进行发送；接收数据时，蓝牙无线收发器将经过解调恢复空中数据并上传给基带，基带再对数据进行信道解码，向高层传输。基带层主要负责跳频和数据信息的传输，提供了同步面向连接（synchronous connection oriented，SCO）链路和异步无连接（asynchronous connectionless，ACL）链路两种不同的物理链路。

SCO 链路是一条微微网中由主设备和从设备之间实现点对点、对称连接的同步数据交换链路，主要用来传输对时间要求很高的数据，如传送话音等。ACL 链路提供微微网主设备和所有网中从设备之间的分组交换的链路，主要用来传输对时间要求不敏感的数据，如控制信令等。

在蓝牙硬件模块中，CPU 负责蓝牙比特流调制和解调所有比特级处理，还负责控制收发器和专用的语言编解码。闪存存储器用于存放基带和链路管理层中的所有软件部分。CPU 将闪存中的信息放入静态随机存储器中。静态随机存储器作为 CPU 的运行空间，是一种不需要动态刷新的利用寄存器来存储信息的存储器。

蓝牙测试模块由被测试模块与测试设备（device under test，DUT）及计量设备组成。通常测试设备与被测试设备组成一个微微网，测试设备控制着整个测试过程，其主要功能是提供无线层和基带层的认证和一致性规范，且管理产品的生产和售后测试。

配备蓝牙技术的装置能支持无线点对点连接，以及无线接入局域网、移动电话网络、以太网和家庭网络的无线访问。蓝牙技术处理通信信道的无线部分，以无线方式在装置之间传输和接收数据，传送收到的数据，并通过一个主机控制器接口接收要发送到主机系统及来自主机系统的数据，即主机控制器接口传输层的物理连接是高层与物理模块进行通信的通道。目前最流行的主机控制器接口是通用异步收发器（UART）与通用串行总线（universal serial bus，USB）链路，且 UART 的传输协议更为简单。

（2）高层传输协议

高层传输协议由链路管理协议和主机控制接口组成。链路管理协议负责两个或多个设备链路的建立和拆除以及链路的安全和控制，包含了报文、广播、数据通信的详细定义；主机控制器接口为基带控制器、链路控制器以及访问硬件状态和控制寄存器等提供命令接口。

链路管理协议为上层软件模块提供了不同的访问入口，主要完成设备功率管理、链路质量管理、链路控制管理、数据分组管理和链路安全管理 5 个方面的任务。蓝牙设备用户通过链路管理协议层可以对本地或远端蓝牙设备的链路情况进行设置和控制，从而实现对链路的管理。如图 3.7.4 所示，逻辑链路控制与适配协议应用状态机定义了设备的 5 种状态，分别是就绪态、扫描态、广播态、发起态和连接态。

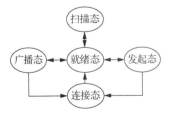

图 3.7.4 蓝牙链路层状态机

蓝牙设备供电之后，链路管理层进入并保持就绪态，直到接收到来自上层信道的命令。由图 3.7.4 可知，就绪态是状态机中的核心状态，就绪态可以直接进入扫描态、广播态、发起态，但不能直接进入连接态。

蓝牙主机控制器接口（host controller interface，HCI）是位于蓝牙系统的逻辑链路控制与适配协议层和链路管理协议层之间的一层协议。HCI 为上层协议提供了进入链路管理器的统一接口和进入基带的统一方式。在 HCI 的主机和 HCI 主机控制器之间会存在若干传输层，这些传输层是透明的，只需要完成传输数据的任务，不需要清楚数据的具体格式。蓝牙 SIG 规定了四种与硬件连接的物理总线方式，即四种 HCI 传输层，分别为 USB、EIA/TIA-232、UART 和 PC 卡。

2. 中间层协议

中间层协议为高层传输协议或程序提供必要的支持，为上层应用提供各种不同的标准接口。中间层协议由逻辑链路控制与适配协议（logical link control and adaptation protocol，L2CAP）、串口仿真协议（radio frequency communication，RFCOM）、电话控制协议（telephony control protocol，TCS）、服务发现协议（service discovery protocol，SDP）和蓝牙音频组成。其中，蓝牙音频是通过在基带上直接传输同步面向连接分组实现的，并没有以规范的形式给出，也不是蓝牙协议栈的一部分。

（1）逻辑链路控制与适配协议

由于基带层的数据分组长度较短，而高层协议为了提高频带的使用效率通常使用较大的分组，二者很难匹配。因此，需要一个适配层来为高层协议与底层协议之间不同长度的协议数据单元的传输建立一座桥梁，并且为较高的协议层屏蔽底层传输协议的特性。这个适配层就是逻辑链路控制与适配协议层。

L2CAP 向上层提供面向连接和无连接的服务，是蓝牙协议栈的核心组成部分，也是其他协议实现的基础。L2CAP 部件向一个或多个适配协议输出服务，它位于基带之上，向上层提供面向连接和无连接的数据服务，主要完成数据的拆装、服务质量控制、协议的复用、分组的分割和重组及组提取等功能。基带协议和链路管理协议属于底层的蓝牙传输协议，其侧重于语音与数据无线通信在物理链路的实现，在实际的应用开发过程中，这部分功能集成在蓝牙模块中，对于面向高层协议的应用开发人员来说，并不关心这些底层协议的细节。L2CAP 接口实际上是一个消息接口，每个关于适配实体的消息都有一个可用的函数，用这个函数来生成相应的消息并向正确的目的地发送该消息，另外，适配实体的用户还可以自由地组织这些消息。

总结而言，L2CAP 对面向连接的信道控制模块必须能实现面向连接的信道连接、信道配置、信道数据传输、信道连接的断开、回送处理及对特定信息的交换；而对无连接的信道控制模块必须实现无连接信道数据的发送、组处理及开启/关闭无连接信道的数据接收。

（2）串口仿真协议

串口仿真协议在蓝牙协议栈中位于 L2CAP 层和应用层协议层之间，在 L2CAP 层之上实现了仿真 9 针 EIA/TIA-232 串口的功能，可以实现设备间的串行通信，从而对现有使用串行线接口的应用提供支持。

对于 9 针 EIA/TIA-232 电缆，蓝牙串口仿真协议对其中的非数据信号也提供仿真。此外，蓝牙串口仿真协议还提供对调制解调器的仿真。通过蓝牙串口仿真协议服务接口对端口设置波特率，不会影响蓝牙串口仿真协议的实际数据吞吐量。蓝牙串口仿真协议支持两种设备间的多路串口仿真，也可以仿真多个设备上的串口。该协议用于模拟串口环境，使得基于串口的传统应用仅做少量的修改或者不做任何修改，就可以直接在该协议层上运行。它在两个蓝牙设备之间同时最多提供 60 个连接，最大可以接收/发送 32 KB 的数据分组。蓝牙串口仿真协议的目的是使运行在两个不同设备上的通信路径具有一个通信段，这个通信段可以是终端用户的应用，也可以是高层协议或表示终端用户应用的一些服务。

（3）电话控制协议

蓝牙电话控制协议是一个面向比特的协议，具有支持电话的功能。该协议包括电话控制协议、AT（attention）指令集和音频。它定义了蓝牙设备之间与建立语音和数据呼叫相关的控制指令，也可以完成对蓝牙设备组的移动管理。蓝牙电话控制协议是蓝牙电话应用模型的基础。

蓝牙电话控制协议是一种位于蓝牙协议栈的逻辑链路控制与适配协议之上的基于分组的电话控制二进制编码指令集，能够实现的应用有蓝牙无绳电话和对讲机等。此外，在类似于拨号上网、头戴式耳麦和传真等的应用中，须利用 AT 指令实现电话控制功能。

（4）服务发现协议

服务发现协议是所有应用模型的基础，任何一个蓝牙应用模型的实现都是利用某些服务的结果。在蓝牙无线通信系统中，建立在蓝牙链路上的任何两个或多个设备随时都有可能开始通信，所以仅仅是静态设置是不够的。服务发现协议就确定了这些业务位置的动态方式，可动态地查询到设备信息和服务类型，从而建立起一条对应所需要服务的通信信道。

服务发现协议是一个基于客户/服务器结构的协议，在蓝牙系统中，客户只有通过服务发现协议才能获得设备信息、服务信息及服务特征，才能在此基础上建立相互间的连接。服务发现协议工作在 L2CAP 层之上，为上层应用程序提供一种机制来发现可用的服务及其属性，以及决定这些可用服务的特征手段，而服务属性包括服务的类型及该服务所需的机制或协议信息。只要利用服务发现协议获得信息，蓝牙设备就可以建立适当的连接。

服务发现的应用程序接口能够提供的功能包括 L2CAP 连接、服务查询会话、服务属性会话、服务查询属性会话、服务浏览与 L2CAP 连接断开等。基于蓝牙设备的网络环境，网络资源共享的途径主要体现在本地设备除能够发现、利用远端设备所提供的服务和功能外，还能向其他蓝牙设备提供自身的服务，这也是服务发现要实现的功能。并且，服务注册的方法和访问服务发现数据库的途径可由服务发现协议提供。

在实际应用中，服务发现协议几乎适用于所有的应用框架。由于"服务"的概念范围非常广泛，且蓝牙的应用框架和涉及的服务类型在不断扩充，这就要求服务发现协议具有很强的可扩充性和足够多的功能。因此，服务发现协议对"服务"采用了一种十分灵活的定义方式，以支持现有的和将来可能出现的各种服务类型和服务属性。

3. 高端应用层协议

在高端应用层上，所有的程序可以完全由开发人员按照自己的需求来实现。在实际应用中，很多传统的在应用层的程序不用修改就可以运行，如选用协议层中的点对点协议，其各个部分是由封装协议、链路控制协议、网络控制协议等组成的，而且对串行点对点链路应如何传输，Internet 协议数据也进行了定义。

（1）对象交换协议

对象交换（object exchange，OBEX）协议支持设备间的数据交换，采用客户/服务器模式提供与 HTTP 相同的基本功能。该协议作为一个开放性标准，还定义了可用于交换的电子商务卡、个人日程表、消息和便条等。

（2）Internet 协议

该部分协议包括点对点协议（P2P）、网际协议（IP）、传输控制协议（TCP）和用户数据报协议（UDP）等，用于实现蓝牙设备的拨号上网，或通过网络接入点访问 Internet 和本地局域网。蓝牙实现与连接 Internet 的设备通信，主要通过采用或共享这些已有的协议。通过共享这些协议不仅可以提高应用程序的开发效率，而且在一定程度上可以使蓝牙技术和其他通信技术之间的操作性得以保证。

（3）无线应用协议

无线应用协议（wireless application protocol，WAP）是为了在数字蜂窝电话和其他小型无线设备上实现 Internet 业务。它支持移动电话浏览网页、收取电子邮件和其他基于 Internet 的协议。无线应用环境（wireless application environment，WAE）提供 WAP 电话和个人数字助理（personal digital assistant，PDA）所需的各种应用软件。

（4）音频视频应用协议

有关音频视频应用的协议和应用框架包括音频视频分发传输协议、音频视频控制传输协议、通用音频视频分发框架、高级音频分发框架和音频视频遥控框架。音频视频分发传输协议用于实现音频视频应用在蓝牙链路上的传输基础，定义了在逻辑链路控制与适配协议的异步无连接链路上使用实时传输协议（real-time transport protocol，RTP）机制。

蓝牙音频视频控制传输协议定义了蓝牙音频视频设备之间传输控制指令和响应消息的标准，该协议可以使用音频视频设备同时支持多个应用框架，每一个应用框架都定义了各自相应的消息格式与使用规则。该协议给出了在点对点链路上传输指令与响应消息控制远端的蓝牙音频视频设备的过程，使用面向连接的逻辑链路控制与适配协议信道进行点对点的信赖交换控制，相当于链路两端设备之间的控制层。

3.7.3 蓝牙网络连接

1. 蓝牙网络结构

蓝牙技术支持点对点和点对多点的无线连接，蓝牙系统采用一种无基站的灵活组网方式，使得一个蓝牙设备可同时与其他多个蓝牙设备相连，这样就形成了蓝牙微微网。换言之，无连接的多个蓝牙设备相互靠近时，若有一个设备主动向其他设备发起连接，它们就形成了一个微微网。两个蓝牙设备的点对点连接是微微网的最简单组成形式。

微微网是实现蓝牙无线通信的基本方式，微微网不需要类似于蜂窝网基站和无线局域网接入点之类的基础网络设施。在任意一个有效通信范围内，所有蓝牙设备的地位都是平等的。在微微网中，首先提出通信要求的设备称为主设备（master），被动进行通信的设备称为从设备（slave），一个主设备最多可同时与 7 个从设备进行通信，可以和多于 7 个的从设备保持同步但不通信。若两个以上的微微网之间存在着设备间通信，这样微微网就构成了蓝牙的分散网络。

在一个微微网中，所有设备的级别都是相同的，具有相同的权限。主设备单元负责提供时钟同步信号和跳频序列，从设备单元一般是受控同步的主设备单元。每个微微网使用不同跳频序列来区分。一个微微网有一个主设备和多个从设备，其中通信从设备称为激活从设备，在网络中还可以包含多个休眠从设备，它们不收发实际有效数据，但是仍然和主设备保持时钟同步，这样有助于将来快速加入微微网。不论是激活从设备还是休眠从设备，信道参数都是由微微网的主设备进行控制的。在微微网内，通过一定的轮询方式，主设备和所有的激活从设备进行通信，图 3.7.5 所示的是两个独立的微微网。

散射网（scatternet）是多个微微网在时空上相互重叠形成的比微微网覆盖范围更大的蓝牙网络，其特点是微微网间有互联的蓝牙设备，如图3.7.6所示。在每个微微网中只能存在一个主设备，但从设备可以基于时分复用机制添加到指定的微微网。需要说明的是，可以将一个微微网中的主设备作为另一个微微网中的从设备。另外，为了避免同频干扰，不同微微网间使用不同的跳频序列，因此，只要彼此没有同时跳跃到同一频道上，即便有多组数据同时传送也不会造成干扰。

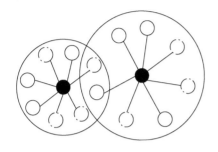 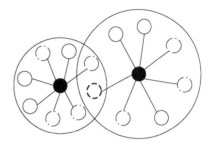

● 主设备 ⟨⟩激活从设备 ○休眠从设备 　　● 主设备 ⟨⟩激活从设备 ○休眠从设备 ⟨⟩中继设备

图 3.7.5　由多个蓝牙设备组成的微微网　　　图 3.7.6　由多个微微网组成的散射网

连接微微网的串联装置角色称为桥（bridge），桥节点可以是所有所属微微网中的从设备角色，这样的桥的类别为从设备/从设备（slave/slave，S/S）；也可以是在其中某一所属的微微网当主设备，在其他微微网中当从设备，这样的桥类别为主设备/从设备（master/slave，M/S）。桥节点通过不同时隙在不同微微网之间的转换实现跨微微网的资料传输。蓝牙独特的组网方式赋予了桥节点强大的生命力，同时可以有多个蓝牙用户通过一个网络节点与 Internet 相连。桥节点靠跳频顺序识别每个微微网，同一微微网中所有用户都与这个跳频顺序同步。蓝牙散射网是自组网的一种特例，其最大的特点是可以无基站支持，每个移动终端的地位是平等的，并可以独立进行分组转发的决策，其建网灵活性、多跳性、拓扑结构动态变化和分布式控制等特点是构建蓝牙散射网的基础。

2. 蓝牙网络的状态

蓝牙设备在建立连接以前，通过在固定的一个频段内选择跳频频率或由被查询的设备地址决定，迅速交换握手信息时间和地址，快速取得设备的时间和频率同步。建立连接后，设备双方根据信道跳变序列改变频率，使跳频频率呈现随机特性。

蓝牙设备主要包括待机（standby）和连接（connection）两种主状态，以及寻呼（page）、寻呼扫描（page scan）、查询（inquiry）、查询扫描（inquiry scan）、主响应（master response）、从响应（slave response）和查询响应（inquiry response）7种子状态。

蓝牙设备主要运行在待机和连接两种状态，其中，待机是默认状态，也是一个低功耗状态，只有一个本地时钟在工作；当设备作为主设备或从设备连到微微网时，则为连接状态。从待机到连接状态，要经历7个子状态，各个子状态的描述如下：

1）寻呼是指主设备用来激活和连接从设备的方式，主设备通过在不同的跳频信道内传送主设备的设备访问码来发出寻呼消息。

2）寻呼扫描表示从设备在一个窗口扫描存活期内侦听自己的设备访问码，在该窗口内从设备以单一跳频侦听。

　　3）查询是用于发现相连的蓝牙设备，获取蓝牙设备地址和所有响应查询消息的蓝牙设备的时钟。

　　4）查询扫描是用于侦听来自其他设备的查询，也侦听一般查询访问码或者专用查询访问码。

　　5）从响应描述的是从设备对主设备寻呼操作的响应，从设备完成响应之后，在接收到来自主设备的数据包之后即进入连接状态。

　　6）主响应描述的是主设备在接收到从设备对其寻呼消息的响应之后便进入连接状态。如果从设备回复主设备，那么主设备先发送数据包给从设备，然后进入连接状态。

　　7）查询响应是从设备对主设备查询操作的响应。从设备用数据包响应，该数据包包含了从设备的设备访问码、内部时钟等信息。

　　蓝牙网络状态及其关系如图3.7.7所示。

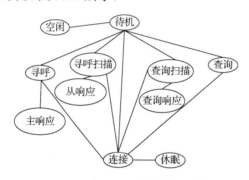

图3.7.7　蓝牙网络状态及其关系

各种蓝牙网络状态及其关系状态之间的转换可以总结到查询过程和寻呼过程中。

（1）查询过程

查询过程是建立微微网的基础，通过查询扫描与查询响应寻找周围的其他设备。首先，蓝牙设备处于查询扫描状态等待主设备的查询，一旦设备接收到查询，就进入查询响应状态；接着在设备响应查询时转换为寻呼扫描状态，等待主设备的寻呼；最后若查询响应阶段出现冲突，则返回查询扫描状态尝试另一个查询和响应。

（2）寻呼过程

寻呼过程包括寻呼扫描与寻呼响应，是蓝牙主设备呼叫其他从设备加入其微微网的过程。当主设备发现从设备后，首先通过寻呼建立连接，接着主设备使用从设备的地址计算寻呼跳频序列，如果从设备使用相同的跳转序列向主设备响应，则表明可以建立连接。此时，主设备再用数据分组响应从设备，如果从设备发送数据响应告诉主设备已收到数据分组，则表示连接建立过程已完成。一个从设备寻呼完成后，主设备可继续寻呼，直到连上所有的从设备。主设备进入连接状态后，连接状态的从设备处于下列4种操作模式之一：

　　① 激活：表示通过监听、发送和接收分组使从设备积极参与微微网；

　　② 呼吸：指从设备只监听对应其报文的特定时隙；

　　③ 保持：表示从设备进入降低功率状态；

　　④ 休眠：指从设备无须参与微微网，但被保留为其一部分时的状态，这是一个不活跃的低功耗模式。

习题 3

1. 串行通信有哪些优点？

2. 同步串行通信和异步串行通信有何区别？现在的串行通信常用异步通信还是同步通信？

3. 串行通信按照数据传输的方向分成哪几种传输模式？各有何特点？

4. 串行通信端口必须对哪些参数进行设置？目前常用的串行通信常用的格式是什么？

5. EIA/TIA-232 接口通信有哪些优点？有哪些不足之处？

6. EIA/TIA-232 与 EIA/TIA-485 分别用于什么场合？请将二者的电气特性进行对比，说明 EIA/TIA-485 接口采用二线差分平衡传输方式的优点是什么。

7. 串行链路的 Modbus 网络支持哪几种传输模式？各有何特点？

8. 串行链路的 Modbus 网络与 Modbus TCP 网络有哪些区别？各用于什么场合？

9. PBus 系统能够支持哪几种网络拓扑结构？

10. Pyxos Pilot 和 Pyxos Point 分别是什么节点？在设计中应注意哪些方面？

11. CAN 总线是如何实现多主控制的？

12. 与有线网络相比，基于 ZigBee 组网有何优势？它主要用于哪些场合？

13. 在 ZigBee 网络中，有哪几种类型的设备？各有何特点？

14. 什么是 ISM 频段？

15. 实现蓝牙无线通信的基本方式是什么？

16. 蓝牙设备主要运行在待机和连接两种状态，从待机到连接状态，要经历哪几个子状态？各个子状态之间是如何转换的？

第4章

智能建筑通信信息网络技术

智能建筑的核心是系统集成，而系统集成的基础是智能建筑中的通信网络。与控制网络相比，智能建筑中的通信信息网络与使用者的关系更加密切，其基础是建筑中的结构化布线，本章在介绍智能建筑结构化布线技术的基础上，详细讲解智能建筑通信设备的工作原理与基本应用方法，并对智能建筑中的宽带接入技术进行分析。

4.1 智能建筑结构化布线技术

智能建筑结构化布线是智能建筑信息网络的基础设施，根据《综合布线系统工程设计规范》（GB 50311—2016），智能建筑中的结构化布线系统主要划分为工作区、配线子系统、干线子系统、建筑群子系统、设备间、进线间与管理子系统等部分。智能建筑结构化布线系统的组成结构如图 4.1.1 所示，园区主干缆线经进线间完成建筑群主干到建筑物主干的转换后，接入建筑物的设备间，然后由设备间经干线子系统，连接到各楼层电信间，最后由楼层电信间连接到各工作区域。

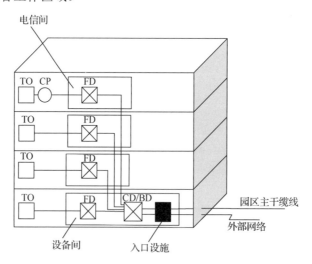

图 4.1.1 智能建筑结构化布线系统的组成结构

图 4.1.1 中，CD 表示建筑群配线设备（campus distributor），BD 表示建筑物主干配线设备（building distributor），FD 表示建筑物楼层分配线设备（floor distributor，FD），CP 表示布线集合点（consolidation point），TO 表示信息插座（telecommunication outlet），下面分别对各组成部分进行说明。

4.1.1 工作区

在智能建筑中，需要独立设置终端设备的区域称为工作区。工作区由信息插座模块、终端设备处的连接缆线及适配器等组成。工作区的布线不属于基础设施建设，一般是非永久性的，由用户自行配置，目的是实现工作区终端设备与配线子系统之间的连接。

1. 工作区的布线材料

工作区的基本布线材料是连接信息插座与终端设备的连接线和必要的适配器。信息插座虽然不属于工作区的组成部分，但在进行工作区设计时，需确定插座的位置与安装形式。

（1）信息插座

信息插座是终端设备与配线子系统连接的接口，也是水平布线的终结。信息插座将配线子系统与工作区子系统连接在一起，它在建筑布线系统中的具体位置如图 4.1.2 所示。

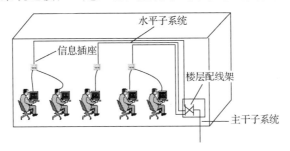

图 4.1.2　信息插座在布线系统中的位置

信息插座由信息模块、底盒和面板三部分组成。对于双绞电缆，结构化布线系统的标准插座是 T568A 或 T568B 标准的 8 针模块化信息插座，如图 4.1.3（a）所示；对于光缆，规定使用具有 SC 或 LC 光纤连接器的光纤信息插座，如图 4.1.3（b）所示。

（a）8 针模块化信息插座　　　　　　　（b）光纤信息插座

图 4.1.3　信息插座

安装信息插座时，应该使插座尽量靠近使用者，同时应考虑到电源的位置。如图 4.1.4 所示，安装的信息插座与其旁边的电源插座应保持 20 cm 以上的距离，且保护地线与中性线严格分开，距离地面的高度是 30～50 cm。另外，信息插座与连接设备的距离应控制在 5 m 范围内，同时，工作区电缆、跳线和设备连线长度总共不应超过 10 m。

信息插座除信息模块外，还有面板和底座。底座用于固定面板以及方便走线；面板用于固定信息模块，保护信息出口处的缆线。如图 4.1.5 所示，常用的 86 面板，其尺寸为

86 mm×86 mm。面板有单口与多口之分，插座型号有 RJ45 与 RJ11 等。

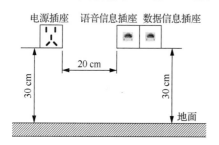

图 4.1.4　信息插座的安装

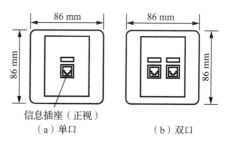

图 4.1.5　单/双口信息插座面板

（2）适配器

适配器是一种应用于工作区，完成水平缆线和信息终端之间良好电气配合的接口器件。有些终端设备由于插座机械形状不相当，或电气参数不匹配，不能直接使用常规 4 对双绞用户软电缆接到信息插座上，这就需要选择适当的适配器进行转换，使应用系统的终端设备与结构化布线配线子系统的缆线和信息插座相匹配，从而保持电气性能的一致性。

光纤布线系统需要用到光纤适配器。光纤适配器又称为光纤法兰或光纤耦合器，是实现光纤连接的重要器件之一。光纤适配器按功能可分为单工适配器、双工适配器、转换型适配器；按连接头结构形式可分为 ST、SC、MT-RJ、LC、MU 等形式。在应用时，可根据用户需求、应用环境以及与各结构的易用性进行选择。

2．工作区布线路由

由于工作区属于非基础设施，由用户自行配置，所以存在功能多样化、用途灵活的特点。在布线时应根据工作区的具体用途、建筑物的结构特点选择合适的布线路由。工作区的布线路由主要有以下三种。

（1）高架地板布放式

对于机房这类装修时采用了防静电地板的场合，可以采用高架地板布放式。该方式施工简单、管理方便、布线美观，并且可以随时扩充。当采用该方式布线时，应当选用地上型信息插座，并将其固定在高架地板表面。

（2）护壁板式

所谓护壁板式，是指将布线管槽沿墙壁固定并隐藏在护壁板内的布线方式。该方式由于不需要开挖墙壁或地面，所以不会对原有建筑造成破坏，主要用于集中办公场所、营业大厅等场所的布线。采用护壁板式布线路由时，通常使用桌面型信息插座。

（3）埋入式

埋入式布线方式适用于新建建筑，土建施工时将 PVC（polyvinyl chloride，聚氯乙烯）管槽埋入地板水泥垫层中或墙壁内，后期布线施工时将缆线穿入 PVC 管槽。该方式通常使用墙上型信息插座，并将底盒暗埋于墙壁中。

4.1.2　配线子系统

配线子系统在建筑布线系统中相当于接入网，用于将干线线路延伸到用户工作区。配线子系统通常是指楼层配线间至工作区信息插座之间的水平走线，所以也称为水平布线子系统，包括工作区的信息插座模块、信息插座模块至电信间配线设备的水平缆线、电信间的配线设备及设备缆线和跳线。

配线子系统具有面广、点多、线长等特点，它的布线路由遍及整个智能建筑，且与建筑结构、内部装修和室内各种管线布置密切相关，是建筑布线系统工程中工程量最大、最难施工的一个子系统。

1. 配线子系统的设计要求

配线子系统的设计内容包括网络拓扑结构选择、设备配置、缆线选用和缆线路由选择等，它们既相互独立又密切相关，在设计中要充分体现相互间的配合，一般应根据下列因素进行设计：

1）用户对工程提出的近期和远期的系统应用要求；
2）每层需要安装的信息插座及其位置；
3）终端设备将来可能要增加、移动和重新安排的详细使用计划；
4）一次性建设与分期建设的方案比较；
5）在资金允许的条件下，配线子系统应尽可能配置较高等级的缆线，争取一步到位。

2. 配线子系统的拓扑结构

配线子系统通常采用星形网络拓扑结构，如图 4.1.6 所示，它以楼层配线间为主节点，各工作区信息插座为分节点，二者之间采用独立的线路相互连接，形成以 FD 为中心向工作区信息插座辐射的星形网络。

3. 配线子系统的缆线类型选择

选择配线子系统的缆线类型，要依据建筑物信息的类型、容量、带宽和传输速率等来确定，以满足语音、数据和图像等信息传输的要求。在

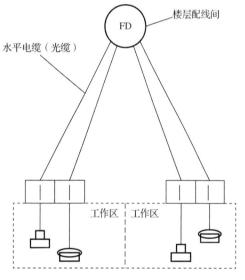

图 4.1.6　配线子系统布线的拓扑结构

结构化布线设计时，应将传输介质与连接部件综合考虑，以选择合适的传输缆线和相应的连接硬件。

在配线子系统中推荐采用的双绞线电缆和光纤形式有 100 Ω 双绞电缆、8.3 μm/125 μm 单模光纤及 62.5 μm/125 μm 多模光纤三种。

在配线子系统楼层电信间和工作区信息插座之间的水平缆线应优先选择 4 对双绞线电缆。这种双绞线可以满足语音和大多数数据传输的要求，而且与工作区普遍应用的双绞线连接器 RJ45 模块一致。对于有特别高速率要求的应用场合，可以采用光纤直接连接到桌面的方式。

4. 配线子系统的布线路由

水平布线时将缆线从楼层配线间连接到各自工作区的信息插座上，根据建筑的结构特点，从路由最短、造价最低、施工方便、布线规范、扩充方便等几个方面选择走线方式。

通常来说，对于新建筑物采用暗敷设布线法，对于既有建筑物则采用明敷设布线法，下面分别进行说明。

（1）暗敷设布线

暗敷设布线法适用于新建筑物，主要考虑到布线的隐蔽和美观，通常沿楼层的地板、吊顶、墙体内预埋管布线。暗敷设布线方式主要包括三种类型：直接埋管布线方式、先走吊顶内线槽再走支管布线方式以及地面线槽方式，其余方法都是这三种方式的改型和综合应用。

1）直接埋管布线方式。直接埋管布线方式在土建施工阶段预埋金属管道在现浇混凝土里，待后期内部装修时再通过地面预留的出线盒向金属管内穿线，如图4.1.7所示。这些金属管道从电信间向信息插座的位置辐射。直接埋管布线方式可以采用厚壁镀锌或薄型电线管，在同一根金属管内，宜穿一条结构化布线水平电缆。在老式的建筑中常使用直接埋管布线方式，不仅设计、安装、维护非常方便，而且工程造价较低。

2）先走吊顶内线槽再走支管布线方式。线槽通常安装在吊顶内或悬挂在天花板上方的区域，该方式用横梁式线槽将缆线引向所需要布线的区域。由电信间出来的缆线先走吊顶内的线槽，到各房间后，经预埋在墙体分支线槽将电缆沿墙而下引向各屋的信息出口；或沿墙上引到上一层的信息出口，最后端接在用户的信息插座上，如图4.1.8所示。

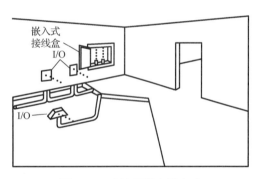

图 4.1.7 直接埋管布线方式

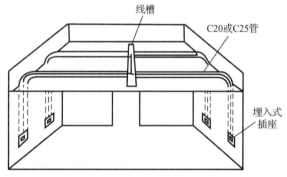

图 4.1.8 先走吊顶内线槽再走支管布线方式

3）地面线槽方式。地面线槽方式即走地面线槽到地面出线盒或由分线盒出来的支管到墙上的信息出口。由于地面出线盒或分线盒不依赖墙体或柱体直接走地面垫层，所以这种方法适用于大开间或需要隔断的场合。如图4.1.9所示，地面线槽方式把长方形的金属线槽打在地面垫层中，每隔4～8 m设置一个分线盒或出线盒，直到信息出口的接线盒。

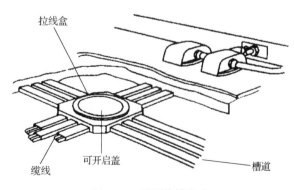

图 4.1.9 地面线槽方式

（2）明敷设布线

明敷设布线方法适用于建筑物无吊顶、无预埋管槽的布线系统，通常是对已建好的建筑物进行布线，为了不损坏已建成的建筑物结构，可采用如下几种布线方法。

1）护壁板电缆管道布线。护壁板电缆管道是一个沿建筑物护壁板敷设的金属管道或塑料管道，如图4.1.10所示。这种布线结构有利于布放电缆，通常用于墙上装有较多信息插座的楼层区域。电缆管道的前面盖板是可移动的，插座可以安装在沿管道的任何位置。

2）地板导管布线法。这种布线方法将金属导管固定在地板上，电缆穿放在导管内加以保护，如图 4.1.11 所示。信息插座一般安装在墙上，地板上安装的信息插座应在不影响活动的地方。地板导管布线法具有快速和容易安装的优点，适用于通行量不大的区域。

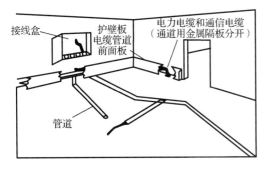

图 4.1.10　护壁板电缆管道布线法

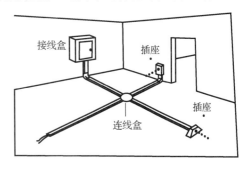

图 4.1.11　地板导管布线法

5. 配线子系统设计要点总结

总地来说，在配线子系统设计时，应注意以下几个方面：

1）根据建筑物的结构、用途确定配线子路由方案。有吊顶的建筑物，水平直线尽可能走吊顶，一般建筑物可采用地板导管布线法。

2）在能满足通信速率与带宽要求时，配线子系统缆线可采用非屏蔽双绞线；在高速率场合，根据需要采用屏蔽双绞线或者室内光缆。选用光缆时，从电信间至每一个工作区的水平光缆宜按 2 芯光缆配置。至用户群或大客户使用的工作区域时，备份光纤芯数不应小于 2 芯，水平光缆宜按 4 芯或 2 根 2 芯光缆配置。

3）在工程设计中，考虑布线路由和缆线长度等因素，规定配线子系统中水平缆线的长度不能大于 90 m。在不同带宽的以太网应用中，对绞电缆的传输距离一般为 30～90 m，光纤的最远传输距离却能够达到十几千米。因此，光纤在实际工程应用中一般不会受到 90 m 长度的限制，缆线具体长度应符合《综合布线系统工程设计规范》（GB 50311—2016）中规定的要求。

4）一条 4 线对双绞线电缆应全部固定终结在一个信息插座上，不允许将一条 4 线对双绞线电缆终结在两个或更多的信息插座上。

5）配线缆线应布设在线槽内，缆线布设数量应考虑只占用线槽面积的 70%，以方便以后线路扩充的需求。

6）为了方便以后的线路管理，在缆线布设过程中，应在缆线两端贴上标签，标明缆线的起源和目的地。

为了满足当今通信的需求水平，布线应便于维护和改进，以适应新的设备和业务变化。为避免和减少因需求变化带来的配线子系统布线的变动，既要考虑系统应用的广泛性，又要考虑减少电气设备对布线可能造成的高强度电磁干扰。

4.1.3　干线子系统

干线子系统由设备间至电信间的主干缆线、安装在设备间的建筑物配线设备及设备缆线和跳线组成。如图 4.1.12 所示，干线是建筑物内结构化布线的主馈缆线，干线是楼层配线间与整个建筑设备间之间垂直布放缆线的统称,因此干线子系统又称为垂直子系统。干线缆线直接连接着大量的用户,一旦发生故障,影响将非常大。

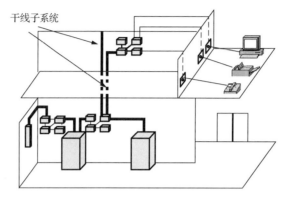

图 4.1.12　干线子系统的组成

1. 干线子系统的设计要求

为了便于结构化布线的路由管理,干线缆线、干线光缆布线的交接不应多于两次。从楼层配线架到建筑群配线架之间只应通过一个配线架,即在设备间内的建筑物配线架。

总地来说,干线子系统的设计要求主要包括以下几个方面:

1）垂直干线电缆应采用星形物理拓扑结构;
2）干线子系统不允许有超过两级的交叉连接;
3）干线子系统中不允许有转接点;
4）保证屏蔽干线电缆只有一端接地;
5）在铜缆的通信距离及带宽无法满足要求时,应考虑使用光纤;
6）干线子系统的设计要符合国家和当地有关建筑物、电力和消防安全等的法律法规;
7）干线子系统的线路要注意避开高电磁干扰地段。

2. 干线子系统的拓扑结构

通常结构化布线由主 BD、FD 和信息插座等基本单元设备用不同子系统缆线连接组成,BD 放置在设备间,FD 放置在楼层配线间,信息插座安装在工作区。干线是建筑物结构化布线的关键节点之间的主馈缆线,以各级配线架节点为核心呈星形发散状的物理拓扑结构,如图 4.1.13 所示。

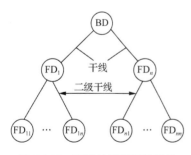

图 4.1.13　干线的星形拓扑结构

干线采用星形拓扑结构可以实现集中控制、便于维护管理、扩展修改简单、简化故障处理流程等功能,其缺点是对中心主节点的依赖性太强,主节点的故障将导致整个系统失效,但失效后很容易被修复,所以在干线中,多采用星形拓扑结构。

3. 干线子系统缆线的类型选择

通常情况下,应根据建筑物的楼层面积、建筑物的高度以及建筑物的用途来选用干线缆线的类型。在干线子系统设计中常用 100 Ω 大对数对绞电缆、62.5 μm/125 μm 多模光缆及 8.3 μm/125 μm 单模光缆。

目前，对于数据业务，干线子系统通常选择多芯光纤，在设计时根据端口配置要求，选择合理的光缆类型。对于端口较少、通信速率要求不高的场合，可以选用大多数对绞电缆。

4. 干线缆线的容量配置要求

在确定了干线缆线类型后，便可以进一步确定每个楼层的干线缆线容量。配置干线缆线容量时，需符合以下几个基本要求。

1）对数据业务，应按每台以太网交换机设置 1 个主干端口和 1 个备份端口配置。当主干端口为电接口时，应按 4 对线对容量配置；当主干端口为光端口时，应按 1 芯或 2 芯光纤容量配置。

2）当工作区至电信间的配线光缆需延伸至设备间的光配线设备时，主干光缆的容量应包括所延伸的配线光缆的容量。

3）干线的设备间配线设备容量配置应符合如下要求：

① 主干缆线侧的配线设备容量应与主干缆线的容量相一致；

② 设备侧的配线设备容量应与设备应用的光、电主干端口容量相一致或与干线侧配线设备容量相同；

③ 外线侧的配线设备容量应满足引入缆线的容量需求。

5. 干线子系统的布线路由

干线缆线的布线走向应选择最短、最安全和最经济的路由。路由的选择要根据建筑物的结构以及建筑物内预留的电缆孔、电缆井等通道位置决定。干线子系统有垂直和水平两大类型的通道。

（1）干线子系统垂直通道布线路由

1）电缆孔方式。该方式通常将一根或数根金属管预埋在楼板内。干线通道中所用的电缆孔是很短的管道，它们嵌在混凝土地板中，是浇筑混凝土地板时嵌入的，也可直接在地板中预留一个大小适当的孔洞。电缆往往捆在钢绳上，而钢绳固定在墙上已铆好的金属条上。当楼层电信间上下都对齐时，可以采用电缆孔方式。

2）电缆竖井方式。在新建筑物中，推荐使用电缆竖井方式。电缆竖井是指在每层楼板上开出一些方孔。与电缆孔方式一样，竖井中的电缆也是捆绑或箍在支撑用的钢绳上，钢绳靠墙上的金属条或地板三脚架固定。离电缆竖井很近的墙上的立式金属架可以支撑很多电缆。电缆竖井比电缆孔更为灵活，可以让各种粗细不一的电缆以任何方式布设通过。

（2）干线子系统水平通道布线路由

1）金属管道方法。金属管道方法是指在水平方向架设金属管道，水平缆线穿过这些金属管道，让金属管道对干线电缆起到支撑和保护的作用。金属管道不仅具有防火的优点，而且它提供的密封和坚固空间使电缆可以安全地延伸到目的地。但是，金属管道很难重新布置且造价较高，因此，在建筑物设计阶段必须进行周密的考虑。在土建工程阶段，要将选定的管道预埋在地板中，并延伸到正确的交接点。金属管道方法较适合于低矮且宽阔的单层平面建筑物，如大型厂房、机场等。

2）电缆托架方法。电缆托架是铝制或钢制的部件，外形很像梯子，既可安装在建筑物墙面上、吊顶内，也可安装在天花板上，供干线缆线水平走线。采用电缆托架方法，电缆布放在托架内，由水平支撑件固定，必要时还要在托架下方安装电缆绞接盒，以保证在托架上方在已装有其他电缆时可以接入电缆。电缆托架方法最适合电缆数量很多的布线需求场合。

6. 干线子系统设计要点总结

总地来说，在干线子系统设计时，应注意以下几个方面：

1）干线尽量采用星形拓扑结构，以便出现故障时能尽快修复。

2）干线缆线的布设应选择最短、最安全和最经济的路由，路由的选择要根据建筑物的结构以及建筑物内预留的电缆孔、电缆竖井等通道位置确定。

3）干线子系统所需要的对绞电缆根数与光缆光纤总芯数，应满足工程的实际需求与缆线的规格，并应留有备份容量。

4）如有光纤到用户桌面的情况，光缆应直接从设备间引至用户界面；当工作区至电信间的配线光缆延伸至设备间的光配线设备时，主干光缆的容量应包括所延伸的配线光缆光纤的容量在内。

5）主干系统应留有足够的余量作为主干链路的备份，以确保主干系统的可靠性。

4.1.4　建筑群子系统

建筑群子系统由连接多个建筑物的主干缆线、建筑群配线设备及设备缆线和跳线组成。在园区式建筑群环境中，若要把两个或更多的建筑物通信链路互连起来，通常是在楼与楼之间敷设室外缆线。这一部分的布线可以采用架空、直埋或地下管道内敷设，或者是这三者的组合的形式。建筑群子系统设计的主要任务就是确定建筑物缆线入口的位置及建筑群间的布线路由。

1. 建筑物缆线入口位置的确定

建筑物入口管道的位置选址应在便于连接公共设备的点上，当需要时，应在墙上穿一根或多根管道。如果建筑物尚未建立，可以根据选定的电缆路由完成电缆系统设计，并标示出入口管道的位置，还要选定入口管道的规格、长度和材料；在建筑物施工过程中要求安装好入口管道。

对于现有的建筑物，则需要了解各个入口管道的位置，确定每座建筑物有多少入口管道可供使用，明确入口管道数目是否符合系统的需要。如果入口管道不够用，就在移走或重新布置某些电缆时确认能否留有入口管道，或者确定在不够用时需另装多少入口管道。

2. 建筑群布线方法

建筑群环境中，通常有三种布线方法，分别是架空布线法、直埋布线法和管道内布线法，它们既可单独使用，也可混合使用，具体视具体建筑群实际情况而定。

（1）架空布线法

架空布线法通常只用于有现成的电线杆，这样成本较低。但是，这影响了美观性、保密性、安全性和灵活性，因而并不是理想的建筑群布线方法。

（2）直埋布线法

应用直埋布线法时，除了穿过基础墙的部分电缆之外，其余部分的电缆都没有管道保护。直埋布线可以保持建筑物的外貌，但是在以后有可能挖土的地方不便用此方法。直埋电缆通常埋在离地面 60 m 以下的不冻土层，如果在同一土沟里同时埋入了通信电缆和电力电缆，应标明共用标志。

（3）管道内布线法

管道内布线是由管道和接合井组成的地下系统，对网络内的各个建筑物进行互连。由于管道是由耐腐蚀的材料做成的，所以这种方法提供了较好的机械保护，从而使电缆受损和维修的机会降到最低，并很好地保护了建筑物的原貌。

4.1.5　设备间

设备间是对每栋建筑物进行配线管理、网络管理和信息交换的场地。设备间是结构化布线系统的主节点，是通信设施、配线设备所在地，也是线路管理的交会点，是进行结构化布线及其他系统管理和维护的场所。设备间须支持所有的电缆和电缆通道，以保证电缆和电缆通道在建筑物内部或者建筑物之间的连通性。

典型的设备间如图 4.1.14 所示。

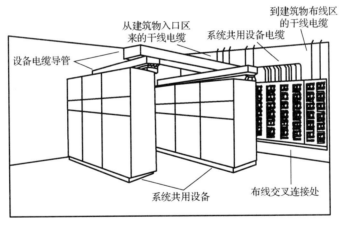

图 4.1.14　典型的设备间

广义的设备间包括设置在各楼层的电信间，也称楼层配线间，楼层配线间是放置楼层配线架、网络交换设备的专用房间。配线子系统和干线子系统的缆线在楼层配线架上进行交接。每座大楼配线间的数量，可根据建筑物的结构、布线规模和管理方式而定，并不一定每一层楼都有配线间，但每座建筑物至少要有一个设备间。

设备间的设计应注意以下几点：

1）设备间的位置及大小应根据建筑物的结构、结构化布线规模和管理方式以及应用系统设备的数量等进行综合考虑，择优选取。

2）在高层建筑物内，设备间宜设置在第二、三层，高度为 3~18 m。

3）设备间的主要设备，如数字程控交换机、计算机主机，可放在一起，也可分别设置。一般在大型的结构化布线中，给计算机主机、数字程控交换机、楼宇自动化控制设备分别设置机房，把与结构化布线密切相关的硬件或设备放在设备间，但计算机网络系统中的互联设备，如路由器、交换机等，距设备间不宜太远。

4）在设备间内安装的 BD 的干线侧容量应与主干缆线的容量相一致；设备侧容量应与设备端口容量相一致或与干线侧容量相同。

5）针对计算机网络系统（包括二层交换机、三层交换机、路由器及设备的连接线），一般采用标准机柜，将这些设备集成到机柜中，以便于统一管理。通常采用跳接式配线架连接各层交换机，通过跳线调整所有干线路由；采用光纤终结架连接网络主机及其他设备。

6）设备间应安装符合法规要求的消防系统，耐火等级应符合现行国家标准《建筑设计防火规范》（GB 50016—2014）（2018 年版）及《计算机场地安全要求》（GB/T 9361—2011）的规定。

4.1.6 进线间

进线间是建筑物外部的建筑群管线、电信管线的入室部位，可作为入口设施和建筑群配线设备的安装场地。每个建筑物宜设置一个进线间，一般位于地下层。

在图 4.1.15 中，室外缆线进入一个阻燃接合箱，然后经保护装置的柱状电缆（长度很短并有许多细线号的双绞电缆）与通向设备间的电缆进行端接。

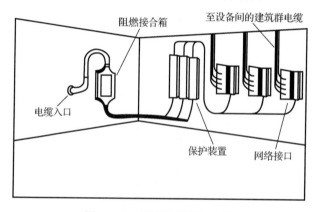

图 4.1.15 进线间缆线入口区

进线间宜靠近外墙并在地下设置，以便于缆线引入。进线间的设计应符合下列规定：

1）建筑群主干电缆和光缆、公用网和专用网电缆、光缆等室外缆线进入建筑物时，应在进线间转换成室内电缆、光缆。缆线的终接处设置的入口设施外线侧配线模块应按出入的电、光缆容量配置。

2）进线间的缆线引入管道管孔数量应满足建筑物之间、外部接入各类信息通信业务、建筑智能化业务及多家电信业务经营者缆线接入的需求，并应留有不少于 4 孔的余量。

3）进线间应做好防渗水、防火措施，并配置预防有害气体的措施和通风装置。

4）与进线间无关的管道不宜通过。进线间管道入口的所有布放缆线和空闲管孔应用防火材料进行封堵，并做好防水处理。

4.1.7 管理子系统

管理子系统的主要功能是使布线系统与其连接的设备、器件构成一个有序的整体。管理应对工作区、电信间、设备间、进线间，以及布线路径环境中的配线设备、缆线、信息插座模块等设施按一定的模式进行标识、记录和管理。这些内容的实施将给今后的维护和管理带来很大的方便，有利于提高管理水平和工作效率。特别是信息点数量较大和系统架构较为复杂的布线系统工程，若采用计算机进行管理，则其效果将十分明显。

管理子系统的主要设计要点如下。

1）应采用色标区分干线缆线、配线缆线或设备端口等布线设施。同时，还应采用标签标明终接区域、物理位置、编号、容量、规格等，以便维护人员在现场和通过维护终端设备一目了然地加以识别。

2）布线系统使用的标签可采用粘贴型和插入型，缆线的两端应采用不易脱落和磨损的不干胶条标明相同的编号。

3）对于设备间、电信间、进线间和工作区的配线设备、缆线、信息点等设施，应按一定的模式进行标识和记录，并应符合下列规定：

① 布线系统工程宜采用计算机进行文档记录与保存，简单且规模较小的布线系统工程可按图纸资料等纸质文档进行管理。文档应做到记录准确、及时更新、便于查阅，文档资料应实现汉化。

② 布线的每一电缆、光缆、配线设备、终接点、接地装置、管线等组成部分均应给定唯一的标识符，并设置标签。标识符应采用统一数量的字母和数字等标明。

③ 电缆和光缆的两端均应标明相同的标识符。

④ 设备间、电信间、进线间的配线设备宜采用统一的色标区别各类业务与用途的配线区。

4）当布线系统工程规模较大以及用户有提高布线系统维护水平和网络安全的需要时，宜采用智能配线系统对配线设备的端口进行实时管理，显示和记录配线设备的连接、使用及变更状况。

4.2 智能建筑中的网络互联设备

网络互联通常是指将不同的网络或相同的网络用互联设备连接在一起而形成一个范围更大的网络。如图 4.2.1 所示，根据网络互联设备所在 OSI 参考模型层次及用途的不同，可将其划分为不同类型，主要有集线器、网桥、交换机、路由器和网关等，它们的任务就是完成信号和信息在多个同类网或异类网之间的传送。智能建筑中网络设备之间常见的连接方式如图 4.2.2 所示。由图可见，用于计算机之间、网络与网络之间的常见连接设备主要为交换机与路由器，本节将分别对其进行介绍。

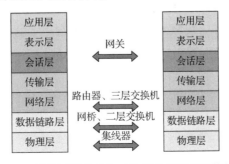

图 4.2.1　网络互联设备与 OSI 参考模型之间的关系

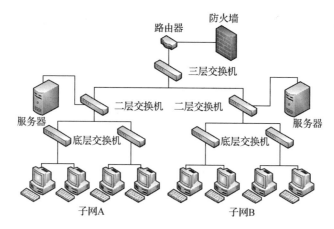

图 4.2.2　智能建筑网络设备的连接关系

4.2.1　交换机

交换机是一种基于 MAC 地址识别，能够封存、转发数据包的网络设备。交换机通过分析数据包携带的 MAC 信息，在数据始发者和目标接收者之间建立临时通信路径，使数据包能够在不影响其他端口正常工作的情况下从源地址直接到达目的地址。它改变了集线器向所有端口广播数据的传输模式，从而可以节约网络带宽，并能提高网络执行效率。

交换机最主要的功能就是连接计算机、服务器、网络打印机、网络摄像头、IP 电话等终端设备，并实现与其他交换机、无线接入点、网络防火墙、路由器等网络设备的互联，从而构建局域网络，实现所有设备之间的通信。

1. 交换机的分类

交换机种类繁多，按照不同的分类方法可以划分为不同类型。根据工作在 OSI 参考模型的层次不同，可以将交换机分为二层、三层、四层交换机；根据数据的交换方式可以将交换机分为存储转发交换机与直通式交换机；根据交换机传输速率的不同，可以将交换机分为以太网交换机、快速以太网交换机、千兆以太网交换机、10 千兆以太网交换机等；根据交换机是否支持网络管理功能，可以将交换机分为网管型交换机和非网管型交换机两大类。下面主要从交换机的工作层次与交换模式角度来分析交换机的分类。

（1）根据交换机工作层次分类

在二层、三层、四层交换机中，应用最为广泛的是二层和三层交换机。

1）二层交换机。

二层交换机为网络数据链路层的通信设施，可以识别数据包中的 MAC 地址信息，根据MAC 地址进行转发，并将这些MAC 地址与对应的端口记录在自己内部的一个地址表中。目前，二层交换技术的发展已经比较成熟，并被广泛应用于各种规模的局域网，市场上成熟的产品也较多。

二层交换机是最早推出的交换产品，也是应用最为广泛的交换产品。它主要用于小型局域网，或作为中大型网络中接入层的网络连接设备，在这种网络中广播包的影响不大，一般不需要路由功能。

2）三层交换机。

三层交换机工作在 OSI 参考模型的第三层，属于网络层的设备，它在二层交换技术的基础上增加了路由功能，并将其有机整合。三层交换机可以称为具备路由功能的二层交换机，其能够依据数据包中的目的 IP 地址进行路径选择并实现数据包的快速交换。应用三层交换机最主要的目的是加快大型局域网内部的数据交换，其所具有的路由功能也是为这个目的服务的，在大中型网络中，三层交换机已经成为基本配置设备。

三层交换机采用硬件方式进行路由选择，设置有专门的三层交换模块承担路由选择功能，采用硬件的方式完成路由表的查找与更新，路由选择后，数据交换仍靠二层交换模块完成，这种方式称为"一次路由、多次交换"技术。由于采用硬件实现交换功能，所以可以实现网络层数据包的线速交换，数据转发速度快于传统路由器。因此，它被广泛应用于中大型企业网的汇聚层和核心层中。

但是三层交换机并不等同于路由器，同时也不可能取代路由器。首先传统路由器支持的端口类型多，不仅可以提供各种局域网接口，还能提供广域网接口，而三层交换机是基于 IP 设计，接口类型简单且大部分不支持广域网接口；其次路由器对路由协议的支持更为广泛，不仅支持内部网关协议，还支持外部网关协议，而三层交换机一般仅支持内部网关协议。因而，在将大型局域网连入 Internet 或将几个大型局域网互联时，仍要使用路由器。

3）四层交换机。

二层交换机和三层交换机都是基于端口地址的端到端的交换过程，虽然这种基于 MAC 地址和 IP 地址的交换机技术，能够极大地提高各节点之间的数据传输率，但无法根据端口主机的应用需求来自主确定或动态限制端口的交换过程和数据流量。四层交换机不仅可以完成端到端的交换，还能根据端口主机的应用特点，确定或限制它的交换流量。

四层交换机是基于传输层数据包的交换过程的，支持 TCP/UDP 第四层以下的所有协议，可识别至少 80 字节长度的数据包包头，可根据 TCP/UDP 端口号来区分数据包的应用类型，从而实现应用层的访问控制和服务质量保证。在第四层交换中为每个供搜寻使用的服务器组设立虚拟 IP（virtual IP，VIP）地址，每组服务器支持某种应用。在域名服务器中存储的每个应用服务器地址是 VIP，而不是真实的服务器地址。当某用户申请应用时，一个带有目标服务器组的 VIP 连接请求发送给服务器交换机，服务器交换机在组中选取最好的服务器，将终端地址中的 VIP 用实际服务器的 IP 取代，并将连接请求传送给服务器。这样，同一区间所有的包由服务器交换机进行映射，在用户和同一服务器间进行传输。

（2）根据交换模式分类

交换机的交换模式有静态交换和动态交换两种。静态交换模式由人工来完成端口之间传输通道的建立，如果没有人工的更改，这些通道是固定不变的；动态交换模式依据目的 MAC 地址查询交换表，根据表中给出的输出端口来临时建立传输通道。

目前，交换机最常采用的交换模式是动态交换。动态交换模式主要有存储转发（store and forward）和直通（forward）两种。直通模式又有快速转发（fast forward）交换和碎片丢弃（fragment free）交换两种。

1）快速转发交换模式。

快速转发交换模式，也称为直通交换模式，它是指交换机在接收数据帧时，一旦检测到目的地址就立即进行转发操作。在进行转发处理时，由于仅是帧中的 MAC 地址部分，而不是一个完整的数据帧被复制到缓冲区中，所以无法对这个数据帧进行检错纠错，于是将其直接转发，即使是有错误的数据帧，仍然会被转发到网络上。

快速转发交换模式的优点是端口交换时间短、时延小，交换速度快；缺点是不能进行检错纠错、速度匹配和流量控制，可靠性较差。因此，快速转发交换模式适合于小型交换机。

2）碎片丢弃交换模式。

碎片丢弃交换模式也被称为无分段交换模式。交换机接收到数据帧时，先检测该数据帧是不是冲突碎片，如果不是冲突碎片，则不保存整个数据帧，而是在接收了它的目的地址后就直接进行转发操作；如果该数据帧是冲突碎片，则直接将该帧丢弃。

冲突碎片是指因为网络冲突而受损的数据帧碎片，其特征是长度小于 64 字节，它不是有效的数据帧，应该被丢弃。因此，交换机检测该数据帧是否为冲突碎片，是通过判断这个数据帧的长度是否达到 64 字节来进行的，小于 64 字节的数据帧都将被视为冲突碎片，而任何大于 64 字节的数据帧都被视为有效帧，进行转发。

碎片丢弃交换模式的优点是过滤掉了冲突碎片，提高了网络传输速率和带宽利用率。

3）存储转发交换模式。

存储转发交换模式与直通交换模式最大的不同在于，它将接收到的整个数据帧保存在缓冲区中，然后进行 CRC，在对错误数据帧进行处理后，才取出数据帧的目的地址，进行转发操作。

存储转发交换模式的不足之处在于其进行数据处理的时延大，交换速度相对较慢。但是它可以对数据帧进行链路差错校验，可靠性较高，能有效地改善网络性能；同时它可以支持不同速率的端口，保持高速端口与低速端口之间的协同工作。因此，存储转发交换模式是计算机网络领域应用最为广泛的模式。

2. 交换机的连接

随着网络规模的扩展，网络中交换机的数量通常不止一台，成百上千的用户需要使用更多的交换机来连接，交换机间的连接方式有级联和堆叠之分。

（1）交换机的级联技术

所谓级联，是指使用普通的网线将交换机的接口连接在一起，实现相互之间的通信。一方面，级联技术连接网络，解决了单交换机端口数量不足的问题；另一方面，级联技术延伸网络直径，解决了远距离的客户端和网络设备的连接问题。需要注意的是，交换机是不能无限制地级联的，若交换机的级联数量超过一定的限制，会因为信号在线路上的衰减导致网络性能严重下降。

从实用角度来看，建议最多部署三级交换机级联：核心交换机、汇聚交换机、接入交换机，如图 4.2.3 所示。当然，这里的三级并不是说只能允许最多三台交换机，而是从层次上讲三个层次。连接在同一交换机上不同端口的交换机都属于同一层次，所以每个层次又能允许几个，甚至几十台交换机级联。

（2）交换机的堆叠技术

当网络规模急剧扩张，需要使用高密度的端口时，固定端口的交换机可扩展性就受到极大挑战，交换机的堆叠技术则很好地解决了这

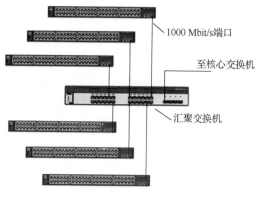

1000 Mbit/s端口

至核心交换机

汇聚交换机

图 4.2.3　高速端口向上级联

一问题。堆叠交换机组可被视为一个整体的交换机进行管理，可以成倍地提高网络接口端密度和端口带宽，满足大型网络对端口的数量要求。

堆叠交换机具有专门的堆叠端口，可以用堆叠电缆通过每台交换机上一个专用的堆叠端口，将多个单台可堆叠交换机连接在一起，构成一个整体。堆叠交换机可作为一个独立单元运行，并可以统一进行配置和管理。目前，主流的堆叠模式主要有菊花链式堆叠和星形堆叠两种。

1）菊花链式堆叠。

菊花链式堆叠技术是一种基于级联结构的堆叠技术，通过堆叠模块首尾相连。堆叠连接时，每台交换机都有两个堆叠接口，通过堆叠电缆和相邻的交换机堆叠接口相连，从而形成环路，如图 4.2.4 所示。菊花链式堆叠形成的环路可以在一定程度上实现冗余。堆叠的交换机数量越多，通信时需要转发的次数也就越多。而数据的多次转发，将大量占用每台交换机的背板带宽，并有可能使堆叠端口成为传输瓶颈，从而影响网络内数据的传输速率。

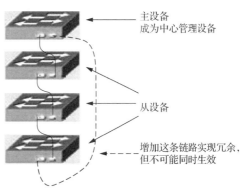

图 4.2.4 菊花链式堆叠

另外，由于所有的交换机之间都只有一条链路，这样，当堆叠内的任何一台交换机、堆叠模板或电缆发生故障时，都将导致整个网络通信的中断。为了提高网络的稳定性，可以在首尾两台交换机之间再连接一条堆叠电缆作为链接冗余。这样，当中间某一台交换机发生故障时，冗余电缆立即被激活，从而保障了网络的畅通。

2）星形堆叠。

星形堆叠技术是一种高级堆叠技术，对交换机而言，需要提供一个独立的高速堆叠中心，所有的堆叠机通过堆叠模块端口与堆叠中心连接。如图 4.2.5 所示，该堆叠方式为全双工方式。

星形堆叠技术使所有的堆叠组成员交换机到达堆叠中心的级数缩小到一级，与菊花链式结构相比，它可以显著地提高堆叠成员之间数据的转发速率。同时，星形堆叠提供统一的管理模式，一组交换机在网络管理中，可以作为单一的节点出现。

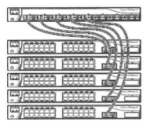

图 4.2.5 星形堆叠

3. 交换机的选择

交换机是网络中的主要设备之一，在选择交换机时，应根据交换机所处的层次，确定选择何种交换机来满足网络带宽、时延、管理等方面的需求。通常来说，选择交换机主要从以下几个方面考虑。

（1）局域网的规模

如果局域网的规模不大，交换机的数量只有数十台，在此网络条件下广播数据包不会产生较大的影响，二层数据交换设备即可以快速完成交换，提供多种数据接入端口。所以规模不大的网络选用二层交换机即可。

如果局域网的规模较大，为了避免数据广播风暴形成的危害，需要将大型局域网根据使用功能划分为多个小型的局域网，从而形成多个网段，不同网段间可以实现数据的交互，而只利用二层网络数据交换机无法达到网络间的交互访问，此时采用三层交换机较为合理。

（2）背板带宽

背板带宽是衡量交换机数据吞吐能力的一个重要指标，表示交换机接口处理器或接口卡和数据总线间所能吞吐的最大数据量，其值越大，说明该交换机在高负荷下进行数据交换的能力越强。背板带宽的最大理论值为线速，即指交换机可以全速处理各种大小的数据包转发缓冲区大小，是一种数据队列机制，由交换机来进行不同网络设备之间的速率匹配。速率高的设备所发送的数据可以存储在缓冲区内，直到被慢速设备处理为止。在全双工工作模式下，交换机的背板带宽只有大于或等于端口数×端口速率×2 时，才可提供真正意义上的交换能力。

（3）交换端口的数量

根据应用需要，确定实际所需带宽，画出相应的网络拓扑结构图，将服务器、管理站等重要设备都放置在主干交换机上，其他设备则连接在分支交换机上，并以此为依据计算出主干交换机、分支交换机实际所需的端口数。为了便于扩展，应适当加一些余量，以确保所有设备都能够连接到合适的端口上。

（4）网络扩展能力

从扩展角度考虑，网络交换机分为模块化交换机和固定配置交换机。模块化交换机具有很强的扩展性能，可以通过在交换机的扩展槽内插入不同的扩展模块，增加网络端口数量和类型，实现不同网络之间的互联。在网络建设中，模块化交换机逐步成为大型网络主干交换机的首选。固定配置交换机具有固定数量的端口，无法进行端口的扩充，但其物美价廉，可满足限定范围内的网络需求，是中小型网络主干交换机及大型网络分支交换机的首选产品。

（5）交换方式

交换机的交换方式主要有存储转发方式和直通式两种，应根据网络的实际需求去选择。由于存储转发方式是目前应用最为广泛的一种交换方式，所以在实际应用中支持存储转发方式的交换机是首选，当然，如果选择同时支持多种交换技术的交换机是较好的。

4.2.2　路由器

路由器是网络之间互联的设备，工作在 TCP/IP 网络模型的网络层，对应于 OSI 网络参考模型的第三层。路由器通过路由决定数据的转发，转发策略称为路由选择，这也是路由器名称的由来。作为不同网络之间互相连接的枢纽，路由器系统构成了基于 TCP/IP 的国际互联网络 Internet 的主体脉络，路由器的处理速度是网络通信的主要瓶颈之一，它的可靠性直接影响着网络互联的质量。

1. 路由器的基本功能

（1）实现网络的互联和隔离

路由器利用网络层定义的 IP 地址来区别不同的网络，实现网络的互联和隔离，保持各个网络的独立性。路由器不转发广播消息，而把广播消息限制在各个网络内部。发送到其他网络的数据先被送到路由器，再由路由器转发出去。由于是在网络层的互联，所以路由器可方便地连接不同类型的网络，只要网络层运行的协议相同，通过路由器就可互联起来。

（2）根据 IP 地址来转发数据

路由器只根据 IP 地址来转发数据，路由器有多个端口，用于连接多个 IP 子网。每个端口的 IP 地址的网络号要求与所连接的 IP 子网的网络号相同。不同的端口为不同的网络号，对应不同的 IP 子网，这样才能使各子网中的主机通过自己子网的 IP 地址把要求传送出去的 IP 分组送到路由器上。

（3）选择数据传送的线路

路由器的主要工作就是为经过路由器的每个数据帧寻找一条最佳传输路径，并将该数据有效地传送到目的站点。由此可见，选择最佳路径的策略，即路由算法，是路由器的关键所在。为了完成这项工作，在路由器中保存着各种传输路径的路由表供路由选择时使用，路由表中保存着子网的标志信息、网上路由器的个数和下一个路由器的名字等内容。路由表可以是由系统管理员固定设置好的，也可以由系统动态修改，既可以由路由器自动调整，也可以由主机控制。

事实上，路由器除了上述功能外，还具有数据包过滤、网络流量控制、地址转换等功能。另外，有的路由器仅支持单一协议，但大部分路由器可以支持多种协议，即多协议路由器。由于每一种协议都有自己的规则，所以要在一个路由器中完成多种协议的算法，势必会降低路由器的性能。因此，用户购买路由器时，需要根据自己的实际情况，选择自己需要的网络协议的路由器。

2. 路由器的结构

目前，市场上有大量的、各种类型的路由器产品，尽管这些产品在处理能力和所支持的接口数上有所不同，但其基本结构相似。图 4.2.6 给出了路由器的硬件组成原理图。

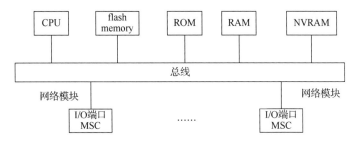

图 4.2.6　路由器的硬件组成原理图

（1）中央处理器

中央处理器（CPU）负责实现路由协议、路径选择计算、交换路由信息、查找路由表、分发路由表和维护各种表格，以及转发数据包等功能。因此，CPU 的处理能力与路由器的处理能力直接相关，它将直接影响路由器的性能。

（2）闪存

闪存（flash memory）是一种可擦写的、可编程类型的只读存储器。在许多路由器上，闪存作为一种选择性的硬部件，负责保存路由器当前使用的操作系统映像文件和路由器的微码。系统文件以压缩的格式保存在闪存中，并且闪存里保存的数据不会因为关机或路由器重启而丢失。

（3）只读存储器

只读存储器（ROM）不能修改其中保存的内容。ROM 主要用来永久地保存路由器的开机诊断程序、引导程序和操作系统软件；完成路由器的初始化进程，具体包括路由器启动时的硬件诊断、装入路由器操作系统等。

（4）随机存储器

随机存储器（random access memory，RAM）是可读可写的存储器，用来保存路由表、ARP 缓存、快速交换缓存、数据分组缓冲区和缓冲队列中的内容、运行配置的文件，以及正在执行的代码和一些临时数据信息等。在关机和重新启动路由器之后，RAM 里的数据会自动丢失。

（5）非易失性随机存储器

非易失性随机存储器（non-volatile random access memory，NVRAM）也是一个可读可写的存储器，主要用于存储启动配置文件或备份配置文件。在路由器启动时，将从 NVRAM 装载路由器的配置信息。

NVRAM 容量小，但是它的存取速度非常快，而且保存在 NVRAM 的数据不会因为关机或重新启动路由器而丢失。

（6）接口

路由器能支持的接口的种类，体现了路由器的通用性。路由器的接口主要包括广域网接口、局域网接口与配置接口。

3. 路由器的基本原理

路由器是一种具有多个输入端口和多个输出端口的专用设备，其任务是转发分组。 从路由器某个输入端口收到的分组，按照分组要去的目的网络的 IP 地址，把该分组从路由器的某个合适的输出端口转发给下一跳路由器。路由器接收到数据包后，通过路由选择获得将该数据包转发到目的端口的路径，并沿着这个路径将数据包从源主机一跳一跳地经过若干个路由器，发送到目的主机。

如图 4.2.7 所示，路由选择就是路由器根据目的 IP 地址的网络号部分，通过路由选择算法确定一条从源节点到目的节点的最佳路径。

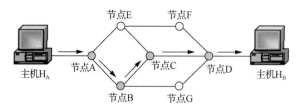

图 4.2.7　路由选择

在实际网络中，任意两个主机之间的传输链路上可能会存在多个路由器，它们之间也可以有多条传输路由。因而，所经过的每一个路由器都必须知道，它应该往哪儿转发数据才能把数据传送到目的主机。为此，路由器需要确定它的下一跳路由器的 IP 地址，即选择到达下一跳的路由器的路由。然后按照选定的下一跳路由器的 IP 地址，将数据包转发给下一跳路由器。通过这样一跳一跳地沿着选好的路由转发数据分组，最终把分组传送到目的主机。因此，路由选择的核心就是确定下一跳路由器的 IP 地址。

在确定最佳路径的过程中，路由选择算法需要初始化和维护路由表。路由表中包含的路由选择信息根据路由选择算法的不同而不同。一般在路由表中包括这样一些信息：目的网络地址、下一跳路由器地址和目的端口等信息。另外，每一台路由器的路由表中还包含默认路由的信息。路由表是路由器进行路由选择的核心，建立和维护一个稳定的、正确的路由表对路由器来说十分关键。

路由器使用路由选择协议，根据实际网络连接情况和网络的性能，建立网络拓扑结构图，从而建立路由选择和转发的基础。同时，路由选择算法根据各自的判断原则，如网络带宽、时延、负载、路由器跳数等因素，为网络上的路由产生一个权值，一般来说，权值越小，路由越佳。然后路由器将最佳路由的信息保存在一个路由表中，当网络拓扑结构发生变化时，路由协议会重新计算最佳路由，并更新路由表。路由表中的信息告诉每一台路由器应该把数据包往哪儿转发，转发给谁。因此，路由表指出的是路由器转发数据的最佳路由，所以路由表的路由选择功能极为重要，它决定着数据分组能否正确地从源主机传送到目的主机。

4.3　智能建筑中的网络接入技术

分散的终端用户登录 Internet 的方式统称为接入技术，其发生在通信网络至用户的最后一千米路程。为了解决接什么、怎么接的问题，出现了多种接入网技术。多年来，随着接入网技术的进步，接入网正从原来单一的电话铜线网向数字用户线路、光纤同轴混合网、光纤、无线接入网等多元化的技术方向发展。

4.3.1　数字用户线路

数字用户线路（digital subscriber line，DSL）技术是基于电话线的宽带接入技术。xDSL（x digital subscriber line，x 数字用户线路）包括大部分的 DSL 变化形式，是通过铜线实现数据传输的一种通信技术，如非对称数字用户线路（asymmetric digital subscriber line，ADSL）、高比特率数字用户线路（high-speed digital subscriber line，HDSL）、速度自适应数字用户线路（rate adaptive digital subscriber line，RADSL)、同步数字用户线路（symmetric digital subscriber line，SDSL）、综合业务数字网用户线路（integrated digital subscriber line，IDSL）和甚高速数字用户线路（very high-bit-rate digital subscriber line，VDSL）。xDSL 技术允许多种格式的数据、语音和视频信号通过铜线从电信局端传给远端用户，可以支持高速 Internet/Intranet 访问、在线业务、视频点播、电视信号传送、交互式娱乐等。xDSL 的主要优点是能在现有 90%铜线资源上传输高速业务，但它的覆盖面有限，只能在短距离提供高速数据传输，并且一般高速数据传输是非对称的，通常在网络的下行方向能单向高速传输数据。因此，xDSL 技术只适合一部分应用，可作为宽带接入的过渡技术。

DSL 网络根据数据传输的上下行传输速率的差异分成两类：

1）对称 DSL 网络：上行传输速率和下行传输速率都是相等或称对称的，具体技术有HDSL、SDSL 等，主要用于替代传统的 T1/E1 接入技术，具有对线路质量要求低、安装调试简单等优点。

2）非对称 DSL 网络：两端点间的上下行传输速率是不同的，下行比特流传输速率通常更快一些，具体技术有 ADSL、RADSL 和 VDSL 等，适用于对双向带宽要求不一样的用户，如万维网浏览、多媒体点播、信息发布等。ADSL 技术是其中用户最多的接入技术，在此做简单介绍。

ADSL 是一种在一对双绞电缆上同时传输电话信号与数据信号的技术，它属于速率非对称型铜线接入技术。如图 4.3.1 所示，ADSL 并不需要改变本地电话的本地环路，它仍然利用普通电话线作为传输介质，只需要在线路两端加装 ADSL 调制解调器即可实现数据的高速传输。标准 ADSL 的数据上行传输速率一般只有 64～256 Kbit/s，最高达 1 Mbit/s，而数据下行传输速率在理想状态下可达到 8 Mbit/s，从而能够很好地适应 Internet 业务非对称性的特点。ADSL 的有效传输距离一般为 3～5 km。

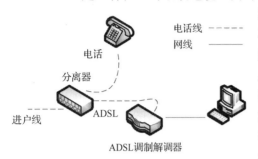

图 4.3.1　ADSL 网络参考模型

由于 ADSL 借助于现有的电话网络，而电话网络又几乎遍布城市的每一个角落，所以 ADSL 可以根据用户需要随时随地提供服务，而不需要另行布线或受到线路的限制。ADSL 接入 Internet 通常可以采用虚拟拨号和专线接入两种方式。其中，专线接入方式由 ISP 分配静态 IP 地址，而虚拟拨号方式则在连接 ISP 时获得动态 IP 地址。

（1）专线接入

这种 Internet 接入方式与连接局域网没有什么不同，用户无须拨号，无须输入用户名和密码，只要打开计算机即可接入 Internet。专线接入方式通常采用包月制的计费方式。

（2）虚拟拨号

所谓虚拟拨号，是指用 ADSL 接入 Internet 时同样需要输入用户名和密码，但并不是真的拨号，而只是模拟拨号过程，以便系统记录该电话号码拨入和离线的时间，并根据接入时间计费。另外，在拨号过程中，还同时完成授权、认证、分配 IP 地址等一系列 PPP 接入动作。虚拟拨号方式通常采用计时收费的计费方式。

由于 ADSL 有较大的带宽，所以单位里的小型局域网可以使用一台代理服务器，通过 ADSL 联网为整个局域网的用户提供上网服务。宾馆酒店可以利用内部电话，以 ADSL 接入方式，通过机顶盒为旅客提供视频点播服务。

2003 年 3 月，ITU-T 在第一代 ADSL 标准的基础上，制订了 G.992.5，也就是 ADSL2+。与第一代 ADSL 相比，ADSL2 和 ADSL2+在技术方面的优势如下。

（1）传输速率提高、覆盖范围扩大

ADSL2 在传输速率、覆盖范围上拥有比第一代 ADSL 更优的性能。ADSL2 的下行最高传输速率可达 12 Mbit/s，上行最高传输速率可达 1 Mbit/s。ADSL2 是通过减少帧的开销，提高初始化状态机的性能，采用更有效的调制方式、更高的编码增益及增强性的信号处理算法来实现的。

（2）升级的线路诊断技术

为了能够诊断和定位故障，ADSL2 传送器在线路的两端提供了测量线路噪声、环路衰减和信噪比的手段，这些测量手段可以通过一种特殊的诊断测试模块来完成数据的采集。此外，ADSL2 提供了实时的性能监测，能够检测线路两端质量和噪声状况的信息，运营商可以利用这些通过软件处理后的信息来诊断 ADSL2 连接的质量，预防进一步服务的失败，这些信息也可以用来确定是否可以提供给用户一个更高速率的服务。

（3）增强的电源管理技术

第一代 ADSL 传送器在没有数据传送时也处于全能量工作模式。ADSL2 提出了 L2 与 L3 两种电源管理低能模式，在保持 ADSL"一直在线"的同时，减少设备总的能量消耗。

（4）速率自适应技术

电话线之间串话会严重影响 ADSL 的数据传输速率，且串话电平的变化会导致 ADSL 掉线。无线电干扰、温度变化、潮湿等因素也会导致 ADSL 掉线。ADSL2 通过采用 SRA（seamless rate adaptation，无缝速率自适应）技术来解决这些问题，从而使 ADSL2 系统可以在工作时在没有任何服务中断和比特错误的情况下改变连接的数据传输速率。ADSL2 通过检测信道条件的变化来改变连接的数据传输速率，以符合新的信道条件，即根据线路质量动态调整数据传输速率。

（5）多线对捆绑技术

ADSL2 芯片集可以把两根或更多的电话线捆绑到一条 ADSL 链路上，这样使线路的下行数据传输速率具有更大的灵活性。

（6）信道化技术

ADSL2 可以将带宽划分到具有不同链路特性的信道中，从而为不同的应用提供服务。这一能力使它可以支持 CVoDSL（channelized voice over DSL，通道化的基于 DSL 的语言技术），并可以在 DSL 链路内透明地传输语音信号。

4.3.2 光纤同轴混合网

早期的有线电视网是基于完全的同轴电缆的单向广播网络，随着有线电视产业和信息技术的发展，从 20 世纪 90 年代初开始，部分同轴电缆被光纤替代，形成了人们通常所说的光纤同轴混合（hybrid fiber coax，HFC）。

HFC 接入技术是以现有的有线电视网为基础，采用模拟频分复用技术，综合应用模拟和数字传输技术、射频技术和计算机技术所产生的一种网络接入技术。HFC 网络由主干光纤和同轴配线电缆组成。HFC 技术可以统一提供 CATV（community antenna television，广电有线电视系统）、话音、数据及其他一些交互业务。一个完整的 HFC 数据传输系统的体系结构如图 4.3.2 所示，主要包括 Cable Modem（电缆调制解调器）终端系统（CMTS），用户端的 Cable Modem、HFC 网络，以及网络管理、服务和安全系统等组成部分。

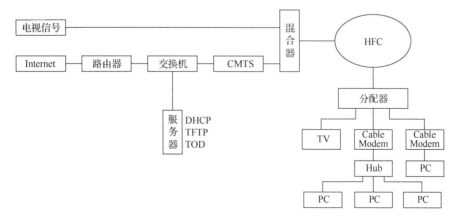

图 4.3.2　HFC 数据传输系统的体系结构

在图 4.3.2 中，CMTS 是整个系统的核心，它通常放在有线电视前端，与端交换设备相连，再通过路由器连接到 Internet；或者直接连接到本地服务器，享受本地业务的同时负责对各用户端 Cable Modem 的管理和交互工作。

　　每台 Cable Modem 除了拥有一个 48 位的物理地址外，还有一个 14 位的服务标识（Service ID），并由 CMTS 分配。每个服务标识对应一种服务类型，通过服务标识在 Cable Modem 与 CMTS 之间建立一个映射，CMTS 根据这个映射为每台 Cable Modem 分配带宽。

　　DHCP 服务器用于分配、管理和维护设备参数，如 IP 地址、子网掩码、网关、配置文件名称、DNS 地址、TOD 地址等；Cable Modem 在启动过程中必须与 DHCP 服务器通信，否则 Cable Modem 将拒绝上线，重启其注册过程。

　　TFTP 服务器通过简单文件传输服务，为 Cable Modem 提供配置文件及其升级文件下载。TOD 服务器则遵照 RFC868 时间协议，为 Cable Modem 和 CMTS 进行时间校准。

　　HFC 在干线传输中采用光缆作为媒介，应用多路复用技术，将多路 CATV 信号调制到一路光信号上，通过光纤传送到光节点设备，电话信号和各种数字信号也通过光纤传送到光节点设备。光节点设备是 HFC 接入系统的关键入口，它包括一个模拟线性宽带光接收机、一个下行信号光接收机和一个反向上行信号光发射机，另外还有一个下行信号的射频放大器。光节点设备接收中心局送来的下行光信号，对其进行光电转换，并将电话信号和视频信号合并。光节点设备通过本身的射频放大部分将这种电信号放大后，送往同轴电缆传给各用户。在上行方面，光节点设备接收同轴电缆各支路送来的上行信号，将这些电信号转换成光信号，发往中心局或视频前端的上行光接收机。

　　由于 CATV 网络覆盖范围已经很广泛了，而且同轴线的带宽比铜线的带宽要大得多，所以 HFC 是一种相对经济的、高性能的宽带接入方案，是光纤逐步推向用户的一种经济的演变策略，尤其是在有线电视网络比较发达的地区，HFC 是一种很好的宽带接入方案。

4.3.3　光纤接入技术

　　近年来，由于通信行业竞争的加剧，光纤宽带接入正在各城市中争相上演，中国电信、中国移动等网络服务商都可以提供光纤到户连接服务。光纤接入网采用光纤作为传输媒介，具有传输距离长、抗干扰性好、传输质量高等优点，已成为 Internet 接入的首选方式。

　　FTTx（fiber to the x，光纤到 x）是一类光纤接入技术的总称，准确地说，它不能算是一种技术，而是把光纤这种传输介质应用到接入网络层的接入组网方式。FTTx 系统的基本组成如图 4.3.3 所示，主要包括局端的光线路终端（optical line terminal，OLT）、光配线网（optical distribution node，ODN）、光网络单元（optical network unit，ONU）、用户终端的光网络终端（optical network terminal，ONT）等组成部分。

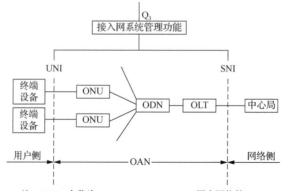

注：UNI，全称为 user network interface，用户网络接口；
　　SNI，全称为 service node interface，业务节点接口。

图 4.3.3　FTTx 系统的基本组成

其中，光纤接入网（optical access network，OAN）是用光纤作为主要的传输介质，来实现接入网信息传送功能的。光纤接入网通过 OLT 与业务节点相连，并通过 ONU 与用户连接。光纤接入网包括远端设备（ONU）和局端设备（OLT），它们通过传输设备相连。系统的主要组成部分是 OLT 和远端 ONU。它们在整个接入网中完成从业务节点接口到用户网络接口间有关信令协议的转换。接入设备本身还具有组网能力，可以组成多种形式的网络拓扑结构。同时接入设备还具有本地维护和远程集中监控功能，通过透明的光传输形成一个维护管理网，并通过相应的网管协议纳入网管中心统一管理。

OLT 的作用是为接入网提供与本地交换机之间的接口，并通过光传输与用户端的 ONU 通信，它将交换机的交换功能与用户接入完全隔开。OLT 提供对自身和用户端的维护和监控，它可以直接与本地交换机一起放置在交换机端，也可以设置在远端。

ONU 的作用是为接入网提供用户侧的接口，它可以接入多种用户终端，同时具有光电转换功能以及相应的维护和监控功能。ONU 的主要功能是终结来自 OLT 的光纤，处理光信号并为多个小企业、事业用户和居民住宅用户提供业务接口。ONU 的网络端是光接口，而其用户端是电接口，因此 ONU 具有光/电和电/光转换功能。另外，它还具有对话音的数/模和模/数转换功能。ONU 通常放在距离用户较近的地方，其位置具有很大的灵活性。

如图 4.3.4 所示，根据 ONU 在光纤接入网中放置位置的不同，可以把光纤接入网大致划分为如下四大类应用类型：光纤到交换盒（fiber to the cabinet，FTTCab）、光纤到路边（fiber to the curb，FTTC）、光纤到大楼（fiber to the building，FTTB）及光纤到户（fiber to the home，FTTH），上述服务统称为 FTTx。

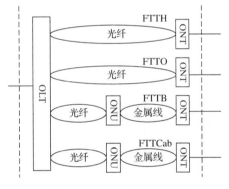

图 4.3.4　FTTx 应用分类图

1. FTTC

FTTC 与 FTTCab 主要提供光纤到路边或光纤到交接盒的接入方案，ONU 一般对应地放置在路边的分线盒和交接盒处，利用 ONU 出来的同轴电缆传送 CATV 信号或双绞线传送电话及上网服务。这样就可以充分利用现有的资源，具有较好的经济性。

2. FTTB

与 FTTC 相比，FTTB 直接将光纤敷设到楼。FTTB 根据服务对象划分为两种，一种是为公寓大厦的用户服务，另一种是为商业大楼的公司行业服务，通常都将 ONU 设置在大楼的地下室配线箱处，只是公寓大厦的 ONU 是 FTTC 的延伸，而商业大楼中多是中大型企业单位，必须提高数据传输速率，以提供高速的数据传输、电子商务、视频会议等宽带服务。

3. FTTH

和上面几个类型不同的是，FTTH 直接将 ONU 放置在用户家中，实现全光纤覆盖。FTTH 使得在家庭内可以获得各种不同的宽带上网服务，如视频点播（VOD）、在家购物、在家上课等，同时也提供了更多的商机。若搭配无线局域网技术，使得宽带与移动结合，则可以满足宽带数字家庭的要求。

2010 年来，由于政策上的扶持和技术本身的发展，我国的 FTTH 已经步入快速发展期。

图 4.3.5 给出了中国电信 FTTH 网络架构图，在每个用户家庭或者办公场所中放置 ONU，负责用户终端业务的接入和转发。在上行方向上将来自各种不同用户终端设备的业务进行复用，并且编码成统一的信号格式发送到 ODN 中；在下行方向上将不同的业务解复用，通过不同的接口送到相应的终端（如电话机、机顶盒、计算机等）中。

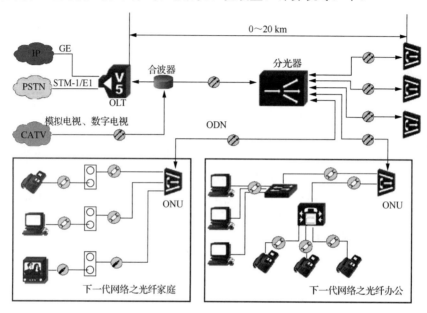

图 4.3.5　中国电信 FTTH 网络架构图

4.3.4　无线接入技术

1. 无线接入技术概述

无线局域网（WLAN）是一种使用无线传输的局域网技术，工作在 2.4 GHz 或 5 GHz 频段。作为接入网应用时，无线局域网通常采用中心结构，以接入点（access point，AP）为中心将多个用户工作站接入上一层网络，如网络运营商的核心网或主干网。

无线局域网是一种能在几十米到几百米范围内支持较高数据传输速率的无线网络，其典型的技术标准是 IEEE 802.11 系列标准，具有移动性、经济性、灵活性和可伸缩性等特点。在实际应用中，无线局域网可以采用对等方式或基于接入点的方式接入有线网络，这两种方式下的网络协议体系并不相同。基于接入点方式的无线接入网的协议体系结构如图 4.3.6 所示。

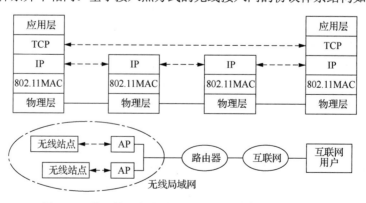

图 4.3.6　基于接入点方式的无线接入网的协议体系结构

在基于接入点的接入模型中，用户的接入完全由接入点控制。在接入点上执行管理端功能模块，对各无线用户的接入点客户端模块进行管理。客户端的接入需要申请，管理端对其进行检查，检查合格后才允许客户端进入数据通信阶段。

无线局域网的推广和认证工作主要由 Wi-Fi（wireless fidelity，无线保真）联盟完成，所以无线局域网技术常常被称为 Wi-Fi。Wi-Fi 是一种能够将个人计算机、手持设备等终端以无线方式互相连接的技术。随着网络技术的发展，Wi-Fi 的覆盖范围越来越广泛，大学校园、宾馆、住宅区、飞机场之类的区域都有 Wi-Fi 接口，连接非常方便。

常见的 Wi-Fi 实现方式是安装无线路由器，在这个无线路由器的电波覆盖的有效范围内都可以采用 Wi-Fi 连接方式进行联网，如果无线路由器连接了一条上网线路，则称其为热点。Wi-Fi 信号是由有线网提供的，如家里连接的宽带网，只要接一个无线路由器，就可以把有线信号转换成 Wi-Fi 信号。手机如果有 Wi-Fi 功能，在有 Wi-Fi 信号的区域就可以不用手机网络服务商提供的网络上网，从而节约了流量费。

Wi-Fi 应用的通信协议是 IEEE 802.11 系列的协议，随着 Wi-Fi 技术的不断发展，通信协议也随之更迭，发展至今共有以下几个协议：802.11、802.11b、802.11g、802.11a、802.11n、802.11ac、802.11ax。Wi-Fi 标准和其属性的详细对比如表 4.3.1 所示。

表 4.3.1　Wi-Fi 标准和其属性的详细对比

标准号	802.11b	802.11a	802.11g	802.11n	802.11ac	802.11ax
发布时间	1999 年 9 月	1999 年 9 月	2003 年 6 月	2009 年 9 月	2012 年 2 月	2019 年 12 月
频率范围/GHz	2.4	5	2.4	2.5/5	5	2.4/5
调制技术	CCK/DSSS	OFDM	CCK/OFDM	OFDM	OFDM	OFDMA
物理速率/（Mbit/s）	1/2/5.5/11	6/9/12/18/24/36/48/54	6/9/12/18/24/36/48/54	高达 600	高达 6933	高达 9607
信道带宽/MHz	22	20	20	20/40	20/40/60/80/160	20/40/60/80/160
数据载波	—	52	52	108	108/234	234/456/944
导频个数	—	4	4	6	6/8	8/28/52
空间流	1	1	1	1～4	1～8	1～8
兼容性	802.11b	802.11a	802.11b/g	802.11b/g/n	802.11b/g/n	802.11a/b/g/n

注：CCK/DSSS，全称为 complementary code keying/direct sequence spread spectrum，互补码/直接序列扩频；

　　OFDM，全称为 orthogonal frequency division multiplexing，正交频分复用；

　　OFDMA，全称为 orthogonal frequency division multiple access，正交频分多址。

Wi-Fi 总共有 14 个信道，如图 4.3.7 所示。14 个信道中每个信道的宽度为 22 MHz，相邻信道的中心频点间隔 5 MHz，并且相邻的多个信道存在频率的重叠，在整个频段内只有 3 个信道（1，6，11）互不干扰。

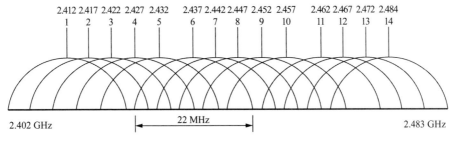

图 4.3.7　Wi-Fi 信道

2. Wi-Fi 的特点

Wi-Fi 技术的主要特点可以概括为以下几个方面。

（1）远距离通信

当今三大无线通信技术分别为 Wi-Fi、蓝牙、ZigBee。在这三种技术当中，我国运用最多最广的就是 Wi-Fi 技术。蓝牙无线通信技术虽然应用也比较广，但是由于蓝牙的通信距离太短，有很大的局限性。ZigBee 通信技术，虽然它的通信距离可以达到 400 m 以上，但是传输速率比较慢。Wi-Fi 技术的通信距离实际上可以达到 100 m 以上，好的 Wi-Fi 产品，通信距离可以达到 150 m，这个距离最适合家庭和公司办公场所使用。Wi-Fi 无线局域网可以实现多对多联网，实现无线通信，同时 Wi-Fi 与以太网有着千丝万缕的联系，这使得 Wi-Fi 的运用越来越广泛。

（2）传输速率快

各种 Wi-Fi 通信协议之间的传输速率是不一样的，但它们相互之间可以转换通信协议。现在市面上的 Wi-Fi 芯片基本上都兼容常见的几种 Wi-Fi 协议，系统可以根据信号强度的好坏与天线的数目自动变换模式。此外，为确保通信中的数据丢码率满足要求，传输速率应与通信距离成反比，通信距离越远，传输速率就应设置得越慢。例如，在 802.11n 模式下，Wi-Fi 的通信速率与天线有很大的关系，在单天线通信模式下，它拥有 8 组传输带宽，分别是 65 Mbit/s、58.5 Mbit/s、52 Mbit/s、39 Mbit/s、26 Mbit/s、19.5 Mbit/s、13 Mbit/s、6.5 Mbit/s。当出现多天线传输时，如果传的数据一致，那么传输速率和单天线模式相同；如果不一致，那么有多少天线，传输带宽就为单天线的多少倍。

（3）可移植性好

Wi-Fi 通信的一个最大的优点是省去了布线的麻烦，同时也避免了后期因为布线而产生的一些通信不良等问题。由于 Wi-Fi 利用电磁波进行有效通信，所以具有可移植性，只需要在新的办公场地将 Wi-Fi 信号打开，客户端再打开 Wi-Fi，就能轻松连接到网关，进而连接到各个家用电器设备，从而实现无线通信。

（4）具有安全保障

世界上各个国家对无线通信的发射功率都有指标要求，除了美国要求 Wi-Fi 通信的发射功率最大不能超过 30 dBm（毫瓦分贝）外，其他的国家对发射功率的要求都是最大不能超过 20 dBm。实际上，在 Wi-Fi 产品设计上，如果能达到产品设计的要求，那么 Wi-Fi 的发射功率一般小于 20 dBm，这相当于发射功率最大也不超过 70 mW，相对于手机所发射出来的功率要小得多，从而对持有 Wi-Fi 设备的人不会产生安全威胁，不会因为辐射过大而影响人们的身体。

3. Wi-Fi 接入原理

利用 Wi-Fi 实现无线网络通信时，首先移动终端要与在无线区覆盖范围内的接入点建立无线连接，然后接入点节点需要通过有线网络方式连接到以太网交换机，再经过网关连接到 Internet，最终可使移动终端通过无线网络方式访问 Internet，其工作原理如图 4.3.8 所示。

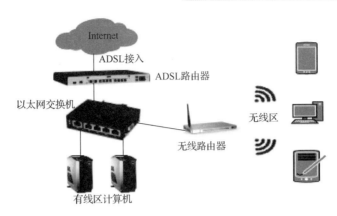

图 4.3.8　Wi-Fi 的工作原理

在 Wi-Fi 网络中，接入点节点由 Beacons（信号台）封包在每隔 100 ms 向其覆盖区域广播一次服务集标识符（service set identifier，SSID），移动终端设备在接收到 SSID 后，可选择是否与其进行连接。如果移动终端的信号在有效覆盖区域内收到多个接入点，则该设备将收到多个接入点对应的 SSID。

Wi-Fi 由一个或多个接入点，以及多个客户端组成，每个接入点每隔 100 ms 都需要将 SSID 封包一次，每个客户端都可以选择接入哪个接入点。如果客户端在两个或者多个接入点的范围内，那么客户端可以根据需要优先选择信号强度最强的接入点。

Wi-Fi 进行数据通信的过程和以太网类似，但是相对来说更复杂一些，基本都要经过信号扫描、连接申请、通过验证、数据传输等几个阶段，这些阶段的实现，主要通过将数据分为大小合理的帧来进行传输，最终实现通信的目的。

802.11 帧和以太网数据帧最大的区别就是它具有 4 个地址段，每个地址段都可以存放一个 6 字节的 MAC 地址。在常见的数据通信中，将数据帧从一个无线站点经过接入点发送到一个路由器的接口，然后经路由器连接到以太网中的主机，此时需要 3 个地址段。其中，地址 1 和地址 2 是类似于以太网的接收地址和发送地址，这里就是无线站点和主机的 MAC 地址，因为接入点和无线站点可以被看作一个小的网络，这个网络再连接到路由器上。这里使用地址 3 来存储路由器接口的 MAC 地址，以便于确定目的地址。而地址 4 一般只有在接入点的自组织模式中才用到。

4.3.5　电力线接入技术

电力线通信（power line communication，PLC）利用传输电流的电力线作为通信载体，具有极大的便捷性，只要在任何有电源插座的地方，就可以立即享受高速网络接入。PLC 实现了集数据采集、语音、视频及电力于一体的"四网合一"。此外，基于 PLC 还可以方便地将电话、电视、空调、电冰箱等各种电器连接起来，进行集中控制。

电力接入网的系统结构如图 4.3.9 所示。一个完整的电力接入网由电力和网络两部分组成。其中，电力部分包括配电变压器、电能表、电源开关、电源插座和各种用电设备；网络部分包括路由器、交换机、电力调制解调器等。

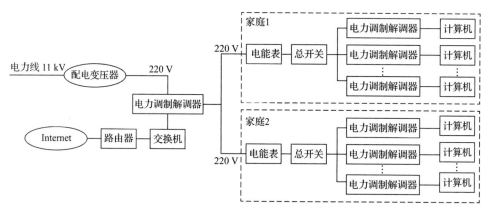

图 4.3.9　电力接入网的系统结构

电力调制解调器是一种基于电力线传输信号的设备,它使同一电路回路的家庭或小型办公室通过既有的电源线路构建区域网络。电力调制解调器又称为电力线以太网信号传输适配器,简称为电力猫。对于家庭或小型办公室用户而言,电力调制解调器产品提供了最便捷、最安全的方式,能有效地延伸区域网络的涵盖范围。

在电力线接入技术中,电力调制解调器的应用十分广泛,它利用电线传送高频信号,把载有信息的高频信号加载于电流上,然后用电线传输;接收信息的调制解调器再把高频信号从电流中"分解"出来,并传送到计算机或电话上。电力调制解调器需配对使用,即将一只电力调制解调器连接到用户的一台计算机上,另一只电力调制解调器连接到另一台计算机或家用路由器上。

电力调制解调器可以将家中的任何一个普通电源插座转换为网络接口,不需要另外布线就可以轻松上网浏览网页、收发电子邮件或传输大型文件,且具备数据加密保护功能,同时也兼顾了数据传输的安全性。

PLC 有着广阔的应用前景。例如,通常一户家庭一般只有一个网络接口,随着笔记本式计算机等便捷式网络终端的普及,固定的网络接口显然限制了其使用的地域,带来了极大的不便,尤其在无线网络无法保证效果的情况下,电力调制解调器就能很好地解决这一问题。电力调制解调器拥有即插即用的特点,用户无须安装任何软件和驱动程序,从而最大程度增加了其适用性。200 Mbit/s 传输速率的电力调制解调器可以满足普通家庭中不同房间内通过高速宽带轻松上网及收看高清电视的需求。

由于电力线接入技术不需要敷设信号电缆,所以节省了布线开支,减少了建设投资。电力调制解调器即插即用、便捷安全。PLC 集通信线路和电力线路于一体,已经成为继 xDSL、Cable Modem 等接入技术后的又一新技术,是近年来网络工程技术人员关注的热点。

习题 4

1. 工作区设计的主要任务是什么?
2. 工作区的布线路由主要有哪些?各种路由主要适用于什么应用场合?
3. 配线子系统的拓扑结构通常采用哪种形式?
4. 为什么选择水平布线缆线时尽量选择较高等级的缆线?

5．水平布线路由主要有哪些？各种路由主要适用于什么应用场合？

6．干线子系统设计的主要任务是什么？

7．干线缆线在建筑物中处于什么位置？干线缆线是否全部垂直布放？

8．干线子系统布线设计与配线子系统布线设计有何区别？

9．高层建筑中设备间的位置如何选择？

10．设备间设计时要注意哪些方面？

11．交换机的工作原理是什么？

12．什么是二层交换机？什么是三层交换机？二者的主要区别是什么？

13．交换机的级联与堆叠分别有何特点？

14．在结构化布线系统应用中，如何选择合适的交换机？

15．路由器的工作原理是什么？路由器与三层交换机有何不同？

16．常用的智能建筑网络接入技术有哪些？各有何特点？

第 5 章

智能建筑物联网技术

物联网是信息化和工业化发展、融合的必然方向，是信息技术和传感、控制技术融合的产物。在互联网计算模式时代，计算机的信息交换、传输、存储、处理和应用从此摆脱孤岛环境，进入全面开放互联的时代，促进了各行各业的发展，极大地满足了人类发展的需求。本章将在对物联网技术概述的基础上，按照从底层到顶层的顺序分别介绍物联网感知/定位技术、传输层技术与应用层技术，最后给出物联网应用实例。

5.1 智能建筑物联网概述

物联网（internet of things，IoT）是指通过各种信息传感器、射频识别技术、全球定位系统、红外感应器、激光扫描器等装置与技术，实时采集任何需要监控、连接、互动的物体或过程，采集其声、光、热、电、力学、化学、生物、位置等各种需要的信息，通过各种可能的网络接入，实现物与物、物与人的泛在连接，实现对物品和过程的智能化感知、识别和管理。物联网是一个基于互联网、传统电信网等的信息承载体，它让所有能够被独立寻址的普通物理对象形成互联互通的网络。

物联网的概念具有两个维度，横向维度是领域，纵向维度是层次。从领域维度看，物联网覆盖了包括传感器、射频识别、互联网、嵌入式、移动通信等领域，每个领域都有各自的物联网定义；从层次维度看，物联网是一个包含感知网络、传输网络和业务应用网络的层次化网络，是实现感知、互联、智能的三重智能信息系统。

为了更好地理解智能建筑中的物联网技术，本节将从物联网发展、物联网业务需求与物联网体系架构三个方面进行概述。

5.1.1 物联网发展

早在 1985 年，施乐公司的可乐贩售机就已经连接入网，用户通过向它发送邮件即可获取其存货状态。1995 年，比尔·盖茨首次在其《未来之路》一书中提到"物物互联"的概念。1999 年，麻省理工学院自动识别中心的 Ashton 教授在美国召开的移动计算和网络国际会议上首先提出物联网，提出了结合物品编码、射频识别（RFID）和互联网技术的解决方案，构造了一个实现全球物品信息实时共享的实物互联网"Internet of Things"，并在 2003 年掀起第一轮物联网热潮。2004 年，日本提出 u-Japan（泛在日本）构想，韩国政府制定了 u-Korea（泛在韩国）战略。2005 年 11 月 17 日，国际电信联盟（International Telecommunication Union，ITU）在突尼斯信息社会世界峰会（World Summit on the Information Society，WSIS）上发布了《ITU 互联网报告 2005：物联网》，引用了"物联网"的概念。2009 年，IBM 首席执行官彭明盛首次提出"智慧地球"概念，奥巴马就职后将其提升到国家级发展战略。

2013 年，欧盟通过了"地平线 2020"科研计划，重点对物联网领域的传感器、架构、标识、安全和隐私等方面开展研发。2013 年 4 月，德国在汉诺威工业博览会上正式发布了关于实施"工业 4.0"战略的建议，将物联网与服务引入制造业。2014 年，AT&T（American Telephone and Telegraph，美国电话电报）、思科、通用电气、IBM 和 Intel（英特尔）成立了工业互联网联盟（Industrial Internet Consortium，IIC），进一步促进了物理世界和数字世界的融合，并推动了大数据应用。

我国对物联网发展也非常重视，早在 1999 年中国科学院就开始研究传感网；2006 年，我国制定了信息化发展战略，《国家中长期科学和技术发展规划纲要（2006—2020 年）》和"新一代宽带移动无线通信网"重大专项中均将"传感网"列入重点研究领域，"射频识别（RFID）技术与应用"也被作为先进制造技术领域的重大项目列入国家高技术研究发展计划（863 计划）；2007 年，党的十七大提出工业化和信息化融合发展的构想；2009 年，"感知中国"迅速进入国家政策的议事日程；2013 年 9 月，中华人民共和国国家发展和改革委员会、工业和信息化部等部委联合下发《物联网发展专项行动计划（2013—2015 年）》，从物联网顶层设计、标准制定、技术研发、应用推广、产业支持、商业模式、安全保障、政府扶持、法律法规、人才培养等方面进行了整体规划布局；2015 年的政府工作报告中首次提出"互联网+"行动计划，再次将物联网提高到一个更高的关注层面。2017~2019 年，物联网的发展变得更广泛，从而引发了各个行业的创新浪潮。自动驾驶汽车、区块链和人工智能等都开始融入物联网平台，智能手机、宽带普及率的提升让物联网成为未来更具吸引力的价值主张。2021 年，物联网的发展更侧重于核心需求，从使用物联网设备（如自动驾驶汽车或可穿戴设备）的数据密集型体验到基本的健康与安全需求，物联网在生活中的作用进一步加强。

5.1.2　物联网业务需求

全球互联及"智能设备"联网促使了物联网的产生。物联网不仅能够实现物与物的互联，还能够满足用户对于物联网的功能要求，它打破了地域限制，实现了物与物之间按需进行信息获取、传递、存储、融合、使用等服务。根据不同应用场景的特征，物联网需要实现以下 3 个业务需求。

1. 全面感知需求

物联网需要利用 RFID、传感器、二维码等随时随地获取物体的各种信息，包括声、光、热、电、力学、化学、生物、位置等。

2. 可靠传递需求

物联网需要通过各种网络融合、业务融合、终端融合、运营管理融合，将物体的信息实时准确地传递出去。

3. 智能处理需求

物联网需要利用云计算、模糊识别等各种智能计算技术，对海量数据和信息进行分析和处理，对物体进行实时智能化控制。

特定的市场领域拥有它们独特的物联网要求，在上述需求的基础上，可能还包括系统易用性，包括即插即用、自动服务配置等，也包括数据管理下的决策建模和信息处理、协同处理、云服务架构、安全等要求。正是由于物联网的多样性与广泛覆盖性，其市场前景非常广阔：在军事领域，通过无线传感网，可将隐蔽分布在战场上的传感器获取的信息回传给指挥部；在民用领域，物联网在家居智能化、环境监测、医疗保健、灾害预测、智能电网等方面得到了广泛应用；在工商业领域，物联网在工业自动化、空间探索等方面都得到了广泛应用。

5.1.3　物联网体系架构

物联网不是一种特定的物理网络，它是在互联网技术基础上进一步发展的信息应用架构。该架构既适用于基层，更适合城市、区域或全行业（部门）的信息化应用。

如图5.1.1所示，传统物联网模型主要包括感知层、传输层（网络层）和应用层三层结构。随着物联网技术的发展，也有学者提出不同的四层模型，如感知层、传输层、平台层和应用层或者感知层、传输层、平台层和公共技术。其中，平台层是指实现底层终端设备管理控制、为上层提供应用开发和统一接口并构建了设备和业务的端到端通道的过渡层；公共技术不属于物联网技术的某个特定层面，而是与物联网技术架构的三层都有关系，它包括标识与解析、安全技术、网络管理和服务质量（QoS）管理。

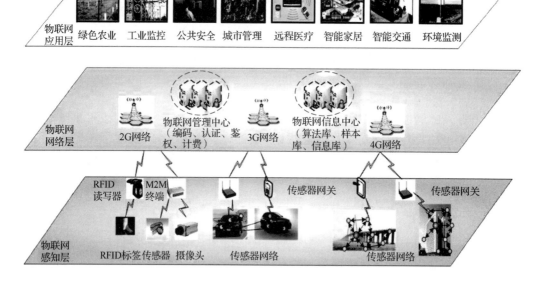

图 5.1.1　传统物联网架构

1. 感知层

感知层作为物联网的核心，由各种传感器以及传感器网关构成。承担感知信息作用的传感器一直是工业领域和信息技术领域发展的重点，传感器不仅可感知信号、标识物体，还具有处理控制功能。感知层包括二氧化碳浓度传感器、温度传感器、湿度传感器、标签、RFID标签和读写器、摄像头、GPS（global positioning system，全球定位系统）等感知终端。感知层的作用相当于人的眼、耳、鼻、喉和皮肤等神经末梢，它是物联网识别物体、采集信息的部分，其主要功能就是识别物体、采集信息。

感知层所需要的关键技术包括检测技术、中低速无线或有线短距离传输技术等。具体来说，感知层综合了传感器技术、嵌入式计算技术、智能组网技术、无线通信技术、分布式信息处理技术等，能够通过各类集成化的微型传感器的协作进行实时监测、感知和采集各种环境或监测对象的信息。通过嵌入式系统对信息进行处理，并通过随机自组织无线通信网络以多跳中继方式将所感知信息传送到接入层的基站节点和接入网关，最终到达用户终端，从而真正实现"无处不在"的物联网理念。

2. 传输层

在物联网中，要求网络层能够把感知层感知到的基础设施和物品信息数据无障碍、高可靠性、高安全性地通过网络传输进行传送，它解决的是感知层所获得的数据在一定范围内，尤其是远距离的传输问题。同时，物联网网络层将承担比现有网络更大的数据量和面临更高的服务质量要求，所以现有网络尚不能满足物联网的需求，这就意味着物联网需要对现有网络进行融合和扩展，利用新技术以实现更加广泛和高效的互联功能。

目前，传输信息应用的网络先进技术包括第6版互联网协议（IPv6）、新型无线通信网［3G、4G、5G、ZigBee、Wi-Fi、LoRa（long range）和NB-IoT（narrow band-internet of thing）等］、自组网技术等，且正在向更快的传输速率、更宽的传输带宽、更高的频谱利用率、更智能化的接入和网络管理发展。

3. 应用层

应用是物联网发展的驱动力和目的，应用层的主要功能是把感知和传输来的信息进行分析和处理，做出正确的控制和决策，实现智能化的管理、应用和服务。这一层解决的是信息处理和人机界面的问题。

应用层将网络层传输来的数据通过各类信息系统进行处理，并通过各种设备与人进行交互。这一层也可按形态直观地划分为两个子层：一个是应用程序层，主要进行数据处理，完成跨行业、跨应用、跨系统之间的信息协同、共享、互通的功能；另一个是终端设备层，主要是提供与应用程序相连的各种设备和人之间的反馈。

物联网的应用可分为监控型（物流监控、污染监控）、查询型（智能检索、远程抄表）、控制型（智能交通、智能家居、路灯控制）、扫描型（手机钱包、高速公路不停车收费）等。目前，物联网的信息处理技术有分布式协同处理、云计算、群集智能等。以交通物联网为例，交通物联网的信息处理是为了分析大量数据，挖掘对百姓出行和交通管理有用的信息。此外，还需要建立信息处理和发送机制体制，保证信息发送到需要的人手中。例如，把宏观的路网信息发送给管理决策人员，把局部道路通行情况发送给公众，把某条具体路段的事故信息发送给正行驶在该路段的车辆等。

下面，根据物联网架构，自底向上分别对物联网感知/定位技术、传输技术与应用技术进行介绍。

5.2 智能建筑物联网感知/定位技术

5.2.1 智能建筑物联网感知技术

感知层位于物联网三层结构中的底层，其功能为"感知"，它是物联网的皮肤和五官，主要任务是识别物体、采集信息，即通过传感网络获取环境信息。感知层是物联网的核心，是信息采集的关键部分，通过传感器等设备采集外部物理世界的数据，然后通过 RFID、条码、工业现场总线、蓝牙、红外等传输技术传递数据。感知层所需的关键技术主要分为自动识别技术与生物识别技术。

1. 自动识别技术

自动识别技术是将信息数据自动识读、自动输入计算机的重要方法和手段，它是以计算机技术和通信技术为基础的综合性科学技术。自动识别技术具有准确性、高效性、兼容性的特点，以计算机技术为基础，可与信息管理系统无缝联结，主要包括 IC 卡传感识别技术、条码识别技术、射频识别技术、ZigBee 技术与蓝牙技术等。

（1）IC 卡传感识别技术

IC 卡是集成电路卡（integrated circuit card）的简称，是镶嵌芯片的塑料卡片，其外形和尺寸都遵循国际标准，如图 5.2.1 所示。芯片一般采用不易挥发的存储器［ROM、EEPROM（electrically erasable programmable read only memory，带电可擦可编程只读存储器)]、保护逻辑电路以及带微处理器的 CPU，而带有 CPU 的 IC 卡才是真正的智能卡。1976 年，法国布尔公司首先创造出 IC 卡产品，并将这项技术应用于金融、交通、医疗、身份证明等行业，它将微电子技术和计算机技术结合在一起，提高了人们工作、生活的现代化程度。

图 5.2.1　常用的 IC 卡

1）IC 卡的分类。

按照嵌入芯片的形式和芯片类型的不同，IC 卡大致可分为非加密存储器卡、逻辑加密存储器卡和 CPU 卡。

非加密存储器卡卡内的芯片主要是用户数据存储器 EEPROM，具有数据存储功能，不具有数据处理功能和硬件加密功能。

逻辑加密存储器卡在非加密存储器卡的基础上增加了加密逻辑电路，加密逻辑电路通过校验密码方式来保护卡内的数据对于外部访问是否开放，但只是低层次的安全保护，无法防范恶意性的攻击。

CPU 卡也称为智能卡，卡内的芯片中带有微处理器 CPU、存储单元，包括随机存储器（RAM）、程序存储器 Flash ROM、EEPROM 以及芯片操作系统（chip operating system，COS）。装有 COS 的 CPU 卡相当于一台微型计算机，不仅具有数据存储功能，而且具有命令处理和数据安全保护等功能。

2）IC 卡的工作原理。

如图 5.2.2 所示，IC 卡工作时，射频读写器向 IC 卡发送一组固定频率的电磁波，卡片内与读写器发射频率相同的串联谐振电路在电磁波激励下产生共振，从而使电容内有了电荷，当所积累的电荷达到 2V 时，电容就作为电源为其他电路提供工作电压，将卡内数据发射出去或接收读写器的数据。

常用 IC 卡芯片的型号主要有美国的 ATMEL（爱特梅尔）公司生产的 AT24CXX 系列、93C46 型等，以及德国西门子公司生产的 4414 型、4424 型、4442 型等。

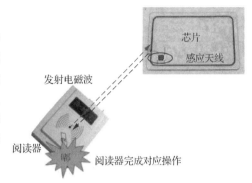

图 5.2.2　IC 卡工作原理示意图

（2）条码识别技术

条码是用一组按一定编码规则排列的条、空符号，来表示一定的字符、数字及符号组成的信息。条码系统是由条码符号设计、制作及扫描阅读组成的自动识别系统。条码卡分为一维码和二维码两种。

一维码比较常用，它的信息存储量小，仅能存储一个代号，使用时通过这个代号调取计算机网络中的数据，常用于产品标签、图书管理、物流出口、固定资产、医药食品等领域。二维码是近几年发展起来的，它能在有限的空间内存储更多的信息，包括文字、图像、指纹、签名等，并可脱离计算机使用，QRcode 类型的二维码支持中文汉字，目前普及率比较高，多用于扫码支付和溯源管理。

1）条码的分类。

如图 5.2.3 所示，条码种类很多，常见的有二十多种码制，由全球标准委员会制定统一的全球标准，不同国家再根据自身情况做细分管理，我国则是由中国物品编码中心（www.ancc.org.cn）制定国家标准和应用规范。

图 5.2.3　条码的分类

我国的商品上市销售都需要申请产品条码（EAN-13），EAN-13 就是一种由 13 位数字组成的条码类型。全球不同国家或组织制定和研发出了很多种类型的条码，如美国标准的 UPC-A\E，图书领域使用的 Codabar（库德巴，NW-7），物流领域使用的 CODE 39 或 EAN 128 等，不同条码类型的特点如表 5.2.1 所示。

表 5.2.1　条码类型及特点

类型	特点	示例	类型	特点	示例
EAN-13	国际商品条码,共由 13 位数字组成,最后 1 位是校验码,根据前 12 位数字计算得出。EAN-8 类型是其缩短的一种形式	EAN-13 类型 EAN-8 类型	UPC-A	国际商品条码,共由 12 位数字组成,最后 1 位是校验码,根据前 11 位数字计算得出,相当于数字 0 开头的 EAN-13 码,主要在美国和加拿大使用。UPC-E 类型是其缩短的一种形式	UPC-A 类型 UPC-E 类型
Codabar	一种条、空均表示信息的非连续、可变长度、双向自检的条码,主要用于医疗卫生、图书报刊、物资等领域的自动识别。在日本称为 NW-7	a000800a	Code 39	一种条、空均表示信息的非连续型条码,主要用于工业、图书及票证的自动化管理。Code 39 Extended 是 39 码的全 ASCII 形式	*123ABC* BJ100080
Code 128	对全部 128 个字符进行编码,UCC/EAN 是在 Code 128 的基础上扩展的应用标识条码,能标识贸易单元中的信息,如产品批号、数量、生产日期等。SCC 和 SSCC 为细分的 AI 标识符条码	Aux(124)-TR	ITF-14	是 Interleaved 2 of 5 类型的一种规范应用。条码四周的边框为支撑条,其作用为保护条码的识别区域。多用于 UPC 标准物流符号及日本的标准物流符号等包装箱印刷中	ITF-14 Interleaved 2 of 5
PDF 417	根据不同的条、空比例,每平方英寸（1m²≈1550 平方英寸)可以容纳 250~1100 个字符。MicroPDF 417 是缩短的 PDF 417,它的符号大小和纠错能力都不如 PDF 417	PDF 417 截断 PDF 417 MicroPDF 417	QR CODE	一种矩阵式二维符号编码,微信和支付宝的收款码都是采用 QR 类型,在企业溯源查询方面应用也很广,多使用网址链接做跳转查询真伪。GS1 是最新规定应用标识符的编码标准	普通 QR CODE GS1 QR CODE

2）条码识别原理。

条码识别技术是指利用光电转换设备对条形码进行识别的技术。条码可印刷在纸面和其他物品上,因此可方便地供光电转换设备再现这些数字、字母信息,从而供计算机读取。条码技术主要由条形码扫描器、放大整形电路、解码接口电路和计算机系统等部分组成。

如图 5.2.4 所示,由于不同颜色的物体,其反射的可见光的波长不同,白色物体能反射各种波长的可见光,黑色物体则吸收各种波长的可见光,所以当条形码扫描器光源发出的光经光源及凸透镜 1 后,照射到黑白相间的条形码上时,反射光经凸透镜 2 聚焦后,照射到光电转换器上,于是光电转换器接收到与白条和黑条相应的强弱不同的反射光信号,并转换成相应的电信号输出到放大整形电路,整形电路把模拟信号转换成数字电信号,再经解码接口电路译成数字字符信息。

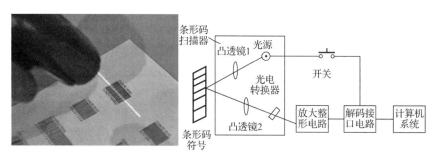

图 5.2.4 条码识别原理示意图

条形码是迄今为止最经济实用的一种自动识别技术。条形码技术具有输入速度快、可靠性高、采集信息量大、灵活实用的优点。另外，条形码标签易于制作，对设备和材料没有特殊要求，识别设备操作容易，不需要特殊培训，且设备相对便宜。

（3）射频识别技术

相比传统的条码、二维码，射频识别可支持远距离、多标签识别，适应复杂环境，并可封装成复杂形态，但系统成本较高，在不同使用场景下，条码与射频识别均有广泛的运用。

射频识别又称为电子标签技术，该技术是无线非接触式的自动识别技术，可以通过无线电信号识别特定目标并读写相关数据。它主要用来为物联网中的各物品建立唯一的身份标识，具有无线通信、自动识别、应用射频技术、标签可存储信息、批量识别标签迅速、可提供双向通信等特点。一个完整的 RFID 系统通常由电子标签、读写器和数据管理系统（应用系统）三个部分组成。

1）电子标签。

如图 5.2.5 所示，电子标签又称为射频标签、应答器、数据载体，由收发天线、AC/DC（交流/直流）电路、解调电路、逻辑控制电路、存储器和调制电路组成，每个标签具有唯一的电子编码，大容量电子标签有用户可写入的存储空间，附着在物体上标识目标对象。

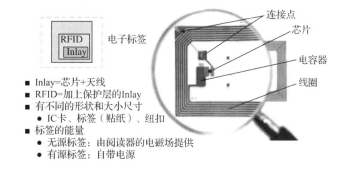

图 5.2.5 RFID 电子标签的组成

标签进入磁场后，接收解读器发出的射频信号，凭借感应电流所获得的能量发送出存储在芯片中的产品信息（passive tag，无源标签或被动标签），或者主动发送某一频率的信号（active tag，有源标签或主动标签）。

2）读写器。

读写器又称为阅读器、扫描器、编程器、自动设备识别（automatic equipment

identification，AEI）等，是捕捉和处理 RFID 标签数据的设备，它可以是单独的个体，也可以嵌入其他系统中。常见的读写器如图 5.2.6 所示。

图 5.2.6　常见的读写器

读写器主要用于实现与电子标签的通信，最常见的就是对标签进行读数或写入。在标签是被动式或者半被动式的情况下，需要读写器给标签供能。阅读器射频场所能达到的范围主要由天线的尺寸以及阅读器的输出功率决定。读写器能利用一些接口实现与上位机的通信。此外，读写器还具备多标签识别、移动目标识别、错误信息提示、有源标签电池信息读取等功能。

如图 5.2.7 所示，读写器的硬件部分通常由收发机、MCU、存储器、报警器的 I/O 接口、通信接口及电源等部件组成。

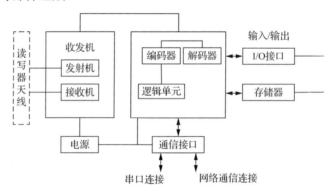

图 5.2.7　RFID 读写器架构

3）RFID 产品分类。

RFID 产品依据其标签的供电方式可分为三类，即无源 RFID 产品、有源 RFID 产品与半有源 RFID 产品。无源 RFID 产品的有效识别距离通常较短，一般用于近距离的接触式识别；有源 RFID 产品通过外接电源供电，主动向射频识别阅读器发送信号，其体积相对较大，拥有较长的传输距离与较高的传输速率；半有源 RFID 产品通常处于休眠状态，仅对标签中保持数据的部分进行供电，因此耗电量较小，可维持较长时间。

① 无源 RFID 产品。

在三类 RFID 产品中，无源 RFID 产品出现时间最早，最成熟，其应用也最为广泛。如图 5.2.8 所示，在无源 RFID 系统中，电子标签通过接收 RFID 阅读器传输来的微波信号，以及通过电磁感应线圈获取能量来对自身短暂供电，从而完成此次信息交换。因为省去了供电系统，所以无源 RFID 产品的体积可以达到厘米量级甚至更小，而且自身结构简单，成本低，故障率低，使用寿命较长。无源 RFID 产品主要工作在较低频段 125 kHz、13.56 MHz

等，其典型应用包括公交卡、二代身份证、食堂就餐卡等。

② 有源 RFID 产品。

有源 RFID 产品兴起的时间不长，但已在各个领域，尤其是在高速公路电子不停车收费系统中发挥着不可或缺的作用。一个典型的有源 RFID 标签能在百米之外与 RFID 阅读器建立联系，读取率可达 1700 read/s。有源 RFID 产品主要工作在 900 MHz、2.45 GHz、5.8 GHz 等较高频段，且具

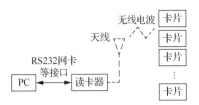

图 5.2.8　无源 RFID 系统原理图

有可以同时识别多个标签的功能。有源 RFID 产品的远距性、高效性，使得它在一些需要高性能、大范围的射频识别应用场合里必不可少，其工作原理如图 5.2.9 所示。

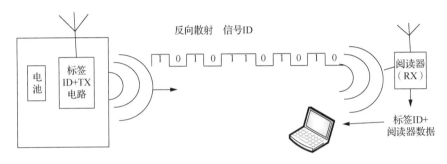

图 5.2.9　有源 RFID 系统原理图

③ 半有源 RFID 产品。

无源 RFID 产品自身不供电，但有效识别距离太短；有源 RFID 产品识别距离足够长，

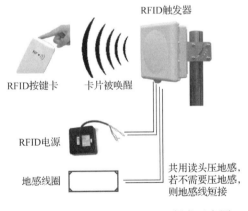

图 5.2.10　半有源 RFID-125k 触发示意图

但需外接电源，体积较大。半有源 RFID 产品就是为这一矛盾而妥协的产物。半有源 RFID 又叫作低频激活触发技术。如图 5.2.10 所示，当标签进入 RFID 阅读器识别范围后，阅读器先以 125 kHz 低频信号在小范围内精确激活标签使之进入工作状态，再通过 2.4 GHz 微波与其进行信息传递。也就是说，先利用低频信号精确定位，再利用高频信号快速传输数据。其通常应用场景为，在一个高频信号所能覆盖的大范围中，在不同位置安置多个低频阅读器用于激活半有源 RFID 产品。这样既完成了定位，又实现了信息的采集与传递。

如表 5.2.2 所示，RFID 技术按频段可分为低频（low frequency，LF，135 kHz）、高频（high frequency，HF，13.56 MHz）、超高频（ultra high frequency，UHF，840～960 MHz）与微波（2.45 GHz 以上）。采用超高频和微波的 RFID 系统统称为超高频 RFID 系统，其典型的工作频率为 433 MHz、860～960 MHz（915 MHz）、2.45 GHz 或 5.8 GHz。

表 5.2.2　不同频段 RFID 技术工作原理与特点

频段	低频	高频	超高频	微波
	135 kHz	13.56 MHz	840～960 MHz	2.45 GHz 以上
工作原理	电感耦合	电感耦合	电磁反向散射耦合	电磁反向散射耦合
识别距离	< 60 cm	<1 m	1～8 m	1～15 m（被动式）
一般特性	几乎不受环境变化影响	适用于短距离多重标签识别的领域	环境影响较大，综合性能最突出	特性和超高频类似，受环境变化影响最大
标签类型	无源型	无源型	无源型/有源型	无源型/有源型
典型应用	动物识别	非接触式 IC 卡	物资管理	收费站
识别速度	低速 ←　　　　　　　　　　　　→ 高速			
环境影响	迟钝 ←　　　　　　　　　　　　→ 敏感			

　　a. 低频阅读距离一般小于 1m，存储容量为 125～512 位；工作频率不受无线电频率管制；有较高的电感耦合功率可供电子标签使用；无线信号可以穿透水、有机组织和木材等，其特点为电子标签内保存的数据量较少，阅读距离较短，电子标签外形多样，阅读天线方向性不强等；主要用于短距离、低成本的应用中，如动物识别、商店防盗系统（electronic article surveillance，EAS）、远程钥匙门禁、工具识别（医院手推车）、玩具、树木监控、马拉松赛跑等。低频系统比较成熟，读写系统也成熟，读写设备价格低廉。但是，其谐振率低，标签需要制作电感值很大的绕线电感，并常常需要封装片外谐振电容，所以其标签的成本反而比其他频段高。

　　b. 高频数据传输快，典型值为 106 Kbit/s；存储容量范围为 128 bit～8 Kbit 以上字节；支持密码功能或使用 MCU；该频段标签在实际应用中使用量最大，主要用于需传送大量数据的应用系统，如护照、电子签证、身份证、驾驶证、公交卡等身份识别应用。

　　c. 超高频读取距离较远、信息传输速率较快；可同时进行多标签识别；主要采用无源电子标签；适用于 3～10 m 的应用场合；世界不同地区采用了不同的通信频率，支持国标双频 920～925 MHz、840～845 MHz 和 FCC-902～928 MHz 以及 ETSI-865～868 MHz；为实现物联网的主要频段；该频段的电波不能通过水、灰尘、雾等悬浮颗粒物质；超高频 RFID 的电子标签及阅读器成本均较高，标签内保存的数据量较大，阅读距离较远（可达十几米），适应物体高速运动，性能好；主要应用于航空、铁路包裹的管理，集装箱的管理，后勤管理系统，生产线自动化的管理等。

　　d. 微波的频率为 2.45 GHz 或 5.8 GHz，主要采用有源电子标签；该频段可适用于隧道、山区等复杂环境；其标签穿透性和绕射性强；传输距离远，适用于 100 m 以内的识别；标签由于带电池，其造价较高；主要应用在高速公路不停车收费（electronic toll collection，ETC）、机动车辆远程控制上锁系统（remote keyless entry，RKE）、实时定位系统（real time location system，RTLS）以及人员管理等。

　　4）RFID 的工作原理。

　　RFID 阅读器接收指令后发出射频信号，RFID 标签进入磁场后，接收阅读器发出的射频信号，凭借感应电流所获得的能量发送出存储在芯片中的产品信息（无源标签），或者主动发送某一频率的信号（有源标签）；读写器读取信息并解码后，送至信息系统进行有关数据处理，使用简单电路进行 RFID 功能模拟，如图 5.2.11 所示。

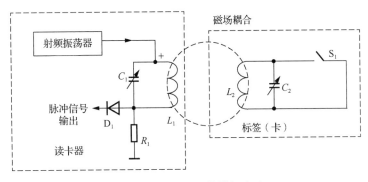

图 5.2.11　RFID 工作模拟电路

在 RFID 模拟电路中，RFID 标签主要由 LC 谐振回路和无源电子开关组成。当标签靠近读卡器的谐振回路 L_1 时，谐振回路 L_2、C_2 起振，此时射频振荡器的能量被吸收，流过负载电阻 R_1 的电流减小，两端压降也随之降低；这时若闭合开关 S_1，会造成短路，使 L_2、C_2 回路失谐，射频振荡器的能量未被吸收，流过 R_1 的电流增大，两端压降提高。只要不停地按动 S_1，R_1 两端便得到一串脉冲调幅信号，该信号再经检波即恢复出低频脉冲信号。

从全球产业格局来看，目前 RFID 产业主要集中在 RFID 技术应用比较成熟的欧美市场。飞利浦、西门子、ST、TI 等半导体厂商基本垄断了 RFID 芯片市场；IBM、HP（Hewlett-Packard，惠普）、微软、SAP（思爱普）、Sybase 等公司抢占了 RFID 中间件、系统集成研究的有利位置；Alien、Intermec、Symbol、Transcore、Matrics、Impinj 等公司则提供 RFID 标签、天线、读写器等产品及设备。我国在 RFID 产业上的发展还较为落后，还未形成成熟的 RFID 产业链，中低、高频标签封装技术在国内已经基本成熟，但芯片、中间件等方面产品的核心技术还掌握在国外公司的手里。

2．生物识别技术

生物识别技术是通过计算机与光学、声学、生物传感器和生物统计学原理等高科技手段的密切结合，利用人体固有的生理特性（如指纹、脸像、虹膜等）和行为特征（如笔迹、声音、步态等），来进行个人身份的鉴定。生物识别技术比传统的身份鉴定方法更安全、更保密和更方便。生物识别技术具有唯一性和一定时期内不变的稳定性，具有不可复制性，不易被伪造和假冒，有更高的安全性、可靠性和准确性。

（1）指纹识别技术

指纹识别技术是把一个人与其指纹对应起来，通过其指纹和预先保存指纹的比较，进行个人真实身份的验证。每个人的皮肤纹路（包括但不限于指纹）在图案、断点和交叉点上各不相同，具有唯一性和终生不变的稳定性。指纹识别得益于现代电子集成制造技术和快速可靠的算法研究，成为目前生物检测学中研究最深入、应用最广泛、发展最成熟的技术。

与人工处理不同，一般的生物识别技术公司并不直接存储指纹的图像，而是使用不同的数字化算法在指纹图像上找到并比对指纹的特征。每个指纹都有几个独一无二的、可测量的特征点，每个特征点有 5～7 个特征，我们的 10 个手指产生最少 4900 个独立可测量的特征，这足以说明指纹识别是一个可靠的鉴别方式。

1）指纹特征的分类。

从普遍意义上来讲，可以通过定义指纹的两类特征来进行指纹的验证：总体特征和局部特征。总体特征是指那些用人眼直接就可以观察到的特征，包括基本纹型、模式区、核心点、三角点、式样线、纹数；局部特征是指指纹上的节点，包括节点、端点、分叉点、中心点、三角点、交叉、小岛、汗腺孔，其中，端点和分叉点是最为常用的特征，中心点和三角点在刑侦系统中普遍使用，在民用系统中并不常用。

2）指纹识别的工作原理。

指纹识别过程包括指纹记录过程和指纹比对过程：指纹记录过程包括指纹采集、指纹预处理、指纹检查和指纹模板采集四个部分；指纹比对过程包括指纹采集、指纹预处理、指纹特征比对和指纹匹配四个部分。

指纹识别首先要获取指纹图像，目前已经有多种指纹图像的采集技术，主要有光学指纹采集技术、电容式传感器指纹采集技术、温度传感指纹采集技术、超声波指纹采集技术、电磁波指纹采集技术，获得图像后便进行预处理加工，要实现图像的灰度变换、分割、均衡化、增强、细化等预处理。对于处理好的指纹图像，指纹的纹路已经十分清晰，要进行指纹识别必须要进行特征提取，分离出那些具体的特征点来代替不同的纹路。最后将识别的指纹分类操作，用采集的指纹特征与数据库中保存的指纹特征进行比较，先根据指纹的纹形进行粗匹配，进而利用指纹形态和细节特征进行精确匹配并给出相比较指纹的相似性程度。

指纹比对可分为验证和辨识两种方式。验证就是通过把一个现场采集到的指纹与一个已经登记的指纹进行一对一的比对来确定身份的过程。指纹先以一定的压缩格式存储，并与其姓名或其标识 [ID，PIN（personal identification number，个人识别密码）] 联系起来，随后在比对现场验证其标识，利用系统的指纹与现场采集的指纹比对来证明其标识的合法性。辨识则是把现场采集到的指纹同指纹数据库中的指纹逐一比对，从中找出与现场指纹相匹配的指纹的过程，也称为"一对多匹配"。

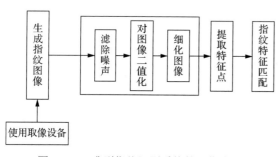

一个典型的指纹识别系统的工作流程如图 5.2.12 所示。

在登记过程中，用户需要先采集指纹，计算机系统再自动进行特征提取，提取后的特征将被作为模板保存在数据库或其他指定的地方。在识别或验证阶段，用户首先要采集指纹，然后经系统自动进行指纹库模板比对，最后给出比对结果。

在很多场合，用户可能还要输入其他的

图 5.2.12　典型指纹识别系统的工作流程

一些辅助信息，以帮助系统进行匹配，如账号、用户名等。此过程是一个通用的过程，对所有的生物特征识别技术都适用。

目前市场上常用的指纹采集设备有三种：光学式、硅芯片式和超声波式。如表 5.2.3 所示，光学式指纹采集器是最早的指纹采集器，也是使用最为普遍的，常用光栅式镜头或棱镜/透镜组合系统，光电转换使用 CCD 器件或 CMOS 成像器件；硅芯片式指纹采集器出现于 20 世纪 90 年代末，通过测量手指表面与芯片表面的直流电容场，经 A/D 转换后成为灰度数字图像；超声波式指纹采集器发射超声波，根据经过手指表面、采集器表面和空气的回波来测量反射距离，获得手指表面凹凸不平的图像，结合了光学式指纹采集器和硅芯片式指纹采集器的长处，图像面积大，使用方便，耐用性好。

表 5.2.3　指纹采集设备性能的比较

比较项目	光学式指纹采集器	硅芯片式指纹采集器	超声波式指纹采集器
体积	中	小	大
成像能力	干手指差，但汗多的、脏的手指成像模糊，玻璃膜已损坏	干手指好，但汗多的、脏的手指不能成像，表皮层取像，已被静电击穿	很好
耐用性	非常耐用	容易损坏	一般
分辨率/dpi	>500	>500	>700
耗电量	较少	一般	较多
成本	低	低	很高

（2）人脸识别技术

近年来，随着计算机技术的迅速发展，人脸识别技术得到了广泛研究与开发，人脸识别成为近 30 年来模式识别和图像处理中最热门的研究主题之一。人脸识别的目的是从人脸图像中抽取人的个性化特征，并以此来识别人的身份。

1）人脸识别的分类。

与指纹识别相同，人脸识别主要分为人脸验证（1∶1 相似度对比）与人脸检索（1∶N 相似度对比）两种验证检索方式。

人脸验证过程是通过提取两张人脸的特征进行相似度对比，最终返回相应的置信度得分，系统根据特征匹配程度决定"拒绝"或者"接受"。人脸验证方式用于判断两个输入人脸是否属于同一人，适用于身份识别及相似脸查询等。

人脸检索过程是在大规模人脸数据库中找出与待检索人脸相似度最高的一个或多个人脸。人脸检索系统通过预先创建的待查人员的面部特征索引，可以在百万级别以上的人脸数据库中迅速查找，可用于身份确认及身份查询等应用场景。

随着人脸识别技术的发展与不同使用场所的需要，人脸识别进一步衍生出了年龄识别、颜值识别、性别识别、表情识别等细节特征识别功能。

2）人脸识别工作原理。

常见的人脸识别系统包括以下 4 个方面内容：

① 人脸检测：从各种不同的场景中检测出人脸的存在并确定其位置。

② 人脸规范化：校正人脸在尺度、光照和旋转等方面的变化，又称为人脸对齐或人脸校准。

③ 人脸校验：采取某种方式表示检测出人脸和数据库中的已知人脸，确认两张人脸是否是同一个人。

④ 人脸识别：将待识别的人脸与数据库中的已知人脸比较，得出识别结论。

如图 5.2.13 所示，人脸识别算法描述属于典型的模式识别问题，主要由在线匹配和离线学习两个过程组成。

在人脸识别中，特征的分类能力、算法

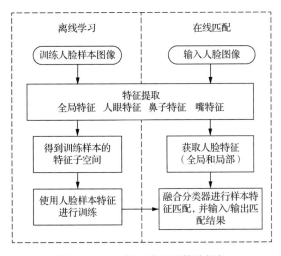

图 5.2.13　一般人脸识别算法框架

复杂度和可实现性是确定特征提取法需要考虑的因素，所提取特征对最终的分类结果有着决定性的影响。分类器所能实现的分辨率上限就是各类特征间的最大可区分度。因此，人脸识别的实现需要综合考虑特征选择、特征提取和分类器设计。

20 世纪 90 年代以来，随着高性能计算机的出现，人脸识别方法有了重大突破，这时才进入真正的机器自动识别阶段。在用静态图像或视频图像做人脸识别的领域中，国际上形成了基于几何特征的人脸识别方法、基于相关匹配的方法、基于神经网络的方法、混合方法等人脸识别方法。

（3）语音识别技术

自动语音识别（automatic speech recognition，ASR）技术是一种将人的语音转换为文本的技术。这项技术可作为使人与人、人与机器更顺畅交流的桥梁，已经在研究领域活跃了 50 多年。

1）语音识别的分类。

如图 5.2.14 所示，语音识别根据不同的任务，可分为声纹识别、关键词检出、语音辨识和连续语音识别 4 类，主要用于帮助人与人的交流和人与机器的交流。

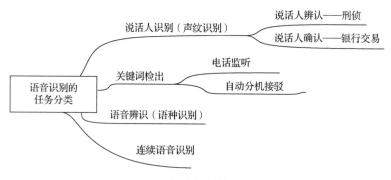

图 5.2.14　语音识别的任务分类

帮助人与人的交流的应用场景如翻译系统、微信聊天中的语音转文字、语音输入等功能。例如，语音到语音翻译系统可以整合到像 Skype 这样的交流工具中，实现自由的远程交流，其组成模块主要是语音识别、机器翻译、文字转语音。其中，语音识别是整个流水线中的第一环。

帮助人与机器的交流的应用场景如语音搜索、个人数码助理 Siri、游戏、车载信息娱乐系统等。例如，语音搜索融合语音技术、自然语言处理、智能搜索三个方面，以更自然的交互方式，更准确地识别用户语音内容，更精准地理解用户需求，为用户提供更满意的结果。

语音识别技术只是语音对话系统中关键的一环，要组建一个完整的语音对话系统，还需要其他技术系统的辅助。如图 5.2.15 所示，语音对话系统主要包括语音识别系统（语音→文字）、语音理解系统（提取用户说话的语音信息）、文字转语音系统（文字→语音）、对话管理系统（完成实际应用场景的沟通）。

2）语音识别的工作原理。

语音识别问题是一种模式识别问题，收到声波后，系统生成机器能理解的声音向量，然后通过模型算法识别这些声音向量，最终给出识别结果。语音识别系统的组成结构主要分四部分：信号处理和特征提取、声学模型、语音模型和解码搜索部分。

如图 5.2.16 所示，语音识别系统架构左半部分是前端，用于处理音频流，从而分隔可能发声的声音片段，并将它们转换成一系列数值。声学模型就是识别这些数值，给出识别结果。右半部分是后端，是一个专用的搜索引擎，它获取前端产生的输出，并在语音模型、语言模型和词典数据库中进行搜索。

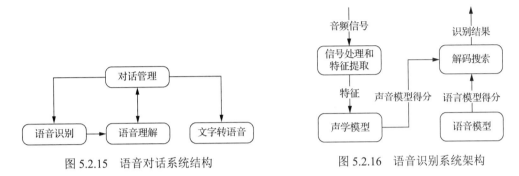

图 5.2.15 语音对话系统结构   图 5.2.16 语音识别系统架构

5.2.2 智能建筑物联网定位技术

简单地说，定位就是确定每一个人和物品的空间位置信息，定位技术主要用于确定人、传感器的位置，以提供相应的服务，实现物物相连。从标示位置信息的地图到指南针再到全球卫星定位系统，人类的定位能力不断进步，定位的精度也不断提升。根据应用场景与需求的不同，现代的物联网定位技术分为室外定位技术与室内定位技术。室外定位技术以卫星定位和基站定位技术为主，基本可以满足用户在室外场景中对位置服务的需求；室内定位技术主要包括 RFID 定位技术、ZigBee 定位技术、Wi-Fi 定位技术和蓝牙定位技术等。

1. 室外定位技术

人类在室外场景中对位置服务的需求包括从航海、航天、航空、测绘等领域，到日常生活中的人员搜寻、位置查找、交通管理、车辆导航与线路规划等，涉及生活的各个方面。

（1）卫星定位技术

卫星定位是通过接收卫星提供的经纬度坐标信号来进行定位的。卫星定位系统主要有美国全球定位系统（GPS）、俄罗斯格洛纳斯系统（GLONASS）、欧洲伽利略（Galileo）系统、中国北斗卫星导航系统、日本准天顶系统（quasl-zenith satellite system，QZSS）和印度的 IRNSS（Indian regional nevigation satellite system，印度区域导航卫星系统）。2020 年 7 月 31 日上午 10 时 30 分，北斗三号全球卫星导航系统建成暨开通仪式在人民大会堂举行，中共中央总书记、国家主席、中央军委主席习近平宣布北斗三号全球卫星导航系统正式开通。中国北斗卫星导航系统正取代 GPS，逐渐成为应用最为广泛、技术最为成熟的卫星定位技术，在全球范围内全天候、全天时为各类用户提供高精度、高可靠的定位、导航、授时服务，并且具备短报文通信能力，已经初步具备区域导航、定位和授时能力，定位精度为分米、厘米级别，测速精度为 0.2 m/s，授时精度为 10 ns（纳秒）。

1）卫星定位系统的组成。

以北斗卫星导航系统为例，卫星定位系统由空间段、地面段和用户段三部分组成。如图 5.2.17 所示，空间段由若干地球静止轨道卫星、倾斜地球同步轨道卫星和中圆地球轨道卫星组成；地面段包括主控站、时间同步/注入站和监测站等若干地面站，以及星间链路运

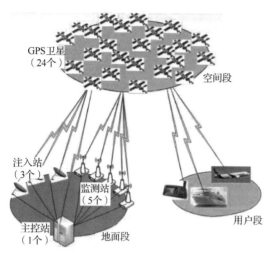

图 5.2.17　卫星定位系统的组成

行管理设施;用户段包括北斗及兼容其他卫星导航系统的芯片、模块、天线等基础产品,以及终端设备、应用系统与应用服务等。

2)卫星定位的工作原理。

卫星的位置可以根据星载时钟所记录的时间在卫星星历中查出。用户到卫星的距离则通过记录卫星信号传播到用户所经历的时间,再将其乘以光速得到(由于大气层电离层的干扰,这一距离并不是用户与卫星之间的真实距离,而是伪距)。

当卫星正常工作时, 会不断地用 1 和 0 二进制码元组成的伪随机码(简称伪码)发射导航电文。导航电文包括卫星星历、工作状况、时钟改正、电离层时延修正、大气折射修正等信息。然而, 由于用户接收机使用的时钟与卫星的星载时钟不可能总是同步的, 所以除了用户的三维坐标 x、y、z 外, 还要引进一个变量 t(即卫星与接收机之间的时间差)作为未知数, 然后用 4 个方程将这 4 个未知数求解出来。因此, 如果想知道接收机所处的位置, 至少需要接收到 4 个卫星的信号, 卫星定位的基本算法原理如图 5.2.18 所示。

北斗卫星导航系统在 2008 年的汶川地震抗震救灾中发挥了重要作用。在当地通信设施严重受损的情况下, 通过北斗卫星导航系统实现了各点位各部门之间的联络, 精确判定了各路救灾部队的位置, 保证了能够根据灾情及时下达新的救援任务。影响卫星定位系统定位精度的因素主要包括大气层中的电离层和多径效应。卫星定位虽然精度高、覆盖广, 但其成本高昂、功耗大, 对复杂结构建筑室内的定位计算速度慢, 信号强度低, 因此需要基站定位进行辅助。

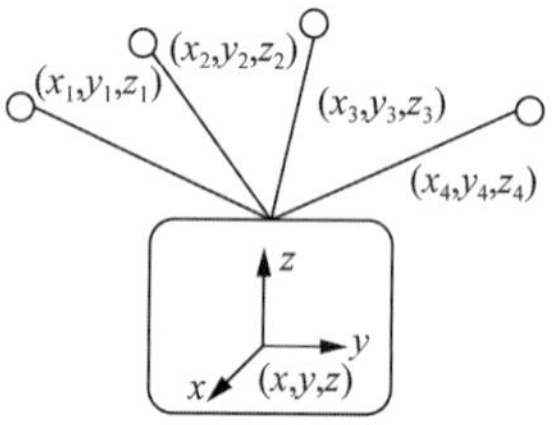

$$[(x_1-x)^2+(y_1-y)^2+(z_1-z)^2]^{\frac{1}{2}}+c(V_{t_1}-V_{t_0})=d_1$$

$$[(x_2-x)^2+(y_2-y)^2+(z_2-z)^2]^{\frac{1}{2}}+c(V_{t_2}-V_{t_0})=d_2$$

$$[(x_3-x)^2+(y_3-y)^2+(z_3-z)^2]^{\frac{1}{2}}+c(V_{t_3}-V_{t_0})=d_3$$

$$[(x_4-x)^2+(y_4-y)^2+(z_4-z)^2]^{\frac{1}{2}}+c(V_{t_4}-V_{t_0})=d_4$$

图 5.2.18　卫星定位的基本算法原理

(2)基站定位技术

基站定位一般应用于手机用户,手机基站定位服务又叫作移动位置服务(location based service,LBS),它是通过电信移动运营商的网络〔如全球移动通信网络(global system for mobile communication,GSM)〕获取移动终端用户的位置信息。

手机等移动设备在插入 SIM 卡开机以后, 会主动搜索周围的基站信息, 并与基站建立联系, 而且在可以搜索到信号的区域, 手机能搜索到的基站不止一个, 只不过远近程度不同, 在进行通信时会选取距离最近、信号最强的基站作为通信基站。其余的基站并不是没有用处了, 当手机的位置发生移动时, 不同基站的信号强度会发生变化, 如果基站 A 的信号不如基站 B 了, 手机为了防止突然中断连接, 就会先和基站 B 进行通信, 协调好通信方式之后就会从基站 A 切换到基站 B。同样是待机一天, 手机在火车上的耗电要大于在家里的耗电, 这主要是因为手机在火车前进时需要不停地搜索、连接基站。

距离基站越远, 信号越差, 根据手机收到的信号强度可以大致估计距离基站的远近,当手机同时搜索到至少三个基站的信号时，大致可以估计出距离基站的远近。如图 5.2.19 所示，基站在移动网络中是唯一确定的，其地理位置也是唯一的，也就可以得到三个基站（三个点）距离手机的距离，根据三点定位原理，只需要以基站为圆心，距离为半径多次画圆即可，这些圆的交点就是手机的位置。

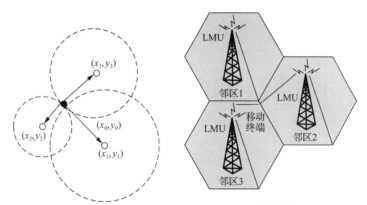

注：LMU，全称为 location measurement unit，位置测量单元。

图 5.2.19　基站定位原理图

基站定位时，信号很容易受到干扰，这就决定了它定位的不准确性，精度大约为 150 m。其定位条件是必须在有基站信号的位置，手机处于 SIM 卡注册状态（飞行模式下打开 Wi-Fi 和拔出 SIM 卡都不行），而且必须收到三个基站的信号。基站定位的定位速度超快，一旦有信号就可以定位，目前的主要用途是在没有 GPS 且没有 Wi-Fi 的情况下快速粗略了解手机的位置。

2. 室内定位技术

近年来，由于室内场景受到建筑物的遮挡，室外定位信号在建筑内部快速衰减，无法满足室内场景中导航定位的需要，所以位置服务的相关技术和产业正从室外向室内发展。室内定位即通过技术手段获知人或设备在室内所处的实时位置或者行动轨迹。和室外定位相比，室内定位具有室内环境动态性强、室内的环境精细等特点，根据不同精度、覆盖范围的设计需求，室内定位的成本、功耗和响应时间也有所不同。

（1）室内定位技术概述

室内定位常用的定位方法从原理上主要分为七种，包括邻近探测法、质心定位法、多边定位法、三角定位法、极点法、指纹定位法和航位推算法。根据不同的定位原理及算法，衍生出了多种室内定位技术，主要包括 RFID 定位技术、ZigBee 定位技术、Wi-Fi 定位技术、蓝牙定位技术、红外技术、超声波技术、惯性导航技术、超宽带（ultra wide band，UWB）定位技术、LED（light emitting diode，发光二极管）可见光技术、视觉定位技术等，如图 5.2.20 所示，不同技术的定位性能与实现成本各有所长。目前最常见的、使用最为广泛的定位技术是 RFID 地磁定位技术、激光定位技术和 ZigBee 定位技术。

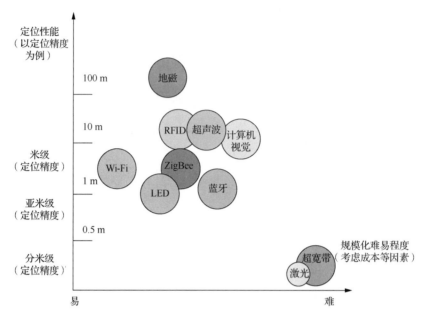

图 5.2.20　不同室内定位技术的特点

（2）RFID 定位技术

如图 5.2.21 所示，RFID 室内定位技术利用射频方式，通过固定天线把无线电信号调成电磁场，附着于物品的标签在经过磁场后生成感应电流，从而把数据传送出去，利用多对双向通信交换数据以达到识别和三角定位的目的。RFID 系统由 RFID 标签和 RFID 阅读器组成。每个 RFID 标签具有唯一的标识符，可连接到某个对象上，用户使用 RFID 阅读器读取 RFID 标签的唯一 ID，从而识别与 RFID 标签所连接的对象。

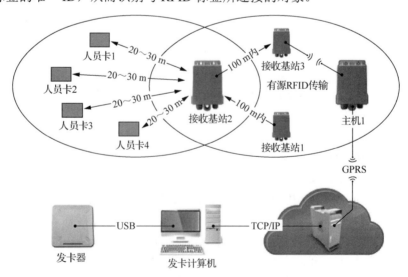

图 5.2.21　RIFD 定位系统原理图

RFID 定位系统主要由定位标签、读写器（基站）、低频定位器和定位系统软件几部分组成。读写器主要是负责采集定位标签发出的信号，并上传到定位服务器，安装在定位区域内；定位标签为 RFID 标签，主要负责向外发送信号和接收激活信号；低频定位器通过安装在出入口区域的低频激活天线辅助进出判断和定位。

如图 5.2.22 所示，基于 RFID 的室内定位技术就是通过已知位置的读写器，对标签进行定位。主要分为测距技术和非测距技术。

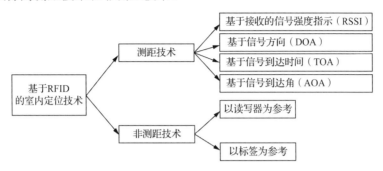

图 5.2.22　基于 RFID 的室内定位技术

1）基于测距的定位技术。

基于测距的定位技术是指通过各种测距技术对目标设备与各标签之间的实际距离进行估计，再通过几何方式来估计目标设备的位置。常用的基于测距的定位技术有基于信号到达时间（time of arrival，TOA）定位、基于信号方向（direction of arrival，DOA）定位、基于 RSSI（received signal strength indication，接收的信号强度指示）定位、基于信号到达角（angle of arrival，AOA）定位等。这些技术与 UWB、Wi-Fi 中采用的技术原理一致，只是 RFID 信号的传播距离受到能量的约束而非常小，一般只有几米到几十米。

RSSI 定位技术的基本原理为，射频信号的衰减量与距离的二次方成反比；已知发射信号的功率，通过检测接收信号的功率强度即可得到信号传输的距离。但是接收信号强度受到环境因素的影响，多径干扰严重，而且还受视距（line of sight，LOS）、天气等的影响，定位精度较低。

DOA 定位技术的基本原理为，接收信号功率最强的方向或者接收信号功率最弱的反方向即为信号传输的方向；已知两条信号传输的方向即可确定目标的位置。但是信号方向的精确检测难度较大，需要复杂的方向性天线或者天线阵列，成本较高。

TOA 定位技术的基本原理为，射频信号传输的速度恒定为光速 c（约为 3.0×10^8 m/s），通过检测发射和接收信号的时间差，即可得到信号传输的距离。该方案基本不受视距和环境的影响，也不需要复杂的天线，在低成本条件下实现精确的传输时间检测是其难点。

2）非测距定位技术。

非测距定位技术是指前期搜集场景的信息，不需要对距离进行检测，通过与参考点通信将获取到的目标与场景信息进行匹配，从而对目标进行定位。典型的实现方法是参考标签法和指纹定位法。其中，参考标签法常用的算法是质心定位法，指纹定位法与 Wi-Fi 定位、Beacon 定位等技术中采用的算法基本相同。

质心定位法原理图如图 5.2.23 所示，在定位空间布置一些读写器，读写器的位置已知，当目标标签进入场景时，同时有多个读写器能够读到目标标签的信息，这

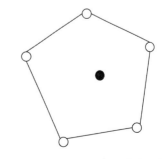

○多个定位空间读写器　●多边形质心/预估目标标签位置

图 5.2.23　质心定位法原理图

些读写器的位置和连线组成一个多边形，这个多边形的质心即可认为是目标标签的位置坐标。质心定位算法的实现步骤简单且易操作，但是定位精度比较低，常用于对定位精度要求不高、硬件设备有限的场景。非测距定位技术必须将参考点按要求分布于目标区域内，因此其应用受到了一定的限制，成本也较高。

RFID 室内定位技术多采用 433 MHz、800/900 MHz、2.4 GHz 三个频段，针对工业、科学和医学机构，还有专门的不需要许可证或费用的 ISM 频段。ISM 频段在各国的规定并不统一，在我国有 6780 kHz、433 MHz、2.4 GHz、61 GHz、122 GHz；在美国有三个频段：902～928 MHz、2400～2484.5 MHz 及 5725～5850 MHz；在欧洲，900 MHz 的频段中有部分用于 GSM 通信。2.4 GHz 为各国共同的 ISM 频段，因此无线局域网（IEEE 802.11b/IEEE 802.11g）、蓝牙、ZigBee 等无线网络均可工作在 2.4 GHz 频段上。

RFID 定位技术的作用距离从几米到几十米不等，感知耗时短，往往在几毫秒内就可获取运算数据；定位精度一般在 3 m 左右，经过精细的阅读器（天线）布点和算法优化，定位精度能达到厘米级。由于电磁场非视距等优点，RFID 定位信号传输范围很大，而且标识的体积比较小，造价比较低，但其不具有通信能力，抗干扰能力较差，不便于整合到其他系统之中，且用户的安全隐私保障和国际标准都不够完善。

（3）ZigBee 定位技术

ZigBee 室内定位技术通过若干个待定位的盲节点和一个已知位置的参考节点与网关之间组网，每个微小的盲节点之间相互协调通信以实现全部定位。

ZigBee 定位技术是一种新兴的短距离、低速率无线网络技术，其所采用的传感器只需要很少的能量就可以接力的方式通过无线电波将数据从一个节点传送到另一个节点。作为一个低功耗和低成本的通信系统，ZigBee 的工作效率非常高，但 ZigBee 的信号传输受多径效应和移动的影响都很大，而且定位精度取决于信道物理品质、信号源密度、环境和算法的准确性，这就造成定位软件的成本较高，当然提高空间也还很大。ZigBee 的感应距离约为 100 m，室内定位精度为 3～10 m。目前 ZigBee 室内定位已经被很多大型的工厂和车间作为人员在岗管理系统而采用。

ZigBee 无线定位系统主要由无线定位基站、无线定位卡、中心节点和定位系统服务器、电源系统等组成。定位系统服务器主要负责各网络传输节点所发信息的存储，并对信息进行分析处理和显示，最终将节点的位置在地图上标识出来；无线定位基站实现对无线定位卡数据的采集，并通过无线的方式将信息发送给中心节点，同时承载其他无线基站数据信息的中继转发功能，主要包括 MCU、ZigBee 芯片和 EIA/TIA-485 通信转换芯片；无线定位卡通过定时向系统发送信号进行注册来实现目标的定位，主要包括 MCU、ZigBee 芯片、报警按钮、报警指示灯、蜂鸣器和供电电池；中心节点负责与无线定位基站通信，并通过有线方式与定位系统服务器通信。

以人员无线定位系统为例，工作人员随身携带无线定位终端，并以无线的方式和无线定位基站保持连接；无线定位基站安装在建筑墙壁上，通过无线方式与中心节点连接，中心节点通过 EIA/TIA-485 总线与定位系统服务器相连，中心节点负责管理其控制范围内的无线定位终端的相关信息，并用有线的方式将相关信息上报给定位系统服务器；定位系统服务器负责对相关信息的处理、显示和报警。ZigBee 定位系统框架如图 5.2.24 所示。

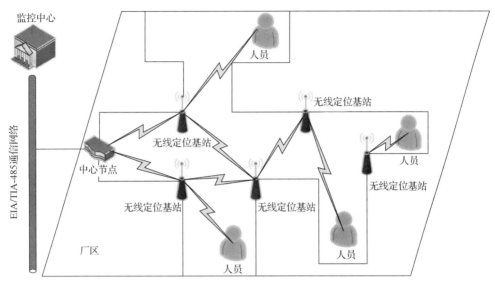

图 5.2.24 ZigBee 定位系统框架

ZigBee 在 2.4 GHz、868 MHz 和 915 MHz 三个频段上，分别具有最高 250 Kbit/s、20 Kbit/s 和 40 Kbit/s 的传输速率，传输距离在 10～75 m 的范围内，并可以连续增长。作为一种无线通信技能，ZigBee 具有如下特点。

① 低功耗：传输速率低，发射功率仅为 1 mW，而且接纳了休眠模式，一般情况下，仅靠两节 5 号电池就可以维持长达 6 个月到 2 年的利用时间；

② 成本低：ZigBee 模块的初始成本在 6 美元左右，现在最低仅 1.5 美元，并且 ZigBee 协议是免专利费的；

③ 时延短：通信时延和从休眠状态激活的时延都非常短，典型的搜刮配置时延为 30 ms，休眠激活的时延是 15 ms，活动配置信道接入的时延是 15 ms；

④ 网络容量大：一个星形布局的 ZigBee 网络最多可以容纳 254 个从配置和一个主配置，一个地区内可以同时存在最多 100 个 ZigBee 网络；

⑤ 可靠：采取了碰撞克制战略，同时为必要牢固带宽的通信业务预留了专用时隙，避免了发送数据的竞争和辩论，MAC 层接纳了完全确认的数据传输模式，每个发送的数据包都必须等候汲取方的确认信息；

⑥ 宁静：ZigBee 提供了基于 CRC 的数据包完备性查抄成果，支持鉴权和认证，接纳了 AES-128 的加密算法，各个应用可以机动确定其宁静属性。

5.3 智能建筑物联网传输技术

传输层主要用于实现感知层各类信息进行广域范围内的应用和服务所需的基础承载网络。本书第 3 章已经对智能建筑控制信息网络中常用的几种现场总线技术进行了介绍，虽然这些通信技术本身已经成熟，但是缺点也都非常明显，长距离和低功耗两者不可兼得。

在这种背景下，低功耗广域网（low power wide area network，LPWAN）技术应运而生，它专为远距离、小带宽、低功耗、大量连接的物联网应用而设计，目前应用较多的低功耗广域网主要有 LoRa（long range）和 NB-IoT（narrow band-Internet of things）。因此，本节重点针对低功耗广域网 LoRa 和 NB-IoT 进行介绍，并简要介绍蜂窝移动通信网及物联网网关的相关基础知识。

5.3.1 LoRa 网络

1. LoRa 网络概述

LoRa 是美国 Semtech（升特）公司采用和推广的一种基于扩频技术的超远距离无线传输方案，这一方案改变了以往关于传输距离与功耗的折中考虑方式，为用户提供了一种简单的能实现远距离、低功耗、大容量的系统，进而扩展传感网络。

作为低功耗广域网的一种长距离通信技术，LoRa 技术近些年受到了越来越多的关注。随着物联网从近距离到远距离的发展，产生了大量新的行业应用和商务模式。思科（Cisco）、IBM、Semtech 及微芯（Microchip）等 LoRa 联盟成员正在积极推广 LoRa 技术，并推出基于 LoRa 的参考设计，提供给 LoRa 开发者更多的产品和设计资源，以帮助开发者进行基于 LoRa 技术的物联网设计开发。

LoRa 的优势主要体现在以下几个方面：

1）大大改善了接收的灵敏度，降低了功耗。高达 157 db 的链路预算使其通信距离可达 15 km（与环境有关）。其接收电流仅为 10 mA，睡眠电流为 200 nA，这大大延长了电池的使用寿命。

2）基于该技术的网关/集中器支持多信道多数据传输速率的并行处理，系统容量大。网关是节点与 IP 网络之间的桥梁（通过 2G/3G/4G 或者 Ethernet），每个网关每天可以处理 500 万次各节点之间的通信（假设每次发送 10 B，网络占用率为 10%）。如果把网关安装在现有移动通信基站的位置，发射功率为 20 dBm（100 mW），那么在建筑密集的城市环境中可以覆盖 2 km 左右，而在密度较低的郊区，覆盖范围可达 10 km。

3）基于终端和集中器/网关的系统可以支持测距和定位。LoRa 对距离的测量是基于信号的空中传输时间而非传统的 RSSI，定位则基于多点（网关）对一点（节点）的空中传输时间差的测量，其定位精度可达 5 m（假设为 10 km 的范围）。

这些优势使得 LoRa 技术非常适用于要求功耗低、距离远、大量连接以及定位跟踪等的物联网应用中，如智能抄表、智能停车、车辆追踪、宠物跟踪、智慧农业、智慧工业、智慧城市、智慧社区等应用和领域。

2. LoRa 网络架构

LoRa 整体网络结构分为终端节点（end nodes）、网关（gateway）、网络服务（network server）、应用服务（application server），采用星形无线拓扑结构，如图 5.3.1 所示。

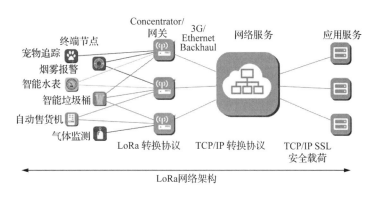

图 5.3.1　LoRa 网络架构图

由图 5.3.1 可知，LoRa 网络架构左边是各种应用传感器，包括智能水表、智能垃圾桶、宠物追踪、自动售货机等，右边是 LoRa 网关及网关转换协议，把 LoRa 传感器的数据转换为 TCP/IP 的格式发送到 Internet 上。LoRa 网关用于远距离星形架构，是多信道、多调制收发，可多信道同时解调。LoRa 网关使用不同于终端节点的 RF 器件，具有更大的容量，作为一个透明网桥在终端设备和中心网络服务器间中继消息。LoRa 网关通过标准 IP 连接到网络服务器，终端设备使用单播的无线通信报文连接到一个或多个网关。

3．LoRa 网络协议

图 5.3.2 给出了 LoRa 的网络协议层次结构，常见的 LoRa WAN 协议即为 LoRa MAC 协议，协议定义的终端类型有 Class A、Class B、Class C 三种类型。其中，Class A 上行触发下行接收窗口，只有在上行发送了数据的情形下才能打开下行接收窗口；Class B 定义了 PING 周期，周期性地进行下行数据监测；Class C 尽可能多地监测下行接收，基本只有在上行发送时才停止下行接收。LoRa MAC 协议要求每个终端必须支持 Class A，而 Class B、Class C 为可选功能，同时，在支持 Class C 功能的终端上无须支持 Class B 类型。LoRa 的物理层未开放，借助一些资料可以大致理解其物理层技术。LoRa 的设计使用的是 ISM 非授权免费频段。

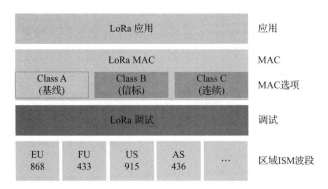

图 5.3.2　LoRa 的网络协议层次结构

如图 5.3.3 所示，LoRa 的报文分为上行和下行两种格式，上行是从传感器到 LoRa 网关，下行是从 LoRa 网关到传感器。

上行报文：

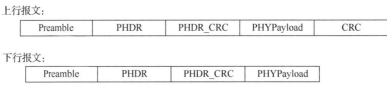

Preamble	PHDR	PHDR_CRC	PHYPayload	CRC

下行报文：

Preamble	PHDR	PHDR_CRC	PHYPayload

图 5.3.3　LoRa 上行报文与下行报文的格式

5.3.2　NB-IoT 网络

1. NB-IoT 网络概述

NB-IoT 是基于蜂窝网络的窄带物联网技术，聚焦于低功耗广域网，支持物联网设备在广域网的蜂窝数据连接，可直接部署于 LTE 网络，可降低部署成本和实现平滑升级，是一种可在全球范围内广泛应用的一种物联网技术，其特点可以概括为广覆盖、低功耗、低成本、大连接等。

通常，物联网设备可分为以下三类：

1）无须移动性，大数据量（上行），需较宽频段，如城市监控摄像头；

2）移动性强，需执行频繁切换，小数据量，如车队追踪管理；

3）无须移动性，小数据量，对时延不敏感，如智能抄表。

NB-IoT 正是为了应对上述三类物联网设备而生，满足现阶段物联网覆盖增强（增强 20 dB）与大规模连接的需求，同时具备 100 kHz 终端/200 kHz 小区、超低功耗（10 年电池寿命）、超低成本、最小化信令开销的特点，能够确保整个系统（包括核心网）的安全性，并同时支持 IP 和非 IP 数据传送、支持短信（可选部署）。

NB-IoT 基于 3GPP（3rd generation partnership project，第三代合作伙伴计划）组织定义的国际标准，可在全球范围内部署，基于授权频谱的运营。NB-IoT 技术来源于电信运营商、通信设备商及芯片设计商的共同努力。早期，华为和沃达丰主导了 NB-M2M 技术，高通等联合主导了 NB-CIoT 技术，MTK 等主导了 NB-LTE 技术。其中，NB-LTE 及 NB-CIoT 等之间存在着较大差异，终端无法平滑升级，相关非标准基站也存在退网风险。最后从大局出发，把 NB-CIoT 及 NB-LTE 等相关技术融合，最终形成了 NB-IoT 国际标准。标准化工作的完成使全球运营商有了基于标准化的物联网专有协议，同时也标志着 NB-IoT 进入模块化商用阶段，在 5G 商用前的节点期以及未来 5G 商用后的低成本、低速率市场，NB-IoT 将有很大的空间。

2. NB-IoT 网络架构

NB-IoT 总体网络架构包括终端（user equipment，UE）、无线网侧、核心网侧、物联网支撑平台与应用服务器，如图 5.3.4 所示。

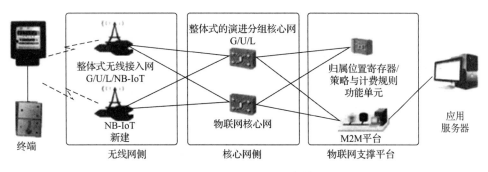

图 5.3.4　NB-IoT 网络架构

由图 5.3.4 可知，终端通过空口连接到基站，然后通过两种组网方式将非接入层数据转发给高层网元处理。一种组网方式是整体式无线接入网，包括 2G/3G/4G 及 NB-IoT 无线网；另一种组网方式是 NB-IoT 新建。核心网承担与终端非接入层交互的功能，并将 IoT 业务相关数据转发到 IoT 平台进行处理。应用服务器通过 HTTP/HTTPS 协议和平台通信，通过调用平台的开放 API 来控制设备，平台则把设备上报的数据推送给应用服务器。

3.　NB-IoT 网络协议

NB-IoT 网络协议主要面向基于蜂窝的窄带物联网场景下的物联网应用。从应用范围上看，中高速率的设备接入以及长连接需求比较广泛。从设备连接数的规模上看，低功耗、广覆盖的设备接入规模更广、潜力更大，适用于对电量需求低、覆盖深度高、终端设备海量连接以及设备成本敏感的环境。

NB-IoT 的应用层通信协议主要有两种：MQTT（message queuing telemetry transport，消息队列遥测传输）协议与 CoAP（constrained application protocol，受限应用协议）。

MQTT 协议是 IBM 和其合作伙伴开发的，在 2014 年，正式成为物联网传输协议标准。它被设计用于轻量级的发布/订阅（publish/subscribe）模式的消息传输，目的是为小带宽或者网络不稳定的环境中的物联网设备提供可靠的网络服务。如图 5.3.5 所示，MQTT 协议是一种多对多的即时通信协议，它是基于 TCP 的可以双向控制的一种协议，但功耗较高，不适合用于电池供电的应用场景。

如图 5.3.6 所示，CoAP 不同于 MQTT 协议，它基于 UDP，适用于资源受限的设备，由于不需要维持 TCP 长连接，所以具有功耗低的特点，适用于电池供电的应用场景。一般地，在环境信息参数采集分站与监测服务器之间进行通信时采用 CoAP，在感知识别终端与监测服务器端时则采用 MQTT 协议。

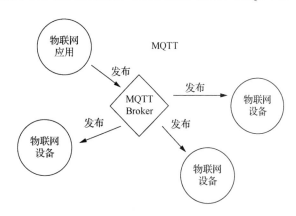

注：MQTT Broker，MQTT 订阅/发布的核心，负责接收发布方（publisher）的消息，并发送给相应的订阅方（subscriber）。

图 5.3.5　MQTT 协议

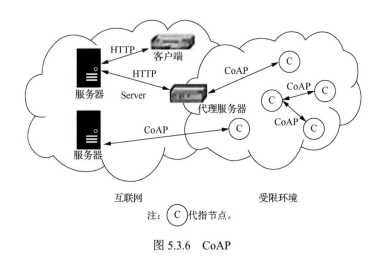

注：Ⓒ代指节点。

图 5.3.6　CoAP

5.3.3　蜂窝移动通信网

我国经历了 1G 模拟通信时代和 2G 与 3G 的数字通信时代，当前我国广泛采用的 4G 和 5G 网络，通信技术无论在数据传递量上还是在响应时间上都有了质的飞跃，移动互联网在这一背景下得到了飞速发展，人们可以通过移动设备享受到与 PC 端同等质量的服务项目。下面首先简要介绍蜂窝移动通信技术的发展，然后对 5G 网络关键技术进行分析。

1. 蜂窝移动通信技术的发展

（1）二代/三代蜂窝移动通信技术

1G 技术并不能满足大众日益增长的移动通信业务的需要，因此在 20 世纪 90 年代，很多国家推出了第二代蜂窝移动通信系统（2G），通常我们所说的 2G 网络指的就是基于 GSM 的网络。

与 1G 相比，2G 通信系统的容量和功能有了很大改进，开始在原有语音业务的基础上发展数据业务。并且，随着数据技术的发展，欧洲各国在移动通信的业务上形成了统一标准，大大促进了国际漫游业务的发展。

但是，此时的世界正面临互联网革命，公众对数据业务的需求大大增加。而 2G 通信技术的数据传输速率小于 9.6 Kbit/s，完全无法满足公众需求，这就促使蜂窝移动通信技术的再次革新。

在第三代蜂窝移动通信技术（3G）出现之前，还出现过 2.5G 通信技术。2.5G 使用了 GPRS 技术，能够利用时分多址信道实现一般速率的数据传送。从 GSM 网络演进到 GPRS 网络，最主要的变化是引入了分组交换业务。原有的 GSM 网络是基于电路交换技术，不具备支持分组交换业务的功能。因此，为了支持分组业务，在原有 GSM 网络结构上增加了几个功能实体，相当于在原有网络基础上叠加了一个小型网络，共同构成 GPRS 网络。

3G 移动通信系统基于 UMTS（universal mobile telecommunication system，通用移动通信系统）网络结构，主要采用 CDMA 技术。与 2G 的主要区别在于它的数据通信能力显著提升，传输速率在几百 Kbit/s 以上，可以同时传输语音和数据信息，处理图像、音乐、视频等媒体文件。并且，国际电信联盟首次就移动通信技术达成全球标准，分别为日本无线工业广播协会的 WCDMA、基于窄带 CDMA 技术的 CDMA2000、我国提出的 TD-SCDMA

以及美国电气和电子工程师协会推出的 WiMAX（world interoperability for microwave access，全球微波接入互操作性）。

在该阶段，智能手机快速发展，涵盖了游戏、工作、办公、生活等诸多领域，这也使得 3G 技术产业链日渐成熟。

（2）第四代蜂窝移动通信技术

第四代蜂窝移动通信技术（4G）就是我们大多数人正在使用的通信技术。它以传统通信技术为基础，使用了一些新的手段提高无线通信的网络效率和功能。4G 技术分为 TD-LTE 和 FDD-LTE 两大类别。所谓 LTE，是指对 3G 技术的长时演进，改进并增强 3G 空中接入技术，采用正交频分复用和多进多出（multiple-in multiple-out，MIMO）的技术标准。

4G 网络拥有非常高的数据传输速率，是 3G 网络的 50 倍，其视频图像的传输效果与高清电视相当。虽然 4G 技术已被广泛应用，但还是存在一些问题，例如，缺少统一的国际标准，各移动通信系统彼此不兼容；4G 信号容易被楼宇等障碍物遮挡；通信传输速率对硬件接收设备要求较高等。因此，科学家们也在致力于发展新一代通信技术。

（3）第五代蜂窝移动通信技术

第五代蜂窝移动通信技术（5G）是 4G（LTE-A）、3G（UMTS）和 2G（GSM）系统后的延伸。5G 的性能目标是高数据传输速率、减少延迟、节省能源、降低成本、提高系统容量和大规模设备连接。Release-15 中的 5G 规范的第一阶段是为了适应早期的商业部署；Release-16 的第二阶段于 2020 年 4 月完成，作为 IMT-2020 技术的候选提交给国际电信联盟（ITU）。

与早期的 2G、3G 和 4G 移动网络一样，5G 网络也是数字蜂窝网络，在这种网络中，供应商覆盖的服务区域被划分为许多被称为蜂窝的小地理区域。表示声音和图像的模拟信号在手机中被数字化，由 A/D 转换器转换并作为比特流传输。蜂窝中的所有 5G 无线设备通过无线电波与蜂窝中的本地天线矩阵和低功率自动收发器（发射机和接收机）进行通信。收发器从公共频率池分配频道，这些频道在地理上分离的蜂窝中可以重复使用。本地天线通过大带宽光纤或无线回程连接与电话网络和互联网连接。与现有的手机一样，当用户从一个蜂窝穿越到另一个蜂窝时，他们的移动设备将自动"切换"到新蜂窝中的天线。

5G 网络的主要优势在于，数据传输速率远远高于以前的蜂窝网络，最高可达 10 Gbit/s，比当前的有线互联网要快，比 4G LTE 蜂窝网络快 100 倍。它的另一个优势是较低的网络延迟（更快的响应时间），低于 1 ms，而 4G 网络为 30～70 ms。由于数据传输更快，5G 网络将不仅为手机提供服务，还将成为一般性的家庭和办公网络提供商，与有线网络提供商进行竞争。以前的蜂窝网络提供了适用于手机的低数据传输速率互联网接入，但是一个手机发射塔并不能经济地提供足够的带宽作为家用计算机的一般互联网供应商。

2．5G 系统网络架构

5G 系统整体包括核心网、接入网及终端部分。其中，核心网与接入网间需要进行用户平面和控制平面的接口连接；接入网与终端间通过无线空口协议栈进行连接。

从整体上说，5G 系统网络架构仍然分为两部分，即 5G 核心网（5GC，包括图中的 AMF/UPF）和 5G 接入网（NG-RAN），如图 5.3.7 所示。其中，5G 核心网包括控制平面和用户平面网元，控制平面网元除了接入与移动管理功能（access and mobility management function，AMF）外，还包括会话管理功能（session management function，SMF），但是 SMF

和接入网之间没有接口；用户平面网元包括用户平面功能（user plane function，UPF）。NG-RAN 包括图中的 ng-eNB 和 gNB。

如图 5.3.8 所示，相比于 LTE 系统（4G）的接入网架构，5G 接入网架构一方面继续保持了类似 LTE 系统的扁平化特征，包括 gNB 和 ng-eNB 两种具备完整基站功能的逻辑节点，有利于降低呼叫建立时延和用户数据的传输时延；另一方面，为了更好地满足 5G 各种场景和应用的需求，5G 接入网架构还采用了集中单元（centralized unit，CU）和分布单元（distributed unit，DU）分离的部署方式，也就是说，gNB 节点可以进一步分成 CU 和 DU 两种逻辑节点。CU 主要包括非实时的无线高层协议栈功能，同时也支持部分核心网功能下沉和移动边缘计算（mobile edge computing，MEC）业务的部署，而 DU 主要负责实现物理层功能和实时性需求高的空口协议层功能。这种方式的优点是接入网可以更好地实现资源分配和动态协调，从而提升网络性能。另外，通过灵活的硬件部署，也能使运营成本（operating expense，OPEX）与资本性支出（capital expenditure，CAPEX）降低。

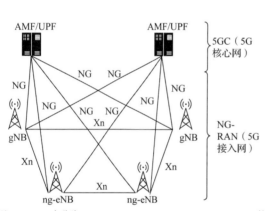

注：AMF，全称为 access and mobility management function，接入与移动管理功能；

　　UPF，全称为 user plane function，用户平面功能；

　　NG，全称为 next generation，指 5G 接口。

图 5.3.7　5G 系统架构

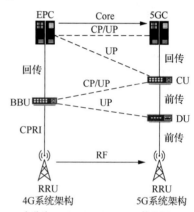

注：EPC，全称为 evolved packet core，核心网；

　　CP，全称为 control plane，控制平面；

　　UP，全称为 user plane，用户平面；

　　BBU，全称为 building base band unit，室内基带处理单元；

　　RRU，全称为 remote radio unit，遥控射频单元；

　　CPRI，全称为 common public radio interface，通用公共无线电接口；

　　CU，全称为 central unit，集中单元；

　　DU，全称为 distributed unit，分布式单元。

图 5.3.8　4G 和 5G 系统架构对比

3. 5G 无线接口协议栈

5G 系统的无线接口继承了 LTE 系统的命名方式，即将终端和接入网之间的接口仍简称为 Uu 接口，也称为空中接口。无线接口协议主要是用来建立、重配置和释放各种无线承载业务的。5G NR 技术中，无线接口是一个完全开放的接口，只要遵守接口的规范，不同制造商生产的设备就能够互相通信。

无线接口协议栈仍主要分为三层两面，三层是指物理层、数据链路层和网络层，两面是指控制平面和用户平面。

物理层为 MAC 层和更高层提供信息传输的服务。其中，物理层提供的服务通过传输信道来描述，传输信道描述了物理层为 MAC 层和更高层所传输的数据的特征。

数据链路层分为 4 个子层，比 LTE 系统多了一个子层，包括 MAC 层、无线链路控制（radio link control，RLC）层、分组数据汇聚协议（packet data convergence protocol，PDCP）层和服务数据自适应协议（service data adaptation protocol，SDAP）层。其中，SDAP 层只位于用户平面，负责完成从 QoS 流到数据无线承载（data radio bearer，DRB）的映射；其他数据链路层的 3 个子层同时位于控制平面和用户平面，在控制平面负责无线承载信令的传输、加密和完整性保护，在用户平面负责用户业务数据的传输和加密。

网络层是指无线资源控制（radio resource control，RRC）层，位于接入网的控制平面，负责完成接入网和终端之间交互的所有信令处理。

移动互联网和物联网是未来 5G 发展的最主要的驱动力。移动互联网主要面向以人为主体的通信，注重提供更好的用户体验；物联网则主要面向物与物、人与物的通信，不仅涉及普通个人用户，也涵盖大量不同类型的行业用户。为了满足面向 2020 年之后的移动互联网和物联网业务的快速发展，5G 系统将面临巨大挑战。

4. 5G 系统性能指标与应用场景

如表 5.3.1 所示，ITU-R 制定了 5G 系统的性能指标，定义了 8 个性能指标和 3 种应用场景，8 个性能指标包括流量密度、连接数密度、时延、移动性、能效、用户体验速率、频谱效率和峰值速率。

表 5.3.1　ITU-R 制定的 5G 系统性能指标

指标名称	流量密度	连接数密度	时延	移动性	能效	用户体验速率	频谱效率	峰值速率
性能指标	10 Tbit/（s·km²）	10^6/km²	空口 1 ms	500 km/h	100 倍提升（相对 4G）	0.1～1 Gbit/s	3 倍提升（相对 4G）	10 Gbit/s

ITU-R 将 5G 的应用场景划分为三大类，包括应用于移动互联网的增强移动宽带（enhanced mobile broadband，eMBB）、应用于物联网的海量机器类通信（massive machine type communications，mMTC）和超可靠低时延通信（ultra reliable and low latency communications，uRLLC），如图 5.3.9 所示。

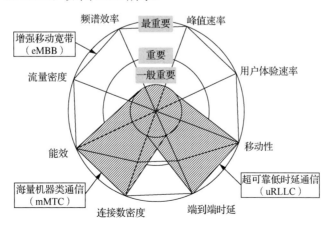

图 5.3.9　ITU-R 制定的 5G 系统的三大类应用场景和指标关系

增强移动宽带又可以进一步分为广域连续覆盖和局部热点覆盖两种场景；移动物联可

分为大容量物联网和高性能物联网两种场景。

广域连续覆盖场景是移动通信最基本的应用场景，该场景以保证用户的移动性和业务连续性为目标，为用户提供无缝的高速业务体验。结合 5G 整体目标，该场景的主要挑战在于要能够随时随地（包括小区边缘、高速移动等恶劣环境）为用户提供 100 Mbit/s 以上的用户体验速率。

局部热点覆盖场景主要面向局部热点区域覆盖，为用户提供极高的数据传输速率，满足网络极高的流量密度需求。结合 5G 整体目标，1 Gbit/s 的用户体验速率、数十 Gbit/s 的峰值速率和数十 Tbit/（s·km^2）的流量密度需求是该场景面临的主要挑战。

大容量物联网场景主要面向智慧城市、环境监测、智能农业、森林防火等以传感和数据采集为目标的应用场景，具有小数据分组、低功耗、海量连接等特点。这类终端分布范围广、数量众多，不仅要求网络具备超千亿连接的支持能力，满足 10^6/km^2 的连接数密度指标要求，而且还要求终端成本和功耗极低。

高性能物联网场景主要面向车联网、工业控制等垂直行业的特殊应用需求，这类应用对端到端时延和可靠性具有极高的要求，需要为用户提供毫米级的端到端时延和接近 100% 的业务可靠性保证。

5. 5G 系统关键技术

大规模天线、新型调制编码、D2D（door to door，门对门）技术、超密集组网技术，以及毫米波高频段通信等是满足 5G 需求的主要无线传输技术。信道建模是研究大规模 MIMO 以及毫米波通信的基础。未来，无论是大规模天线还是毫米波通信，天线系统都将是一个在垂直维度和水平维度都可以分解的多天线阵列系统，这就要求进一步研究三维（3D）空间上的 MIMO 信道模型，用于系统研究和评估。5G 关键技术与应用场景如表 5.3.2 所示。

表 5.3.2　5G 关键技术与应用场景

关键技术	场景	作用和贡献
信道模型研究	广域连续覆盖	大规模天线关键技术研究和性能评估基础
	局部热点覆盖	毫米波通信关键技术研究和性能评估基础
大规模天线	广域连续覆盖	通过空间复用提高空口频谱效率
	局部热点覆盖	通过大规模波束赋形提升空口频谱效率
新型调制编码	广域连续覆盖	采用新型编码方式进一步提升系统频谱效率
	高性能物联网	采用新型编码方式提高空口传输的可靠性
超密集组网	局部热点场景	通过优化与提升站点密度和网络架构实现高速数据传输速率和极高流量需求
毫米波高频段通信	局部热点场景	通过大带宽实现高速数据传输速率和极高流量需求
D2D	局部热点覆盖	提升系统频谱效率
	高性能物联网	降低空口时延，提升传输效率

移动互联网和物联网业务的快速发展，是 5G 系统发展的两大驱动力。相比以往的 1G 到 4G 系统，5G 系统对人类社会和经济发展的影响更为深刻和广泛，发挥的作用也更为重要。5G 面临着业务数据爆发式增长所带来的传输速率、系统容量、频谱效率的挑战；物联网海量终端接入促进了业务多样性和指标多样化发展，带来了系统容量、接入效率、无线资源管理效率和系统复杂性的挑战。同时，5G 也面临着由网络节能需求所提出的能耗效率

提升，以及多种网络联合部署、协作传输等网络复杂性的多重挑战。

为了实现 5G 的广泛应用和高性能指标，无线移动关键技术将是提升系统传输性能、实现 5G 愿景的最重要的因素。信道模型、大规模天线、超密集组网、新型调制编码、D2D、毫米波通信等将是 5G 无线传输的重点研究技术，并在未来的 5G 无线传输中扮演重要角色。

5.3.4 物联网网关

相比互联网时代，物联网的通信协议更加多样，为了适应各种不同的现场总线协议，必须实现各种现场总线控制系统的集成。目前来说，主要解决方案有两种：一种是硬集成方案，主要指通过采用相应网关加以实现；另一种是软集成方案，主要指将对象链接与嵌入技术用于过程控制，即 OPC（OLE for process control，用于过程控制的 OLE）解决方案。本节首先介绍物联网网关，然后介绍 OPC 技术。

1. 物联网网关概述

随着物联网的发展，越来越多的设备需要连接到云端，包括各类仪表、工业设备、采集设备、传感器等，这些设备都以串口（EIA/TIA-232、EIA/TIA-485）居多，所以可以通过串口转 TCP、串口转 Wi-Fi 等物联网网关，将数据传输到云端。但是各种设备和云端服务器通信时由于协议不同，开发者需要开发各类后台程序以配合数据的转换和存储。

如图 5.3.10 所示，网关是一种充当转换重任的计算机系统或设备，在使用不同的通信协议、数据格式或语言，甚至体系结构完全不同的两种系统之间，网关是一个翻译器。与网桥只是简单地传达信息不同，网关对收到的信息要重新打包，以适应目的系统的需求。同时，网关也可以提供过滤和安全功能。

物联网网关具备协议转换能力、可管理能力和广泛的接入能力。

协议转换能力指从不同的感知网络到接入网络的协议转换，将下层的标准格式的数据统一封装，保证不同

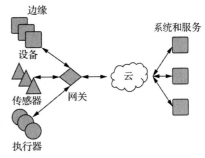

图 5.3.10 物联网系统中的网关

的感知网络的协议能够变成统一的数据和信令，将上层下发的数据包解析成感知层协议可以识别的信令和控制指令。

可管理能力包括对网关的注册管理、权限管理、状态监管等。网关实现对子网内的节点的管理，如获取节点的标识、状态、属性、能量等，以及实现远程唤醒、控制、诊断、升级和维护等。由于子网的技术标准不同，协议的复杂性不同，所以网关具有的管理能力也不同。

广泛的接入能力指物联网网关可容纳较多的近程通信技术标准，并实现它们的互联互通。

2. 智能建筑常用的物联网网关产品

物联网根据应用场景与功能要求的不同，感知网络到接入网络的协议类型也不同。常用的数据传输协议有串口协议（EIA/TIA-485、EIA/TIA-232）、Modbus 协议、CAN 总线协议、Pyxos FT 协议、BACnet 协议、ZigBee 协议、蓝牙协议、LoRa 协议、NB-IoT 协议等。一般情况下，EIA/TIA-485 与 Modbus 是最常用的通用协议，根据不同系统的特点以及使用

需要，可以与其他协议进行相互转换。

在智能建筑中较为常用的网关有 Modbus 数据网关、LoRa 无线智能网关、BACnet 网关、CAN 网关等，用以实现暖通、安防、能耗管理等系统的智能化控制与管理。

（1）Modbus 数据网关

如图 5.3.11 所示，某型 Modbus 温控器数据网关是用于将 EIA/TIA-485 通信房间的温控器通信数据接入 LAN 网络的一款先进协议转换器，采用 Modbus TCP 形式与上位机进行通信。某型 Modbus 数据网关提供 4 路 EIA/TIA-485 接口，每路支持不超过 31 个 Modbus RTU 节点设备。其主要功能及特点如下：

图 5.3.11　某型 Modbus 温控器数据网关

① 提供 4 路下行通信接口：EIA/TIA-485，通信协议为 Modbus RTU 协议；

② 提供上行通信接口：RJ45，通信协议为 Modbus TCP；

③ 每路 EIA/TIA-485 接口支持不超过 31 个 Modbus 从站设备（EIA/TIA-485 房间温控器）。

（2）LoRa 无线智能网关

如图 5.3.12 所示，某型 LoRa 无线智能网关采用 LoRa 无线通信与 EIA/TIA-485 串口并存的方式，采集并管理 LoRa 无线终端设备（LoRa 无线温控器）和 EIA/TIA-485 终端设备（EIA/TIA-485 温控器），并接入 LAN 网络，实现与监控中心服务器的连接。

在一些复杂项目工程应用中，一方面，部分风机盘管控制装置难以布线施工，需要采用 LoRa 无线温控器来实现联网控制功能；另一方面，在以 LoRa 无线组网的控制系统中，部分第三方设备采用 Modbus 通信接口，需要接入现场控制网络。某型 LoRa 无线智能网关完全满足此类项目的数据集成功能。

图 5.3.12　某型 LoRa 无线智能网关

（3）BACnet 网关

在楼宇自动控制系统建设中，BACnet 协议标准是该领域的国际和国内主流通信标准。BACnet 标准是针对采暖、通风、空调、制冷控制设备所设计的，同时也为其他楼宇控制系统（如照明、安保、消防等系统）的集成提供一个基本原则。BACnet 协议分为 BACnet IP、BACnet MS/TP 两种类型，前者为以太网通信协议，后者是基于 EIA/TIA-485 接口技术的总线协议。如图 5.3.13 所示，当第三方 Modbus 设备（含 Modbus RTU、Modbus TCP）或其他自定义串口通信仪表及设备需要接入 BACnet 网络时，需要 BACnet 网关将 Modbus、BACnet 协议相互转换，实现 BACnet 总线与 EIA/TIA-485 总线无缝连接，以方便系统集成商在 BACnet 楼宇自动控制系统中与第三方设备连接。用户可以根据现场设备的通信协议进行配置，完成 BACnet IP、Modbus TCP、Modbus RTU 等协议的相互转换。

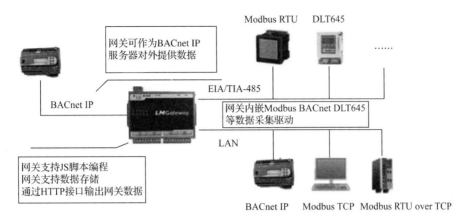

图 5.3.13　BACnet 网关工作示意图

（4）CAN 网关

CAN 现场总线的开放性、分散性和互操作性等特点，使 CAN 网关在一些工业自动化控制系统中得到了广泛的应用。而 Modbus、EIA/TIA-232、EIA/TIA-485 等通信仪表及设备接入 CANbus 现场总线网络就需要通信协议转换器即 CAN 网关来实现。如图 5.3.14 所示，CAN 网关可以满足 CAN 总线同时与一路或多路 EIA/TIA-232 或 EIA/TIA-485 总线（通信协议如 Modbus RTU 或其他自定义协议）之间的通信协议相互转换，

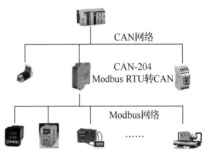

图 5.3.14　CAN 网关工作示意图

实现互联互通，可在复杂工业环境下安全、稳定地运行，拒绝外部干扰。

3. OPC 技术

OPC 技术是指为了给工业控制系统应用程序之间的通信建立一个接口标准，在工业控制设备与控制软件之间建立统一的数据存取规范。它给工业控制领域提供了一种标准数据访问机制，将硬件与应用软件有效地分离开来，是一套与厂商无关的软件数据交换标准接口和规程，主要解决过程控制系统与其数据源的数据交换问题，可以在各个应用之间提供透明的数据访问，如图 5.3.15 所示。

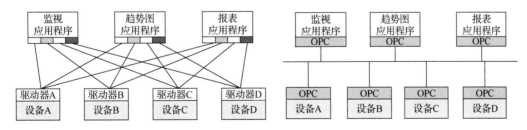

图 5.3.15　OPC 技术在工业控制系统中的应用

（1）OPC 结构

如图 5.3.16 所示，OPC 服务器由三类对象组成，相当于三种层次上的接口，即服务器、组对象和数据项。

① 服务器对象包含服务器的所有信息，同时也是组对象的容器。一个服务器对应于一个 OPC 服务器，即一种设备的驱动程序。在一个服务器中，可以有若干个组。

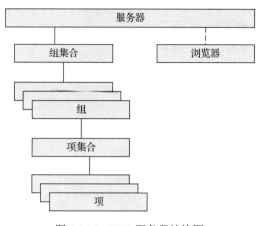

图 5.3.16　OPC 服务器结构图

② 组对象包含本组的所有信息，同时包含并管理 OPC 数据项。OPC 组对象为客户提供了组织数据的一种方法。组是应用程序组织数据的一个单位，客户可对其进行读写，还可设置客户端的数据更新速率。当服务器缓冲区内数据发生改变时，OPC 服务器将向客户发出通知，客户得到通知后再进行必要的处理，而无须浪费大量的时间进行查询。OPC 规范定义了两种组对象：公共组（或称全局组，public）和局部组（或称局域组、私有组，local）。公共组由多个客户共有，局域组只隶属于一个 OPC 客户。公共组对所有连接在服务器上的应用程序都有效，而局部组只能对建立它的客户有效。一般说来，客户和服务器的一对连接只需要定义一个组对象。在一个组中，可以有若干个数据项。

③ 数据项是读写数据的最小逻辑单位，一个数据项与一个具体的位号相连。数据项不能独立于组存在，必须隶属于某一个组。在每个组对象中，客户可以加入多个 OPC 数据项。

（2）OPC 工作原理

OPC 服务器通常支持自动化接口（automation interface）和自定义接口（custom interface）两种类型的访问接口，它们分别为不同的编程语言环境提供访问机制，如图 5.3.17 所示。自动化接口通常是为基于脚本编程语言而定义的标准接口，可以使用 Visual Basic、Delphi Power Builder 等编程语言开发 OPC 服务器的客户应用。自定义接口是专门为 C++等高级编程语言而制定的标准接口。

OPC 以 OLE/COM 机制作为应用程序的通信标准，而 OLE/COM 是一种客户端/服务器端模式，具有语言无关性、代码重用性、易于集成等优点。OPC 服务器中的代码确定了服务器所存取的设备和数据、数据项的命名规则和服务器存取数据的细节，不管现场设备以何种形式存在，客户都以统一的方式去访问，从而保证了软件对客户的透明性，使得用户完全从低层的开发中脱离出来。客户应用程序仅须使用标准接口和服务器通信，而并不需要知道底层的实现细节。如图 5.3.18 所示，通过 OPC 服务器，OPC 客户既可以直接读写物理 I/O 设备的数据，也可操作 SCADA 等系统的端口变量。

图 5.3.17　OPC 的两种通用接口方式

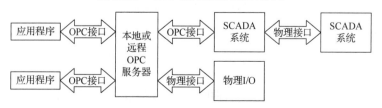

图 5.3.18　OPC 客户端/服务器端结构图

OPC 客户和 OPC 服务器进行数据交互可以有两种不同方式，即同步方式和异步方式。同步方式实现较为简单，当客户数目较少而且同服务器交互的数据量也比较少的时候可以采用这种方式；异步方式实现较为复杂，需要在客户程序中实现服务器回调函数。当有大量客户和大量数据交互时，异步方式的效率更高，能够避免客户数据请求的阻塞，并可以最大限度地节省 CPU 和网络资源。

（3）OPC 实例

在某智能楼宇系统中，将 OPC 技术应用于楼宇控制子系统中。该楼宇控制子系统采用了美国 KMC 公司的 KMDigital 控制系统，通过 WinControl 2.0 与第三方交换信息。

在此应用系统中，OPC 服务器为 KMC OPC 服务器，OPC 客户端集成在 IBMS 集成软件中。KMC 公司的 WinControl 系统及 OPC 服务器可以直接控制现场设备，客户计算机上安装 OPC 客户端程序并注册相应的 OPC 函数库。利用 OPC 函数库里提供的访问 OPC 服务器的接口函数来接收 OPC 服务器传送过来的现场设备数据，OPC 环境模型如图 5.3.19 所示。

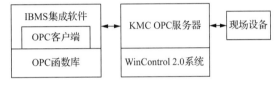

图 5.3.19　OPC 环境模型

OPC 作为一种新的软件数据交换标准接口和规程，提供了建筑内各子系统进行数据交换的通用的、标准的通信接口。将 OPC 技术应用于楼宇集成，不仅能够实现各个子系统之间的互联性和互操作性，而且能够实现在一个统一的集成管理平台上进行控制和管理，实现真正意义上的智能建筑系统一体化集成。

根据建筑物智能化系统的设计特点，将 OPC 技术应用于建筑管理系统集成中，各子系统及子系统的各应用模块均具备 OPC 接口，各子系统通过 OPC 客户接口与符合 OPC 规范的现场设备实现数据交互，完成最基本的任务，即采集各子系统状态、日志、开关信号等数据；而中央监控站集成软件则通过 OPC 客户接口与提供 OPC 服务器接口的各子系统进行通信和控制，并根据收集到的各个子系统的信息，协调各个子系统之间的工作。

通过标准化的 OPC 客户接口和 OPC 服务器接口，中央监控站就可以和各子系统及现场设备进行数据通信，从而达到控制和管理的目的，实现系统的集成与管理。当系统因为升级等原因发生变化时，只需要对子系统对象进行修改，而不需要涉及集成平台，因而系统的开放性和可维护性好。在整个系统集成中，通过 OPC 接口模块，可以在各个子系统之间建立开放的、具有互操作性的连接，用户不必再关心集成不同子系统的接口问题，可以自由选择合适的软件和设备。可见，OPC 技术为智能楼宇集成提供了技术上的可靠性和实施上的现实性。

目前许多硬件厂商提供的产品均带有标准的 OPC 接口，编制符合标准 OPC 接口的客户端应用软件就可以很方便地集成到整个系统中去，从而实现系统的灵活配置和多个子系统的真正集成。

5.4　智能建筑物联网应用技术

将物联网设备终端接入网络，只是物联网应用的开始。一般情况下，非同一个局域网下的硬件设备之间无法直接点对点通信，需要一个位于互联网上的服务器做中转，这个服务器就是现在流行的所谓物联网云端。

以共享单车方案为例，在每个共享单车的锁里都有一个 GSM 模块，此模块让锁可以通过 2G 信号与物联网云平台建立通信，用户使用手机 App 扫码之后，手机会向云端发送开锁请求，云端在验证了用户的身份信息之后会通过网络发送开锁的命令给锁，锁收到命令后自动开锁，整个过程不超过 3 s。

物联网云端拥有大量的设备数据，针对数据，人类可以去挖掘里面的规律，挖掘里面的商业价值，以及对设备未来的状态进行预测等。对于物联网数据，从基础的监控到数据报表统计，再到数据挖掘与机器学习，物联网通过计算决策实现智能化，提高了生产效率、管理效率，极大地促进了社会生产力的提高。

5.4.1　云平台系统架构

如图 5.4.1 所示，物联网云平台系统架构主要包含四大组件：设备接入、设备管理、规则引擎、安全认证及权限管理。

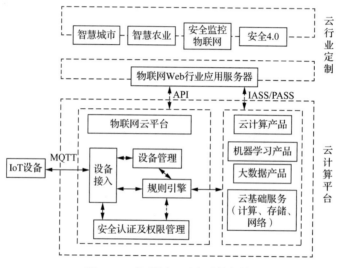

图 5.4.1　物联网云平台系统架构

（1）设备接入

物联网云平台包含多种设备接入协议，主流的是 MQTT 协议。有些云计算厂商也在 MQTT 协议上精简将其变成独有的接入协议。

目前开发出来的 MQTT 代理服务器大多是单机版，最多也就是并发连接十几万设备，为应对数十亿的设备连接管理，需要用到负载均衡，用到分布式架构。在云平台需要部署分布式 MQTT 代理服务器。

（2）设备管理

物联网云平台一般以树形结构的方式管理设备，包含设备创建管理以及设备状态管理等。根节点以产品开始，然后是设备组，再到具体设备。主要包含如下管理：产品注册及管理、产品下级设备增/删/改/查管理，以及设备消息发布、OTA 设备升级管理等。

（3）规则引擎

物联网云平台通常是基于现有云计算平台搭建的。一个物联网成熟业务除了需要物联网云平台提供功能外，一般还需要云计算平台提供功能，如云主机、云数据库等。用户可以在云主机上搭建万维网行业应用服务。

规则引擎的主要作用是把物联网平台数据通过过滤转发到其他云计算产品上，如可以把设备上报的数据转发到数据库产品里。规则引擎一般使用方式：类 SQL 语言，通过编写 SQL 语言，用户可以过滤数据、处理数据，并把数据发到其他云计算产品中，或者其他云计算服务中。

（4）安全认证及权限管理

物联网云平台为每个设备颁发唯一的证书，证书通过后才能允许设备接入云平台，云平台最小授权粒度一般是做到设备级。证书一般分为两种：一种是产品级证书；另一种是设备级证书。产品级证书拥有最大的权限，可以对产品下所有的设备进行操作；设备级证书只能对自己所属的设备进行操作，无法对其他设备进行操作。

因此，每个接入云平台的设备都在本地存储一个证书（其实存在形式是一个 KEY，由多个字符串构成）。每次与云端建立连接时，都要提供证书，以便云端安全组件核查通过。

5.4.2 大数据技术

大数据指的是那些大小超过标准数据库工具软件能够收集、存储、管理和分析的数据集。大数据本质上是数据交叉、方法交叉、知识交叉、领域交叉、学科交叉，从而产生新的科学研究方法、新的管理决策方法、新的经济增长方式、新的社会发展方式等。如图 5.4.2 所示，大数据具备大体量、多样化、时效性和大价值四个维度的特征。

在智能建筑信息网络技术中，大数据是指智能建筑物联网中传感器采集的设备运行、环境等不断累积产生的大型而复杂的数据集。物联网技术的发展，使得视频、音频、RFID、M2M、物联网和传感器等产生了大量的数据。IDC（Internet Data Center，互联网数据中心）曾预测，到 2025 年，将有 416 亿台物联网设备产生 79.4 ZB（1.18×10^{21}字节）的数据。

图 5.4.2　大数据的特征

1. 大数据计算模式和系统

大数据计算模式，是指根据大数据的不同数据特征和计算特征，从多样性的大数据计算问题和需求中提炼并建立的各种高层抽象和模型。传统的并行计算方法主要从体系结构和编程语言的层面定义了一些较为底层的抽象和模型，但由于大数据处理问题具有很多高层的数据特征和计算特征，所以大数据处理需要更多地结合其数据特征和计算特征考虑更为高层的计算模式。根据大数据处理多样性的需求，出现了各种典型的大数据计算模式，以及与之相对应的大数据计算系统和工具。表 5.4.1 所示为大数据计算模式及典型系统和工具。

表 5.4.1　大数据计算模式及典型系统和工具

大数据计算模式	典型系统和工具
大数据查询分析计算	HBase、Hive、Cassandra、Premel、Impala、Shark、Hana、Redis 等
批处理计算	MapReduce、Spark 等
流式计算	Scribe、Flume、Storm、S4、Spark Streaming、Apex、Flink 等
迭代计算	HaLoop、iMapReduce、Twister、Spark 等
图计算	Pregel、Giraph、Trinity、PowerGraph、GraphX 等
内存计算	Dremel、Hana、Redis 等

2．大数据主要技术内容

从信息系统的角度来看，大数据处理是涉及软硬件系统各个层面的综合信息处理技术。从信息系统角度可以将大数据处理分为基础层、系统层、算法层及应用层，表 5.4.2 所示是从信息处理系统角度所看到的大数据技术的主要技术层面和技术内容。

表 5.4.2　大数据技术的主要技术层面和技术内容

主要技术层面		技术内容
应用层	大数据行业应用/服务层	电信/公安/商业/金融/遥感遥测/勘探/生物医药/教育/政府
		领域应用/服务需求和计算模型
	应用开发层	分析工具/开发环境和工具/行业应用系统开发
算法层	应用算法层	社交网络、排名与推荐、商业智能、自然语言处理、生物信息媒体分析检索、万维网挖掘与检索、大数据分析与可视化计算等
	基础算法层	并行化机器学习与数据挖掘算法
系统层	并行编程模型与计算框架层	并行计算模型与系统批处理计算、流式计算、图计算、迭代计算、内存计算、混合式计算、定制计算等
	大数据存储管理	大数据查询（SQL、NoSQL、实时查询、线下分析）
		大数据存储（DFS、Hbase、MemD、RDM）
		大数据采集（系统日志采集、网络数据采集、其他数据采集）与数据预处理
基础层	并行构架和资源平台层	集群、众核、GPU、混合式架构（如集群+众核，集群+GPU）、云计算资源与支撑平台

（1）基础层

基础层主要提供大数据分布存储和并行计算的硬件基础设施。目前大数据处理通用化的硬件设施是基于普通商用服务器的集群，在有特殊的数据处理需要时，这种通用化的集群也可以结合其他类型的并行计算设施一起工作。随着云计算技术的发展，基础层也可以与云计算资源管理和平台结合。

（2）系统层

在系统层，需要考虑大数据的采集、大数据的存储管理和并行化计算系统软件几个方面的问题。常见的大数据采集方法主要有系统日志采集法、网络数据采集法和其他数据采集法。大数据处理首先面临的是如何解决大数据的存储管理问题。为了提供巨大的数据存储能力，通常做法是利用分布式存储技术和系统提供可扩展的大数据存储能力。

首先需要有一个底层的分布式文件系统，但文件系统通常缺少结构化/半结构化数据的存储管理和访问能力，而且其编程接口对于很多应用来说过于底层。当数据规模增大或者要处理很多非结构化/半结构化数据时，传统数据库技术和系统将难以适用。因此，系统层还需要解决大数据的存储管理和查询问题，因此人们提出了一种 NoSQL 的数据管理查询模式。但最理想的状态还是能提供统一的数据管理查询方法，为此，人们进一步提出了NewSQL 的概念和技术。

解决了大数据的存储问题后，进一步面临的问题是如何快速有效地完成大规模数据的计算。大数据的数据规模极大，为了提高大数据处理的效率，需要使用大数据并行计算模型和框架来支撑大数据的计算。目前，主流的大数据并行计算框架是 Hadoop MapReduce技术。同时，人们开始研究并提出其他的大数据计算模型和方法，如高实时、低延迟的流式计算，针对复杂数据关系的图计算，查询分析类计算，以及面向复杂数据分析挖掘的迭代和交互计算和高实时、低延迟的内存计算。

（3）算法层

基于以上的基础层和系统层，为了完成大数据的并行化处理，进一步需要考虑的问题是，如何对各种大数据处理所需的分析挖掘算法进行并行化设计。

（4）应用层

基于上述三个层面，可以构建各种行业或领域的大数据应用系统。

3. 大数据在智能建筑中的典型应用

随着大数据技术的不断发展，建筑行业将向着绿色化、智能化和智慧化发展。随着人与自然和谐共处的观念深入人心，绿色建筑、智能建筑和智慧建筑的概念也越来越清晰。

建筑中的数据以某个房间、某个设备或某个子系统为单位，包括温湿度/照度等环境参数、设备状态参数以及系统运行参数。随着物联网技术的发展，每一个子节点的数据集合都是智能建筑的智能数据节点，每个智能数据节点均具有存储和计算能力，为大数据技术的分布式存储和分布式计算提供了基础。

通过快速分析整合设备或子系统的大量数据信息，可以挖掘出系统运行背后所隐含的系统运行规律、设备健康/故障状态特征，并进一步应用在智慧建筑综合管理系统中，将有利于建筑结构的优化设计、系统运行的管理制度的完善。智能建筑所包含的数据信息极其庞大，充分利用大数据技术，能及时有效地处理这些数据，并挖掘有价值的信息，为建筑能源合理管理提供数据支撑，在能源监测、节能减灾、防护救灾等方面发挥其智能化的优势。

5.4.3 云计算技术

云计算是一种按使用量付费的模式，最初的目标是对资源的管理，管理的主要是计算资源、网络资源和存储资源三个方面。这种模式提供可用的、便捷的、按需的网络访问，进入可配置的计算资源共享池（资源包括网络、服务器、存储、应用软件、服务），这些资源能够被快速提供，只需投入很少的管理工作，或与服务供应商进行很少的交互。

如图 5.4.3 所示，美国权威调研机构 Gartner（高德纳）发布的云计算市场份额报告中，

图 5.4.3　2012～2020 年全球云计算服务市场规模及预测

2016 年全球云计算市场规模为 2196 亿美元,2017 年达到 2602 亿美元,同比增长约 18.49%,2019 年达到 3556 亿美元。在未来几年全球云计算服务市场仍将保持以 15%左右的增长率平稳增长,行业市场规模广阔。

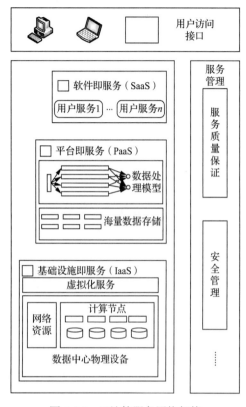

图 5.4.4　云计算服务网络架构

在我国 2019 年云计算企业的排行榜中,领跑的企业主要有阿里巴巴(阿里云)、中国电信(天翼云)、腾讯(腾讯云)、中国联通(沃云)、华为(华为云)、中国移动(移动云)、百度(百度云)等。

1. 云计算的层次架构

如图 5.4.4 所示,云计算核心服务通常可以分为三个子层:基础设施即服务(infrastructure as a service,IaaS)层、平台即服务(platform as a service,PaaS)层、软件即服务(software as a service,SaaS)层。

（1）基础设施即服务

基础设施即服务是传统的应用需要分析系统的资源需求,也即需要确定基础架构所需的计算、存储、网络等设备规格和数量。云基础架构是在传统基础架构的基础上,增加了虚拟化层和云层。

（2）平台即服务

如果以传统计算机架构中“硬件+操作系统/开发工具+应用软件”的观点来看,云计算的平台层应该提供类似操作系统和开发工具的功能。

PaaS 将开发环境作为服务提供给用户,用户主要是应用程序的开发者,用户在 PaaS 提供的在线开放平台上进行软件开发,从而推出用户自己的 SaaS 产品或应用。

（3）软件即服务

SaaS 是最常见的一类云服务,它通过互联网向用户提供简单的软件应用服务及用户交互接口。用户通过标准的万维网浏览器,就可以使用互联网上的软件,用户按订购的服务多少和时间长短付费(也可能免费)。当前典型的 SaaS 有多种,如在线邮件服务、网络会议、在线杀毒等。

2. 云计算的核心技术

云计算系统运用了许多技术,其中以编程模型、数据存储技术、数据管理技术、虚拟化技术、云计算平台管理技术最为关键。

（1）编程模型

MapReduce 是 Google 开发的 Java、Python、C++编程模型,它是一种简化的分布式编程模型和高效的任务调度模型,用于大规模数据集(大于 1 TB)的并行运算。严格的编程模型使云计算环境下的编程十分简单。MapReduce 模式的思想是将要执行的问题分解成 Map(映射)和 Reduce(化简)的方式,先通过 Map 程序将数据切割成不相关的区块,分配/调度给大量计算机处理，达到分布式运算的效果，再通过 Reduce 程序将结果汇整输出。

（2）数据存储技术

云计算系统由大量服务器组成，同时为大量用户服务，因此云计算系统采用分布式存储的方式存储数据，用冗余存储的方式保证数据的可靠性。云计算系统中广泛使用的数据存储系统是 Google 的 GFS（Google file system，Google 文件系统）和 Hadoop 团队开发的 GFS 的开源 HDFS。

GFS 是一个可扩展的分布式文件系统，用于大型的、分布式的、对大量数据进行访问的应用。GFS 的设计思想不同于传统的文件系统，是针对大规模数据处理和 Google 应用特性而设计的。它运行于廉价的普通硬件上，但可以提供容错功能，还可以给大量的用户提供总体性能较高的服务。

（3）数据管理技术

云计算需要对分布的、海量的数据进行处理、分析，因此，数据管理技术必须能够高效地管理大量的数据。云计算系统中的数据管理技术主要是 Google 的 BigTable 数据管理技术和 Hadoop 团队开发的开源数据管理模块 HBase。

BigTable 是建立在 GFS、Scheduler、Lock Service 和 MapReduce 之上的一个大型的分布式数据库，与传统的关系数据库不同，它把所有数据都作为对象来处理，从而形成一个巨大的表格，用来分布存储大规模的结构化数据。

Google 的很多项目使用 BigTable 来存储数据，包括网页查询、Google earth 和 Google 金融。这些应用程序对 BigTable 的要求各不相同，即数据大小（从 URL 到网页到卫星图像）不同，反应速度不同（从后端的大批处理到实时数据服务）。对于不同的要求，BigTable 都成功地提供了灵活高效的服务。

（4）虚拟化技术

通过虚拟化技术可使软件应用与底层硬件相隔离，它包括将单个资源划分成多个虚拟资源的裂分模式，也包括将多个资源整合成一个虚拟资源的聚合模式。虚拟化技术根据对象可分成存储虚拟化、计算虚拟化、网络虚拟化等，计算虚拟化又分为系统级虚拟化、应用级虚拟化和桌面虚拟化。

（5）云计算平台管理技术

云计算资源规模庞大，服务器数量众多并分布在不同的地点，同时运行着数百种应用，如何有效地管理这些服务器，保证整个系统提供不间断的服务是巨大的挑战。云计算系统的平台管理技术能够使大量的服务器协同工作，方便地进行业务部署和开通，快速发现和恢复系统故障，通过自动化、智能化的手段实现大规模系统的可靠运营。

3. 公有云、私有云和混合云

公有云通常指第三方提供商用户能够使用的云，一般可通过 Internet 使用。公有云的优点是能够以低廉的价格，提供有吸引力的服务给最终用户，创造新的业务价值；能够整合上游的服务（如增值业务、广告）提供者和下游的最终用户，打造新的价值链和生态系统；使客户能够访问和共享基本的计算机基础设施，包括硬件、存储和带宽等资源。公有云的缺点与安全有关，它通常不能满足许多安全法规遵从性要求，因为不同的服务器驻留在多个国家，并具有各种安全法规。另外，网络问题可能发生在在线流量峰值期间。虽然公有云模型通过提供按需付费的定价方式具有一定的成本效益，但在移动大量数据时，其费用会迅速增加。

　　私有云是为满足一个客户单独使用的需求而构建的。对于企业来说，私有云具有更高的安全性和隐私性，可以定制解决方案，可以更充分地利用计算资源，减少能源消耗。同时，私有云的可靠性、云空间爆发和速度优势也被企业看重。但私有云价格较高，并且企业仅限于使用合同中规定的云计算基础设施资源。私有云的高度安全性可能会使得从远程位置访问也变得很困难。

　　混合云是公有云和私有云两种服务方式的结合，不仅允许用户利用公有云和私有云的优势，还为应用程序在多云环境中的移动提供了极大的灵活性。此外，混合云模式具有成本效益，因为企业可以根据需要决定使用成本更高昂的云计算资源。混合云的缺点是因为设置更加复杂而难以维护和保护。此外，由于混合云是不同的云平台、数据和应用程序的组合，所以其整合可能是一项挑战。在开发混合云时，基础设施之间也会出现主要的兼容性问题。

5.4.4　边缘计算技术

　　很多行业应用对实时性、可靠性和安全性等有严格的要求，有些行业应用受制于接入带宽和成本，需要对上传数据中心的流量进行聚合和预处理，因此，在靠近物或数据源头的网络边缘就需要一个融合联接、计算、存储和应用安装等能力的开放平台，也就是边缘计算平台，考虑到其位置，一般在物联网网关上实现。边缘计算是指在靠近物或数据源头的一侧，采用网络、计算、存储、应用核心能力为一体的开放平台，就近提供前端服务。其应用程序在边缘侧发起，产生更快的网络服务响应，满足行业在实时业务、应用智能、安全与隐私保护等方面的基本需求。

　　边缘计算负责从各种设备中经由多种协议转换提取所需的数据和功能，实时处理或者上传到云平台。在提供传输能力的同时，位于边缘计算层的网关还负责提供数据过滤、数据清理、数据聚合、数据监控等功能。网关负责管理设备的整个生命周期，提供唯一的标识（ID）识别设备，进行资产管理并更新设备固件。边缘计算层不仅连通了应用层和设备层，同时保证了整个物联网架构中端到端的安全性。

1. 边缘计算的特点与属性

　　参考边缘计算联盟（Edge Computing Consortium，ECC）与工业互联网联盟（Alliance of Industrial Intenet，AII）在 2018 年年底发布的白皮书中对边缘计算的定义，作为连接物理世界与数字世界的桥梁，边缘计算具有联接性、约束性、分布性、融合性和数据第一入口等基本特点与属性。

　　联接性是边缘计算的基础。所联接物理对象的多样性及应用场景的多样性，需要边缘计算具备丰富的联接功能。联接性需要充分借鉴吸收网络领域先进的研究成果，同时还要考虑与现有各种工业总线的互联、互通、互操作。

　　边缘计算作为物理世界到数字世界的桥梁，是数据的第一入口，拥有大量、实时、完整的数据，可基于数据全生命周期进行管理与价值创造，更好地支持预测性维护、资产管理与效率提升等创新应用；同时，作为数据第一入口，边缘计算也面临数据实时性、确定性、完整性、准确性、多样性等的挑战。

　　边缘计算产品需适配工业现场相对恶劣的工作条件与运行环境。在工业互联场景下，对边缘计算设备的功耗、成本、空间也有较高的要求。边缘计算产品需要考虑通过软硬件集成与优化，以适配各种条件约束，支撑行业数字化多样性的场景。

　　边缘计算实际部署天然具备分布式特征。这要求边缘计算支持分布式计算与存储，实现分布式资源的动态调度与统一管理，支撑分布式智能，具备分布式安全等能力。

OT 与 ICT（information and communications technology，信息与通信技术）的融合是行业数字化转型的重要基础。边缘计算作为"OICT（operational information communication technology，运营、信息、通信技术）"融合与协同的关键承载，需要支持在联接、数据、管理、控制、应用、安全等方面的协同。

总体而言，云计算聚焦非实时、长周期数据的大数据分析，能够为业务决策支持提供依据；边缘计算则聚焦实时、短周期数据的分析，能更好地支撑本地业务的实时智能化处理与执行。下面将介绍边缘计算联盟提出的边云协同的参考架构和边缘计算的主要应用场景。

2. 边云协同的参考架构

为了支持上述边云协同能力与内涵，需要相应的参考架构与关键技术，边云协同参考架构需要考虑连接能力、信息特征以及资源约束性因素。如图 5.4.5 所示，边云协同参考架构包括边缘节点与云端。其中，边缘节点具有基础设施能力、边缘平台能力、管理与安全能力、应用与服务能力；云端具有平台能力、边缘开发测试云功能等。

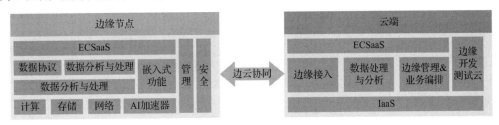

图 5.4.5　边缘计算架构与边云协同

3. 边缘计算的主要应用场景

从细分价值市场的维度来看，边缘计算主要分为三类：电信运营商边缘计算、企业与物联网边缘计算、工业边缘计算，如表 5.4.3 所示。

表 5.4.3　边缘计算分类及主要业务

三类边缘计算	六种边缘计算主要业务形态	主要技术及运营商	典型方案
电信运营商 企业与物联网 工业	物联网边缘计算	ICT、OT、电信运营商	华为 Ocean Connect&EC-IoT 思科 Jasper&Fog Computing
	工业边缘计算	OT、ICT	西门子 Industrial Edge 和利时 Holiedge
	智慧家庭边缘计算	电信运营商、OTT	智慧家居
	广域接入网络边缘计算	电信运营商、OTT	SD-WAN
	边缘云	OTT、电信运营商、开源	AWS Greengraaa Huawei Intelligent EdgeFabric
	多接入边缘计算 （MEC）	电信运营商	中国移动 MEC 中国联通 Edge Cloud 中国电信 ECOP

围绕上述三类边缘计算，业界主要的 ICT、OT、OTT、电信运营商等纷纷基于自身的优势构建相关能力，布局边缘计算，形成了当前主要的六种边缘计算的业务形态：物联网边缘计算、工业边缘计算、智慧家庭边缘计算、广域接入网络边缘计算、边缘云以及多接

入边缘计算（MEC）。

5G 时代的多元化应用催生了边缘计算的快速发展，传统的数据中心将向边缘侧延伸，边缘计算将加速 ICT 融合落地。5G 通信时代中边缘计算的第一个重要作用是通过部署边缘计算服务器满足催生的边缘侧增量需求。

在万物互联的 5G 智能化时代，仅采用中心云计算模式（中心云），已经不能满足高效地处理网络边缘端所产生的海量数据的需求，因此分布在网络边缘端，提供实时数据处理、分析决策的小规模云数据中心的边缘云和边缘计算服务器显得尤其重要。

5G 通信时代中边缘计算的第二个重要作用是通过新的网络拓扑架构——核心网下沉和边缘数据中心满足 5G 超低时延、大带宽和海量连接的需求。

边缘计算的第三个重要作用是通过部署边缘云和多接入边缘计算快速带动这些重要应用领域的发展。

作为数据的第一入口，边缘计算能够实时、安全、高效地处理工业自动化中的低时延数据，是能够同时满足 5G 和智能制造发展需求的核心技术。

5.4.5　区块链技术

区块链来自比特币等加密货币的实现，目前这项技术已经逐步运用在各个领域。区块链与加密/解密技术、P2P 网络等组合在一起，诞生了比特币。

区块链技术不需要中心服务器，可使各类存储数据公开、透明、可追溯，是比特币等加密货币存储数据的一种独特方式，是一种自引用的数据结构，用来存储大量交易信息，每条记录从后向前有序链接起来，具备公开透明、无法篡改、方便追溯的特点。这种数据公开、透明、可追溯的产品的架构设计方法，称为广义区块链。

广义的区块链技术必须包含点对点网络设计、加密技术应用、分布式算法的实现、数据存储技术的使用等四个方面，其他的可能涉及分布式存储、机器学习、VR（virtual reality，虚拟现实）、物联网、大数据等。狭义的区块链技术仅仅涉及数据存储技术、数据库或文件操作等。

1. 区块链关键技术

区块链主要解决的是交易的信任和安全问题，它针对这个问题提出了四个技术创新：分布式账本、非对称加密和授权技术、共识机制和智能合约。

（1）分布式账本

分布式账本就是交易记账由分布在不同地方的多个节点共同完成，而且每一个节点记录的都是完整的账目，因此它们都可以参与监督交易合法性，同时也可以共同为其作证。

跟传统的分布式存储有所不同，区块链的分布式存储的独特性主要体现在两个方面：一是区块链每个节点都按照块链式结构存储完整的数据，传统分布式存储一般是将数据按照一定的规则分成多份进行存储；二是区块链每个节点的存储都是独立的、地位等同的，依靠共识机制保证存储的一致性，而传统分布式存储一般是通过中心节点往其他备份节点同步数据。

由于没有任何一个节点可以单独记录账本数据，从而避免了单一记账人被控制或者被贿赂而记假账的可能性。也由于记账节点足够多，理论上除非所有的节点被破坏，否则账目就不会丢失，从而保证了账目数据的安全性。

（2）非对称加密和授权技术

存储在区块链上的交易信息是公开的，但是账户身份信息是高度加密的，只有在数据拥有者授权的情况下才能被访问到，从而保证了数据的安全和个人的隐私。

（3）共识机制

共识机制就是所有记账节点之间如何达成共识，去认定一个记录的有效性，这既是认定的手段，也是防止篡改的手段。区块链提出了工作量证明、权益证明、委托权益证明、重要性证明等共识机制，适用于不同的应用场景，实现在效率和安全性之间取得平衡。

区块链的共识机制具备"少数服从多数"以及"人人平等"的特点，其中，"少数服从多数"并不完全指节点个数，也可以是计算能力、股权数或者其他的计算机可以比较的特征量；"人人平等"则是当节点满足条件时，所有节点都有权优先提出共识结果，直接被其他节点认同后有可能成为最终共识结果。以比特币为例，采用的是工作量证明，只有在控制了全网超过 51%的记账节点的情况下，才有可能伪造出一条不存在的记录。当加入区块链的节点足够多时，这基本上不可能，从而杜绝了造假的可能。

（4）智能合约

智能合约是基于这些可信的不可篡改的数据，可以自动化地执行一些预先定义好的规则和条款。以保险为例，如果每个人的信息（包括医疗信息和风险发生的信息）都是真实可信的，那就很容易在一些标准化的保险产品中进行自动化的理赔。

2. 区块链架构

如图 5.4.6 所示，区块链架构设计上可以分为三个层次，即协议层、扩展层和应用层。其中，协议层又可以分为存储层和网络层，它们相互独立但又不可分割。

（1）协议层

协议层指代底层的技术。这个层次通常是一个完整的区块链产品，类似于计算机的操作系统，它维护着网络节点，仅提供 API（应用程序接口）供调用。通常官方会提供简单的客户端（通称为钱包），这个客户端钱包功能也很简单，只能建立地址、验证签名、转账支付、查看余额等。这个层次是一切的基础，在这一层，构建了网络环境，搭建了交易通道，制定了节点奖励规则。典型的例子是比特币和各种二代币，如莱特币等。

（2）扩展层

扩展层类似于计算机的驱动程序，是为了让区块链产品更加实用。目前有两类：一是各类交易市场，是法币兑换加密货币的重要渠道，实现简单，成本低，但风险也大；二是针对某个方向的扩展实现，特别值得一提的就是大家听得最多的"智能合约"的概念，这是典型的扩展层面的应用开发。所谓"智能合约"就是"可编程合约"，或者叫作"合约智能化"，其中的"智能"是执行上的智能，也就是说达到某个条件后，合约自动执行，如自动转移证券、自动付款等，目前还没有比较成型的产品，但不可否认，这将是区块链技术重要的发展方向。

从这个层来看，区块链可以架构开发任何类型的产品，不仅仅是用在金融行业。在未来，随着底层协议更加完善，任何需要第三方支付的产品都可以方便地使用区块链技术；任何需要确权、征信和追溯的信息，都可以借助区块链来实现。

（3）应用层

应用层类似于计算机中的各种软件，是普通人可以真正直接使用的产品，也可以理解为 B/S（browser/server，浏览器/服务器）架构的产品中的浏览器端（browser）。目前移动端的各类钱包（客户端）就是应用层最简单、最典型的应用。

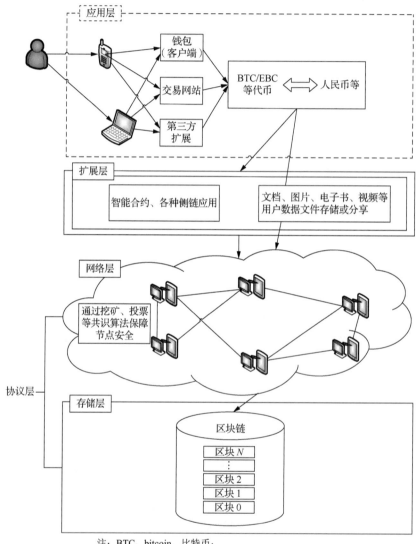

注：BTC，bitcoin，比特币；
EBC，EBcoin，EBC 基金发行的实用代币。

图 5.4.6　区块链架构图

3. 区块链在物联网中的应用

物联网近年来的发展已经渐成规模，但在长期发展演进过程中仍然存在许多需要攻克的难题。在设备安全方面，缺乏设备与设备之间相互信任的机制，所有的设备都需要和物联网中心的数据进行核对，一旦数据库崩塌，就会对整个物联网造成很大的破坏。在个人隐私方面，中心化的管理架构无法自证清白，个人隐私数据被泄露的事件时有发生。在扩展能力方面，目前的物联网数据流都汇总到单一的中心控制系统，未来物联网设备将呈几何级数增长，中心化服务成本难以负担，物联网与业务平台需要有新型的系统扩展方案。在通信协作方面，全球物联网平台缺少统一的技术标准、接口，这使得多个物联网设备彼此之间的通信受到阻碍，并产生多个竞争性的标准和平台。在网间协作方面，目前，很多物联网都是运营商、企业内部的自组织网络，涉及跨多个运营商、多个对等主体之间的协作时，建立信用的成本很高。区块链凭借"不可篡改"、"共识机制"和"去中心化"等特性，将对物联网产生重要的影响。

区块链在物联网和物流领域有较好的应用场景，通过区块链可以降低物流成本，追溯物品的生产和运送过程，并且提高供应链管理的效率。该领域被认为是区块链的一个很有前景的应用方向。

区块链通过节点连接的散状网络分层结构，能够在整个网络中实现信息的全面传递，并能够检验信息的准确程度。这种特性一定程度上提高了物联网交易的便利性和智能化。"区块链+大数据"的解决方案就利用了大数据的自动筛选过滤模式，在区块链中建立信用资源，可双重提高交易的安全性，并提高物联网交易的便利程度，为智能物流模式应用节约时间成本。区块链节点具有十分自由的进出能力，可独立地参与或离开区块链体系，且不会对整个区块链体系产生任何干扰。"区块链+大数据"的解决方案就利用了大数据的整合能力，促使物联网基础用户拓展更具有方向性，便于在智能物流的分散用户之间实现用户拓展。

使用区块链技术搭建的物联网业务平台是一种"去中心化"的业务平台（简称物联网区块链，或 block chain of things，BoT）。如图 5.4.7 所示，物联网区块链支持物联网实体（如物联网设备、物联网服务器、物联网网关、服务网关和终端用户设备等）在"去中心化"的模式下相互协作，在一个物联网实体上可以部署一个或多个物联网区块链节点（BoT 节点）和"去中心化"应用（dApp）。物联网实体通过"去中心化"应用连接到 BoT 节点，进而在物联网区块链上相互协作。

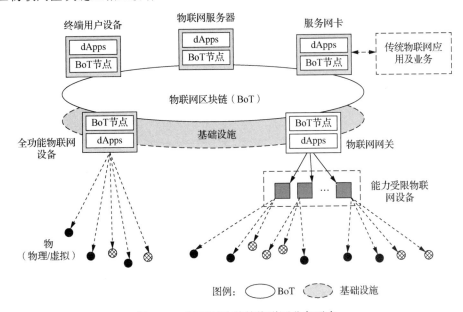

图 5.4.7　基于区块链的物联网业务平台

5.5 智能建筑中的物联网应用

物联网的应用体系架构说明了物联网系统的两种情况：一是人类通过信息网络对物件传感器数据进行采集、存储、处理，从而对物件进行管理和监控；二是物件间产生互动，人类通过信息网络对物件间的互动进行管理和监控。

5.5.1 智能建筑物联网应用概述

随着智慧城市建设的发展，建筑的信息化要求越来越高，智能建筑的结构、系统、服务和管理可根据用户的需求进行最优化组合，从而为用户提供一个高效、舒适、便利的智能化建筑环境，并划分为建筑设备自动化系统、通信自动化系统、办公自动化系统、安全防范自动化系统及消防自动化系统，它们是智能建筑的基础。这五大独立系统利用物联网技术连接起来，可实现信息的共享和统一管理，主要体现在设备监控、环境监测、节能管理、智能家居、安防管理五个方面。

1. 设备监控

智能建筑中包含空调、照明、给水排水等多个子系统，采用物联网技术，通过传感器、控制器等设备，可以实时掌握建筑设备中各个子系统的运行情况。此外，通过监控系统中的控制程序，还能实现系统的自动优化运行，一旦出现系统故障，可以及时上报相关信息，如图 5.5.1 所示。

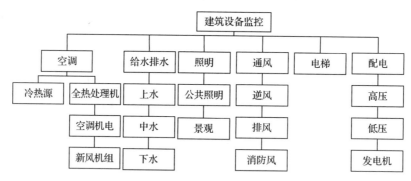

图 5.5.1　建筑设备监控管理对象

2. 环境监测

当前人们越来越重视环境质量,环境质量的好坏直接影响着人们的身心健康。如图 5.5.2 所示，采用物联网技术，通过分布在建筑中的光照、温度、湿度、噪声等各类环境监测传感器，将建筑室内的环境参数信息进行实时传输，使相关管理人员可以实时掌握建筑室内的环境质量状况。同时，通过联动空调系统，可以对环境质量进行改善。

3. 节能管理

节能已经成为衡量智能建筑的一个重要指标。如图 5.5.3 所示，采用物联网技术，通过建筑中的智能能耗计量仪表，可以对其用电、用水、用气、供暖等消耗进行分项采集、统计和分析,并且可根据数据的挖掘分析建立用能模型,为建筑的节能改造提供支持。

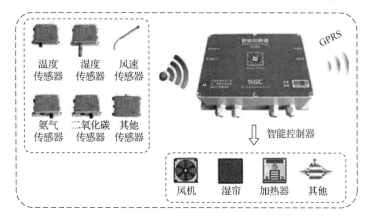

图 5.5.2 建筑室内环境监测

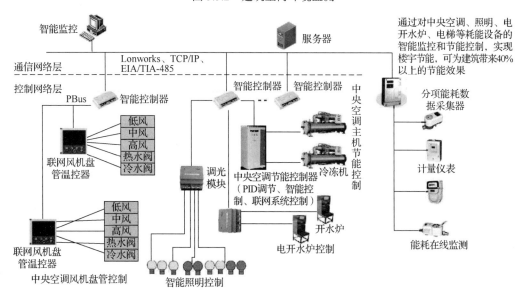

图 5.5.3 建筑能耗管理系统

4. 智能家居

如图 5.5.4 所示,智能家居主要是指对家居中的主要设备(如照明灯、电视、空调、电冰箱、音响、窗帘等)进行智能控制。采用物联网技术,在这些家居设备中嵌入智能控制芯片,通过相关无线技术,实现家庭智能设备的集中或远程控制。

5. 安防管理

智能建筑中的安防管理主要有出入口控制、视频监控、家庭安防、电子巡更等。其中,家庭安防尤为重要。如图 5.5.5 所示,在建筑中布防红外线感应器、门磁、玻璃碎裂传感器、感烟探测器及燃气泄漏传感器等,可以有效保障建筑内特定区域的安全,一旦发生意外,安防系统将自动发出报警信号,向保安或业主传递信息。

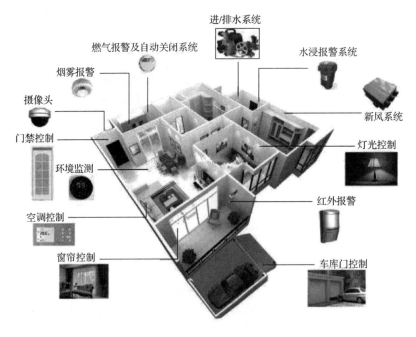

图 5.5.4　智能家居系统

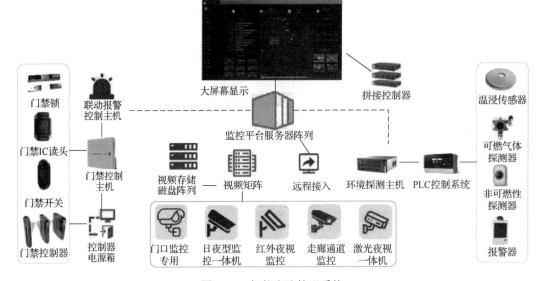

图 5.5.5　智能安防管理系统

物联网对于智能建筑的影响可以说是无处不在，系统的扩展性和稳定性直接决定了智能建筑的发展。在大区域物联网场景中，考虑低功耗、远距离、低运维成本等特点，一般使用低功耗广域网作为无线通信网络，以实现低成本下的全区域覆盖。下面针对目前较为流行的低功耗广域网 LoRa 和 NB-IoT 的应用实例进行介绍。

5.5.2　基于 LoRa 的无线火灾报警系统的应用

LoRa 技术具有低功耗、低成本、广覆盖、高接收灵敏度等优点，使用线性调频扩频调制技术能使无线火灾报警系统很好地稳定传输探测数据并收发报警信号，而且可大量连接，其网络结构简单，部署灵活，安全性高。根据建筑应用环境、传输距离、速率、射频带宽、接收灵敏度等因素，设计使用工作于非授权频段的 LoRa 技术作为无线火灾报警系统的通信技术。

1. 系统总体方案

利用感烟探测器对建筑各点位的烟雾浓度进行实时自动监测。基于 LoRa 的无线火灾报警系统能够通过无线通信电路将火灾信息发送至监控主机，火灾探测模块主要由感烟探测器和无线通信电路组成，两者之间通过 SPI 接口进行信号传输，如图 5.5.6 所示。

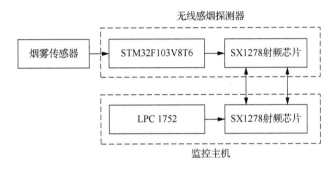

图 5.5.6 无线火灾报警系统硬件结构框图

基于 LoRa 技术的无线火灾报警系统主要包括三部分，分别是烟雾报警节点、LoRa 通信节点和监控主机节点，可以实现现场采集、无线通信、集中监控的功能，并且满足低功耗的设计要求。在此系统中，由射频芯片 SX1278 等组成的 LoRa 无线通信电路可进行设备终端和监控主机之间的双向通信，实现多节点分布控制和监控主机集中控制相结合。监控主机接收各无线网络节点感烟探测器的实时数据，以使消防值班人员迅速对火灾情况做出判断，并进行火灾扑救。当报警信息得到处理后，消防人员通过监控主机的操作可恢复探测报警器接收命令，重新对下一时间段的火灾情况进行监测。基于 LoRa 的无线火灾报警系统的树形拓扑结构如图 5.5.7 所示。

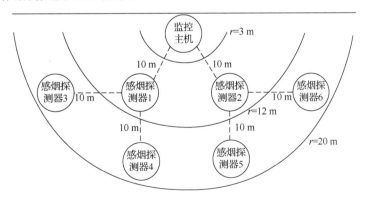

图 5.5.7 基于 LoRa 的无线火灾报警系统的树形拓扑结构

　　2. LoRa 通信节点设计

　　在本例中，无线火灾报警系统的信号发射与接收是通过 SX1278 射频芯片完成的，它采用 LoRa 调制技术与半双工通信技术，其接收信号与发送信号不会出现在同一时间的工作模式下，必须通过芯片的初始化来进行工作模式的切换。此外，LoRa 技术物理层使用扩散频谱技术来提高接收灵敏度。

　　（1）LoRa 工作模式

　　为了满足不同应用的低功耗要求，SX1278 射频芯片具有 Class A、Class B 和 Class C 三种不同的操作模式。

　　Class A 是双向终端设备，能够提供双向通信，但不能主动发送下行链路。每个终端的传输过程将跟随两个非常短的窗口以接收下行链路，下行发送时隙是根据终端需要和很小的随机量决定的，因此 Class A 的终端能效最高。

　　Class B 是支持下行链路调度的双向终端，它可与 Class A 终端互相兼容，并支持接收下行信标信号以保持与网络的同步，以在下行链路规划期间监视信息，因此消耗的能源要比 Class A 终端高。

　　Class C 是支持最大接收时隙的双向终端，C 类终端仅在数据传输期间停止下行链路接收窗口，并且适用于具有大量下行链路数据的应用。与 Class A 和 Class B 终端相比，Class C 终端耗电率较高，但对于服务器到终端的业务，Class C 模式的时延最小。

　　对比可知，Class A 的 LoRa 通信模式更适合于无线火灾报警系统的低功耗设计需求，其工作模式的切换由节点的应用层进行控制，在协议栈初始化时由指定参数确定入网类别。例如，无线感烟探测器节点应用层某时刻会发送上行链路，并通过服务器端应用层下发一条自定义格式的模式切换数据包；下行链路工作节点接收到自定义数据包，并解析协议，识别工作模式，然后指定入网类别参数重新初始化 LoRa 网络协议栈，即可完成模式选择。

　　（2）LoRa 数据发送与接收

　　如图 5.5.8 所示，在 SX1278 射频芯片休眠或待机状态下，首先通过 MCU 的 SPI 接口对芯片内部的功能寄存器进行参数配置，然后进行芯片的初始化，配置好与数据发送相关的参数，依次写入发送地址、接收地址和要发送的数据，设置工作频率为 470 MHz，将芯片工作模式改变为发送模式即开始数据发送。数据发送完成后，芯片自动进入待机模式，并给 MCU 一个发送完成的中断信号，实现 LoRa 数据发送。

　　如图 5.5.9 所示，LoRa 数据接收同样要在 SX1278 射频芯片待机模式下配置相关接收参数，设定芯片为接收数据模式，接收机接收到数据后会给 MCU 一个中断信号以提示数据接收完成，MCU 读取接收到的数据后会自动进入待机模式；当 MCU 接收数据失败时，可以向信号端重新发送请求继续开启 SX1278 芯片接收模式。

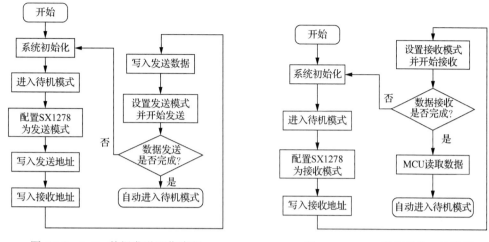

图 5.5.8 LoRa 数据发送工作流程   图 5.5.9 LoRa 数据接收工作流程

3. 烟雾报警节点设计

如图 5.5.10 所示，烟雾报警节点同样通过 LoRa 网络完成感烟探测器的数据采集和上传，同时接收网关下发的指令，对感烟探测器进行设置。

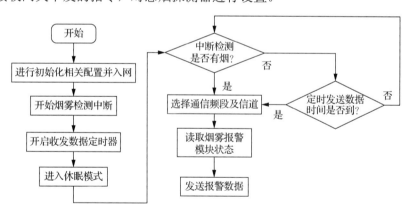

图 5.5.10 烟雾报警节点工作流程

感烟探测器加电后，各硬件单元（系统时钟、串口通信、SX1278 射频芯片、Flash、外部引脚等）执行初始化。在系统节点低功耗设计方案下，监控区域内的 LoRa 感烟探测器处于休眠或待机状态，执行周期性数据采集工作；当外部报警信号、与控制器配对信号、30 s 定时信号产生时，处理器将被唤醒，并根据唤醒事件类型对火警、故障和复位三种状态进行处理，系统处理完成后继续休眠。

（1）火警状态

当烟雾浓度超出阈值时，STM32 单片机读取到探测器输出的报警数据后，通过 LoRa 网络将火警数据传输至监控主机的 LoRa 网关，实现火警数据的远距离传输，消防值班人员将根据火警信息进行下一步动作。

（2）故障状态

探测器将数据信息通过 LoRa 网络发送至网关，并等待监控主机的反馈，完成烟雾数据的采集与传输。当数据发送后没有收到反馈则尝试再次发送，若三次没有收到反馈则发出故障警告。若消防人员及时观察到报警或故障信息，则命令执行完成后，故障信息被清除。

（3）复位状态

监控主机声光报警动作消除后，声光报警器关闭，消防人员将控制命令发送到相应的烟雾报警器节点，感烟探测器执行复位操作。

4．监控主机节点设计

监控主机的主要作用为定时采集 SX1278 接收的数据，若检测到感烟探测器有火情发生，则响起警报并存储报警节点信息；若监控主机无法正常读取 SX1278 的数据，则延时10 s 并尝试再次接收，当连续三次未收到 LoRa 网关的信息时，监控主机发出故障报警信号。

正常工作流程下，值班人员发现故障或火警信息，将现场情况处理完成后及时复位监控主机。监控主机将复位信号反馈给无线感烟探测器，重新接收来自感烟探测器的信号。具体工作流程如图 5.5.11 所示。

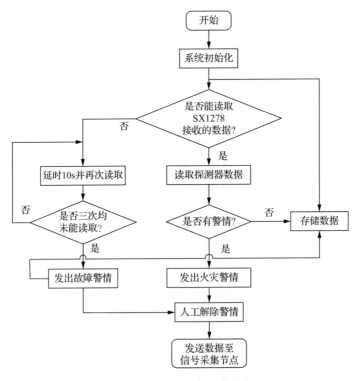

图 5.5.11　监控主机工作流程

基于 LoRa 技术的无线火灾报警系统主要利用 SX1278 射频芯片来实现 LoRa 无线通信，配合烟雾信号采集软硬件，构建无线网络的数据传输，实现无线火灾报警系统的现场采集、无线通信、集中监控等功能。

5.5.3 基于 NB-IoT 的建筑安防系统的应用

NB-IoT 部署于运营商原有的 GSM 或 LTE 网络中,工作在固定分配的授权频段,其频谱密度大,具有较大的覆盖区域。针对智能建筑安防系统的设计需求,考虑信号频段是否存在干扰、系统扩展性、覆盖增益、覆盖区域等特点,选用 NB-IoT 技术进行组网。

CoAP 和 MQTT 协议是 NB-IoT 常用的两种协议,其中,CoAP 工作在 UDP 协议族,MQTT 协议工作在 TCP 协议族。通过 MQTT 协议的传输需要 Clients 与 Broker 之间保持TCP 长连接,并且通过 TCP 连接传输的数据效率较低,只适用于点对点和一对一的场景,功耗较高不符合本系统的要求。CoAP 不需要保持长连接,通过 UDP 连接传输数据效率较高,支持一对一、一对多、多对一和多对多的传播方式,适用于对高速传输和实时性有较高要求的通信或广播通信,符合本系统的要求。

1. 系统总体方案

如图 5.5.12 所示,智能建筑安防系统包括防灾单元、防入侵单元和环境感知单元,终端设备产生的信息通过 NB-IoT 基站发送至物联网云平台,物联网云平台保存收到的警情信息,并提供数据可视化的功能。NB-IoT 通信技术没有网关和网线的限制,根据建筑内安防监控需求,可以灵活部署终端设备。智能建筑安防系统的终端感知节点主要包括环境参数传感器、摄像头、主控模块、NB-IoT 通信模块。

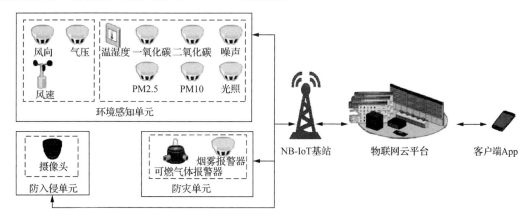

图 5.5.12 基于 NB-IoT 的建筑安防系统架构

环境数据采用实时检测模式,其传感器没有阈值限定,可通过 STM32 单片机接入,选用带有寄存器的设备,以执行定期上报以及按命令上传的工作。主控模块接到下发命令后,发送指令到寄存器当中,寄存器将当前数据打包至主控模块实现命令的上发。环境数据采集一般包括 PM2.5、PM10、一氧化碳、二氧化碳、温湿度、风速、风向、气压、光照、噪声等。入侵目标检测一般使用高清摄像头,防灾单元主要包括火灾探测器。

2. NB-IoT 通信模块联网

NB-IoT 有多种不同的通信模块,目前主流的厂商有移远通信、中移通信、中兴物联、利达尔科技等,各个模块芯片主要来自华为、海思和高通。下面采用基于海思研发的 BC35-G 芯片进行具体介绍。

主控模块加电后,通过 AT 指令配置 BC35-G NB-IoT 模块设置频段(以中国移动 NB-IoT SIM 卡为例, 设置频段为 950 MHz), 查询终端设备的国际移动用户识别码(international mobile subscriber identity, IMSI), 查询成功后激活网络并注册,配置云平台的地址和端口与云平台对接,按照固定的格式把数据上报至云平台。

BC35-G 模块与云平台对接后,为保证设备稳定工作,首先在单片机内设置重启指令 "AT+NRB", 在设置 "AT+NCONFIG=AUTOCONNECT, TRUE" 后, 模块加电后将会自动联网。为了便于检测故障,加入 "AT+CMEE=1" 指令,如果有错误则返回错误内容,如果没有错误则返回 "OK", 可以继续联网;发送 "AT+CGSIN=1" 指令, 获取 IMSI, 获取成功返回的格式为 "+CGSN", 即 "IMSI 具体内容" 和 "OK"; 发送 "AT+NBAND" 指令查询网络,返回数值是 "8"(移动物联网卡);发送 "AT+CEREG" 指令确认设备是否注册在网,确认后发送 "AT+CSQ" 查询信号强度值,返回 "99", 表示没有信号,等待 10 s 后继续查询;准备与云平台创建 socket, 发送 "AT+NSOCR=STREAM, 5, 65000, 1", 然后输入地址和端口号进行连接,发送 "AT+NSOCO=1, 183.230.40 39, 6002", 返回 "OK" 则证明联网成功。

3. 终端节点设计

以环境感知单元为例,终端传感器全部与 STM32 单片机相连接,根据不同的安装环境和传感器数量,基于 STM32 单片机设计了不同的终端节点,基于 STM32 单片机的终端节点硬件设计框图如图 5.5.13 所示。

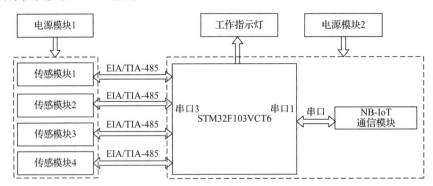

图 5.5.13　STM32 单片机硬件设计框图

各终端传感器与 STM32 单片机采用 EIA/TIA-485 通信, NB-IoT 通信模块通过串口接收单片机发送的信息,其中终端传感器工作电压相同,由一个电源模块供电,单片机和 NB-IoT 通信模块由另一个电源模块供电。STM32 单片机是硬件节点的主控模块,串口 1 与 NB-IoT 模块相连,串口 3 与传感器相连。此外,为了便于查找终端节点的故障,接入 LED 显示各部分的电源状态。

如图 5.5.14 所示，为了保证串口和 EIA/TIA-485 正常工作，终端节点加电之后需要首先对串口、NB-IoT 模块以及传感器进行初始化与配置，传感器通过 EIA/TIA-485 传输的信号每产生一次中断标志位，就向传感器写入一次读取命令，检测到传感器触发串口中断时，读取传感器数据，并将传感器数据写入数据发送缓冲区；将 NB-IoT 模块设置为发送模式，该模式在发送完数据之后会自动转为接收模式，若在规定的时间内收到应答信号，则认为发送成功，否则重新发送。NB-IoT 模块会在数据发送成功后自动进入空闲模式，同时持续监测串口是否中断。当 NB-IoT 模块配置为接收模式时可以接收下发命令，此时等待外部下发命令的触发，当有 NB-IoT 模块的接收中断时，将接收到的命令存入接收数据缓冲区。

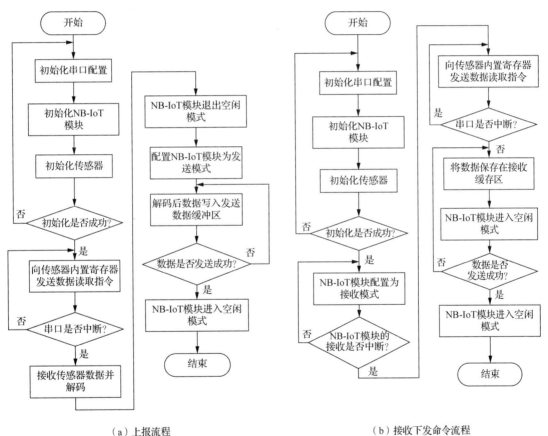

（a）上报流程 　　　　　　　　　　　（b）接收下发命令流程

图 5.5.14　基于 STM32 单片机的终端节点工作流程图

基于 NB-IoT 技术的智能建筑安防系统主要利用 BC35-G NB-IoT 模块，基于运营商部署的 NB-IoT 网络传输数据，通过物联网云平台和 App 客户端汇总并可视化展示数据，保证智能安防系统运行的可靠性和稳定性。

习题 5

1. 什么是物联网？物联网的架构模型包含哪几层？
2. 根据实际情况举例说明物联网在生活中的应用。
3. 物联网的关键技术主要包括哪些？
4. 说明物联网的体系架构及各层次的功能。
5. 简述 IC 卡的分类及其区别。
6. IC 卡的工作原理是什么？
7. 什么是条形码？条形码的分类有哪些？
8. 说明一维条形码和二维条形码的组成及特点。
9. 条码的识别原理是什么？
10. 说明 RFID 的分类、基本工作原理及工作频率。
11. 根据 RFID 分类特点简述有源 RFID 和无源 RFID 的应用区别及其特点。
12. 简述指纹识别的工作原理。
13. 简述指纹采集设备的发展以及采集原理与特点。
14. 人脸识别的工作原理是什么？
15. 简述语音识别的分类。
16. 举例说明生活中的自动识别技术和生物识别技术。
17. 卫星定位的方法是什么？卫星定位至少需要几颗卫星？
18. 试对比分析不同室内定位技术的特点与区别。
19. 试叙述如何应用 RFID 技术来进行人员定位。
20. 什么是物联网网关？目前物联网网关的底层协议是什么？
21. 如何选择物联网网关完成不同协议系统的集成与管理？
22. 分析 LoRa 物联网与 NB-IoT 物联网的特点与区别。
23. 分析云计算的层次架构与关键技术。
24. 基于 5G 通信下的边缘计算有哪些应用领域？
25. 说明区块链在物联网中是如何应用的。

第6章

智能建筑网络安全技术

智能建筑网络安全包括控制信息网络安全与通信信息网络安全两大部分，本章在对智能建筑网络安全防护设备、病毒防护技术、无线局域网安全管理技术与控制网络安全防护技术进行介绍的基础上，分析智能建筑信息网络综合安全防御体系的架构与智能建筑网络的综合安全防御技术。

6.1　智能建筑网络安全防护设备

网络安全防护设备一般是指部署在目标网络的边界，用于提供网络边界安全防护的专用网络设备。与通用的网络相似，智能建筑信息网络也必须要有专用的网络安全防护设备来提供网络安全保护，其中目前主要应用的网络安全防护设备有防火墙（firewall）、入侵检测系统（intrusion detection system，IDS）与入侵防御系统（intrusion prevention system，IPS）。

防火墙通过严格控制进出网络边界的分组，禁止任何不必要的通信，从而减少潜在入侵的发生，进而尽可能降低这类安全威胁所带来的安全风险。防火墙本质为一种访问控制技术，试图在入侵行为发生之前阻止所有可疑的通信。但事实是不可能阻止所有的入侵行为，因此有必要采取措施在入侵已经开始，但还没有造成危害或在造成更大危害前，及时检测到入侵，以便尽快阻止入侵，把危害降低到最小。IDS 正是这样一种技术，其通过对进入网络的分组执行深度检查，当观察到可疑分组时，便向网络管理员发出报警或执行阻断操作，以便进一步采取相应措施。

IPS 是在入侵检测系统的基础之上发展起来的，但 IPS 不仅能够检测出已知攻击和未知攻击，还能够积极主动地响应攻击，对攻击进行防御。作为主动的网络安全保护技术，IPS 的主要目的是预先拦截有入侵先兆和攻击可能的网络数据流，以保护系统的安全。下面首先对智能建筑网络安全防护设备进行概述，然后分别对这三类网络安全设备进行详细介绍。

6.1.1　智能建筑网络安全防护设备概述

1. 智能建筑的网络安全性

智能建筑是将计算机网络技术、通信技术、信息技术与建筑艺术有机地结合在一起，通过对设备的自动监控、对信息资源的管理和对使用者的信息服务，来获得投资合理、适合信息社会需要并且具有安全、高效、合适、便利和灵活等特点的建筑物。智能建筑的发展有两个基础条件，分别是社会对信息化的需求和信息技术的发展水平，缺少任何一个条件都不能促进智能建筑的发展。信息技术是建筑智能化系统的基础和核心，信息系统的安全性必然关系到智能建筑运行的可靠性。然而，在智能建筑领域，对信息系统的安全性缺少应有的重视，即使在讨论网络安全技术与综合布线技术的专著中也鲜有关注。

建筑智能化系统从网络角度可分为信息网络和控制网络两类。智能建筑的系统集成，在一定程度上可归结为信息网络和控制网络的集成，虽然各类网络所采用的设备、运行的协议、构成的拓扑结构、服务的对象和功能可能有所不同，但各网络结构中都少不了信息技术。信息技术的安全直接关系到智能建筑功能的正常运转，况且网络之间还存在着信息传输和共享，因此一旦发生网络安全问题，无论是显性的物理介质的破坏，还是隐性的病毒、黑客攻击，轻则引起局部区域与功能的失控，重则导致整个建筑智能系统的瘫痪。

2. 网络安全设备的发展趋势

网络安全设备作为保护互联网安全的重要手段，从互联网发明之初，就伴随着互联网共同成长。如今，网络安全设备正成为各国的投资重点，据国际数据公司（International Data Corporation，IDC）公布的数据，网络安全设备在 2019 年实现了两位数的持续且强劲的年度增长，这主要得益于全球范围内提高的统一威胁管理（unified threat management，UTM）普及率以及强劲的区域性趋势推动亚太和中东两大地区的防火墙市场的增长。

从全球来看，有关网络安全设备的专利主要集中于防火墙、虚拟专用网络设备、入侵检测设备、入侵防御设备、抗拒绝服务攻击设备以及灾难恢复设备。其中，防火墙、入侵检测设备、入侵防御设备以及虚拟专用网络设备所占比重最大，占比为全部网络安全设备的 64%。下面分别对防火墙、IDS、IPS 进行说明。

6.1.2　防火墙

1. 防火墙概述

防火墙是指网络间的一个或一组用于执行访问控制策略的设备。几十年来，防火墙一直都是网络安全的"基石"。作为一种高级访问控制设备，防火墙通常按照预先定义好的规则或策略来控制数据包的进出，一般是作为内部系统安全域的首要防线。图 6.1.1 给出了防火墙的网络结构。

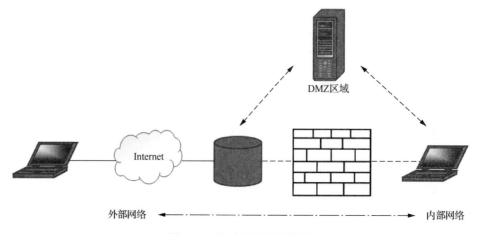

图 6.1.1　防火墙的网络结构

图 6.1.1 中，DMZ 是英文"demilitarized zone"的缩写，中文名称为隔离区。它是为了解决安装防火墙后外部网络的用户不能访问内部网络服务器的问题，设立的一个非安全系

统与安全系统之间的缓冲区。通过这样一个 DMZ 区域，可以更加有效地保护内部网络。

防火墙一般放置于内部网络和外部网络之间，根据一定的安全规则策略对网络之间的数据包流量或连接方式进行检测，根据检测的结果来决定采取何种动作。防火墙可以有效地控制内部网络和外部网络之间的访问和数据传输，防止外部网络用户以非法手段进入内部网络获取内部网络资源。从逻辑上来看，防火墙既是分离器也是限制器，可以有效地监控内部网络和外部网络之间的流量行为，保障内部网络信息的安全。

防火墙作为一种高级管理和控制设备，需要根据预置的安全规则和约束对进出网络的行为进行管控。防火墙的基本功能主要包括以下几个方面：

1）数据包过滤：能够根据协议类型和源地址、目的 IP 地址以及源端口、目的端口等内容对网络数据流进行管控和分析。

2）保护网络主机私密性：通过加强身份验证和网络之间的多重加密，来保护主机的私密性；通过地址转换实现内部网络结构的隐藏，避免内部网络相关信息直接暴露在公网下。

3）状态检测：能够在不影响网络设备之间正常安全通信的条件下，抽取相关数据，对网络通信的各个层面进行检测。

4）日志与审计功能：能实时记录所有的网络访问动态，并及时发出预警；能够记录运行日志与事件等，以便后续进行审计。

5）应用层协议控制：能够识别并支持管理多种应用，如 HTTP、FTP、Telnet、SMTP 等协议。

2. 防火墙分类

现今网络环境非常复杂，防火墙所实现的功能也日益增多，为了更好地实现网络安全防护的功能，防火墙必须能实时监控数据的出入情况，搜集并分析相关数据，并根据实际情况做出正确的判断。按照防火墙对数据的处理方法，可以将防火墙分为包过滤型防火墙、代理服务型防火墙及状态检测型防火墙三大类。

（1）包过滤型防火墙

包过滤型防火墙工作在网络层，它对每个进入的数据包应用一组规则集合来检测该数据包是否应该被转发。数据包过滤技术以数据包的包头信息为基础，按照设置的规则将数据包进行分类，然后在网络层依据系统内配置的过滤逻辑规则，即访问控制列表（access control table，ACL）对数据包进行筛选，根据 ACL 决定与之匹配的流量数据包是被转发还是被丢弃。图 6.1.2 为包过滤型防火墙在网络中的基本架构。

数据包过滤是针对数据包的包头信息进行的，每个数据包的包头都包含源 IP 地址和源端口号、目标 IP 地址和目标端口号、封装的协议类型、ICMP 消息类型

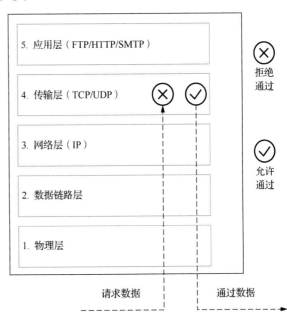

图 6.1.2 包过滤型防火墙在网络中的基本架构

等信息。数据包过滤根据 ACL 定义的各种规则进行，这些规则通过检查数据流中每个数据包的源地址、目的地址、所用的端口号、协议状态等因素，或它们的组合来确定是否允许该数据包通过。

包过滤型防火墙通常安装在路由器上，由于路由器是内部网络与 Internet 之间连接必不可少的设备，因此在原有网络上增加包过滤型防火墙几乎不需要增加任何额外费用。包过滤具有逻辑简单、成本低、易于安装和使用、网络性能和透明性好等优点，且包过滤型防火墙是两个网络之间访问的唯一来源，因此所有的通信必须通过防火墙，绕过是很困难的。

在包过滤技术中，过滤规则是基于数据包的包头信息。如果匹配成功且规则允许该数据包通过，就会按照路由表中的路由信息将该数据包转发出去。如果匹配成功并且规则表示拒绝该数据包，那么该数据包将会被丢弃。如果没有与之匹配的规则，那么该数据包将由用户配置的默认参数来决定是否转发。

由于包过滤技术主要工作在网络层，安全控制的测度仅仅限制于源 IP 地址、目的 IP 地址以及 TCP 或 UDP 的端口号，所以只能进行简单的安全控制。对于恶意的内存覆盖攻击、木马或病毒等高级网络攻击手段，包过滤技术将无能为力，且包的源地址、目的地址以及 IP 的端口号都在数据包的首部，很有可能被窃听或假冒。另外，包过滤技术仅仅根据规则来决定丢弃数据包而不对其记录流量日志，不具备通过检测高层协议来识别安全攻击的能力。

（2）代理服务型防火墙

代理服务（proxy service）型防火墙又名应用层网关（application level gateway）防火墙，其通过代理技术参与到 TCP 连接的过程当中，工作在 OSI 的最高层——应用层。当内部访问服务器外部资源时，数据包从内部发出，代理服务型防火墙判断是否符合安全规则，并将其 IP 地址换成代理地址，达到隐藏内部网络结构信息的效果。

应用层网关在应用层上建立协议过滤和转发功能，针对特定的网络应用服务协议使用指定的数据过滤逻辑，并在过滤的同时，对数据包进行必要的分析、登记和统计，一旦发现被攻击迹象会立即向网络管理员发出报警，并保留攻击痕迹。实际应用中，代理服务型防火墙通常安装在专用工作站系统上。

图 6.1.3 为代理服务型防火墙在网络中的基本架构。对于每一个内外网络之间的连接，都需要经过代理的介入和转换，通过编写安全化的应用程序来为特定的服务进行相应处理。这样使得防火墙本身在提交请求和应答时不会给内外网络的主机以任何直接建立会话的机会，以此来有效防御数据驱动类型的网络攻击，保护内部网络不被攻击者入侵。

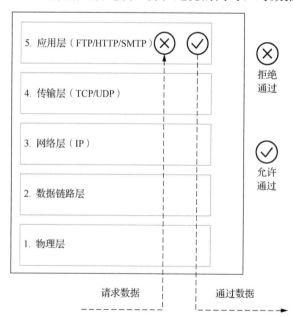

图 6.1.3　代理服务型防火墙在网络中的基本架构

（3）状态检测型防火墙

状态检测型防火墙技术是在包过滤型防火墙技术和代理服务型防火墙技术

之后发展的防火墙技术。这种防火墙技术在不影响网络设备之间正常安全通信的条件下，抽取相关数据，并对网络通信的各个层进行检测，根据包过滤、会话和应用过滤规则来作出安全决策。该技术在保留对数据包地址、协议类型端口号等信息进行分析的基础上，进一步提供了会话过滤功能。图 6.1.4 为状态检测型防火墙在网络中的基本架构。

图 6.1.4　状态检测型防火墙在网络中的基本架构

在防火墙建立连接时，防火墙会为这些连接提供会话功能，所处的会话状态中包含了特定的连接信息，后期特定连接的数据包都将基于这个状态信息来进行检测。状态检测技术在根据包过滤规则表检测的同时，还需考虑数据包当前所处的会话状态，会话状态中提供了数据包当前的完整状态信息。基于状态检测的防火墙可根据网络数据包过去所处的状态来动态生成过滤规则，同时可以利用这些规则来检测处理新的网络连接。网络连接结束后，基于状态检测的防火墙会自动丢弃会话状态信息并将会话过程中生成的过滤规则删除。状态检测型防火墙的所有记录、测试和分析工作可能会造成网络连接的某种迟滞，特别是在同时有许多连接激活，或者是有大量的过滤网络通信规则存在时。

3. 防火墙的应用模式

防火墙通常位于内外网的边界，常见的应用模式包括透明模式、路由模式以及二者相结合的混合模式。通过不同的防火墙应用模式，能够在一定程度上满足不同环境的需要。

（1）透明模式

在透明模式下，防火墙设备安装在客户端和服务器端之间，正常的客户端请求通过防火墙送达服务器端，服务器端将响应返回给客户端，用户不会感觉到中间设备的存在。

工作在透明模式下的防火墙没有 IP 地址，当对网络进行扩容时无须对网络地址进行重新规划，但牺牲了路由、VPN 等功能。另外，该模式下的防火墙还提供桥接功能，所以有时也称为桥模式。如图 6.1.5 所示为透明模式防火墙的架构。

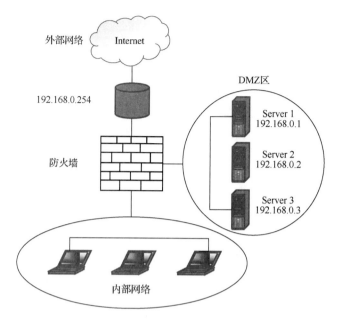

图 6.1.5　透明模式防火墙的架构

（2）路由模式

路由模式适用于内外网不在同一网段的情况，防火墙设置网关地址实现路由器的功能，为不同网段进行路由转发。路由模式相比透明模式具备更高的安全性，在进行访问控制的同时可以实现安全隔离。

在路由模式下，防火墙需要配置相应的路由规则，参与并接入网络路由。因此，如果是在现有的网络上采用路由模式部署防火墙，可能涉及调整现有网络结构或网络上路由设备、交换设备的 IP 地址或者是路由指向问题，同时要考虑防火墙部署位置的关键性，是否需要对防火墙进行冗余部署。

在路由模式下，防火墙的所有接口均需要配置 IP 地址，并在防火墙的路由表内，根据网络结构情况添加相应的路由规则，同时其他连接防火墙的路由设备，需要编写指向防火墙的路由策略。图 6.1.6 所示为路由模式防火墙的架构。

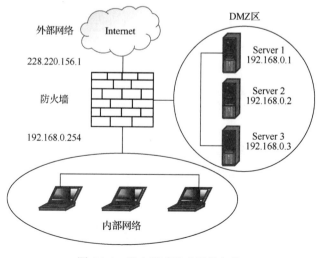

图 6.1.6　路由模式防火墙的架构

（3）混合模式

混合模式是透明模式和路由模式二者的结合，某些端口可以进行网络直连，某些端口则需要路由交换。

防火墙的应用部署模式应结合实际情况，因地制宜设置或者应用相应的模式，任何一种模式都有一定的局限性和优势。如果防火墙自身被非授权访问甚至被操控，那么不仅无法满足用户的安全需求，而且无法保障用户网络的安全。

随着网络安全需要的持续增长，防火墙也从传统的包过滤方法朝着下一代新技术不断发展，出现了智能防火墙、分布式防火墙等新产品，人工智能、风险分析技术、多级过滤技术也都被集成应用到防火墙中，防火墙也会更加智能可靠。

4. 常用的防火墙产品

防火墙几乎是伴随着 Internet 的出现而同期出现的，并随着 Internet 的发展而不断发展，下面介绍几种具有代表性的防火墙产品。

（1）HiSecEngine USG6600E 系列 AI 防火墙

华为 HiSecEngine USG6600E 系列 AI 防火墙是面向下一代数据中心推出的万兆 AI 防火墙，如图 6.1.7 所示。在提供下一代防火墙（next generation firewall，NGFW）能力的基础上，联动其他安全设备，主动防

图 6.1.7　HiSecEngine USG6600E 系列 AI 防火墙

御网络威胁，增强边界检测能力，能有效防御高级威胁，同时解决网络性能下降的问题。

HiSecEngine USG6600E 系列 AI 防火墙内置转发、加密、模式匹配三大协处理引擎，能有效地将小包转发性能、IPS 与 AV（anti virus，防病毒）业务性能以及 IPSec 业务性能提升两倍。内置 AI 算法专用加速硬件，具备 8TOPS 16 位浮点数算力，可以有效支撑高级威胁防御模型的加速。

（2）H3C SecPath F1000-AI-50 系列防火墙

H3C SecPath F1000-AI-X 系列防火墙是面向行业市场的高性能多千兆和超万兆防火墙

图 6.1.8　H3C SecPath F1000-AI-50 系列防火墙

VPN 集成网关产品，硬件上基于多核处理器架构，为标准的 1U 独立盒式防火墙，如图 6.1.8 所示。该系列防火墙产品既提供了丰富的接口扩展能力，又提供了丰富的审计功能，所以产品系列可以扩展大容量硬盘，并在增加硬盘后还可以有效支持万维网缓冲等应用加速功能。

F1000-AI-X 防火墙是集成了 AI 分析引擎的新一代防火墙，在有效应对传统网络安全威胁的基础上还能够完成以下功能：

① 识别加密和新型应用，提供更加准确、精细和灵活的安全管控策略；

② 识别恶意的加密流量，发现隐藏在正常加密流量中的恶意行为；

③ 识别异常、威胁和攻击等安全风险，为应急响应提供决策和依据；

④ 与云端和态势感知等平台相结合，提供全方位的协同防御。

（3）天融信 NGFW® 下一代防火墙

天融信 NGFW® 下一代防火墙（图 6.1.9）应用识别引擎，综合运用单包特征识别、多包特征识别、统计特征识别等多种识别方式进行细粒度、深层次应用和协议识别，同时采用多层匹配模式与多级过滤架构及基于专利的加密流量识别方法，实现对应用层协议和应

图 6.1.9　天融信 NGFW® 下一代防火墙

用程序的精准识别。

此外，天融信 NGFW® 下一代防火墙支持内容深度过滤，通过对多种网络协议的内容进行读取分析，从精确匹配的关键字到内容模糊查找，从基于文件内容到基于文件属性的检测，从被动的事件上报到主动拦截，全方位的数据安全防护措施能够真正帮助企业保证网络数据安全。

（4）思科 Firepower 2100 系列防火墙

思科 Firepower 2100 系列防火墙（图 6.1.10）通过卓越的安全保护获得出色的业务恢复能力，同时保持性能持久稳定。Firepower 2100 系列防火墙采用独特创新的两颗多核 CPU 的架构，可以同时优化防火墙、加密和威胁检测功能。在激活威胁检测时，可将不同工作负载分布到不同芯片，从而保持吞吐量性能。不仅如此，启用威胁防护功能也不会对防火墙的吞吐量造成影响。

思科 Firepower 2100 系列防火墙的吞吐量为 2～ 8.5 Gbit/s。低端型号可支持 16 个 1GE 端口，高端型号最多可支持 24 个 1GE 端口或最多支持 12 个 10GE 端口。

图 6.1.10　思科 Firepower 2100 系列防火墙

6.1.3　入侵检测系统（IDS）

1. IDS 概述

入侵检测是指在若干关键点收集计算机系统或网络的审计记录、安全日志、用户行为及数据包等信息，并从这些信息中检测出当前计算机系统或者网络中是否有违反安全策略的行为和被攻击的迹象。入侵检测技术的本质是对网络数据进行分类。

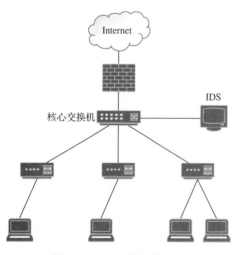

图 6.1.11　IDS 的部署方式

IDS 就是利用软件或硬件实现入侵检测的功能，它是对防火墙的有效补充，对数据流量进行监控，当进行入侵检测时发现异常行为可与防火墙进行联动阻断异常流量的连接。如图 6.1.11 所示，IDS 一般采用旁路部署的方式，这样既保证了对网络流量的监控，又保证了网络的效率。

IDS 通过查找网络或系统中重要数据信息节点的 CPU 使用率以及功耗等信息来判断是否有网络攻击行为，其基本功能主要包括以下 6 个方面：

① 监测系统是否存在异常；
② 查找系统 BUG（漏洞）；
③ 检查系统以及主机内的资料是否缺损；
④ 检测非正常的网络行为；
⑤ 对入侵行为进行报警处理；
⑥ 及时采取安全防护措施。

2. IDS 的组成

为了解决不同 IDS 的互操作性和共存性，IETF 提出了一种通用入侵检测系统框架

（common intrusion detection framework，CIDF）。如图 6.1.12 所示，CIDF 主要包括事件产生器（event generators）、事件分析器（event analyzers）与响应单元（response units）、事件数据库（event data bases）等组件。

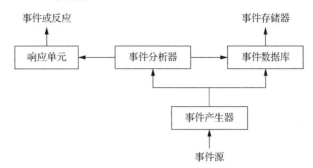

图 6.1.12　入侵检测系统模型

（1）事件产生器

事件产生器能够从计算机系统中收集各个网络节点的信息，包括日志、资源使用情况、流量情况等，并向系统的其他部分提供事件信息。

信息收集是入侵检测的必要条件，入侵检测的第一步就是信息收集。通常来说，收集的数据内容主要包括系统行为、网络请求和响应、主机活动日志以及用户的使用记录。这些信息来源于网络和系统内的各个主要位置。在收集信息时不能只在一个位置进行，其原因是单一的数据来源可能看不到入侵行为，不具有客观性，而多个数据来源信息的不统一性却是可疑行为和入侵的有力标识。

收集信息的准确性是关乎检测质量的一个重要因素，因此收集的数据信息必须具有以下几个特点：①数据量大；②稳定并且全面；③能够反映入侵特征；④受到攻击数据的某些特征变量有明显的变化。事件产生器中的数据内容一般为系统和网络日志、各种异常行为、未经许可的网络硬件连接请求、未经许可的物理资源使用请求。

此外，由于所收集数据的形式是各种各样的，所以必须对这些数据进行加工处理，使其变成统一的形式。例如，将非数值数据进行数值化、数值特征标准化、剔除冗余和噪声数据、降低维度，通过数据预处理可以减小存储空间，提高检测效率。

（2）事件分析器

事件分析器对事件产生器获得的信息进行分析，判断是否发生网络攻击，是实现入侵检测技术的核心模块。事件分析器的处理方式主要有模式匹配、数据统计分析、数据完整性分析三种。其中，模式匹配和数据统计分析是在入侵检测完成前进行的，数据完整性分析是在入侵检测完成后进行的。

① 模式匹配：将收集到的数据与事件数据库中已知的网络入侵和系统误用模式进行比较，从而发现违背安全策略的行为。其优点是不需要额外重复检测数据信息，快捷高效；缺点是只能检测出数据库已有的攻击行为，对未知的攻击行为不具备检测能力。

② 数据统计分析：统计分析方法首先针对用户、文件、目录和设备等系统对象创建一个统计描述，统计正常使用时的访问次数、操作失败次数和响应频率等测量属性。将网络系统的实时行为与测量属性的平均值和偏差进行比较，当观察值在正常值范围之外时就认为有入侵行为发生。该方法的缺点是只适用于用户的使用习惯无较大变化的情形。

③ 数据完整性分析：完整性分析主要关注某个文件或对象是否被更改，内容是否有异

常变化，在发现被更改的、被安装木马的应用程序方面特别有效。其优点是在任何情况下，只要入侵行为改变了文件内容就会被检测到；缺点是只能在检测完成后分析，无法实时监测入侵行为。

（3）响应单元

响应单元是对事件分析器的判断结果做出反应的功能单元。当入侵检测系统通过事件分析发现入侵行为时，会发出报警并通知管理员进行防护，或者在发现入侵的同时通过预定的保护措施及时处理，既可以是做出断开连接、取消权限、改变文件属性等反应，也可以只是简单的报警。

（4）事件数据库

事件数据库是存放各种中间和最终数据的载体的统称，它可以是复杂的数据库，也可以是简单的文本文件。

3. IDS 的分类

根据 IDS 数据来源的不同、采用检测方法的不同以及系统构建方案的不同，可以对 IDS 分别进行分类。

（1）根据 IDS 数据来源的不同进行分类

按照 IDS 数据来源的不同，IDS 可以被划分成基于主机的入侵检测系统（host-based intrusion detection system，HIDS）、基于网络的入侵检测系统（network-based intrusion detection system，NIDS）以及衍生出的分布式 IDS。

如图 6.1.13 所示，HIDS 用于用户端的入侵检测与管理，其采集的信息主要来自主机，这是它的优势也是它的缺陷。HIDS 的优势在于不会受网络情况的影响，能够基于应用层详细检测，因此检测较为准确；缺陷在于无法获取网络中协同工作的流量数据，因此无法在网络层完成入侵的检测与管理。

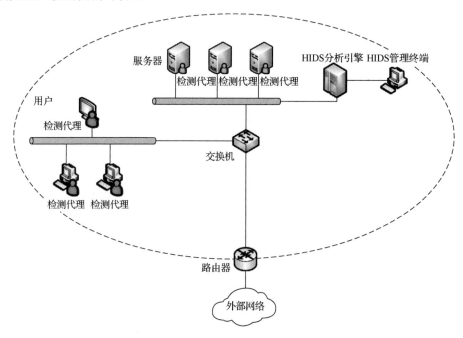

图 6.1.13　HIDS 的部署方案

针对 HIDS 的这些不足，NIDS 应运而生。相对于 HIDS 数据源而言，NIDS 的数据源来自网络环境。该系统被设置在中央的网段上监测复杂的数据包，并对数据包进行分析判断，NIDS 是通过网络监视和抓取网络数据流中的数据和信息完成特征分析来实现防御网络入侵的。NIDS 的部署方案如图 6.1.14 所示。

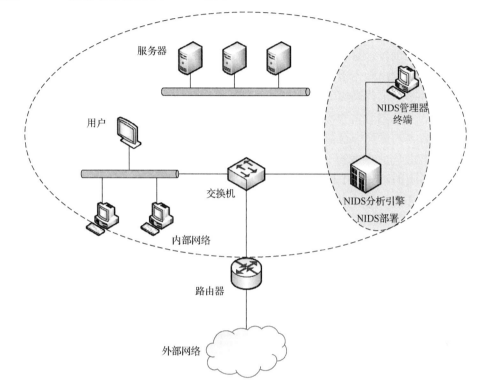

图 6.1.14 NIDS 的部署方案

在同一个网络拓扑结构中，由于 HIDS 和 NIDS 的部署位置不同，收集信息不同，所以并不能完全放弃其中某一种。为了充分应用这些数据以提升检测的效率，多种 IDS 协同工作的分布式 IDS 应运而生。不同类型 IDS 的检测特点如表 6.1.1 所示。

表 6.1.1 不同类型 IDS 的检测特点

性能	HIDS	NIDS	分布式 IDS
部署成本	低	高	高
实时性	强	强	强
对主机的依赖性	高	低	高
影响业务系统性能程度	高	低	高
监视网络性能	无	强	强
监视系统性能	强	弱	强

（2）根据采用检测方法的不同进行分类

根据所采用检测方法的不同，IDS 可分为基于特征的 IDS、异常检测系统与复合/混合检测系统三种类型。其中，复合/混合检测系统综合了基于特征的 IDS 与异常检测系统的优点，是基于两种系统中精心选择的属性而形成的一种复合式检测系统。

特征检测，也称为误用检测，是基于人类专家提供的已知攻击的知识，并根据这些知识来寻找发出攻击的源头。基于特征的 IDS 的优点是，计算机管理员可以根据存储的特征定义的数据包序列准确地识别计算机当前遇到的攻击类型，因此对于已经出现过的攻击的检测率很高；缺点是不能检测未知的网络攻击。此外，维护所有不断演化的攻击的特征数据库是几乎不可能的，基于特征的技术的这种缺陷导致了异常检测系统的出现。

异常检测的基本方法是对正常的网络连接行为构造知识库，然后凭借各种技术来检测与正常行为之间的偏差，这种被检测出来具有偏差的行为被称为潜在异常。异常检测系统的优势在于可以检测出新出现的攻击，但其误报率也很高。因为异常检测算法检测到的具有偏差的行为并不一定代表实际的异常，也有可能是合法的行为。

基于特征的 IDS 与异常检测系统各有优劣之处，许多当代的 IDS 都会将这两种方法结合起来，并从各自的优势中获益。

（3）根据 IDS 构建方案的不同进行分类

基于构建方案的不同，IDS 可划分为基于签名的 IDS 与基于异常的 IDS 两大类。

基于签名的 IDS（也称为基于误用或者基于知识的 IDS）是推导出一个专家规则集，通过对攻击的适当表示，使用有限的一组签名来检测攻击。这种方法能够有效地识别出签名数据库中已包含的攻击，但是，无法检测未知攻击或已知攻击的变体。对于发现的每种新型攻击，必须手动修改基于签名的 IDS 数据库，因而其难以满足日新月异的网络环境的需要。

基于异常的 IDS 是行为模型的训练，通常包括两种训练方案：一种方案是基于已经发现的攻击提取数据实现对入侵检测系统的训练；另一种方案将日常使用且无入侵环境下收集的正常流量数据表示为系统的正常行为模型，并假设任何偏离此模型的行为都是异常行为。对两种方案进行比较可知，基于正常数据训练的系统，能够区分出正常流量与网络攻击，但无法准确检测出每种攻击；基于已知攻击数据而训练出的系统与前者相比能够区分出不同的攻击，但目前大部分算法都存在准确率较低的问题，且无法检测出未知攻击。

4. 常用的 IDS 产品

从 20 世纪 80 年代入侵检测技术进入人们的视野到现在，在网络技术不断迭代更新的同时，科学家们对于入侵检测技术的研究也从未间断。几十年的研究应用，涌现出了大量的具有时代先进性的 IDS，现在的 IDS 已经能够进行多种网络攻击的检测。下面介绍具有代表性的几种 IDS 产品。

（1）天融信 IDS

天融信 IDS（以下简称 TopSentry 产品）是一款旁路监听网络流量，精准发现并详细审计网络中漏洞攻击、分布式拒绝服务攻击（distributed denial of service attack，DDoS）、病毒传播等风险隐患的网络安全监控产品。同时，TopSentry 产品具有上网行为监控功能，当发现客户风险网络访问、资源滥用行为时，辅助管理员就会对网络使用进行规范管理，并可结合防火墙联动阻断功能，进一步实现对攻击的有效拦截，实现全面监控、保护客户网络安全的功能。

图 6.1.15　TopSentry 产品

TopSentry 产品全系列采用天融信多核处理硬件平台，基于先进的 SmartAMP 并行处理架构，内置处理器动态负载均衡专利技术，结合独创的 SecDFA 核心加速算法，能够实现对网络数据流的高性能实时检测，如图 6.1.15 所示。

（2）华为 NIP 6000D 系列 IDS

NIP 6000D 系列产品是华为技术有限公司推出的新一代专业入侵检测产品，主要应用于企业、IDC 和校园网等，为客户提供应用和流量安全保障。

NIP 6320D 采用一体化机箱的结构设计，由固定接口板、电源模块、内置风扇模块组成，并且支持选配硬盘、双电源和多种扩展卡来提升系统可靠性和接口的扩展能力，如图 6.1.16 所示。固定接口板是系统控制和管理核心，提供整个系统的管理平面、转发平面、控制平面以及智能感知引擎处理业务，同时支持插接扩展卡，以获得更多的接口或者其他特定功能。

图 6.1.16　华为 NIP 6320D

6.1.4　入侵防御系统（IPS）

1. IPS 概述

IPS 是一种能够检测出网络攻击，并且在检测到攻击后能够积极主动响应攻击的软硬件网络系统。IPS 不仅具有 IDS 检测攻击行为的能力，而且具有防火墙拦截攻击并且阻断攻击的功能，但是 IPS 并不是 IDS 的功能与防火墙功能的简单组合，IPS 在攻击响应上采取的是主动的、全面的、深层次的防御。

IPS 是在 IDS 的基础之上发展起来的，但是 IPS 与 IDS 有很大的不同，IPS 不仅仅能够检测出已知攻击和未知攻击，还能够积极主动地响应攻击，对攻击进行防御。IPS 与 IDS 的不同表现主要在以下两个方面。

（1）在部署上的区别

IPS 是以线内模式部署在骨干网络线路之上的，而 IDS 只是作为一种嗅探模式部署在网络节点上。IPS 在部署时一般作为一种网络设备串联在网络之中，而 IDS 一般作为旁路挂载在网络中，图 6.1.17 与图 6.1.18 反映出了这两种部署的差别。

图 6.1.17　IPS 部署

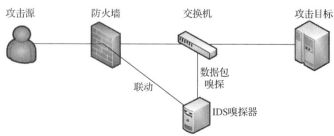

图 6.1.18　IDS 部署

（2）入侵响应能力

IDS 在响应攻击时只能将相关信息记录在数据库中，并进行报警，但无法对攻击进行拦截。IPS 不仅能够检测出攻击，而且能够积极主动地防御攻击。IPS 可以采用丢弃攻击数据包、阻断会话、发送 ICMP 不可达数据包、记录日志、动态生成拦截规则等多种手段进行防御响应。

1）与 IDS 及防火墙相比，IPS 有其自身的特点，其主要优点如下。

① 积极主动防御攻击。IPS 兼有 IDS 检测攻击的能力和防火墙防御攻击的能力，但是 IPS 又不是 IDS 与防火墙联动的组合，IPS 的防御攻击是主动的，并且提供了各种防御手段和措施。

② 防御层次深。IPS 提供了多种防御手段，具有强有力的实时阻断功能，能够提前检测出已知攻击与未知攻击，并对网络攻击流量和网络入侵活动进行拦截。IPS 一般重新构建协议栈，能够通过重组还原出隐藏在多个数据包中的攻击特征，并能够深入多个数据包的内容中挖掘攻击行为，从而检测出深层次的攻击。

③ 响应功能强大。IPS 的响应功能分为被动响应和主动响应两种。被动响应与 IDS 相似，主要是将检测出的结果以报警通知的方式报告安全管理员；主动响应则要根据检测结果采取具体响应措施来阻断或减缓入侵。

2）虽然 IPS 与 IDS 相比有很多优点，但是 IPS 也有自己的缺点，主要表现在以下几个方面。

① 单点故障。IDS 处在网络支路，并联于网络进行监控检测，出现故障时，不影响网络的继续使用；而 IPS 一般串联在网络环境中，如果 IPS 出现故障，那么整个网络都会受到影响。

② 性能瓶颈。IPS 是串联在网络环境中的，它需要实时捕获网络流量信息，并针对捕获的数据包进行各种检测，然后才能放行数据包。在大规模大流量环境下，IPS 处理能力有限或是网络流量剧增，就会导致检测效率和防御效率大减，从而出现网络拥塞现象。

③ 误报影响严重。在繁忙的网络环境中，IPS 每小时需要处理的报警信息可以达到 3 万条以上，IPS 要对报警信息进行处理和及时响应，一旦 IPS 对错误报警信息进行了响应，就会对可疑数据流进行阻断，而该可疑数据流是正常的，这种错误的响应就会影响正常的网络通信。

④ 成本较高。为了避免单点故障引起网络瘫痪，IPS 必须使用高端的专用设备，这就会造成整体的安全防护成本大幅度增高。

2. IPS 的分类

IPS 通常可以分为基于主机的入侵防御系统（host-based intrusion prevention system，HIPS）、基于网络的入侵防御系统（network-based intrusion prevention system，NIPS）及应用入侵防御系统（application intrusion prevention system，AIPS）。

（1）HIPS

HIPS 是直接安装在受保护的主机/服务器上的，紧密结合操作系统以保护网络入侵操作系统和应用程序。HIPS 检测并阻挡针对本机的威胁和攻击，不仅可以保护操作系统，还可以保护在其上运行的应用程序。当检测到攻击时，HIPS 应用程序要么在网络接口层阻断攻击，要么向应用程序或操作系统发出命令，停止攻击所引起的行为。

在技术上，HIPS 采用独特的服务器保护途径，利用出包过滤、状态包检测和实时入侵检测组成分层防护体系。这种体系能够在提供合理吞吐量的前提下，最大限度地保护服务器的敏感内容。由于 HIPS 工作在受保护的主机/服务器上，它不但能够利用特征和行为规则检测，阻止诸如缓冲区溢出之类的已知攻击，还能够防范未知攻击，防止针对万维网页面、应用和资源的未授权的任何非法访问。HIPS 与具体的主机/服务器操作系统平台紧密相关，不同的平台需要不同的软件代理程序。

应用 HIPS 带来的缺点是与主机的操作系统必须紧密集成在一起，一旦操作系统升级，就会带来问题。因为 HIPS 代理监听所有受保护主机的请求，所以首要前提就是不能影响系统的性能，并且不会阻挡正常合法的通信。如果 HIPS 不能满足这些最小需求，那么不管它如何有效阻挡攻击，都不能部署在主机上。

（2）NIPS

NIPS 特征检测准确率高、速度快，是目前广泛应用的技术，如 Snort 和 NFR。图 6.1.19 给出了一种典型的 NIPS 部署方式。由图可知，NIPS 与受保护网段是串联部署的，所有进出的数据包都要通过它。因此，一旦发现攻击或检测到可疑的数据包，NIPS 就会丢掉数据包，如果是 TCP 会话，那么整个会话也将被认为是可疑的网络通信。

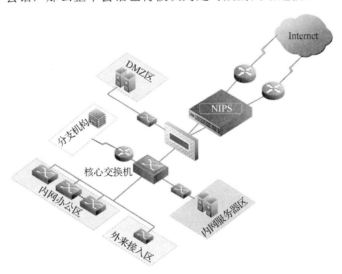

图 6.1.19　一种典型的 NIPS 部署方式

在技术上，NIPS 吸取了目前 NIDS 所有的成熟技术，包括特征匹配、协议分析和异常检测。特征匹配是应用最广泛的技术，基于状态的特征匹配不但要检测攻击行为的特征，还要检查当前网络的会话状态，避免受到欺骗攻击。协议分析是一种较新的入侵检测技术，它充分利用网络协议的高度有序性，并结合高速数据包捕捉和协议分析，来快速检测某种攻击特征。协议分析能够理解不同协议的工作原理，以此分析这些协议的数据包，从而进一步寻找可疑或不正常的访问行为。

（3）AIPS

AIPS 把基于主机的入侵防护扩展成位于应用服务器之前的网络设备。AIPS 设备是部署在应用数据通路中的一种高性能设备，旨在确保用户遵守已确立的安全策略，保护服务器的安全。AIPS 设备能够防止诸多入侵，包括 Cookie 篡改、SQL 代码嵌入、参数篡改、缓冲器溢出、强制浏览、畸形数据包、数据类型不匹配以及多种已知漏洞。

AIPS 是一种替代主机入侵预防系统的技术，作为 HIPS 产品以外的另一种技术，AIPS 设备是专门针对性能和应用级安全研制的专用设备，它可以防止已发现的攻击进入关键服务器。因为应用的大部分攻击是通过服务器端口 80（HTTP）或 443（SSL）进来的，所以 AIPS 部署于面向万维网、依赖 HTTP 或 SSL 协议的应用系统当中。

3. 常见的 IPS 产品

IPS 概念最早是由 Network ICE 公司于 2000 年提出的，目前比较认可的第一款 IPS 产品也是由 Network ICE 公司在 2000 年推出的第一款串行部署的 IPS——BlackICE Guard。BlackICE Guard 通过串行部署，可以实现在线对网络流量进行检测，实时发现入侵数据，并采用丢弃恶意数据包的方式保证网络的安全。

IPS 概念被提出之后，很快就得到了市场的认可，IPS 的产品和技术也得到了快速的发展。2005 年，绿盟科技研发的 IPS——黑洞问世，代表我国第一款 IPS 进入市场，随后联想网御、启明星辰等公司各自推出了自己的 IPS 产品。下面介绍具有代表性的几种 IPS 产品。

（1）绿盟新一代 NIPS

NSFOCUS NIPS 是绿盟科技拥有完全自主知识产权的新一代网络安全产品，作为一种在线部署的产品，其设计目标为适应攻防的最新发展，准确监测网络异常流量，自动应对各层面安全隐患，第一时间将安全威胁阻隔在企业网络外部。

NSFOCUS NIPS（图 6.1.20）采用了全新的硬件平台，全新的底层转发模块、多核架构和新一代的全并行流检测引擎技术，优化了产品的功能，使处理性能较原来有了大幅度提升。

（2）天融信入侵防御系统 TopIDP

天融信入侵防御系统 TopIDP（图 6.1.21）是一款防御网络中各种攻击威胁，实时保护客户网络 IT 服务资源的网络安全防护产品。TopIDP 产品采用串联部署方式，能够实时检测和阻断包括溢出攻击、RPC（remote procedure call，远程过程调用）攻击、WebCGI 攻击、拒绝服务攻击、木马、蠕虫、系统漏洞等在内的十一大类网络攻击行为。TopIDP 产品还具有病毒防护、DDoS 防御、流量控制、上网行为管理等功能，为客户提供了完整的立体式网络威胁防护方案。

图 6.1.20 绿盟新一代网络入侵防护系统（NSFOCUS NIPS）　　图 6.1.21 天融信入侵防御系统 TopIDP

6.2 　智能建筑网络病毒防护技术

在物联网时代，绝大多数日常生活用品都实现了智能化和联网，这些生活用品一旦感染病毒，就可能直接影响并威胁到人类的人身安全，因此，病毒正在变得越来越危险。为了有效应对病毒，我们应科学分析网络病毒的基本类型、传播特点与相关的防范措施，以提高其防护效果。

6.2.1 网络病毒概述

在网络技术大规模推广之后，网络病毒呈现出爆发增长的趋势，利用网络技术进行传播，对计算机的运行以及正常使用产生了非常大的影响。软件下载与硬件设备的交互已经成为网络病毒传播的主要方式与途径，网络病毒在进入计算机的硬件存储设备之后就会展开攻击，计算机在开机之后病毒也会进行同步的攻击，这就可能造成计算机程序的损坏甚至导致整个计算机系统的瘫痪。

除了硬件交互传播病毒之外，病毒还会利用网络技术中的薄弱环节，即通过固定的程序来对计算机网络中存在的漏洞进行攻击。网络病毒通过对计算机网络中漏洞的使用，实现网络病毒在网络主机中的植入，从而造成计算机运行效率的大幅度下降甚至威胁存储在硬件设施中的计算机资源，更有甚者可能导致整个网络系统的崩溃与瘫痪。

1. 网络病毒的基本特征

（1）感染速度极快

在单机运行条件下，病毒仅仅会经过外接的存储设备由一台计算机感染另一台计算机；而在联网的情况下，病毒在整个网络系统中能够通过网络通信平台进行迅速扩散。根据相关的测定结果，在网络正常运行的情况下，若一台工作站存在病毒，则在短短的十几分钟之内感染病毒的设备就可能达到几百台。

（2）扩散范围极广

在网络环境中，病毒的扩散速度很快，且扩散范围极广，会在很短时间内感染局域网之内的全部计算机，也可经过远程工作站把病毒快速传播至千里以外。

（3）传播形式多元化

对于计算机网络系统而言，病毒主要是通过"工作站-服务器-工作站"的基本途径来传播的。但随着网络技术的发展，病毒的传播形式也呈现多元化的特点，即病毒可以通过不良网站的链接、软件捆绑、病毒网址、流氓软件下载等多种形式传播。

（4）无法彻底清除

若病毒存在于单机之上，可采取删除携带病毒的文件或低级格式化硬盘等方式来彻底清除病毒，但在整个网络环境中，若一台联网设备无法彻底进行杀毒处理，就可能会感染整个网络系统中的设备。此外，还可能会出现另一种情况，一台工作站刚刚完成病毒的清除，瞬间就被另一台携带病毒的工作站感染。针对此类问题，仅对工作站开展相应的病毒查杀与清除，是无法彻底解决与清除病毒对整个网络系统所造成的危害的。

2. 网络病毒的传播方式

（1）E-mail

最常见的传播方式就是将病毒隐藏在 E-mail 的附件之中，再配上一个好听的文字或者其他的一些诱惑，诱使人们去打开附件，从而实现病毒的传播。此外，一些蠕虫病毒会将自身隐藏于 E-mail 中，当收件人打开邮件的一瞬间，病毒就已经完成了传播过程。

（2）万维网服务器

计算机之间彼此信息的交互是依靠万维网服务器来进行的，有一些病毒会攻击万维网服务器，通过用户访问万维网服务器来完成病毒的传播。

（3）文件共享

一般来说，Windows 系统自身可以被设置成允许其他用户来读取系统中的文件，这样就会导致系统安全性的急剧降低。在系统默认的情况下，系统仅允许经过授权的用户读取系统的所有文件。如果你的系统允许其他人读写系统的文件，当你的系统中被植入带有病毒的文件后，在文件传输过程就完成了新一轮的病毒传播。

3. 主要的网络病毒种类

（1）木马病毒

木马病毒是最常见的计算机网络病毒，它是隐藏在正常程序中的一段具有特殊功能的恶意代码，具备破坏和删除文件、窃取被控计算机中的密码、记录键盘等特殊功能。木马病毒主要通过 QQ 软件、网络等多种途径传播扩散，具有传播速度快、破坏性强的特点，而且在任何时候计算机都可能染上这个病毒。其中最常见的就是通过 QQ 软件来传播病毒，给列表的好友发送虚假信息，在对方点击之后便会感染木马病毒，或者在用户浏览网页的时候，随即弹出一个有爆点的外部链接或图片，只要用户有其他操作，木马病毒便会入侵到计算机中。

（2）蠕虫病毒

蠕虫病毒是一种常见的计算机病毒，是无须计算机使用者干预即可运行的独立程序，它通过不停地获得网络中存在漏洞的计算机上的部分或全部控制权来进行传播。蠕虫病毒主要依靠系统进行传播，随着系统的更新，这个问题影响范围逐渐减弱，但是依旧不能完全忽略其对计算机网络安全带来的危害。蠕虫病毒和木马病毒一样，都会藏匿于其他信息中。只要计算机感染了这个病毒，就会减缓计算机的整体运行速度，还会造成网络的卡顿现象，严重时会导致服务器瘫痪，现在市面上的一些免费杀毒软件并不能完全将其消灭，这种病毒一旦复发，就会对计算机带来新一轮的危害。

（3）勒索病毒

勒索病毒主要以邮件、程序木马、网页挂马的形式进行传播，该病毒性质恶劣、危害极大，一旦感染将给用户带来无法估量的损失。这种病毒利用各种加密算法对文件进行加密，被感染者一般无法解密，必须拿到解密的私钥才有可能破解。勒索病毒主要是由黑客引导扩散的，他们会借助网络、计算机系统、路由器等进行扩散，这种病毒会窃取很多重要的信息，对网络安全造成极大的危害。

6.2.2 网络病毒的发现与防范方法

杀毒软件是病毒的天敌，既能防止已知病毒入侵，也能清除已感染的已知病毒。现有的杀毒软件虽然对已知病毒很有效，但病毒也在持续更新中，新型病毒的传播途径越来越多，隐蔽性越来越好，对抗性越来越强，导致现有的杀毒软件在面对未来的病毒时显得力不从心。只有深入研究新病毒的行为特征和代码结构，开发新型补丁，才能够对付新型病毒。杀毒软件与病毒的较量是长期的，由于不存在能够检测所有病毒的万能程序，所以杀毒软件永远都不可能取得压倒性优势。新版杀毒软件一经投入使用，就面临着更凶险的网

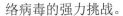

络病毒的强力挑战。

1. 基本的网络病毒发现方法

（1）及时发现计算机中存在的病毒

在计算机运行的过程中，可以通过观察有无后台程序运行总量突然增大的情况以及计算机有无明显的卡顿等现象，对是否存在病毒进行初步的判断。如果一个相同的程序现在打开的速度与之前打开的速度相比有明显的差异，不考虑机器老化所带来的运行延迟，那么很有可能说明计算机系统已经感染了病毒。

（2）病毒的取样与研究

在新病毒出现之后，杀毒专家就会将相对应的磁盘进行取样，并对病毒运行的相关数据以及病毒的字节串进行详细的研究，进一步诊断病毒的字节串是否有联系，在字节串中是否有空格的出现以及病毒的传播条件、传播方式等。在研究过程中，字节串的特征是主要的研究目标，字节串就像是病毒的 DNA 一样，专家需要通过对网络病毒的字节串进行分析来掌握相对应的特征，从而研发该病毒的检测方法与杀毒软件。

（3）系统杀毒方法

计算机用户可以通过杀毒软件中所搭载的病毒检测方法以及杀毒技术对整个计算机的磁盘和硬件设施进行检测，杀毒软件如果发现相对应的病毒，就可以启动自动杀毒功能。但是杀毒软件的应用是在对病毒字节串的研究基础上研发的，如果无法及时地对新病毒的字节串进行研究，那么杀毒软件面对新型的病毒就没有任何的作用。

2. 网络病毒的防范方法

我们可以通过备份重要数据、完善计算机系统、定期进行病毒查杀来有效提高计算机的病毒防范能力。

（1）备份重要数据

备份技术的出现就是为了防范计算机面对病毒的攻击而出现关键数据损失的情况。备份技术的应用可以保证计算机中关键数据能够得到很好的保护，也可以将病毒的破坏性降至最低水平，即便计算机在面对较为强大的病毒攻击时也不会遭受较为严重的打击。在被网络病毒攻击后，计算机的系统数据可能被修改，但最为重要的数据得到了保护，因此在网络病毒猖狂的大环境下进行数据备份是非常有必要的。

（2）完善计算机系统，定期进行病毒查杀

网络病毒对计算机进行攻击都是通过系统的漏洞，计算机系统的漏洞就像是病毒传播的一扇门。病毒通过计算机系统的漏洞对计算机进行攻击，所以计算机系统公司要对计算机系统进行实时的更新与完善，尽最大可能完善计算机系统，让网络病毒对计算机无从下手。

此外，计算机用户还需要借助杀毒软件对计算机进行周期性的病毒查杀，只有经常对计算机进行病毒查杀才能保证计算机的正常运行，并且病毒查杀的目标不能仅仅是计算机的系统盘，对于一些移动硬件设备也应当进行全面查杀。

（3）重装系统

在实际的计算机病毒防范与查杀过程中，因为网络病毒的出现有着超前性，杀毒软件并不能够很好地预防新病毒的出现，所以在新病毒出现之后并没有实际的应对措施，在这种情况下，重装计算机系统就是一个非常重要的措施。当用户发现计算机的很多数据已经被篡改甚至影响了正常的使用时，重装系统能够很好地防止病毒进一步扩大对计算机的损害，防止更多的关键数据遭到病毒的攻击。通过重装计算机系统以及备份数据能够对计算机起到非常好的保护作用，并且通过数据的备份可以将计算机完全地还原。

（4）日常的网络病毒安全防范与管理

对于计算机用户来说，防范网络病毒的最佳办法是做好前期的防患工作。一方面，及时更新计算机的系统，发现系统存在漏洞时，及时在官网下载相应的补丁，封死病毒利用相关系统漏洞进入计算机的途径；另一方面，在网络上下载安装软件时，要注意软件的安全性，杜绝下载可能包含潜在危险病毒的软件，如果在安装的过程中发现软件对计算机的系统运行有着较大的威胁，就放弃安装此类软件。此外，要注意所有文件的传输，不接收不明用户所传输的文件，软件的下载要到正版官网上进行，切断病毒侵入计算机的途径。

3. 网络病毒防御技术

尽管可以采取各种网络病毒防范方法来降低网络病毒可能带来的危害，但从现阶段的技术手段来看，网络病毒对计算机系统的攻击无处不在，计算机系统无法完全摆脱网络病毒所带来的威胁。因此我们应科学设计计算机网络病毒防御技术方案，积极防御计算机网络病毒。

（1）架构防火墙与防毒墙

网络病毒的传播具有隐蔽性、随机性、破坏性与突发性的特点。实施计算机网络安全防范工作时，需要架构防火墙与防毒墙的技术屏障。防火墙技术主要是借助网络空间隔离技术，从网络安全角度出发，控制好网络通信访问。

近年来，防毒墙技术逐步发展起来，通常把防毒墙设置在网络入口位置，实现对病毒的科学过滤，如发现存在病毒的威胁，就及时将其清除。为实现更好的病毒防范效果，应对病毒库及时进行更新，利用防毒墙来实时监测最新的病毒。

（2）身份认证与访问控制

对于网络系统中的每台计算机，必须要应用身份认证来予以识别，而对于他人访问情况，需要通过身份辨认来予以确认。安全管理员应科学设置口令，在口令认证上开展访问控制。此外，应对用户开展相应的分级管理，使用不同权限来利用网络资源。在口令认证上，可加强对口令字符数的管控，针对不同字符组合来设定口令，同时定期进行变更处理，对用户数据进行保密处理。

网络认证环境相对复杂，对于攻击者而言，主要是由传输层来截获口令，因此口令认证也存在安全风险。在网络的各个主机上，对身份进行认证处理时，也会通过网络平台来操作，这会进一步增加风险。

目前，对于防范口令入侵问题，主要采取对密钥进行加密的处理方式。与此同时，对IP地址采取合理的接入处理，也能限制非授权用户的访问。此外，还要遵循事先约定的基本原则，科学检测来访者的具体身份，在控制阶段对用户实施分组，对权限范围予以限制，对相关文件实施合理的控制与操作。

（3）反病毒软件

不管是密钥认证技术，还是病毒防火墙与数据加密技术，对于计算机网络环境而言，依然存在着病毒与黑客的攻击行为。反病毒软件主要通过对网络病毒的科学检测，预防出现恶意程序问题,从而提高网络维护与管理的质量。此外,利用反病毒软件,结合网络病毒的基本特点来开展目标性设计,若发现病毒,就需要启动病毒隔离系统,若个别终端存在着感染病毒的现象,服务器就会起到防范病毒传播的作用。

（4）数字签名技术

在网络应用中,可以引入数字签名技术来对信息进行鉴定服务。这个数字签名由信息发送者自动生成,不存在信息造假的问题。过了第一道检测之后,再通过用户协议进行第二重认证,就和手机接收验证码一样,只有对应的用户才能收到验证信息邮件。输入验证码之后方可获得访问许可,这样既能确保信息不会泄露出去,也能确保计算机的网络安全。

（5）硬盘保护卡还原技术

所谓硬盘保护卡主要指计算机操作系统使用的一种扩展卡,这种扩展卡通常有还原计算机硬盘中所有数据的功能。当用户开启计算机时,硬盘保护卡会让计算机硬盘中的部分或所有数据还原至使用前的内容,而在硬盘保护分区进行任何修改操作都不会产生效果,从而有利于全面保护计算机的硬盘数据内容。

将硬盘保护卡与杀毒软件进行比较可以发现,还原技术仅是指计算机病毒破坏之后的数据信息还原功能,在一定程度上具有很强的清除病毒的能力。当计算机系统受到病毒威胁时,工作人员仅需启动系统保护重启功能就可保证计算机还原至没有感染的状态。所以病毒虽然会对使用了硬盘保护卡的计算机造成破坏,但只需要重启就可彻底清除病毒。

6.2.3　网络病毒的控制策略

目前,控制网络病毒传播的研究主要分为微观研究和宏观研究。微观研究是指通过分析病毒的程序结构特征和行为模式来检测和清除病毒,如实际生活中常用的杀毒软件和防火墙,这也是目前查杀计算机病毒最主要、最有效的方法。但是,微观研究具有其自身的局限性,尤其是新版本的杀毒软件、新补丁等总是在新病毒出现之后才会出现,这说明微观研究是具有时间滞后性的。

为了弥补微观研究方面的不足,网络病毒传播动力学这门学科应运而生。研究网络病毒传播动力学的最终目的是,以较小的代价,最大限度地抑制病毒传播。在建模的时候,不仅要考虑病毒的传播效应,还得考虑反制措施的抑制效应,唯有如此,才能通过模型分析来评测反制措施的有效性,才能找到最好的反制措施。

总体来说,可以将网络病毒控制策略分为节点免疫、参数调节和结构调整三种类型。

1. 节点免疫

由于网络的复杂性,网络中的节点在网络中具有各自不同的地位,有些节点处于网络中心,与其他节点连接较为密集,而有些节点处于网络边界,其重要性就比较低,所以节点的重要性是研究网络性质的重要手段。一般情况下,研究者们依据节点度、聚类系数和介数等性质对节点的重要性进行排序。

节点免疫的核心是将补丁及时地分配给各个节点。常用的免疫策略主要有随机免疫（将补丁分配给随机选取的节点）、定向免疫（将补丁优先分配给度数较大的节点）以及熟人免疫（收到补丁的节点负责将补丁转发给相邻节点）。然而,由于网络及病毒传播的复杂性,很多真实网络并不能简单使用某一种经典免疫策略而一劳永逸地达到控制病毒传播的目的,所以寻找一种更为有效的免疫策略就成为很多网络病毒传播动力学的研究者们不懈努力的目标。

2. 参数调节

在一个网络系统中，往往根据终端计算机的服务性质和不同用途，将互联网中的计算机设置成不同的安全防御级别。根据防御等级的不同，把易感染群体的计算机划分成不同的仓室。在参数调节时，既可以对仓室级病毒传播模型中的可控参数实施调节，也可以对节点级病毒传播模型中的可控参数实施调节。对于仓室级病毒传播模型，只能对所有节点统一地调节参数，不能根据每个节点对安全性的具体要求灵活地调节参数，因此可能导致调节成本过高。对于节点级病毒传播模型，则可以根据每个节点对安全性的具体要求灵活地调节参数、降低成本。

此外，根据参数调节是一次到位还是动态调节，可以将参数调节策略分为静态参数调节策略和动态参数调节策略两种类型。所谓静态参数调节策略，就是在成本符合预算的前提下，运用最优化技术一次性调节好所有的可控参数，使控制效果尽可能好。这种策略的优点是计算量较小，缺点是只适用于时间跨度较小、网络状态变化不大的场合。所谓动态参数调节策略，就是运用最优控制方法动态地调节可控参数，使总成本尽可能低，控制效果尽可能好。这种策略的优点是适用面广，且特别适用于时间跨度较大、网络状态变化很大的场合；缺点是计算量很大（但可以通过云计算有效地克服这个缺点）。

3. 结构调整

区分病毒是否趋于灭绝的阈值常常取决于某个与网络结构有关的矩阵的最大特征值，因此，我们可以通过调整网络结构（减少网络中的一些边）来抑制病毒。然而，已有研究表明，欲从网络中删除任意给定条数的边，使剩余网络的最大特征值达到最小，这是一个 NP 难问题，很可能没有解该问题的多项式时间算法，因此应该将研究重点转向设计求解该问题的启发式算法上。

6.2.4　常用的网络病毒防御产品

1. 瑞星

瑞星杀毒软件的监控能力是十分强大的，但同时占用系统资源也较大。瑞星杀毒软件能够快速、彻底查杀大小各种病毒。但是瑞星杀毒软件的网络监控功能相对软弱，可以配合使用瑞星防火墙弥补缺陷。

2. 金山毒霸

金山毒霸是金山公司推出的计算机安全产品，监控、杀毒全面、可靠，占用系统资源较少。其软件的组合版功能强大（毒霸主程序+金山清理专家+金山网镖），集杀毒、监控、防木马、防漏洞为一体，是一款具有市场竞争力的杀毒软件。

3. 江民

江民是一款老牌的杀毒软件，它具有良好的监控系统，其独特的主动防御技术使不少病毒望而却步。建议与江民防火墙配套使用，占用资源不是很大。

4. 诺顿

诺顿是 Symantec 公司的个人信息安全产品之一，也是一个广泛应用的反病毒程序。该项产品目前除了具有原有的防毒功能外，还有防间谍等网络安全风险的功能。诺顿反病毒产品包括诺顿网络安全特警（Norton Internet security）、诺顿反病毒（Norton antivirus）、诺顿 360（Norton ALL-IN-ONE security）、诺顿计算机大师（Norton system works）等。

5. 360 安全卫士

360 安全卫士是一款由奇虎公司推出的完全免费的安全类上网辅助工具软件，拥有木马查杀、恶意软件清理、漏洞补丁修复、计算机全面体检、垃圾和痕迹清理、系统优化等多种功能。360 安全卫士占用空间很小，运行时对系统资源的占用也相对较低，是一款值得普通用户使用的较好的安全防护软件。

6. 微点

微点是北京东方微点信息技术有限责任公司自主研发的具有完全自主知识产权的新一代反病毒产品，在国际上首次实现了主动防御技术体系，并依此确立了反病毒技术新标准。微点主动防御软件最显著的特点是，除具有特征值扫描技术查杀已知病毒的功能外，更实现了用软件技术模拟反病毒专家智能分析判定病毒的机制，能够自主发现并自动清除未知病毒。

7. McAfee

McAfee 是全球畅销的杀毒软件之一。McAfee 杀毒软件把该公司的 WebScanX 功能整合在一起，除了帮助侦测和清除病毒外，还有 VShield 自动监视系统，会常驻在 System Tray。当从磁盘上、网络上、E-mail 夹文件中开启文件时，McAfee 杀毒软件会自动侦测文件的安全性，若文件内含病毒，便会立即警告，并做适当的处理。该杀毒软件支持鼠标右键的快速选单功能，且可使用密码把个人的设定锁住，让别人无法修改。

6.3 智能建筑无线局域网安全管理技术

在智能建筑中，无线网络可以根据需要部署在任何建筑区域内，对于安装的场地，线路要求非常少。因此在智能建筑中，无线网络的应用非常广，特别是无线局域网。但是无线网络的应用也给人们带来了新的挑战，其中最重要的问题就是安全性问题。一方面，由于无线网络通过无线电波在空中传输数据，在数据发射机覆盖区域内的任何一个无线网络用户，都能接收到这些数据。另一方面，无线设备在计算、存储以及供能等方面的局限性，使得原本在有线环境下的许多安全方案和安全技术不能在无线网络环境中应用。本节将分别对无线局域网的安全要求与安全策略等进行详细说明。

6.3.1 无线局域网的安全要求与安全模型

1. 通用网络的安全要求

网络安全在不同的应用中有不同的定义，在这些应用中最重要的要求是数据的机密性、完整性与相互认证。

（1）数据的机密性和完整性

网络必须提供强大的数据机密性和完整性保护，且对于每一个传输信息的回复消息，也应该提供相应的安全保护。数据的机密性和完整性有助于对在不安全环境下通信的用户建立一个安全的信道。在专用通道中的用户可以理解收到的消息，并生成和修改重要消息。此外，回复的消息也应该通过完整性的检查，通过检查的消息应被确认，否则应丢弃。这些要求可以通过设计良好的加密函数和适当的回复保护机制来满足。

（2）相互认证

网络必须提供相互认证功能和安全保障，这意味着通信双方必须互相认证对方的身份。如果有必要，认证过程必须结合密钥生成、分发和管理，以使用加密函数来加密整个认证过程。根据认证的结果灵活地采用认证和接入控制策略，其目的是防止非法的用户冒充其他人的合法身份与被攻击者进行通信。

2. 无线局域网的安全要求

无线局域网作为一种网络系统，其安全也必须遵循通用网络的安全要求。在无线局域网的应用中，信息的泄露和被恶意窃取对生活、生产的影响都十分恶劣，因此必须要重视无线局域网的安全问题，使用一定的安全措施来维护无线局域网的安全。具体来说，无线局域网的安全保护主要包括两个方面：一方面是保护无线局域网上的资源不受到非法的访问；另一方面是保护通信数据的安全。

在无线局域网的相关规定中定义了一整套的安全措施，这些措施中最基本的还是通过密码设置来实现对本地的无线局域网的安全保护。当前无线局域网中对接入网络的认证主要使用两种方式：开放式认证与基于共享密钥的认证。其中，开放式认证的安全性较低，其实不算是认证，双方只要通过 IP 地址的搜索就可以使用无线基站对网络进行信息查询访问，这种方法不能保护用户的隐私安全。共享密钥认证对信息的保护提高了一个档次，用户要对其进行访问就需要出示无线基站的访问密码，通过验证后才能进行资源共享。

在现实网络情况的使用过程中，相关技术人员应该设计一种多元化的、多层次的信息安全保护系统，不仅要实现对人们信息的保护，还要实现对无线局域网的保护，以便人们在使用的过程中在最短的时间内可以完成更多的工作。安全机制的保护过程主要包括无线地址的保护、防火墙的设置以及入侵系统的设置等。上述内容都直接关系到无线网络的安全使用情况，因此无线局域网的安全是一个综合的整体防护问题。

3. 无线局域网的安全模型

为了从整体上提供无线局域网的安全保护，同时也便于实现对无线局域网安全策略的审计，一般通过对安全策略进行建模，依据模型来实现无线局域网安全策略的整体设计与评估。目前，常用的无线局域网安全控制模型有以下两种。

（1）无线局域网地址过滤控制模型

在安全管理控制模型的建立和运行过程中，要对其控制技术和管理要求进行细化处理和综合性分析。无线网卡的地址结构和以太网物理地址较为相似，都是 48 位，网络管理人员可以在访问点中进行手工维护，以确保相关物理地址的访问过滤切实有效，也从理论上实现授权访问管理的实效性。

此外，在对相关控制模型进行集中处理和综合性管理的过程中，也要对服务标识进行统筹分析和综合性管理，确保无线工作站能正确认知服务标识结构，并且进一步优化其处理效果。目前，在实际安全技术管理机制建立的过程中，也要对大多数网络设备的 MAC 地址等信息进行集中处理和综合管控，确保信息处理效果符合实际预期，也为某些软件重置提供平台，真正提高管理效果的实效性，为项目升级奠定坚实基础。

（2）无线局域网安全技术增强模型

在无线局域网安全技术增强体系建立过程中，要结合管理系统和控制措施。一方面，利用 IEEE 802.x 协议，对实体网络设备的逻辑结构进行综合分析和检验，并对其认证结果进行统筹管控；另一方面，利用无线 VPN 安全解决方案，提高公共平台对相关网络信息和数据进行统筹处理的能力，确保网络的安全性符合实际需求。

6.3.2 无线局域网安全的特殊考量点

1. 无线网络接入点的物理位置与信号强度

（1）无线网络接入点的物理位置

很多无线网络的安全问题是由于本地的无线接入点（access point，AP）没有处在一个相对封闭的网络环境中造成的。因此，在设置本地的无线 AP 时一定要将密码设置得复杂一些，这样对其进行破解的时候就比较困难。同时要考虑无线 AP 的可访问性以及信号范围的设置。无线网络的 AP 要放在攻击者很难攻击的位置，如果攻击者能很容易地将 AP 地址与自己的计算机相连接，就可能非常轻松地对无线 AP 与密码进行破解。此外，在网络设置的时候要保证无线 AP 不可以通过远程设置对其进行密码修改或者对这台计算机进行控制。

（2）无线网络接入点的信号强度

无线信号是通过电磁波的振动来传递信息的，所以很容易受到其他信号的干扰。天线是一种可以发射信号的物体，它可以通过向特定方向发射信号来传递信息，所以无线局域网的信号干扰项中，信号强度也是需要进行考虑的。因此，为了全面覆盖需要使用无线信号的区域，应该将无线 AP 的天线放置在整个区域的正中间，避免将天线放在建筑物外墙周围，这样就可以减少信号外泄造成信号不好的情况出现。

2. 无线网络地址安全设置

无线网络的设置过程中，无线网络设备制造商所提供的很多默认设置是非常不合理的，因此应用无线网络时需要人工进行合理的配置，以最大程度保护隐私。

（1）隐藏服务集标识符

服务集标识符是无线客户的使用端对不同的无线网络的特点识别，其实际相当于一个手机可以同时识别不同的手机信号运营商。隐藏服务集标识符就是禁止无线 AP 对广播进行开放，其他人也搜索不到这个无线端口，这样就可以有效避免非法用户使用这个端口发出的信号。但随着信息技术的发展，仍然有人致力于钻研黑客技术，想方设法盗取别人的数据并进一步盗取别人的网络信息。所以隐藏服务集标识符只是非常初级的一种自保方法，并不能完全保护人们的隐私。

（2）使用 MAC 对本网络进行地址过滤

MAC 地址过滤后可以使自己的网络被攻击的可能性降低，从而保护自己的网络。但使用 MAC 对地址进行过滤之后仍然可能有地址欺骗的情况发生,攻击者可以将自己的网络 MAC 地址设置成合法的地址,然后利用合法的地址进行违法的行为。并且 MAC 地址过滤设置起来比较麻烦,不能支持很多用户同时使用,所以这种方法只适用于用户较少的情况。

(3)启动密码设置

目前无线路由器常用的加密模式主要有 WEP、WPA-PSK(TKIP)、WPA2-PSK(AES)和 WPA-PSK/WPA2-PSK。启用密码设置需要在每个无线信号使用的端口以及无线 AP 上设置密钥,虽然比较麻烦,但可以实现对无线局域网安全有效的保护。此外,密码应该定期进行更改,这样才能更好地保护自己的网络信息不被盗取。

(4)及时更新无线 AP 构件

及时对无线 AP 构件进行更新,可以通过提高自身的防盗措施来保护网络不受外部影响。使用新版本的 AP 构件可以帮助修复一些自身的漏洞,并且在其他方面的功能上还进行了技术的更新,从而保护了自身网络的安全。

6.3.3 常见无线局域网的安全漏洞

在对无线局域网进行漏洞分析的过程中,要对其安全隐患进行及时清除和综合性管理,保证控制体系的完整性和处理效果的实效性,也为管理模型的升级提供支撑。现有的无线网安全漏洞通常分为 10 类,其中前 3 类最为常见。

1. 无线网络被盗用

俗称的"蹭网"就是盗用无线网络现象,这种现象严重影响了正常用户的使用。一是黑客盗用无线网对网络安全带来危害;二是因无线网被盗用而增大了网络被入侵和攻击的可能性;三是上网服务费用若按网络流量收费就会给正常用户带来经济损失;四是正常用户在访问网络时速度会减慢。

2. 无线局域网的无线窃听漏洞

由于网络上所传输的数据大多是以明文的操作方式进行的,所以用户的网络通信信息完全可以通过监听数据流的方式被不法分子窃取。以太网协议的工作方式是将要发送的数据包发往网络上的所有主机,包头中包括应该接收数据包的主机的正确地址,只有与数据包中目标地址一致的主机才能接收到信息包。但是当主机工作在监听模式时,不管数据包中的目标物理地址是什么,主机都可以接收到。

在网络监听时,需要保存大量的信息,并对收集的信息进行整理,这样就会使正在监听的机器对其他用户的请求响应变得很慢。同时监听程序在运行的时候需要消耗大量的处理器时间,如果在这个时候详细地分析包中的内容,许多包就会来不及被接收而漏掉。所以监听程序很多时候会将监听到的包存放在文件中等待以后分析。

3. 无线网络被拒绝服务攻击

拒绝服务(denial of service,DoS)攻击,即攻击者想办法让目标机器停止提供服务,这是黑客常用的攻击手段之一。拒绝服务攻击问题也一直得不到合理的解决,究其原因是网络协议本身的安全缺陷,从而拒绝服务攻击也成为攻击者的终极手法。攻击者进行拒绝服务攻击,实际上让服务器实现了两种效果:一是迫使服务器的缓冲区满,不接收新的请求；二是使用 IP 欺骗，迫使服务器把非法用户的连接复位，从而妨碍合法用户的连接。拒绝服务攻击具体的攻击方式有如下几种。

（1）SYN Flood

SYN Flood 是当前较流行的拒绝服务攻击与分布式拒绝服务攻击的方式之一，它是一种利用 TCP 缺陷，发送大量伪造的 TCP 连接请求，使被攻击方资源耗尽的攻击方式。

（2）IP 欺骗性攻击

这种攻击利用 TCP 的 RST 位来实现。RST 表示复位，用来异常地关闭连接。假设有一个合法用户已经与服务器建立了正常的连接，攻击者构造攻击的 TCP 数据，伪装自己的 IP 为合法用户的 IP，并向服务器发送一个带有 RST 位的 TCP 数据段。服务器接收到这样的数据后，就会认为从合法用户发送的连接有错误，于是会清空缓冲区中建立好的连接。这时，如果合法用户再发送合法数据，服务器已经没有这样的连接了，此时该用户就必须重新开始建立连接。攻击时，攻击者会伪造大量的 IP 地址，向目标发送 RST 数据，使服务器不对合法用户服务，从而实现对受害服务器的拒绝服务攻击。

（3）Land 攻击

Land 攻击原理：用一个特别打造的 SYN 包，它的原地址和目标地址都被设置成某一个服务器地址。此举将导致接收服务器向它自己的地址发送 SYN-ACK 消息，然后这个地址又发回 ACK 消息并创建一个空连接。被攻击的服务器每接收一个这样的连接都将保留，直到超时。

（4）Smurf 攻击

一个简单的 Smurf 攻击原理：通过将回复地址设置成受害网络的广播地址的 ICMP 应答请求数据包来淹没受害主机的方式进行，最终导致该网络的所有主机都对此 ICMP 应答请求做出答复，从而导致网络阻塞。更加复杂的 Smurf 攻击则是将源地址改为第三方的受害者地址，最终导致第三方崩溃。

4. 被动窃听和流量分析

由于无线通信的特征，一个攻击者可以轻易地窃取和存储无线局域网内的所有信息。当一些信息被加密时，判断攻击者是否从特定消息中学习到部分或全部的信息同样至关重要。如果众多消息领域是可预知的，那么这种可能性是存在的。除此之外，加密的消息会根据攻击者自身的需求来产生。在分析时，考虑被记录的消息或明文的知识是否会被用来破解加密密钥、解密完整报文，或者通过流量分析技术来获取其他有用的信息。

5. 消息注入和主动窃听

一个攻击者能够通过使用适当的设备向无线网络中增加信息，这些设备包括拥有公共无线网络接口卡的设备和一些相关软件，虽然大多数的无线网关的固件会阻碍接口构成符合 IEEE 802.11 标准的报文，但攻击者仍然能够通过使用已知的技术控制任何领域的报文。因此，一个攻击者可以产生任何选定的报文，可以修改报文的内容，并完整地控制报文的传输。如果一个报文是要求被认证的，那么攻击者可以通过破坏数据的完整性算法来产生一个合法有效的报文；如果没有重放保护或者攻击者可以避免重放，那么攻击者同样可以加入重放报文。此外，加入一些选定好的报文，攻击者可以通过主动窃听从系统的反应中获取更多的消息。

6. 消息删除和拦截

攻击者可以进行消息删除，这意味着攻击者能够在报文到达目的地之前从网络中删除报文，这可以通过在接收端干扰报文的接收过程来完成。例如，通过在循环冗余校验码中制造错误，使接收者丢弃报文，这一过程与普通的报文出错相似，但是可能是由攻击者触发的。

消息拦截的意思是攻击者可以完全地控制连接，可以在接收者真正收到报文之前获取报文，并决定是否删除报文或者将其转发给接收者，这比窃听和消息删除更加危险。此外，消息拦截与窃听和重发还有所不同，因为接收者在攻击者转发报文之前并没有收到报文。

消息拦截在无线局域网中可能是难以实现的，因为合法接收者会在攻击者刚拦截之后检测到消息，然而，一个确定的攻击者会用一些潜在的方式来实现消息拦截。例如，攻击者可以使用定向天线，在接收端通过制造消息碰撞来删除报文，并且同时使用另一种天线来接收报文。

7. 数据的修改和替换

数据的修改或替换需要改变节点之间传送信息或抑制信息并加入替换数据。在共享媒体上，功率较大的局域网节点可以压过另外的节点，从而产生伪数据。如果某一攻击者在数据通过节点之间的时候对其进行修改或替换，那么信息的完整性就丢失了。

例如，一间房子中挤满了讲话的人，假定 A 总是等待其旁边的 B 开始讲话。当 B 开始讲话时，A 开始大声模仿 B 讲话，从而压过 B 的声音。房间里的其他人只能听到声音较高的 A 的讲话，但他们认为他们听到的声音来自 B。采用这种方式替换数据在无线局域网上要比在有线网上更容易。利用增加功率或定向天线可以很容易地使某一节点的功率压过另一节点，较强的节点可以屏蔽较弱的节点，用自己的数据进行取代，甚至会出现其他节点忽略较弱节点的现象。

8. 伪装和无线 AP 欺诈

伪装即某一节点冒充另一节点。因为 MAC 地址的明文形式包含在所有报文之中，并通过无线链路传输，所以攻击者可以通过侦听来学习到有效的 MAC 地址，攻击者同样能够将自己的 MAC 地址修改成任意参数。如果一个系统使用 MAC 地址作为无线网络设备的唯一标识，那么攻击者可以通过伪造自己的 MAC 地址来伪装成任何无线基站。

无线 AP 欺诈是指在无线局域网覆盖范围内秘密安装无线 AP，窃取通信、共享密钥、SSID、MAC 地址、认证请求和随机认证响应等保密信息的恶意行为。为了实现无线 AP 的欺诈目的，需要先利用无线局域网的探测和定位工具，获得合法无线 AP 的 SSID、信号强度、是否加密等信息。然后根据信号强度将欺诈无线 AP 秘密安装到合适的位置，确保无线客户端可在合法 AP 和欺诈 AP 之间切换，当然还需要将欺诈 AP 的 SSID 设置成合法的无线 AP 的 SSID 值。恶意 AP 也可以提供强大的信号并尝试欺骗一个无线基站使其成为协助对象，来达到泄露隐私数据和重要消息的目的。

9. 会话劫持

无线设备在成功验证了自己之后会被攻击者劫持一个合法的会话。攻击者首先使一个设备从会话中断开，然后在不引起其他设备注意的情况下伪装成这个设备来获取连接。在这种攻击下，攻击者可以收到所有发送到被劫持设备上的报文，并按照被劫持设备的行为进行报文的发送。这种攻击几乎可以包围系统中的任何认证机制。然而，当使用了数据的机密性和完整性时，攻击者必须将它们攻克来读取加密信息并发送正当的报文，因此，通过充分的数据机密性和完整性机制可以很好地阻止这种认证攻击。

10. 中间人攻击

这种攻击与信息拦截不同，因为攻击者必须不断地参加通信。如果无线基站和 AP 之间已经建立了连接，那么攻击者必须先破坏这个连接，然后伪装成合法的基站与 AP 进行联系。如果 AP 对基站之间采取了认证机制，那么攻击者必须欺骗认证，即必须伪装成 AP 来欺骗基站，和它进行联系。类似地，如果基站对 AP 采取了认证机制，那么攻击者必须欺骗到 AP 的证书。

6.3.4 无线局域网安全认证与管理策略

现阶段主流安全认证技术仍存在受到网络攻击的危险，为提高公共无线局域网的安全性，规避网络安全风险，应加强安全认证与管理技术的改进，弥补技术缺陷。现有的无线局域网安全认证与安全管理策略技术主要有以下方面。

1. AP 身份认证

AP 身份认证能杜绝未授权用户进入网络，消除安全隐患。AP 身份认证在具体应用中，采用验收测试框架接入点（framework of integrate test access point，FITAP）组网技术，网络稳定性和可靠性强，通过无线控制器进行网络安全部署，并生成相应的 AP 序列号，对合法 FITAP 进行授权。在访问者进行访问时，系统会验证 AP 序列号信息，若授权信息合法则可进入网络，若 FITAP 非法则无法进入网络。

2. 多种用户接入认证

为提高身份认证效率和水平，确保网络安全，应积极采用多种用户接入认证手段，如 802.1x 接入认证、预共享密钥（pre-shared key，PSK）认证、通过以太网传输点对点协议（point-to-point protocol over ethernet，PPPOE）认证等。采用这种多元化的认证模式，网络系统灵活性更强，网络兼容性更好，能够为多种终端设备接入网络提供便利条件。

3. 修改服务集标识符

在组网过程中为提高网络稳定性，要对 AP 默认的 SSID 名称进行修改，防止非法用户利用初始 SSID 访问网络，占用网络资源。另外，为进一步提高安全性能，降低网络入侵概率，可选择禁用 SSID 广播。在禁用 SSID 广播后，网络信号便处于隐身状态，信号信息不易被搜索到，于是便能有效防止非法入侵，避免不法分子对无线信号的捕捉。局域网内用户可通过手动输入 SSID 的方式访问网络。

4. 锁定 MAC 地址

通过对 MAC 地址的锁定，能够过滤一部分非法 MAC 地址，防止未授权用户接入网络。公共无线局域网能够自动拒绝被过滤 MAC 地址的接入。因此，在组网中应对无线网卡的

MAC 地址访问控制列表进行设置更新，禁止列表外的 MAC 地址，使列表外终端用户不能获取 IP，无法对无线网络进行正常访问。这种安全认证方式，安全防护效果好，但若有新增终端用户，则需要进行手动操作，所以不适合于用户量大或流动量大的无线局域网。

5. 禁用 DHCP 服务

开启 DHCP 服务后，公共无线局域网便会处于动态分配 IP 地址状态，所以用户获取网络信息简单，不法用户能够很容易获取合法 IP，占用大量网络资源，破坏网络安全。DHCP 服务被禁止后，不法用户若想入侵网络，获得合法认证，必须要先破译 IP 地址、子网掩码及 TCP/IP 参数，从而大大提升了入侵难度。

6. 改变加密算法

传统的 WEP 算法非常容易被字典解密攻击破译，导致网络被入侵，并且该算法加密程度低，不包含密钥管理协定，不强制使用，利用普通破解工具 3 分钟之内即可破解。因此，在组网中应选择新型加密算法，WPA 和 WPA2。WPA 即 Wi-Fi protected access，是一种保护无线计算机网络安全的系统，它是针对研究者在 WEP 中找到的几个严重的弱点而产生的。WPA 针对 WEP 中存在的密钥管理过于简单、对消息完整性没有有效的保护等问题，通过软件升级的方法提高了网络的安全性。

6.3.5 无线局域网安全漏洞的防范措施

无线局域网安全漏洞的防范措施主要有以下三个方面。

1. 基本的安全防范措施

基本的安全防范措施是指一些对于数据安全要求不是很高甚至不做要求的无线局域网采取的措施，这些场景只需要提供一个网络支撑，而不用过多地对网内数据进行保护。当接入设备处于出厂设置时，设备的 SSID、加密和 DHCP 功能均处于默认状态，很容易被不法者侵入，我们可以采用以下措施进行基本的无线网络安全防范，防止网络被盗用。

1）组建无线局域网时，新使用的网络接入设备多保留了出厂的默认值，一般都是设备的品牌+序列号。我们需要对设备的 SSID 值进行自定义，并且关闭设备的 SSID 广播功能。另外可以将 SSID 设置成中文，因为一些非法者可以通过无线网络扫描工具扫描到我们的无线网络，从而实施入侵。但很多工具在扫到中文名字的无线网络后，会显示乱码，这样就可以避免被盗用。

2）很多无线设备在出厂时为了安装方便，大都关闭了加密功能，也就是说登录无线网络不需要密码，这样非法者就能利用无线嗅探器直接读取数据，获取网络连接，直接盗用无线网络。所以我们必须启用加密认证，设置足够强度的密钥，最好是多类字符的长组合，并经常对密钥进行更换。

3）关闭 DHCP，即动态 IP 地址分配功能，新启用的无线接入设备的 DHCP 功能也处于开启状态，无线局域网内终端设备就可以通过 DHCP 自动获得一个 IP 地址，如果此时攻击者通过扫描工具扫描到无线网络，其设备也可以获得一个由 DHCP 自动分配的合法 IP，也就成为网内的合法一员。关闭接入设备的 DHCP 功能，给每个网络终端设备设置一个专属的固定 IP 地址，并将该设备的 MAC 地址与这个固定 IP 进行绑定，从而可以有效地防止非法入侵以及无线网络被盗用。

2. 增强的安全防范措施

增强的安全防范是指对于数据安全做防护，是本身数据没有达到机密程度的企业或者单位采取的防范措施。除了以上基本的防护措施外，我们还可以通过以下措施提高安全防护级别，避免无线网络被盗用和被监听。IEEE 802.11 标准推出了诸如直线序列扩频技术、扩展服务集标识符、共享密钥认证、访问控制表等安全技术。在实际应用中，我们可以灵活地应用这些安全技术，补充无线局域网本身的技术缺点，使无线局域网的安全等级可与有线局域网相同。

在无线局域网中采用 802.1x 标准，通过增设验证服务器的方式来实现无线网络客户端的合法认证。在 802.1x 认证过程中，无线局域网内的终端设备需要通过接入点向验证服务器发起认证请求，验证服务器判定用户的合法身份后，会将一个动态的密钥通过 AP 返回给无线客户端，同时 AP 会向通过验证的合法用户开放接入网络的端口。这种双向认证机制可以十分有效地保证无线局域网内用户的合法性，使得中间人攻击的非法入侵无法得逞。另外，这个密钥是动态的、一次性的，客户端下次登录后密钥将会更换。具体登录会话过程如图 6.3.1 所示。

具体过程如下：
① 用户要求接入，AP 防止网络接入；
② 加密证明材料被发往验证服务器；
③ 验证服务器验证用户并给予接入许可；
④ AP 端口被启动，动态密钥以加密方式分配给客户；
⑤ 无线客户端安全地访问网络服务。

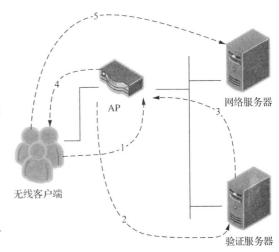

图 6.3.1　登录会话过程

3. 专业的安全防范措施

专业的安全防范是指针对大型企业、政府机关需要绝密安全的数据进行保护，这种级别的安全防范措施多采用虚拟专用网（VPN）技术。VPN 技术建立的是一个临时的隧道，在公用网络里搭建了一个暂时的安全隧道。它综合了专用网络安全性和数据质量保证性的优点，以及公共网络结构的优点。虚拟是指用户不再需要占用实际的长途数据线路，专用是指利用现有的不安全的公用网络环境，构建安全性、独占性并自成一体的虚拟网络，通过对隧道的加密来保证使用网络时的安全性，从多方面避免了非法用户的入侵，实现了用户对自己网络的完全控制。

6.3.6　无线局域网的安全配置

本节以家用无线局域网为例，介绍无线局域网安全配置的基本方法。家庭网关无线局域网安全配置的内容主要包括 MAC 过滤设置与认证模式设置，下面分别对其进行说明。

1. MAC 过滤设置

1）如图 6.3.2 所示，通过配置计算机的浏览器登录网关的 MAC 过滤设置页面。

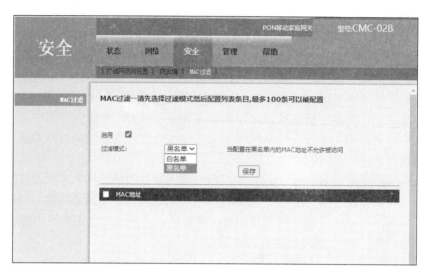

图 6.3.2　无线局域网 MAC 过滤设置页面

2）选择启用 MAC 过滤功能，并设置过滤模式。

3）如果选择白名单方式，只有在白名单列表中的 MAC 地址才能连入本无线局域网；如果选择黑名单方式，那么配置在黑名单内的 MAC 地址将不允许访问本无线局域网。

当启用 MAC 过滤功能后，只有被信任的 MAC 地址才能与该无线 AP 通信，无线 AP 拒绝与信任 MAC 地址列表以外的其他任何无线客户端建立连接。

2. 认证模式设置

如图 6.3.3 所示，认证模式可以选择无认证（NONE）、WEP 认证、WPA-PSK 认证、WPA2-PSK 认证与 WPA-PSK/WPA2-PSK 认证五种模式。

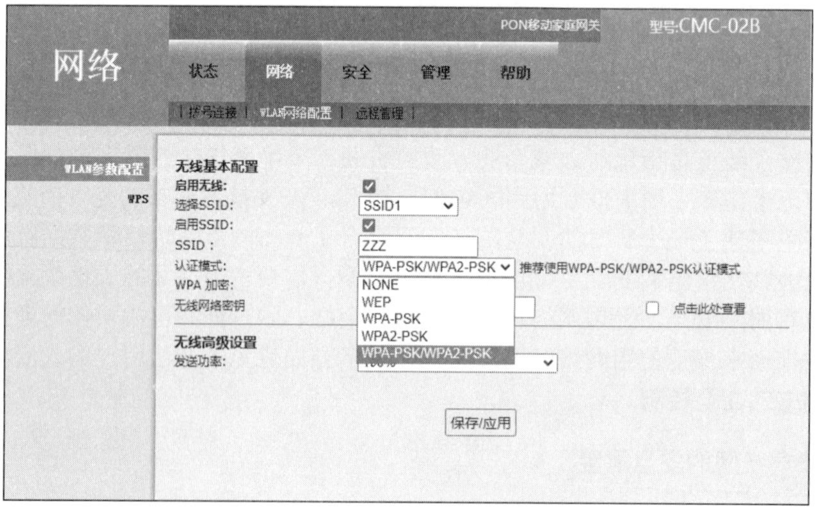

图 6.3.3　无线局域网认证模式设置页面

图 6.3.4 给出了 WEP 认证模式配置，所有通过无线网络认证的无线设备都可以支持有线等效保密（wired equivalent privacy，WEP），WEP 可以设置 64 位或 128 位的密码对其进行加密。

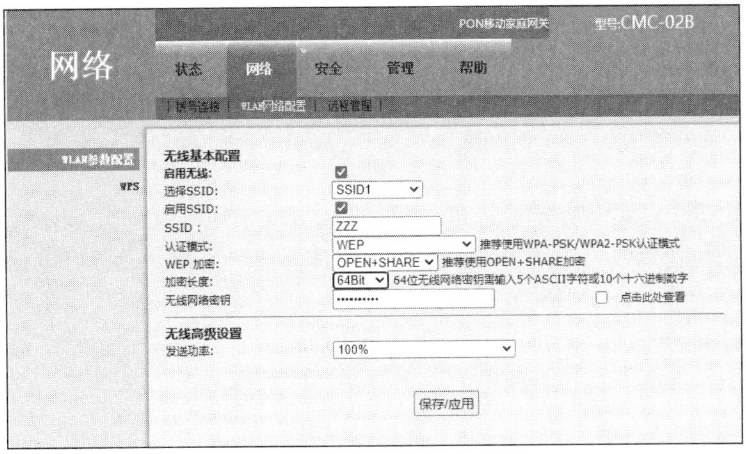

图 6.3.4　WEP 认证模式配置

图 6.3.5 给出了 WPA-PSK/WPA2-PSK 认证模式配置。该认证模式是现在经常应用的加密类型，这种加密类型安全性能高，设置也相当简单，有 AES、TKIP 和 TKIP+AES 三种加密算法。

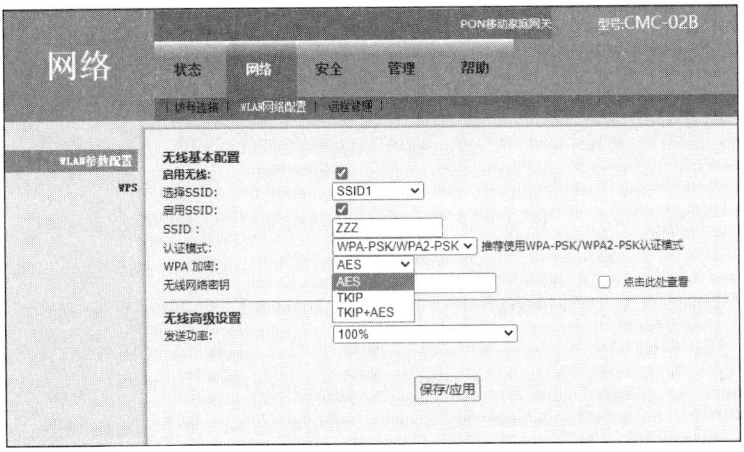

图 6.3.5　WPA-PSK/WPA2-PSK 认证模式配置

随着网络技术的发展，破解 WEP 密码和 WPA 密码的流程和方法也有很多种。

（1）破解 WEP 加密的无线网络

通过工具软件探寻无线网络，得到 WEP 数据包；当收集到的数据包足够多时，就可以通过计算分析统计通信包里的密码碎片，通过组合排列来获取正确的无线密码。

（2）破解 WPA 加密的无线网络

破解 WPA 密码首先要有合法的客户端，所以过程比较复杂。其基本破解原理是，对合法客户端进行攻击，使其与无线 AP 的连接中断，从而获得无线 AP 和客户端的数据包，WPA 的密码就在此数据包里，俗称"握手包"。但不能直接得到 WPA 的密码，要经过试误并利用密码字典才能得到。

相对来说，破解 WPA 密码的难度比破解 WEP 密码的难度要大得多，所以一般网络都推荐使用 WPA 加密方法。

6.4　智能建筑控制网络安全防护技术

控制网络由多个网络节点构成，这些网络节点分散在各个生产现场，采用规范、公开的通信协议，把现场总线当作通信连接的纽带，从而使现场控制设备可以相互沟通，共同完成相应的生产任务。绝大多数现场总线控制协议在设计之初仅仅考虑了功能实现、效率提高、可靠性提高等方面，而没有考虑过安全性问题。本节将以控制网络协议安全隐患与应对策略为基础，深入分析控制网络的安全隐患与防护技术。

6.4.1　控制网络安全概述

智能建筑是为了适应现代信息社会对建筑物的功能、环境和高效管理的要求，特别是对建筑物应具备信息通信、办公自动化和建筑设备自动控制及管理等一系列功能的要求，在传统建筑的基础上发展起来的。智能建筑主要由建筑设备自动化系统、办公自动化系统以及通信网络系统三大系统组成，其中建筑设备自动化系统是智能建筑的基础。

建筑设备自动化系统是运用计算机技术、自动控制技术、检测与传感技术等将建筑物内的电力、照明、空调、防灾、保安、广播等设备进行自动化控制与管理的综合系统，其实质是一个工业控制网络。

目前，工业控制网络还没有一个标准的定义。在一些学术文章和相关文献中，通常将工业控制网络定义为将具有通信能力的传感器、执行器、测控仪表作为网络节点，将现场总线或以太网作为通信介质，连接成的可完成测量控制任务的开放式、数字化、多节点通信网络。

工业控制网络是工业控制系统中的网络部分，是一种把工厂中各个生产流程和自动化控制系统通过各种通信设备组织起来的通信网络。工业控制系统包括工业控制网络和所有的工业生产设备，而工业控制网络只侧重工业控制系统中组成通信网络的元素，包括通信节点（包括上位机、控制器等）、通信网络（包括现场总线、以太网以及各类无线通信网络等）、通信协议（包括 Modbus、Profibus 等）。

现场总线控制网络通常处于作业现场，由于环境复杂，部分控制系统网络采用各种接入技术作为现有网络的延伸，如无线和微波，这也将引入一定的安全风险。再者，在该网络内传输的工业控制系统数据没有进行加密，也存在被篡改和泄露的威胁；缺少工业控制网络安全审计与检测及入侵防御的措施，容易对该网络内的设备和系统数据造成破坏。另外，由于现场总线控制网络实时性的要求及工业控制系统通信协议私有性的局限，在一些访问过程中未能实现基本的访问控制及认证机制，即使在企业办公室网络与监控网络之间存在物理隔离设备时，仍然存在因策略配置不当而被穿透的问题。

多年来，企业更关注管理传统网络领域的安全问题，许多企业对工业控制网络安全存在认识上的误区：认为工业控制网络没有直接接入互联网，入侵者无法通过工业控制网络攻击工业控制系统。而实际的情况是，企业的许多控制网络都是"开放"的，系统之间没有有效的隔离，采用最新技术的黑客和恶意软件甚至可以有效入侵物理隔离的网络。因此，随着信息化的推动和工业化进程的加速，工厂信息网络、移动存储介质、Internet 等其他因素导致的信息安全问题正逐渐向工业控制网络扩散，这将直接影响工业控制网络的安全与稳定，必须引起足够的重视。

6.4.2 控制网络协议的安全隐患与应对策略

从前面的原理分析可知，协议的规则设计本身缺乏安全性，如缺乏认证、授权、加密等安全设计。另外，厂商在协议的具体实现时，常常出现因功能码滥用、代码缓冲区溢出而导致的安全性问题。

工业控制系统的现场网络与控制网络之间的通信、现场网络各工业控制设备之间的通信、控制网络各组件的通信往往采用工业控制系统特有的通信协议，工业控制系统通信协议往往是专用的、私有的控制性协议，目的是满足大规模分布式系统的实时性运作需求。这就表现为这一大类通信协议在设计之初主要考虑效率问题，而忽略了其他功能需求。例如，为了保障通信的实时性和可靠性而放弃认证、授权和加密等需要附加开销的安全特征和功能，存在严重的安全问题。在工业控制系统安全面临风险越来越大的背景下，没有考虑安全问题的工业控制系统通信协议逐渐成为工业控制系统安全的关注点。本节将以智能建筑中常用的 Modbus 协议为例，分析协议存在的安全问题，以及可以采用的安全防护技术。

1. Modbus 协议设计的固有问题

（1）缺乏认证

认证的目的是保证收到的信息来自合法的用户，在 Modbus 协议的通信过程中，没有任何认证方面的相关定义，攻击者只需要找到一个合法的地址就可以使用功能码并建立一个 Modbus 通信会话，从而扰乱整个或者部分控制过程。

（2）缺乏授权

授权是保证不同的特权操作由拥有不同权限的认证用户来完成，这样可大大降低误操作与内部攻击的概率。Modbus 协议没有基于角色的访问控制机制，也没有对用户进行分类，更没有对用户的权限进行划分，这就使得任意用户可以执行任意功能。

（3）缺乏加密

加密可以保证通信过程中双方的信息不被第三方非法获取。在 Modbus 协议的通信过程中，地址和命令全部采用明文传输，因此数据可以很容易地被攻击者捕获和解析，从而为攻击者提供便利。

2. Modbus 协议实现产生的问题

虽然 Modbus 协议获得了广泛的应用，但是在实现具体的控制系统时，开发者可能并不具备安全知识或者没有意识到安全问题，这样就导致使用 Modbus 协议的系统中可能存在各种各样的安全漏洞。

（1）设计安全问题

Modbus 系统开发者重点关注的是其功能实现问题，安全问题在设计时很少被注意到。设计安全是指设计时充分考虑安全性，解决 Modbus 系统可能出现的各种异常和非法操作等问题。例如，在通信过程中，某个节点被恶意控制后发出非法数据，此时就需要考虑这些数据的判别和处理问题。

（2）缓冲区溢出漏洞问题

缓冲区溢出是指在向缓冲区内填充数据时超过了缓冲区本身的容量，导致溢出的数据覆盖在合法数据上，这是在软件开发中最常见也是非常危险的漏洞，可能导致系统崩溃，也可能被攻击者用来控制系统，从而导致严重的后果。

（3）功能码滥用问题

功能码是 Modbus 协议中的一项重要内容，几乎所有的通信都包含功能码。目前，功能码滥用是导致 Modbus 网络异常的一个主要因素。例如，不合法的报文长度、短周期的无用命令、不正确的报文长度、确认异常代码延迟等都有可能导致拒绝服务攻击。

（4）Modbus TCP 安全问题

目前，Modbus 协议已经可以在通用计算机和通用操作系统上实现，运行于 TCP/IP 之上以满足发展需要。这样，TCP/IP 自身存在的安全问题就不可避免地会影响工业控制网络的安全。非法网络数据获取、中间人攻击、拒绝服务、IP 欺骗、病毒等在 IP 互联网中的常用攻击手段都会影响 Modbus 系统的安全。

3. Modbus 协议安全防护技术

从前面的分析可以看出，目前 Modbus 系统采取的安全防护措施普遍不足，如果采取以下防护技术，就能够有效降低控制系统面临的威胁。

（1）从源头开始

工业控制网络漏洞很大一部分是其实现过程中出现的漏洞。如果从源头开始控制，从 Modbus 系统的需求设计、开发实现、内部测试和部署等阶段全生命周期地介入安全手段，融入安全设计、安全编码以及安全测试等技术，就可以极大地消除安全漏洞，降低整个 Modbus 系统的安全风险。

（2）异常行为检测

异常行为代表着可能发生威胁，不管有没有攻击者，因此开发针对 Modbus 系统的专用异常行为检测设备可以极大提高工业控制网络的安全性。针对 Modbus 系统，首先分析其存在的各种操作行为，进而分析其行为是否异常，最终决定采取记录或者报警等措施。

（3）安全审计

Modbus 的安全审计就是对协议数据进行深度解码分析，记录操作的时间、地点、操作者源和目标对象、操作行为等关键信息，实现对 Modbus 系统的安全审计日志记录和审计功能，从而提供安全事件爆发后的事后追查能力。

（4）使用网络安全设备

使用工业入侵防御和工业防火墙等网络安全设备。防火墙是一个串行设备，通过设置只允许特定的地址访问服务端，禁止外部地址访问 Modbus 服务器，可以有效地防止外部入侵；入侵防御设备可以分析 Modbus 协议的具体操作内容，有效地检测并阻止来自内部/外部的异常操作和各种渗透攻击行为，对内部网络提供保护功能。

另外，使用支持 Modbus TCP 深度解析和防护的防火墙设备，采用功能码的白名单机制，避免设计期间不合理功能码的随意使用，可将风险限制在最小范围内。

6.4.3 控制网络的安全隐患与防护技术

控制网络安全防护的核心是建立以安全管理为中心，辅以符合控制网络特性的安全技术，进行有目的的、有针对性的防御。

保障控制网络安全首先要从控制网络的自主性、可控性和可信度来考虑，也就是基础软硬件的安全性，对于设备本体存在的安全漏洞我们需要考虑对漏洞进行打补丁操作，但是由于控制网络与互联网络隔离的特性，这种打补丁操作很多时候是不可能的，那需要考虑使用其他补偿性的措施来保障设备的安全性，同时也需要保障控制网络环境下的行为安全性和控制网络本身的结构安全性。下面分别从控制网络安全设备的引入和使用方法、对已知控制网络安全威胁的处理方法和对未知控制网络安全威胁的处理方法来分别阐述如何实现工业控制网络的基础软硬件安全、设备与主机安全、行为安全和结构安全。

1. 设备安全隐患与防护

设备与主机安全即控制环境中各种设备自身的安全性。例如，智能设备在基础设施建设中广泛使用，包括感知设备、网络设备、监控设备等，这些设备普遍存在漏洞、后门等安全隐患。保障基础设施设备与主机的安全性应首先具备标准化的检测工具，这些智能设备在出厂时需要做充分检测从而保障设备的离线安全，在项目建设过程中进行入网安全检测，在项目运行过程中进行实时在线检测，从而全方位保证设备的自身安全性。

现在大量工业控制厂商会混淆稳定性与安全性的概念，如双系统备份，一定程度上增强的是稳定性，但如果两个系统具有同样的安全缺陷，则并不会更安全。对于实际使用这些系统的企业来说，其实也没有办法解决这些安全缺陷。因为这些工业控制厂商在开始做这个事的时候就普遍缺乏安全意识，这从目前已知的千余种工业控制漏洞，仍有大量漏洞没有发布解决方案就可以看出这个问题的严重性。

（1）漏洞扫描挖掘

发现漏洞的最高效、最普遍使用的技术就是漏洞扫描和漏洞挖掘，它是系统管理员保障系统安全的有效工具，当然如果使用不当也会成为网络入侵者收集信息的重要手段。

漏洞扫描技术根据扫描对象的不同，包括工业网络控制设备、工业网络控制系统、工业网络安全设备、工业网络传输设备等。进行漏洞扫描工作时，首先探测目标系统的存活设备，对存活设备进行协议和端口扫描，确定系统开放的端口协议，同时根据协议指纹技术识别出主机的系统类型和版本；然后根据目标系统的操作系统和提供的网络服务，调用漏洞资料库中已知的各种漏洞进行逐一检测，并通过分析探测响应数据包判断是否存在漏洞。漏洞扫描挖掘如图 6.4.1 所示。

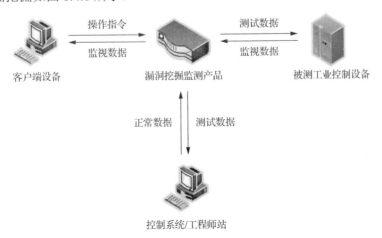

图 6.4.1 漏洞扫描挖掘

当前的漏洞扫描主要是基于特征匹配原理，一些漏洞扫描工具通过检测目标主机不同端口开放的服务，记录其应答，然后与漏洞库进行比较，如果满足匹配条件，则认为存在安全漏洞。因此，在漏洞扫描中，漏洞库的定义精确与否会直接影响最后的扫描结果。

（2）补偿性措施

当某个特定数据包让工业控制系统崩溃或者引发进一步的安全问题时，保护设备可以拦截这个包，这样就不用修改工业控制系统代码了。这类保护设备实现的功能被称为补偿性措施。

保护设备放在需要保护的设备或者系统前端。如果用户自身已经知道，这个漏洞风险很大，那么多数用户会非常希望有补偿性措施。设备存在自身的安全性漏洞，可进行准入检查，可加保护措施。如果一个针对工业控制系统的攻击，不能达到自身安全性的层次，那么它所能造成的威胁是非常有限的。

还有一个安全处置的思路就是，优先审计后再加保护。因为审计会发现问题，感知到了再判断并进行进一步的处理。

2．网络结构安全隐患与防护

结构安全性即基础设施建设过程中的网络拓扑结构，以及区域、层次的划分是否满足安全需求。采用隔离、过滤、认证、加密等技术，进行合理的安全区域划分、安全层级划分，实现纵深防御能力。对于新装系统，应实现结构安全同步建设；对于再装系统，应进行结构安全改造；对于因条件限制无法进行改造的系统，应建立安全性补偿机制。所以结构安全最为重要，结构安全解决了大部分安全问题。

针对结构安全又可以分为两部分考虑，分别是结构的优化与访问控制。

（1）结构的优化

结构主要指的是网络的结构，但是也包括生产的布局结构，它与入侵容忍度是紧密相关的。当某事件发生的时候，必须有相应的结构，这样才能保证其他大面积系统不受影响，这是结构安全的核心。实际上这就是一个分区隔离的概念，它会把危害限制在一个尽量小的可控范围之内。

结构安全性中所谓的隔离不一定是物理隔离，因为很多系统需要互联，甚至是接入互联网，所以这里引入了访问控制的技术。新装系统的结构安全性问题和在装系统的结构安全性改造问题大多时候就是将部分行为安全中安全管理的内容条理化，转变为结构安全问题。

如图 6.4.2 所示的星形网络拓扑结构，如果它的结构良好，就能够把这 8 套系统都进行隔离，中间加上一个隔离设备，如果 1 号系统有可疑行为，可以把其他 7 套系统先隔离。评估一个系统或做安全方案，都应该从结构安全性做起。

但是结构安全在新的应用场景下也暴露出了新的问题，这就是无线网络的应用。例如，传输线路采用光纤和无线互为备份，因为无线是开放的，所以就带来了结构安全性问题。这个时候还想保证结构安全性，既可以进行网络的调整，也可以增加设备的技术措施。

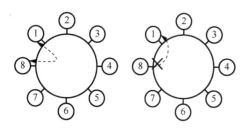

图 6.4.2　星形网络的结构问题

（2）访问控制

结构安全的根本所在就是通过控制如何访问目标资源来防范资源泄露或未经授权的修改。访问控制的实现手段在本质上都处于技术性、物理性或行政管理性层面。基于政策的文档、软件和技术、网络设计和物理安全组件都需要实施这些控制方法。接口处是最应该实施安全控制的一个地方，需要层层纵深防御来实施访问控制。

访问控制本身是一种安全手段，它控制用户和系统如何与其他系统和资源进行通信和交互。访问控制能够保护系统和资源免受未经授权的访问，并且在身份验证过程成功结束之后确定授权访问的等级。尽管我们经常认为用户是需要访问网络资源或信息的实体，但还有许多其他类型的实体需要访问作为访问控制目标的其他网络实体和资源。如图 6.4.3 所示，在访问控制环境中，正确理解主体和客体的概念是非常重要的。

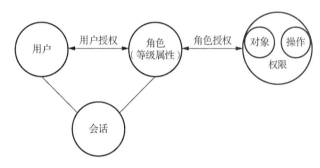

图 6.4.3　主体-客体角色互斥约束模型

访问是在主体和客体之间进行的信息流动，主体请求对客体或客体内的数据进行访问。主体可以是通过访问客体以完成某种任务的用户、程序或进程。当程序访问文件时，程序是主体，而文件是客体。客体是包含被访问信息或者所需功能的被动实体，客体可以是某个系统、传感器、计算机、数据库、文件、计算机程序、目录或数据库中某个表内包含的字段。当用户在数据库中查询信息的时候，用户就是一个主动实体，数据库则是一个被动客体。

访问控制包含的范围很广，它涵盖了几种对计算机系统、网络和信息资源进行访问控制的不同机制。提示用户输入正确的账号密码才能使用该系统的某个资源就是一种访问控制。如果用户不在可以合法访问的用户和组的列表中，那么他的访问要求会被拒绝。

3. 网络行为安全隐患与防护

网络行为安全包括两部分，即系统内部发起的行为是否具有安全隐患、系统外部发起的行为是否具有安全威胁。行为安全性防护首先应该具备感知能力，在云端通过大数据分析感知威胁和安全态势，在本地通过各类审计与溯源等技术，对网络流量、文件传输、访问记录等进行综合分析与数据挖掘，实现对已知威胁和未知威胁的感知，以及对全局安全态势和局部安全态势的感知，并与其他安全防护技术联动，对不安全行为进行及时处理。

对于传统通信网络的信息安全，在发现问题后，通常会立即采取行动。工业控制网络是在闭环理论下建立的，所以默认都是相信对方是可靠的。工业控制网络很少在发现问题的那个节点马上采取行动，它通常将问题报给控制点，而控制点也未必会采取行动。因为自动化做出的决策往往就是切断系统业务，将有问题的系统进行隔离，确保问题不再蔓延。

之后，根据具体情况，判断是应该重新恢复还是继续关闭。但是，停机就意味着停产，这个时间要尽可能短。所以我们还应该有完善的记录措施，随后将系统复位到基线水平。

工业控制安全威胁的最大特征是全网的行为安全性，对于工业控制系统的攻击、渗透，病毒复杂性很高，传统信息安全很大一部分攻击是 DDoS 攻击。对于工业控制系统，边界上的 DDoS 攻击不影响生产，更具威胁的攻击手段是渗透。渗透需要跳转，整个过程会把自己伪装成合法行为。若利用单点单逻辑去判断，则特定操作都是合法的，此时需要从多个合法行为的组合中找到非法行为的特征。

行为安全性有的还不是恶意的，是人为的失误或者巧合。例如，操作员误发了一个指令，一个系统最高权限的控制命令被触发了，这一触发就有可能使整个系统全部停机，造成巨大损失。

行为安全还包括很多日常管理的部分，包括 USB 管理、定期的一些操作审查等。入侵检测技术就是一种比较成熟且有代表性的针对安全威胁的行为检测和分析技术。传统的信息安全方法采用严格的访问控制和数据加密策略来防护，但在复杂系统中，这些策略是不充分的，它们是系统安全不可或缺的部分，但不能完全保证系统的安全。入侵检测通过从网络或特定系统的关键点收集信息并进行分析，从中发现网络或系统中是否有违反安全策略的行为和被攻击的迹象。

6.4.4　未知网络安全性隐患防护技术

针对安全威胁的技术防御方法，我们最容易想到的就是防火墙、入侵检测系统和防病毒等技术措施。从已知威胁和典型安全防护技术方案的介绍中我们可以知道，通过以上安全技术结合合理的结构安全设计，可以解决威胁的传播、扩散等问题，并且能避免一些高危的系统漏洞被利用。但是，这些防御思路和技术措施想要达到预期的效果，都有一个前提条件需要满足，即所能防御的威胁都是我们已经发现的威胁。如果攻击者发现了还没有公之于众的漏洞，那么通过依赖于传统特征库检测技术的思路可能很难对其进行成功的检测，此时依赖于特征库检测的安全技术和解决方案就基本没有任何作用了。

那么作为一个新型漏洞，它的所有特征和信息都是未知的，我们怎么能使用已有的技术手段去检测和防御它呢？这就是本节我们探讨的内容，即如何发现和防御工业控制系统中新型的、未知的安全威胁。

1.　纵深防御技术

按照传统的纵深防御技术针对工业控制系统的结构安全进行全面部署之后，理论上我们至少应该具备了类似于传统 IT（Internet technology，互联网技术）网络中防火墙、入侵检测系统、防病毒和应用程序监控等安全设备的能力。纵深防御技术的解决方案除了可以解决结构安全和已知攻击的防御能力问题之外，同样可以发现和防御很多未知威胁的攻击。

防火墙和 IDS 设备的特定策略都可以用于评估各种行为，匹配策略的不同条件对应的不同行为可以区分所有数据的情况，虽然防护的结果是获得"非黑即白"的结论，但是通过大量看似没有问题的行为和事件同样可以检测可疑的活动。也就是说，通过该层面处理数据生成的结论和日志信息的评估，就能够覆盖所有区域的通信状态、用户访问、运行、控制管理等。

2. 异常行为检测

有时候即便是一个非威胁行为也可能会违背预设的安全策略，通过与已知的正常参数进行比较和分析，我们可以了解到这些异常事件的具体原因。这种比较可以采用人工方式也可以使用自动化分析处理的方式，其最大的意义在于实际的业务运转过程中必然会有大量的"非黑非白"数据或者事件产生，这里面有一部分可能就是没有意义的"脏"数据，还有一部分可能是一个我们还未得知的新型攻击方式，或者为了一个攻击目的所做的铺垫行为。

发现这些异常的情况并进行分析可能的潜在结果就是异常行为检测的最终目的，为了实现这个目的我们需要定义一些固定的衡量标准和算法，这里我们将这种衡量标准称为衡量参量。参量包括正常参量和异常参量，这是我们进一步进行异常行为分析的基础，因为一个异常行为可以通过一个或者多个异常参量完全确定下来。

3. 白名单技术

结构安全中使用的访问控制功能就是一个最具有代表性的白名单技术应用，人工配置的每一条访问控制安全策略就是每一个访问路径的白名单规则。针对未知威胁的发现通过简单的白名单技术肯定没有办法实现，但是从保障工业控制系统的安全角度来看，它几乎可以做到最准确地防御所有未知威胁。白名单的未知威胁防御技术是一种与黑名单思路截然相反的安全防御方式，它本身不需要分析和检测谁是威胁，只需要关心谁不是威胁就能实现安全防护的效果。

4. 蜜罐技术

蜜罐技术是一种基于诱骗理论的新型的网络安全防护技术，其本质上是一种通过部署一个或多个作为诱饵的主机、系统服务或系统漏洞，引诱攻击方对其进行攻击的技术。通过对攻击行为的相关信息进行捕获、分析和报警，实现更好地保护目标系统的目的。蜜罐系统一般位于屏蔽子网或者 DMZ 中的主机上，本质是试图引诱攻击者，而不是攻击实际的生产系统。

蜜罐的价值在于可以捕获、发现新的攻击手段及战术方法，也就是针对未知的新型威胁最直接的发现武器。目前，也有很多针对工业控制领域使用蜜罐实现沙箱功能的研究进展，典型的工业控制沙盒是一个模拟各种 ICS/SCADA 的蜜罐设备，可以与互联网连接或者只是在本地与真实的工业控制系统连接，蜜罐中包含了 ICS/SCADA 系统的典型安全漏洞，蜜罐设备本身可以是锅炉的冷却控制系统，也可以是一个水站的压力控制系统等。

由于非法暴利的诱惑，以及病毒制造门槛的不断降低，高智商的攻击者们一定会铤而走险，不断地制造新型病毒。为了有效地遏制病毒泛滥，仅仅依靠技术手段是远远不够的，必须调动一切可以调动的力量，使病毒无所遁形。

6.5 智能建筑网络安全标准与综合防御技术

现阶段我国还没有具体针对智能建筑网络安全的标准，但是制备了与智能建筑网络密切相关的物联网的网络安全标准，该标准可以作为现阶段智能建筑网络安全建设的依据与参照。本节在对网络安全标准进行介绍的基础上,分析智能建筑的网络安全防御体系架构,并重点介绍智能建筑网络的综合安全防御技术。

6.5.1　网络安全标准概述

传统的信息化网络系统都是基于不同的行业进行细分,各个行业都有相关的指导文件,但没有进行体系化的归类,也没有什么强制性的措施对网络安全进行责任划分。这就导致了各行业在网络安全的建设力度上参差不齐,所以网络安全的建设需要有一个统领性的标准与指南,作为网络安全建设的目标与准则。

对于信息安全的标准化工作,欧美等发达国家的起步相对较早,如表 6.5.1 所示,它们已在工业控制系统、核设施网络安全方面形成了从国家法规标准到行业规范指南等一系列规范性文件。

表 6.5.1　国外网络安全标准

组织名称		相关标准、指南或法规文件
国际组织	国际标准化组织(ISO)	ISO/IEC 27000(信息安全管理系统)
	国际电工委员会(IEC)	IEC 62443《工业过程测量、控制和自动化网络与系统信息安全》
		IEC 62645《核电厂仪控系统计算机信息安全大纲编制要求》
	国际电信联盟(ITU)	X-系列标准(数据网络、开放系统通信和安全)
	国际原子能机构(IAEA)	核安保丛书
	电气与电子工程师协会(IEEE)	IEEE P1363 公钥密码
美国	国家标准技术研究所(NIST)	NISTSP 800-82 工业控制系统安全指南
	美国能源部(DOE)	提高 SCADA 系统网络安全 21 步
	美国核管理委员会(NRC)	Regulatory Guide 5.71 核设施网络安全措施
欧洲	英国标准协会(BSI)	BS 7799 信息安全管理标准
	英国国家基础设施保护中心(CPNI)	SCADA 和过程控制网络的防火墙部署
	法国核岛设备设计和建造规划协会(AFCEN)	RCC 法国《压水堆核岛机械设备设计和建造规则》
	瑞典民防应急局(MSB)	工业控制系统安全加强指南

注:IAEA,全称为 International Atomic Energy Agency;
　　NIST,全称为 National Institute of Standards and Technology;
　　DOE,全称为 United States Department of Energy;
　　NRC,全称为 Nuclear Regulatory Commission;
　　BSI,全称为 British Standards Institution;
　　CPNI,全称为 Centre for the Protection of National Infrastructure。

其中,ISO/IEC JTC1 是 ISO 和 IEC 联合建立负责信息技术领域的国际标准化委员会。ISO/IEC JTC1 SC27 信息安全分技术委员会专门负责制定国际信息安全标准,发布了许多具有影响力的标准,主要包括:

1)ISO/IEC 27000 系列标准是用于网络安全的指南类标准,包括信息安全管理体系的要求、实践规范、实施指南等内容,用于解决互联网安全问题,并为解决互联网安全风险提供技术指导。

2)ISO/IEC 27033 是由 ISO/IEC 18028 标准衍生而来的多部分标准,它为信息系统网络的管理、操作和使用及其相互连接的安全方面提供详细指导,也为实施 ISO/IEC 27002 中网络安全控制提出技术指导。该标准适用于网络设备安全管理、网络应用/服务、网络用户，主要面向网络安全架构师、设计人员和管理人员。

我国一直高度关注信息安全标准化工作，已初步形成与国际标准相衔接的标准体系。在正式发布的标准中，最有影响力的信息安全标准为《信息技术　安全技术　信息技术安全评估准则》（GB/T 18336.1—2015），主要包括以下 3 个部分：

1）简介和一般模型：给出标准的总体概述，定义标准中所使用的术语及缩略语，建立评估对象的核心概念，论述评估背景，描述评估准则和读者对象。

2）安全功能组件：定义安全功能组件所需要的结构和内容，包含一个安全组件的分类目录，其满足许多产品的通用安全功能要求。

3）安全保障组件：定义了保障要求，包括评估保障级、组合保障包、组成保障级和保障包的组件和相关评估准则。

在工业信息安全领域，我国也颁布了工业自动化和控制系统网络安全系列标准。表 6.5.2 列出了我国工业信息安全相关标准。

表 6.5.2　我国工业信息安全相关标准

组织名称	标准名称
全国工业过程测量和控制标准化技术委员会	工业控制系统信息安全
	工业通信网络　网络和系统安全　建立工业自动化和控制　系统安全程序
	工业自动化和控制系统网络安全　可编程序控制器（PLC）
	工业自动化和控制系统网络安全　集散控制系统（DCS）
全国信息安全标准化技术委员会	信息安全技术　工业控制系统安全控制应用指南
全国电力系统管理及其信息交换标准技术委员会	电力系统管理及其信息交换　数据通信安全
全国核电行业管理及其信息交换标准技术委员会	核电厂安全系统
	核电厂安全系统中数字计算机的适用准则

其中，《工业自动化和控制系统网络安全　集散控制系统（DCS）》（GB/T 33009）是我国国内工业自动化和控制系统网络安全标准体系中的一项重要标准，用于处理安全集散控制系统。该标准主要包括以下 4 个方面的内容：

1）集散控制系统防护要求：规定了集散控制系统在运行和维护过程中应具备的安全能力、防护技术要求和安全防护区域的划分，并对工程监控层、现场控制层和现场设备层的防护要点、防护设备以及防护技术提出了具体的要求。

2）集散控制系统管理要求：规定了集散控制系统网络安全管理体系及其相关安全管理要素的具体要求，适用于集散控制系统运行、维护过程中的安全管理。

3）集散控制系统评估指南：规定了集散控制系统的安全风险评估等级划分、评估的对象及实施流程，以及安全措施有效性测试，适用于各领域针对集散控制系统进行的安全风险评估，指导集散控制系统用户改善和提高生产系统中集散控制系统安全能力的系统维护。

4）集散控制系统风险与脆弱性检测要求：规定了集散控制系统在投运前后的风险和脆弱性检测，对集散控制系统软件、以太网网络通信协议与工业控制网络协议的风险与脆弱性检测提出了具体要求。

在网络技术发展的新形势下，上述网络信息安全标准已经有一定落后。现阶段网络应用的场景、技术发生了巨大的变化，如智能建筑网络、云计算、物联网、大数据等新技术的发展，对网络安全标准建设提出了更高的要求。

2019 年 5 月 13 日，国家标准化管理委员会发布了新修订的《信息安全技术　网络安全等级保护基本要求》（GB/T 22239—2019），这被很多人称为等级保护 2.0 标准。在该标准中，等级保护对象由原来的信息系统调整为基础信息网络、信息系统（含采用移动互联技术的系统）、云计算平台/系统、大数据应用/平台/资源、物联网和工业控制系统等。每个级别的安全要求均由安全通用要求和安全扩展要求构成。安全通用要求是不管等级保护对象的形态如何都必须满足的要求；安全扩展要求包括云计算安全扩展要求、移动互联安全扩展要求、物联网安全扩展要求以及工业控制系统安全扩展要求。

6.5.2　物联网的网络安全标准

根据我国网络安全等级保护 2.0 标准的基本要求，网络安全主要由技术和管理两大部分组成。如图 6.5.1 所示，技术部分包括安全物理环境、安全通信网络、安全区域边界、安全计算环境、安全管理中心，管理部分包括安全管理制度、安全管理机构、安全管理人员、安全建设管理、安全运维管理。

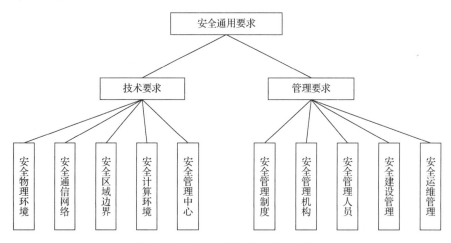

图 6.5.1　安全通用要求的基本分类

等级保护 2.0 标准将物联网系统纳入等级保护对象，除了针对共性问题提出安全通用要求外，还针对物联网的特点提出了扩展保护要求。对物联网的安全防护应包括感知层、网络传输层和处理应用层。由于网络传输层和处理应用层通常由计算机设备构成，所以这两部分按照安全通用要求进行保护。物联网安全扩展要求是针对感知层提出的特殊安全要求，它们与安全通用要求一起构成针对物联网的完整安全要求。

如图 6.5.2 所示，物联网安全扩展要求涉及的控制点包括感知节点设备物理防护、感知网的入侵防范、感知网的接入控制、感知节点设备安全、网关节点设备安全、抗数据重放、数据融合处理和感知节点的管理。

网络安全等级保护 2.0 标准主要以"一个中心，三重防护"为安全设计总体思路，一个中心指安全管理中心，要求在审计管理、安全管理、系统管理方面进行集中管控；三重防护是指安全通信网络、安全计算边界、安全计算环境，要求通过技术手段实现身份鉴别、访问控制、数据完整性、个人信息保护等安全防护。物联网安全体系架构既应包括等级保护 2.0 标准中的通用网络安全要求，也应涵盖等级保护 2.0 标准中对物联网系统扩展的安全要求。基于等级保护 2.0 标准的物联网安全体系架构如图 6.5.3 所示，主要包括感知层安全、网络传输层安全、处理应用层安全、安全管理平台等内容。

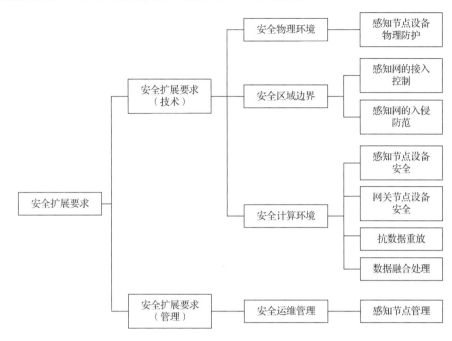

图 6.5.2　物联网安全扩展要求

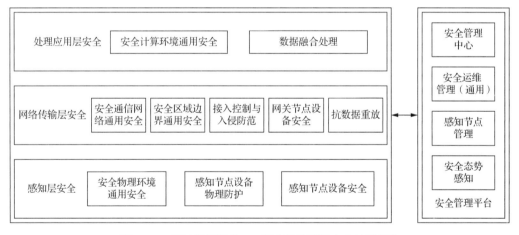

图 6.5.3　基于等级保护 2.0 标准的物联网安全体系架构

1. 感知层安全

感知层物联网终端节点资源受限，通常只能实现短距离通信，且通信形式多样，此外节点往往分布在无人值守的环境，这种情况下可采取的安全防护措施如下。

（1）安全物理环境通用安全

采取防盗窃、防破坏、防雷击、防火、防水、防潮、防静电、防电磁干扰等措施，但同时需考虑物联网设备的特殊性，不能完全照搬信息系统对环境的要求。

（2）感知节点设备物理防护

选择能够不对感知设备造成挤压、强振动等破坏的物理环境。为保证感知节点设备长

时间稳定工作，一方面选择的物理环境必须不影响设备的正常工作，另一方面还需要能够提供持久稳定的电力供应。

（3）感知节点设备安全

通过建立白名单机制保证授权用户才能进行节点设备软件配置修改，同时可采用轻量级认证方式或可信 ID 对连接的网关节点设备、感知节点设备进行身份识别与鉴别。除了满足等级保护 2.0 标准中对设备身份鉴别和授权的要求外，还需要保证感知节点设备本身硬件的安全，可在芯片中加入安全模块，将身份认证和识别过程"固化"在感知设备硬件中，并通过硬件生成、管理和存储密钥，将密钥、加密算法和关键数据存放于安全存储器中；同时还可采用轻量级加密技术，通过建立传感设备认证、签名/加密协议、签名验证/解密协议，保证信息的保密性、完整性和可信度。

2．网络传输层安全

物联网的网络传输层安全措施可以继续沿用传统网络层的安全机制，并结合等级保护 2.0 标准对物联网系统网络层的特殊要求，可采取的安全防护措施如下。

（1）安全通信网络通用安全

网络架构，一方面需保证网络结构安全，合理划分网络安全域，加强安全边界隔离；另一方面需实现内外网边界访问控制，在网络边界处部署防火墙，制定访问控制策略。通信传输，在网络节点之间和物联网设备之间设置密钥协议或身份认证协议，并对传输数据进行加密处理，保证数据传输的保密性与完整性。可信验证，基于可信根对感知节点设备、网络节点设备的重要配置参数、系统引导程序与通信应用程序等进行可信验证，并在应用程序的关键执行环节进行动态可信验证。

（2）安全区域边界通用安全

安全区域边界通用安全采用边界防护、访问控制、入侵防范、恶意代码和垃圾邮件防范等安全措施，对重要网络节点、网络边界、远程访问/访问互联网用户行为进行安全审计；同时对边界设备的重要配置参数、系统引导程序与通信应用程序等进行可信验证，并在应用程序的关键执行环节进行动态可信验证。

（3）接入控制与入侵防范

针对感知节点接入行为采用身份鉴别机制和访问控制策略，可通过白名单机制防止非法感知节点设备接入网络；同时，部署入侵检测设备，并限制与感知节点/网关节点通信的目标地址，防止 DDoS 攻击。

（4）网关节点设备安全

对连接网关节点的设备进行身份鉴别，可采用消息源认证、消息完整性保护技术过滤非法节点所发送的数据，并通过密码学技术对在线更新的密钥和配置参数提供安全保护措施。

（5）抗数据重放

使用时间戳或计数器，结合加密算法和认证技术，核查感知节点设备鉴别数据的新鲜性和检测历史数据是否被非法篡改。

3．处理应用层安全

处理应用层主要保证平台运行环境与数据计算的安全，以及各类应用的安全，可采取的安全防护措施如下。

（1）安全计算环境通用安全

采用身份鉴别、访问控制、安全审计、入侵防范、恶意代码防范、数据完整性、数据保密性、数据备份恢复、个人信息保护等安全措施；同时基于可信根对计算设备的重要配置参数、系统引导程序与通信应用程序等进行可信验证，并在应用程序的关键执行环节进行动态可信验证。

（2）数据融合处理

按照行业标准，采用通用协议与私有协议结合的方式提供数据，并支持多种协议的数据融合。

4. 安全管理平台

除了感知层、网络传输层、处理应用层的安全防护外，还应建立集安全管理中心、安全运维管理、感知节点管理、安全态势感知于一体的安全管理平台，具体的安全防护措施如下。

（1）安全管理中心

实现安全管理、审计管理、系统管理，并集中管控物联网中的安全设备与安全组件，集中监测网络链路、网络设备等的运行状况，集中分析与汇总设备审计数据，集中管理安全策略、补丁升级等安全事项，识别与分析网络中的安全事件。

（2）安全运维管理

实现环境管理、资产管理、网络和系统安全管理、恶意代码防范管理、配置管理、密码管理、变更管理等措施；建立设备维护流程和制度，定期对设备进行维护管理；识别与修复物联网系统的安全漏洞，并定期开展安全风险测评；制定安全事件处理制度和应急预案，分析与处理安全应急事件，以及进行应急预案演练。

（3）感知节点管理

定时巡视物联网感知节点与网关节点设备环境，并记录和维护设备环境异常情况；管理节点设备从入库到报废的整个生命周期，并加强设备部署环境的保密性管理。

（4）安全态势感知

通过数据采集、风险评估、关联分析、态势感知、联动防护等措施实现物联网智能化主动防御。采集和主动探测物联网数据，并通过数据挖掘与大数据分析评估网络安全状况，同时定位网络脆弱环节和发现潜在的威胁和攻击，进而预测物联网所面临的安全风险。

6.5.3 智能建筑的网络安全防御体系架构

智能建筑的网络安全，涉及环节多、组成技术众多且复杂。作为一个综合性的网络安全防御架构，需要综合考虑从底层的物理环境到最上层的社会环境的影响。下面首先对安全环境的组成进行介绍，然后在此基础上分析网络安全防御架构体系。

1. 安全环境的组成

特定的安全环境对于网络安全有着重要的影响，安全环境包括社会环境、技术环境和物理自然环境。

（1）社会环境

社会环境指各种社会组织机构和人员等，社会环境的威胁方主体分为个人、组织和国家三个层次。

（2）技术环境

技术环境指信息系统的技术因素，包括硬件设施、软件设施、网络结构、局域网、信息流、信息存取方式、信息生成、信息处理、信息传输、信息存储、安全人员管理和技术安全管理等。技术安全环境的脆弱性来源于信息系统技术上和管理上的缺陷。

信息系统中各组成部分和整个网络在设计时，由于考虑不周或者是设计者本身的技术能力限制，在设计、开发、制造和施工时无意识地留下可供攻击者开发利用的一些特性。从系统集成、网络设计到计算机各个元器件、网络设备、安全专用设备、操作系统、网络协议、应用软件等都可能存在缺陷或漏洞。

此外，在各种软硬件中可能存在有意或无意中留下的特殊代码，即"后门"，通过这些代码可以获得软硬件设备的标识信息或进入操作系统特权控制的信息。

（3）物理自然环境

物理自然环境是指来自物理基础支持能力和自然环境的变化。

2. 网络安全防御架构体系

网络安全的防御是一个整体，仅依赖部分或局域性的防范措施以及特定的网络安全设备都难以达到整体上的安全防御目标。网络安全防御架构体系主要包括可信的基础设施层、安全应用支撑层、网络内部安全策略的强化层、安全实时监控层和安全审计层。

（1）可信的基础设施层

可信的基础设施层是整个安全系统的基础和核心，它包括信任服务平台、授权服务平台、网络信任域和可信时间戳服务系统。

① 信任服务平台。信任服务平台为上层应用提供完善的密钥和证书管理机制，具有用户管理、密钥管理、证书管理等功能，可保证各种基于公开密钥密码体制的安全机制在系统中的实现。

② 授权服务平台。授权服务平台向应用系统提供与应用相关的授权服务管理，提供用户身份到应用授权的映射功能。

③ 网络信任域。网络信任域的作用是将原来无中心、无管理、不可控、不可信、不安全的网络改造成有中心、可管理、可控、可信、安全的网络。网络信任域综合管理主要过程：对于网络设备，确保只有拥有正确数字证书的服务器或工作站才能接入网络，确保接入的服务器或工作站机器的身份真实性；对于网络用户，确保只有拥有正确的数字证书，才能登录到相应的工作站。从信任域的综合管理平台可以监控到所有交换机端口接入的服务器、工作站和用户的情况。这种方式确保了参与通信的双方的服务器、人的身份都是真实可信的。

④ 可信时间戳服务系统。对于交易时间必须确定的操作，可信时间戳服务系统为其提供具有法律效力的时间证明。

（2）安全应用支撑层

安全应用支撑层作为系统的接口，为上层的应用提供可信的基础设施的调用功能。安全应用支撑层的主要安全防御功能为网络防病毒策略的集中管理部署，其核心是由杀毒软件策略中心、防病毒客户端、防病毒服务器端共同组成的一个全面的针对操作系统平台用户的网络防病毒管理应用系统。防病毒客户端和服务器端由策略中心统一进行分发安装、统一配置和管理，这三者的结合保证了用户防病毒策略的集中实施和控制。

其中，杀毒软件策略中心作为网络终端病毒安全防御的整体性管理中心，可以将分散的终端防御统一管理，杀毒信息统一上报，使网络的安全性成为有机整体，便于管理员掌控整个网络的安全信息和隐患，从而制定出实现联动、主动防御的策略。

用户则可以通过杀毒软件策略中心，对网络内的个人计算机分发软件策略中心的反病毒软件，由中央服务器对策略中心的设定及引擎更新加以管理，也可以对侵入个人计算机内的病毒实现集中控制。

（3）网络内部安全策略的强化层

该层对于根据网络的方针所生成的安全策略应该不断地进行审查，为了防止病毒与网络入侵，必须对其不断地进行管理。但是在一般情况下，设置于个人计算机的反病毒软件，即使其策略因管理人员的原因出现一次失败，也只能由用户对其设定进行修改。通过安全策略的强化层的周期性监测，可保持集中的策略与设置于计算机内的策略中心产品设定的一致性，避免使用者任意地进行环境设定等而造成安全隐患，使计算机得到安全的保护。

除此之外，强化层的功能还包括软件分发与病毒应急策略。软件分发功能可以根据用户运作体系正确地对策略中心进行自动分发和设置；病毒应急策略用于发生急剧扩散病毒的情况。在这种情况下，强化层可以迅速地对病毒引擎进行更新，启动实时监控功能，并对所有的计算机再次进行扫描。

（4）安全实时监控层

该层通过安装于个人计算机或服务器上的代理程序向中央服务器发送包括有关病毒信息在内的各种信息，并且中央服务器对传送到代理程序的有关病毒的各种安全策略和各代理程序计算机的状态信息加以储存。这样管理人员就可以对中央服务器和个人用户代理程序的主要行为及状态信息进行实时监控，并对服务器的服务程序运行记录，以及向代理程序传送命令的执行记录等，进行实时的监控。

（5）安全审计层

审计是通过设置于各个用户计算机和服务器的策略中心病毒扫描记录，汇总到中央的服务器中，这样就可以实现数据集中。所储藏的记录与个人用户的详细信息及其他信息汇聚到一起，就可以通过相应的安全态势与安全风险评估模块，统计出各种统计及报表。此外，在发生病毒入侵的同时，也可以实时地显示出被病毒入侵的计算机的信息、病毒名称，以及入侵的时间等信息。

6.5.4 智能建筑网络综合安全防御技术

上节所述的网络安全的综合防御体系结构适用于比较大的网络管理领域，如为集团、工业园区提供整体的防御，对于智能建筑而言，过于庞大。近年来，统一威胁管理（unified threat management，UTM）作为提供小区域的安全综合防御设备，引起了网络安全研究领域以及市场的关注。

此外，在应用网络安全防御技术时，单独采用防火墙和网络入侵检测系统都不能很好地解决网络安全问题。如果将两者结合起来，就可以更大限度地实现网络安全。

下面分别对 UTM 设备与防火墙和网络入侵检测的联动技术进行介绍。

1. UTM

UTM 是由硬件、软件和网络技术组成的具有专门用途的系统，它将防火墙、VPN 和 IDS 等多种安全特性集成在一个系统里，提供多项安全功能，构成一个标准的统一管理平台。UTM 系统能提供全面的管理、报告和日志平台，用户可以统一地管理全部安全特性。UTM 设备能为用户定制安全策略，具有一定的灵活性。这些都大大降低了安全管理的复杂度和获得安全的成本，因此 UTM 设备非常适合中小型用户的网络环境。

（1）UTM 的特点

相对于传统的网络安全设备，UTM 具有以下重要的特点：

① 建立了一个更高、更强、更可靠的墙，UTM 将多种安全功能整合在同一产品中，让这些功能组成统一的整体发挥作用，相比于单个功能的累加，功效更强。UTM 产品特别适应于智能建筑信息网络的应用场景，可以用较低的成本获得更加全面的安全防御设施。

② UTM 安全产品可以提供多种网络防护产品的功能，并且只要插接在网络上就可以完成基本的安全防御功能，所以可以大大降低部署强度。另外，UTM 安全产品的各个功能模块遵循同样的管理接口，并具有内建的联动能力，所以在使用上也较传统的安全产品更为简单。在同等安全需求条件下，UTM 安全设备的数量要低于传统安全设备，因此可以减少服务和维护的工作量。

③ 由于 UTM 安全设备中装入了很多的功能模块，这些功能的协同运作无形中降低了管理的难度与用户误操作的可能。对于没有专业信息安全人员及技术力量相对薄弱的组织来说，使用 UTM 产品可以提高这些组织应用信息安全设施的质量。

（2）UTM 架构

UTM 技术是在防火墙、入侵防御、防病毒、VPN、内容过滤、反垃圾邮件等技术基础上发展起来的，在提升检测多种威胁或混合威胁能力中发挥着重要的作用，它的发展主要基于以下三种架构：

① 基于防火墙架构并增加其他各项功能，由于受到固有防火墙的并发数、新建连接数和吞吐量的限制，当增加新的安全功能后，效率势必会有所下降；

② 基于入侵防御系统架构，增加其他各项功能而发展的一体化安全设备，这种 UTM 具有网络安全协议层防御、误报率较低、高性能硬件平台支撑和功能统一管理等特点；

③ 一种更理想的 UTM 架构，即各项安全功能实现的方法是基于统一威胁管理平台，在上面根据需要添加各项安全功能，多核技术为这种理想架构提供可能，这也是 UTM 技术发展的主导方向。

以上三种架构作为目前 UTM 的主流架构，尽管架构方式和表现形式不尽相同，但作为 UTM 设备其基本实现原理是一致的，都具有以下五种典型的技术特征：

① 完全性内容保护。这种技术比状态检测和深度包检测等技术更先进，具备在千兆网络环境中，实时将网络层数据负载重组为应用层对象的能力，而且重组之后的应用层对象可以通过动态更新特征库来进行扫描和分析。

② 专用集成电路加速技术。为了提高效率，芯片中固化的是针对特征匹配特别优化的"算法"，而不是"安全特征"本身。因此，通常比通用 CPU 快一个或几个数量级。

③ 定制的操作系统。专门的操作系统可提供精简的、高性能的防火墙和内容安全检测平台以及基于内容处理加速模块的硬件加速，还有智能排队和管道管理等，从而能有效地实现各种安全功能。

④ 紧密型模式识别语言。利用该模式识别语言实现了完全内容防护中大量计算程序的加速，大大提高了系统的处理效率。

⑤ 动态威胁管理检测技术。该技术将各种检测过程关联在一起，跟踪每一个安全环节的检测活动，并通过启发式扫描和异常检测引擎检查，提高整个系统对已知和未知威胁的检测精确度。

（3）UTM 应用

在综合防御中，UTM 对于不同的网络环境，防御策略是不一样的。如何在智能建筑中部署安装一台 UTM，实现 UTM 与网络中其他软硬件设备之间的互动，最大限度地保护网络不受黑客、病毒的侵害是基于 UTM 进行综合防御的重点。

图 6.5.4 为典型的 UTM 系统应用拓扑图，由图可知，UTM 处于内部网络、DMZ 区和外部网络之间，它们之间的信息传递必须经过 UTM 设备，所以利用 UTM 技术就可以防止外部网络对内部网络和 DMZ 区进行攻击。图 6.5.5 给出了一种 UTM 系统结构图。

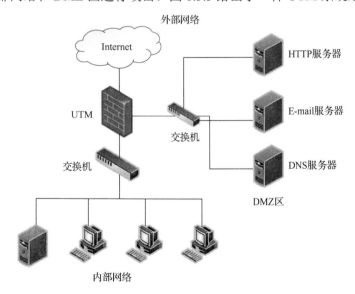

图 6.5.4　UTM 系统应用拓扑图

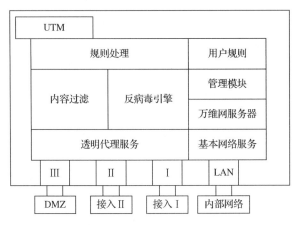

图 6.5.5　UTM 系统结构图

由图 6.5.5 可知，该 UTM 系统提供了两个 Internet 接口、一个 DMZ 接口和一个内部网络接口，功能上不仅具备一般网关所具有的所有功能，而且可为用户提供可靠的内容过滤和反病毒扫描功能。其嵌入的反病毒引擎可以对 SMTP、POP3、HTTP、FTP 协议的数据进行病毒查杀。UTM 系统的内容过滤主要包括邮件地址过滤、URL 过滤、文本内容过滤、垃圾邮件过滤等。

2. 防火墙与入侵检测系统的联动

防火墙与入侵检测系统的联动技术主要有紧密结合、开放接口和联动中心三种。下面首先对三种联动技术进行对比，然后对以联动中心为核心的联动模型进行分析，最后在此基础上，给出联动防御体系结构。

（1）联动技术比较

1）紧密结合技术。

紧密结合技术是指将入侵检测系统作为一个功能模块集成到防火墙中，由入侵检测系统生成动态策略传送给防火墙完成攻击阻断。此技术保证了攻击在进入被保护网络前就已被阻断，且入侵检测系统只检测通过防火墙的数据流，从而降低了入侵检测的工作负荷。

但紧密结合技术增加了防火墙的复杂程度，不利于开发与维护，并且入侵检测系统无法检测到不经过防火墙的数据。当入侵检测误报率较高时，防火墙的动态策略有可能会阻断正常数据流。

2）开放接口技术。

开放接口技术是指防火墙和入侵检测系统不经过第三方，直接通过相应的开放接口供对方调用。双方通过事先约定的通信信道和协议进行通信，使防火墙阻断攻击行为。该技术的缺点是当两个设备的处理流量较大时，会降低防护系统性能。

3）联动中心技术。

联动中心技术是防火墙和入侵检测系统在开放接口的基础上，通过第三方"联动中心"机构实现联动。这种方式在保证两个安全设备功能完整性和独立性的情况下，减少了两个设备之间的通信量，并且为不同厂家设备提供了兼容性。防火墙的阻断信息会反馈给联动中心，由联动中心动态调整策略，以提高阻断的准确率。另外，联动中心提供了"人在环路"模式，可人为干预调整阻断策略，减少误报，并可在紧急情况下断开联动，以保证系统的安全。

三种联动技术的比较如表 6.5.3 所示。

表 6.5.3　三种联动技术的比较

联动技术	紧密结合技术	开放接口技术	联动中心技术
优点	1）提前阻断攻击； 2）降低了入侵检测的工作负荷	1）保证了安全设备各自功能的完整性、独立性； 2）不同厂家安全设备联动的兼容性较好	1）继承了开放接口的优点； 2）减少了联动设备之间的通信量； 3）可动态调整策略，提高阻断准确率； 4）提供了"人在环路"模式，可人为修改干预策略
缺点	1）增加了防火墙复杂程度，不利于开发、维护； 2）对于不过防火墙的数据，入侵检测系统检测不到； 3）误报率较高	当两个设备的处理流量较大时，会降低系统的性能	需要配置独立的硬件或软件设备，成本较高

（2）联动模型

在以联动中心为核心的联动模型中，分别在防火墙和入侵检测系统中设置代理程序来完成相互之间的通信与协作，两个设备之间的信息交互通过联动中心来处理转发。联动模型如图 6.5.6 所示。

具体的联动过程如下：

① 含有攻击的外部网络数据流进入网络时，如实线箭头 DATA 所示，经防火墙过滤，符合访问控制规则的数据流 DATA1 可以通过防火墙，进入内部网络；

② 入侵检测系统对进入内部网络的数据 DATA1 做进一步的检测，当发现攻击时，立即启动联动机制，并通过开放接口将告警事件 ALARM 上报联动中心；

③ 联动中心对上报的 ALARM 进行分析处理，启动相应的响应措施，生成安全策略，并将策略 POLICY 通过开放接口下发给防火墙；

④ 防火墙收到响应策略 POLICY 后，对相关的访问控制规则进行动态调整，以阻断攻击的网络连接；

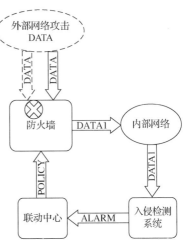

图 6.5.6　联动模型

⑤ 当此攻击再次通过防火墙时，被防火墙阻断。

联动中心处于防火墙和入侵检测系统之间，将"主动监听"与"被动防御"相结合，构成"防护—检测—响应—再防护"的循环防护，为受保护网络提供了强大的安全保障。

（3）联动防御体系结构

如图 6.5.7 所示，联动防御体系主要包括防火墙、联动中心、入侵检测系统三部分。防火墙和入侵检测系统均包含代理模块和功能模块两部分；联动中心包含安全通信、设备管理、决策响应和控制台服务四个模块。防火墙和入侵检测系统通过代理模块与联动中心的安全通信模块相连，形成联动。

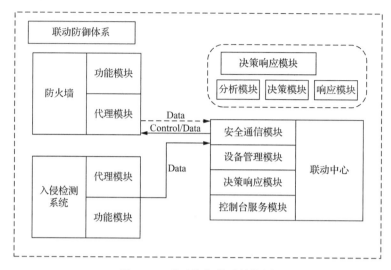

图 6.5.7　联动防御体系结构图

1）防火墙和入侵检测系统。

防火墙和入侵检测系统包括代理模块和功能模块两部分。其中，代理模块提供防火墙、入侵检测系统与联动中心交互的接口，主要提供三者的安全通道、数据格式转换和相互的功能调用。

防火墙的功能模块为防火墙提供访问控制信息解析、过滤规则库（包含动态规则库和静态规则库）、数据包处理等功能；入侵检测系统功能模块主要提供入侵检测、事件分析、策略相应、响应输出等功能。

2）联动中心。

联动中心作为整个联动防御体系的核心，其主要功能是实现防火墙与入侵检测系统联动、联动系统中的安全设备管理、对安全事件做出决策响应。联动中心在功能上主要有以下四个模块：

① 安全通信模块。安全通信模块为联动中心、防火墙、入侵检测系统及其他模块之间的网络通信提供安全信道，通过数据加密、数字签名等手段来保证联动中心与其他各模块之间通信的安全性。

防火墙和入侵检测系统通过其代理模块与联动中心的安全通信模块互联，由联动中心向防火墙传输控制和数据信息，防火墙向联动中心反馈阻断信息。

② 设备管理模块。设备管理模块完成对防火墙、入侵检测系统等设备的管理，确保联动中心与系统中各安全设备的正常通信，并实现联动防御体系中各安全设备的实时加入和退出。

③ 决策响应模块。决策响应模块是联动中心的核心，负责对系统上报的安全事件进行分析与聚合，对安全事件进行转换，针对各种不同的攻击行为选取相应的响应策略，并根据防火墙反馈的阻断信息及时对防火墙进行策略调整，从而提高告警的准确率。

决策响应模块分为分析模块、决策模块和响应模块三部分。决策响应模块最主要的功能是当检测到攻击之后，会立即阻断策略等相关信息传输给防火墙，并通过重新配置防火墙策略来阻止攻击的继续发生，同时生成告警信息。

当联动中心收到入侵检测系统上报的安全事件后，首先启用分析模块，对告警事件进行预分析和处理；然后将分析结果发送至决策模块，决策模块根据预分析结果、响应类型和响应代价进行告警关联和告警聚合处理，并将分析结果发送至响应模块；响应模块根据决策结果生成相应的阻断策略，并通过特定编码由安全通道下发给防火墙；最后，防火墙收到响应策略后，动态生成阻断策略，阻断攻击。

其中，告警关联模块对告警数据进行联合和关联，把告警对象的上下文放在对象库中，当两个或者更多的感应器感测同一个攻击事件时，可能会出现同一攻击事件的多个告警，因此需要将相关的告警组成一个告警集合。

关联处理必须明确所处理的告警是由新的事件引起的还是与已存在的告警集合相关。为了减少关联的告警数量，在决策阶段，要启动门控，即只处理与该告警相关的集合。根据该告警属性的过去值和将来可能值，排除非相关告警，将相关的告警和该告警进行比较，根据相似度生成新的告警集合或对已有的集合进行扩展。

决策响应模块根据攻击行为的依赖性、关联攻击率及其他高层属性来检测对象的聚集集合，最明显的方法就是查看事件的源地址，具有共同源地址的事件就可能是同一个攻击者的行为。

④ 控制台服务模块。

控制台服务模块主要是向安全管理员提供一个良好的用户操作界面，以方便安全管理员对整个联动防御体系的状况进行监控和设置。安全管理员也可以通过控制台进行安全策略的制定、历史记录的审计以及手动干预防御体系中的各项活动等。

习题 6

1．试述防火墙的工作原理和所提供的功能。

2．按照防火墙对数据的处理方法，可以将防火墙分为哪几种类型？各有何特点？

3．防火墙常见的应用形式包括哪几种？

4．什么是入侵检测？什么是入侵检测系统？

5．入侵检测系统框架中，事件产生器、事件数据库、事件分析器与响应单元各有何作用？

6．根据采用检测的方法的不同，可以将入侵检测系统分为哪几类？

7．常见的入侵检测系统有哪些？

8．防火墙与入侵检测系统的联动技术主要有哪几种？

9．网络病毒有哪些基本特征？常见的网络病毒有哪些？

10．无线网络与有线网络的安全要求有哪些不同？无线局域网安全的特殊考量点有哪些？

11．常用的无线局域网安全控制模型有哪些？

12．常见无线局域网的安全漏洞有哪些？

13．Modbus 协议设计的固有安全问题有哪些？Modbus 协议实现产生的安全问题有哪些？

14．控制网络结构存在哪些安全隐患？如何进行有效的防护？

15．如何进行智能建筑的网络安全防御体系架构？

16．什么是 UTM？有何特点？

第 7 章
智能建筑信息网络系统工程设计案例

本章以某商业楼宇智能信息网络系统工程设计为例，对暖通、电梯、安防、照明、能耗管理、消防等功能子系统的信息网络分别进行设计，并通过信息交换和共享将各个独立的功能子系统组合成一个有机整体，以提升系统维护水平，提高管理自动化协调运行能力，实现功能集成、网络集成和软件界面集成的总体目标。

7.1 智能建筑信息网络系统设计概述

7.1.1 智能建筑信息网络系统需求分析

智能建筑如果能够为建筑使用人员提供舒适、安全、便利的环境和气氛，那么将有利于提高人们的工作效率，激发人们的创造性。因此，智能建筑需要提供的是一种优越的生活环境和高效率的工作环境。此外，在通信技术和计算机技术相结合的基础上，智能建筑要求通过信息网络系统能够对智能建筑内暖通、空调、给水排水、运输、防盗、照明、电力、防灾等进行综合控制，在绿色发展观的要求下，充分发挥各系统的效力，实现舒适安全、节能环保的建筑环境。

1. 舒适安全需求

智能建筑信息网络系统首先要求能够确保用户的安全和健康。例如，暖通空调系统要求能够自动调节环境温度、监测空气中的有害污染物含量，并能自动净化；消防与安防系统要求自动化、智能化，主动实现防灾减灾。在智能建筑信息网络的辅助下，用户在心理及生理上都感到舒适，从而能够提高办公业务、通信、决策方面的工作效率，节省人力、物力、时间、资源、能耗和费用，提高建筑物所属设备系统使用管理方面的效率。与此同时，智能建筑信息网络能够保障用户的生命、财产、信息的安全，防止信息网中发生信息的泄露和干扰，防止信息、数据被破坏、删除和篡改，以及系统的非法或不正确使用。

2. 绿色节能需求

在现代化建筑中，空调和照明的能耗很大，约占建筑总能耗的 70%。因此，节约能源是智能建筑必须重视的。在满足使用者对环境要求的前提下，智能信息网络系统应通过其具备的"智慧"，尽可能利用自然光和大气冷量（或热量）来调节室内环境，最大限度地减少能源消耗；还可以按照事先确定的程序，区分"工作"与"非工作"时间，对室内环境实施不同标准的自动控制，下班后自动降低室内照度与温度、湿度控制标准。利用空调与控制等行业的最新技术，最大限度地节省能源是智能建筑的主要特点之一，其经济性也是智能建筑得以迅速推广的重要原因。

3. 运维管理需求

管理的科学化、智能化使得建筑物内各种机电设备的运行管理、保养维护更加自动化。设备运行维护的经济性主要体现在 3 个方面：一是设备能够正常运行，只要充分发挥作用就可以降低设备的维护成本；二是由于系统的高度集成，操作和管理也高度集中，人员安排更合理，从而使人工成本降到最低；三是系统的智能化，能够及时发现存在的问题，并及早解决，有助于提高系统的可靠性和经济性。

7.1.2 智能建筑信息网络系统架构分析

建筑智能化信息网络应用在商业楼宇的各主要功能子系统中，包括暖通空调系统、给水排水系统、电梯监控系统、安全防范系统、照明监控系统、能耗监控系统、火灾报警系统，还包括通信自动化系统、会议广播系统、办公自动化系统等。

根据本项目的需求、各功能子系统的硬件特性以及信号传输特点，智能化集成管理平台拟采用信息层、控制层和应用层三层系统结构，分别对应信息网络系统的感知层、传输层和应用层，如图 7.1.1 所示。

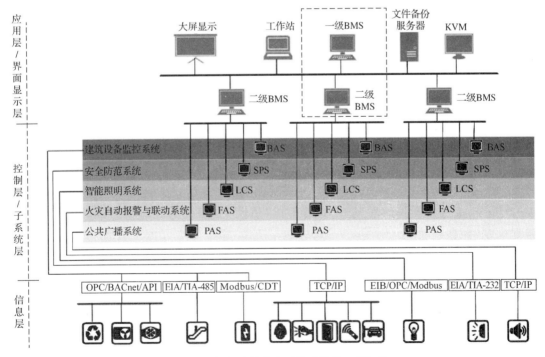

图 7.1.1　智能建筑信息网络系统的三层架构

1. 信息层/感知层

智能建筑信息网络的信息层即感知层，由各子系统的信息采集传感设备及控制设备组成,实现对各子系统的关键物理信息参数的信号感知、物体标识、处理控制及信号协议和数据格式转换。

智能建筑中的传感器通常要将压力、振动、声音、光、位移等转换成相应的电信号,再经过放大、滤波、整形等处理,使其成为易于传输的数字或模拟信号。目前,常用的传感器主要有温湿度传感器、压力传感器、流量传感器、液位传感器和红外传感器等。下面对典型的传感器进行简介。

(1)温湿度传感器

温湿度传感器主要通过温湿度敏感元件,基于敏感元件的某一物理性质(即随温湿度变化而变化的特性),根据与被测对象热湿交换后的物理量变化,确定被测对象的温湿度。温度检测的方式有接触式测温和非接触式测温两大类,接触式测温以热电阻传感器为代表,非接触式测温主要包括红外高温传感器、光纤高温传感器。温度传感器主要用于测量水管或风管中介质的温度,以此来控制相应的水泵、风机、阀门和风门等执行元件的开度。

湿度的检测主要指检测大气中所含的水蒸气量,即绝对湿度或相对湿度。传统的湿度检测方法有露点法、毛发膨胀法和干湿球温度测量法。随着科学技术的发展,利用潮解性盐类、高分子材料、多孔陶瓷等材料的吸湿特性可以制成湿敏元件,构成各种类型的湿度检测仪器。在智能建筑信息网络系统中,湿度传感器主要用于区域环境的湿度检测,从而控制加湿阀或湿度控制设备的启停。

(2)压力传感器

压力传感器测量垂直均匀地作用于被测物上的力,检测方法主要包括重力平衡法、机械力平衡法、弹性力平衡法、物性测量方法。在满足控制系统对压力检测的精度、测量范围等的要求下,根据被测介质的物质特性及现场环境条件,选择合适的测量仪表。在智能建筑信息网络系统中,压力的检测主要用于风道静压、供水管压/差压的检测,以及液位高度(如水箱的水位)的测量等。

(3)流量传感器

流量传感器主要测量在单位时间内流过某一截面的流体数量,即体积流量(或质量流量),其检测方法可以分为体积流量检测和质量流量检测两种。根据不同的应用场合及检测原理,流量传感器分为容积式流量计、压差式流量计、速度式流量计、推导式流量计和直接式流量计。流量的测量通常会产生能源消耗(流体压力损失),所以在选择流量传感器时,需要考虑控制系统的压力允许损失大小,以及流量范围、测量精度、测量环境与流体性质等。流量传感器主要用于测量水管或风管中介质的流量,并以此来控制相应的水泵、风机、阀门和风门等执行元件的开度。

在冷水机组、空调设备、给水排水设备中,感知层包括直接数字控制器(direct digital control,DDC)及温度/压力传感器、流量传感器、调节水阀、液位开关等;在电梯监控系统中,感知层包括轿厢位置传感器、电梯按钮、呼梯灯、称重传感器、光电门传感器等;在安防系统中,感知层包括摄像机、周界探测器、入侵探测器、门禁卡;在智能照明系统中,感知层包括智能控制器、灯控开闭模块、调光模块、人体红外传感器、光照度传感器等;在能耗监测管理系统中,感知层包括能耗采集器、电表、数显多功能表、水表等;

在消防系统中，感知层包括火灾探测器、消防泵开关、压力开关、报警阀、流量指示器、报警控制器、信号阀等。

2. 控制层/传输层

本项目商业楼宇的控制层即智能信息网络的传输层（网络层），由与各子系统相关的综合布线、通信、计算机网络系统组成，实现对各子系统现场设备实时信息的收集和传输功能。传输层通信技术包括但不限于串口、Modbus、Pyxos、BACnet、CAN、ZigBee 和蓝牙等。

在商业楼宇中，冷水机组、空调设备与给水排水系统均属于暖通设备，由于 BACnet 协议是美国采暖、制冷和空调工程师协会制定的业内第一个楼宇自动控制网络数据通信协议，是根据暖通空调、建筑送排风、制冷供热设备的控制要求所制定的，因此选择 BACnet 总线作为暖通设备监控系统的控制总线。

智能建筑的电梯监控系统主要是典型的集中控制系统，传统的电梯通信主要是在 Modbus 协议下运行的基于主从结构的网络串行通信，而采用 EIA/TIA-485 总线只能通过命令和响应来完成通信，这导致系统数据传输效率低、负荷重，系统灵活性较差等；应用 CAN 总线技术可提高电梯控制器通信传输的可靠性，其多主工作方式与非破坏性的总线仲裁决定了 CAN 总线技术更适合用于电梯呼梯信号的通信。

安全防范系统的核心感知设备为网络摄像机、周界探测器、入侵探测器与门禁卡等，这决定了在安防系统中，采用 EIA/TIA-485 与 TCP/IP 相结合的方式组建网络，通过划分 VLAN 的方式配置专网域，实现系统的网络接入与系统数据交互。

考虑商业楼宇照明分区较多，包括办公区域、会议室、公共区域和车库区域等，而 PBus 作为智能化领域中最优秀的总线之一，通过一对主干线即可将所有的设备连接在一起，其自由拓扑网络结构不需要固定的配置，可以依据网络应用而自由设计，因此在智能建筑照明系统中采用 PBus 技术。

建筑能耗监测管理系统的底层设备以能耗采集器、智能电表等为主，生产厂家及型号众多，因此更适合使用基础的串口 EIA/TIA-485 将建筑物内的智能能耗采集设备的数据采集出来，再以 Modbus 协议与上位机 PC 进行通信，从而使建筑内不同位置的智能能耗设备组成一个监控系统网络。

传统的智能楼宇火灾报警系统将地理位置相对靠近的火灾报警控制器用 Modbus 总线连在一起，组成总线式局域控制网。现代智能建筑楼层高、建筑面积大，底层火灾探测设备数量多，随着无线技术的发展日益成熟，无线火灾报警系统逐渐凸显其更高的性价比。越来越多的大型建筑智能消防系统开始在终端节点间采用 ZigBee 技术通信，各楼层间采用 CAN 总线通信，最后以 CAN 总线方式将数据传送到上位管理主机。

3. 应用层

应用层系统由各子系统信息自动处理核心及人机交互平台构成，实现对各子系统状态的分析、显示与处理功能，完成系统自动化、智能化的应用。利用智能建筑信息网络系统产生的海量数据，实现系统节能、智能化识别与管理、大数据分析等，充分挖掘其内涵的巨大的经济与社会效益。

7.2 暖通设备监控系统设计

7.2.1 暖通设备监控系统需求分析

室内环境的舒适性与绿色节能是智能建筑设计中的重要因素。因此，智能建筑暖通设备要求通过智能化控制与调节，使建筑内环境满足舒适与节能的要求。

暖通设备监控系统包括冷水机组、空调设备监控系统和给水排水设备监控系统，根据国家的相关设计规范以及技术资料，结合商业楼宇项目的实际情况，对冷水机组、空调设备和给水排水设备的自动控制进行设计，要求实现对各主要设备相关数字量（或模拟量）输入（或输出）点的信息（状态、报警、故障）进行监视和相应控制。暖通设备智能信息网络监控功能需求如表 7.2.1 所示。

表 7.2.1 暖通设备智能信息网络监控功能需求

系统名称	智能信息网络实现功能
冷水机组	制冷设备、冷却水泵、冷冻水泵、冷却塔风机的启停控制、运行状态显示、过载报警；冷冻水、冷却水进出水温度、压力测量；手动/自动控制模式切换与显示；送回口水温度测量；冷却塔水位实时监测
空调设备	楼层各机位整体监控；各风机、过滤器状态显示；送回风温度与室内温湿度测量；空调启停与温湿度控制；过滤器淤塞报警、过载或故障报警；手动/自动控制模式切换与显示；地下车库一氧化碳、室内二氧化碳浓度检测；变风量系统总风量调节及最小风量、最小新风量控制；风机盘管室内温度测量；冷水阀控制与风机变速及启停控制
给水排水设备	给水排水设备启停控制；水泵运行及手动/自动状态监测；过载或故障报警；水箱、集水井水位显示及报警

7.2.2 暖通设备监控系统网络设计

BACnet 自动控制系统的网络结构主要包括 BACnet IP 层和 BACnet MS/TP 层。BACnet IP 层主要用于系统服务器和网络控制器之间的数据传输通信，是系统数据传输的主线。BACnet MS/TP 层为现场控制网络，采用 EIA/TIA-485 方式通过双绞线传输信息，通信方式为点对点通信。

1. 暖通设备 BACnet 总体设计

（1）网络拓扑结构

商业楼宇暖通设备监控系统由管理层、自动化层和控制网络层三层网络结构组成。管理层的系统通信主要是通过以太网进行，可以适应较快的数据传输速率；自动化层基于以太网和 EIA/TIA-485 两种类别的通信方式，起到承上启下的作用；控制网络层采用 BACnet 总线控制技术，信号传输采用双脚屏蔽线，系统由中央监控站、网络控制器、直接数字控制器（DDC）等组成。DDC 分布在空调机房、弱电井等位置并通过 BACnet MS/TP 网络连接到网络控制器，每个网络控制器通过接口扩展卡可以扩展出多个 BACnet 通信接口，其网络拓扑结构如图 7.2.1 所示。

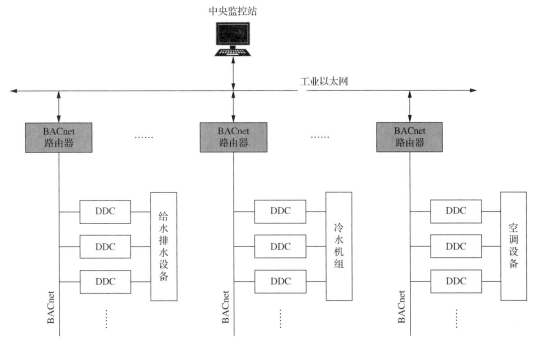

图 7.2.1 暖通设备 BACnet 拓扑结构

BACnet MS/TP 建立在主从通信的基础上，任意时刻，在总线上只有一个节点拥有令牌，拥有令牌的节点才可以发起通信，这就是主设备，其他节点为从设备。主节点的任务完成后，要主动将令牌传递给下一个站点，这种通信协议有一个非常好的机制——即插即用性。在令牌传递过程中，拥有令牌的站点会对本网段的空余站点进行轮询，如果得到正确应答，说明有新的控制器申请加入令牌环，于是就把令牌传递给新的控制器，使其自动加入令牌环中，也就是即插即用。

暖通设备 DDC 采用 C/S 模型，客户端程序首先发送请求，服务器端一直监听响应端口直到接收到由某一客户端程序发送来的请求并对其进行处理，如果符合要求则根据需要进行响应并发送响应信息给客户端，客户端接收响应确认消息，如图 7.2.2 所示。所谓的请求 BACnet 用户和响应 BACnet 用户并不适用于无证实服务，因为它们均需要对请求方和响应方进行相应信息的证实；但发送端 BACnet 用户和接收端 BACnet 用户适用于无证实服务，它们被用作定义无证实服务的服务过程。

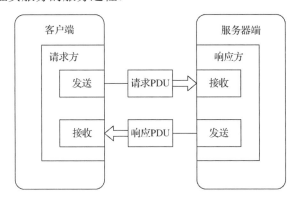

图 7.2.2 BACnet 客户端与服务器端的关系

（2）冷水机组监控系统设计

冷水机组主要包括冷却塔、冷却泵、制冷机、冷冻泵、集水器、分水器、板式换热设备和补水设备等。冷水机组监控系统可实现在中央监控主机上实时监控各设备的运行状态。冷水机组监控系统的控制原理如图 7.2.3 所示。

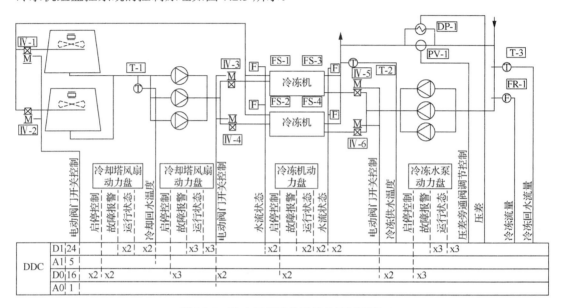

图 7.2.3　冷水机组监控系统的控制原理

其中，该系统中所用的元器件如表 7.2.2 所示。

表 7.2.2　冷水机组监控元器件

代号	数量	说明
DDC	1	直接数字控制器
T-1，2，3	3	水管温度传感器
DP-1	1	水压差传感器
FR-1	1	电磁式水流量计
FS-1，2，3，4	4	水流开关
PV-1	1	调节量水阀
IV-1，2，3，4，5，6	6	开关量水蝶阀

冷水机组的监控内容主要包括机组运行状态、故障状态、手自动状态、室外温度、冷水系统供回水温度、冷水系统回水压力、冷冻泵与冷却泵的监视与控制、冷水机组水流量与报警监视、冷水机组回水蝶阀的监控。

（3）空调设备监控系统设计

在大型建筑中，暖通空调除了具备温湿度调节功能外，还兼具通风功能。根据商业楼宇不同区域的空气质量需求不同，设置不同功能的空调机组。空调设备监控系统的控制原理如图 7.2.4 所示。

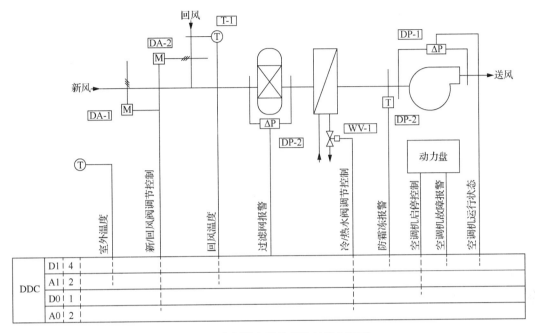

图 7.2.4 空调设备监控系统的控制原理

其中，该系统中所用的元器件如表 7.2.3 所示。

表 7.2.3 空调机组监控元器件

标号	数量	说明
DDC	1	直接数字控制器
T-1	1	风管温度传感器
T-2	1	室外温度传感器
DP-1，2	2	风压差开关
WV-1	1	调节量水阀
DA-1，2	2	调节量风阀

空调设备的监控内容主要有新风温湿度、新风阀开度控制、初效滤网压差、表冷（加热）盘管低温防冻报警、表冷（加热）盘管水阀开度控制、送风机运行、故障、送风温湿度、回风温湿度、回风阀开度控制、排风阀开度控制、排风机运行、手自动状态、启停控制。

（4）给水排水设备监控系统设计

给水系统的作用是通过检测建筑物内给水泵的运行状态、给水水箱的液位以及给水压力来启停相应的水泵，使给水系统的压力以及水箱水位保持在一个稳定的水平，保证建筑物内给水系统的正常运行。排水系统的作用是通过监测集水坑液位的状态以及排水潜污泵的运行状况来保证排水系统的正常运行。给水排水设备监控系统的控制原理如图 7.2.5 所示。

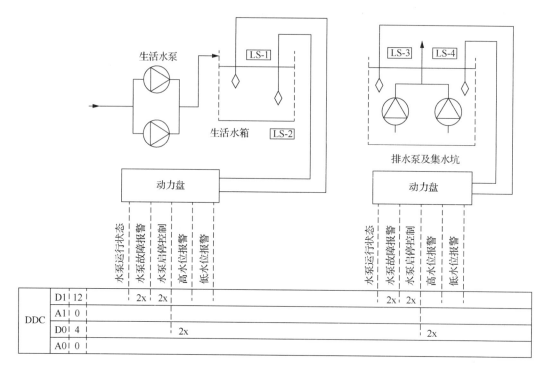

图 7.2.5　给水排水设备监控系统的控制原理

其中，该系统中所用的元器件如表 7.2.4 所示。

表 7.2.4　给水排水设备监控元器件

编号	数量	备注
DDC	1	直接数字控制器
LS-1，2，3，4	4	液位开关

给水排水系统的监控内容主要有污水泵运行、故障及手自动状态的监测；污水池高低液位的监测；水泵启停的控制；膨胀水箱/生活水池/集水坑高低水位的报警。

2. 暖通设备 BACnet 网络协议

（1）BACnet 协议栈及数据流

在 BACnet 协议中，一个需要与远程应用进程通信的应用程序会通过 API 访问本地的 BACnet 用户元素。设备的标识符和控制信息的 API 参数等会被直接向下传递到数据链路层。其他的应用服务原语参数会被从 BACnet 用户元素传递给应用服务单元，具体过程如图 7.2.6 所示。

（2）BACnet 应用层报文

BACnet 协议采用混合编码方式，其 APDU 编码分为固定不变和可变两部分。可变部分编码的是 DATA 部分，也就是 APDU 用户 DATA 部分，采用 ASN.1 基本编码规则，即 TLV 编码，它通过把各种数据表示为三部分：标识符字节（T）、长度字节（L）、内容字节（V），来明确标识每个数据。在现场设计中，不仅需要完成对数据的编解码，而且需要编解码其相应的标记。由于 PCI 部分格式固定，所以可以不使用标记和长度字段，直接通过参数的赋值进行编码。

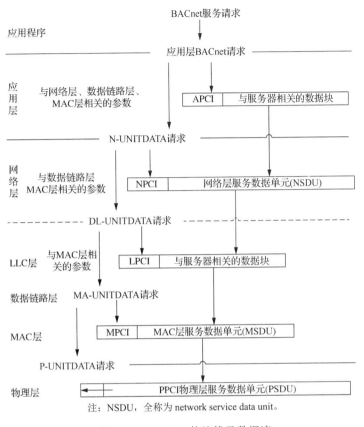

注：NSDU，全称为 network service data unit。

图 7.2.6　BACnet 协议栈及数据流

BACnet 标准一共定义了 8 种遵循 ANS.1 编码规则的 BACnet APDU 类型，每一种类型都是一个 BACnet PDU。对于这些 BACnet APDU，对其首部的第一字节的高 4 位进行二进制编码，用于表示 BACnet APDU 类型。

以 BACnet 有证实请求 PDU 为例，其格式如图 7.2.7 所示。

BACnet 标记的编码是由一主字节加上后面的若干字节组成的。主字节结构如图 7.2.8 所示。

比特位

7	6	5	4	3	2	1	0
PDU Type				SEG	MOR	SA	0
0	0	0	0	Max Rcsp			
Invoke ID（调用标识号）							
Sequenced Number（序列号）							
Proposed Window Size（建议窗口大小）							
Service Choice（服务选择）							
Service Request（服务请求） ⋮							

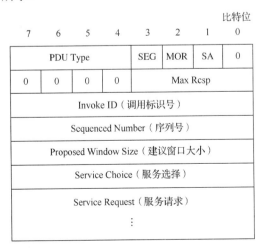

图 7.2.7　BACnet 有证实请求 PDU 的格式

比特位

7	6	5	4	3	2	1	0
0				Class	Length/Vlaue/Type		

图 7.2.8　BACnet 标记的编码的主字节结构

BACnet 主字节结构主要包括 Tag Number、Class 类和 LVT 域，具体编码规则如表 7.2.5 所示。

表 7.2.5　BACnet 主字节结构编码规则

主字节结构	编码类型	含义	备注
Tag Number	标记编号为 0～14（包括 0 和 14）	直接进行编码	需要一个 TAG 扩展字节
	标记编号为 15～254（包括 15 和 254）	编码为 "B1111"，然后在标记后多加 1 字节空间对标记编号进行编码	
Class 类	Class 为 0	应用标记	
	Class 为 1	上下文标记	
LVT 域	长度值：0～4	直接用这 3 位表示其长度	
	长度值：5～253	主字节 LVC 域值为 B '101'，再跟随 1 字节表示数据长度	
	长度值：254～65535	主字节 LVC 域值为 B '101'，随后 1 字节值为 D '254'，再附加 2 字节表示数据长度	
	长度值：65536232～1	主字节 LVC 域为 B '101'，接一值为 D '255' 的字节，再附加 4 字节表示数据长度	

如果某个数据结构中还包含标记，那么这种数据结构称为构造类型数据。当数据类型是构造类型时，"标记编号"表示在构造类型中的次序即位置，其他意义不变。如果是构造类型，一般 LVT 域表示的是后续字节的长度。构造编码是指编码数据中有其他标记的编码，用于构造类型数据的编码。构造编码由开始标记（CLVT = B '1110'）、构造元素编码和结束标记（CLVT = B '1111'）三个部分组成。

在构造编码中，允许多重嵌套。值得说明的是，简单类型的应用标记编号是由 BACnet 标准规定的，且固定不变。但简单类型数据的上下文标记编号在构造类型数据中不是固定的，其具体编码在不同 ASN.1 定义上下文中是不同的，并通常由 ASN.1 定义中的或位置确定。

（3）BACnet 网络层报文

从 IP 网络的网络层看，BACnet/IP 网络报文是一个 IP 数据报，从 IP 网络的传输层来看，BACnet/IP 网络报文又是一个 UDP，因此 BACnet/IP 网络报文可以在 IP 网络中顺畅地传输。

图 7.2.9 中各个域和单元的意义如下：

① MAC：媒体访问控制域。

② BIP：一个 20B 的标准 IP 首部固定部分，其中含有 4B 的信源节点 IP 地址和信宿节点 IP 地址。后面一部分是 8B 的标准 UDP 数据段的首部，包含有各 2B 的源和目的 UDP 端口号。

③ BVLCI 域是 BACnet 虚拟链路控制信息域。

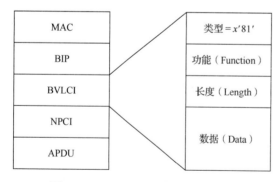

图 7.2.9　BACnet/IP 网络报文的格式

④ NPCI：网络层协议控制信息域。

⑤ APDU：应用层协议数据单元。

从报文上看，C0 A8 01 0A BA C0 为 IP 地址，也就是服务器端地址 192.168.1.10。81 为 BVLC Type；0A 为 BVLC Function，10 代表 Original-Unicast-Npdu；00 1A 为 BVLC Length，与协议规定相符。

其中，BACnet 虚拟链路层的数据单元由格式固定的 PCI 和可变数据部分组成。PCI 由 3 个字段组成，分别是 Type、Function、Length；数据部分就是 NPDU。如上文所述，类型值为 0X81，Function 字节代表原始广播和原始单播两种报文传输格式，编号为 0X0A 和 0X0B。

（4）通信速率

管理层基于 100 Mbit/s 以太网，通信协议为 BACnet/IP；自动化层基于以太网和 EIA/TIA-485 两种类别的通信方式，起到承上启下的作用，对上是 BACnet/IP 通信协议，对下是 BACnet MS/TP 通信协议；设备控制层采用 EIA/TIA-485 接口，通信速率最高可达 115.2 Kbit/s，通信协议为 BACnet MS/TP。

3. 暖通设备 BACtalk 系统及编辑环境

（1）BACtalk 系统

BACtalk 系列产品是美国艾顿科技（Alerton Technologies）公司于 1997 年推出的全球第一个完全符合 BACnet 协议的楼宇自动控制系统。BACtalk 楼宇自动控制系统是一个完全的"集散式"系统，其控制软件及数据库是存放在整个网络（从中央控制台到 Lsi 网络控制器）的每一个装置上，中央控制台实际上起到一个人机对话的作用，通过中央控制台，管理人员可以对系统进行编程、数据库管理、监视和控制操作。

BACtalk 系统主要由 BACtalk 中央操作站、网络集成控制器、路由器、现场数字控制器、传感器与执行器和专用系统网关组成，从应用层、网络层、数据链路层到物理层均采用 BACnet 协议技术，上层（监督管理层）选用以太网，下层（实时控制层）采用 MS/TP 网。BACtalk 中央操作站与直接挂装在以太网上的路由器或网络集成控制器相通，网络集成控制器及路由器通过 MS/TP 总线网连接各 DDC 控制器，以太网上的网络集成控制器通信速率可达到 10MB/s 以上，MS/TP 网上的 VLC 控制器通信速率可达到 76.8 Kbit/s。

（2）VisualLogic 编辑软件

VisualLogic 是艾顿科技公司为 BACtalk 系统开发的一种功能强大、使用简便的图形编程软件。它包括一整套功能齐全的功能块和模型数据库，每个功能都用一个三维立体图表示。通过功能块的有机连接，可以提供一个非常清晰的控制流程，实现所需要的任何控制序列。同时可立即将编程资料存档，方便日后查询。因此任何技术人员接手后，都能在短时间内掌握整个控制原理和程序。

如图 7.2.10 所示，VisualLogic 图形编程使用 Visio 作为绘图工具。在视窗环境中，VisualLogic 编程图形和 BACtalk 动态运行图形可以同时显示在显示屏上，因而可立即在动态图形上看到修改后的控制效果，只需拖、放、单击及连接图形功能模块并设定参数，即可编制出完整专业的 BACtalk 系统控制策略。在绘制完图形程序后，编制程序注释文档，简单打印 VisualLogic 图形，保存输出产生一个顺序自动操作。

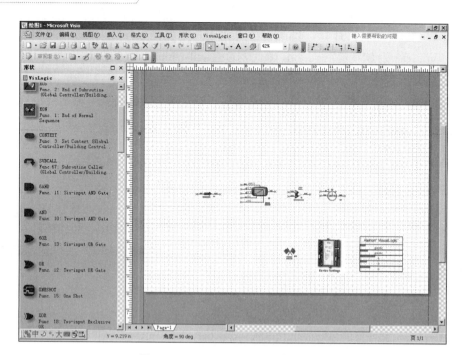

图 7.2.10　VisualLogic 图形编程界面

　　这种实时同步操作的编程语言为工程人员提供了前所未有的方便并减少了反复查询的繁复程序。

　　如图 7.2.11 所示，在 VisualLogic 环境中，四个功能模块不需要用线连接，程序执行的顺序是直接按照每个模块右下角的编号，从小到大依次执行，从该图中我们可以看出，四个模块的编号依次为 205、210、215、221。其中，205 模块为一线性比例模块，它将输入信号 AI-1 经过线性变换直接输出中间变量 AV-4；210 模块实现比较的功能，当变量 AV-4 大于 30 时，BV-1 输出为"ON"，否则为"OFF"；215 模块实现延时开关动作功能，经过延时 10 s，BV-2 动作；221 模块实现"与"功能，BV-3 与 BV-8-N 同为"ON"，BO-0 输出"ON"，输出给对应 BO-0 的执行机构。由此一个信号从传感器输入，经过软件编程进行逻辑控制变换，完成一个小的控制程序。

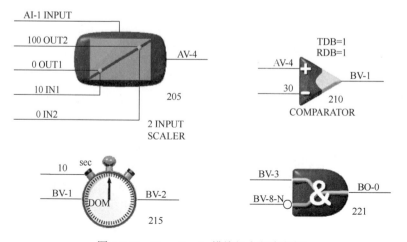

图 7.2.11　VisualLogic 模块组合程序范例

7.2.3 暖通设备监控系统功能实现

根据上述网络设计与设备的选型，可实现暖通设备监控系统的智能化控制与调节功能，使建筑内环境满足舒适与节能的要求。

1. 冷水机组监控控制功能

（1）制冷机组的启动

启动制冷机组需满足的条件：至少开启一台空调机组；室外温度大于 14 ℃；主管道压力大于 2.5 bar（1 bar = 10^5 Pa）；主管道水流量大于 2 m/s。

系统的启动顺序：开启冷却塔蝶阀→开启制冷机冷却侧蝶阀→启动冷却水泵→开启制冷机冷冻侧蝶阀→开启冷冻水泵→检测水流量→启动制冷机。

（2）多台冷水机组的群控

根据建筑的整体规划，可能设计多台冷水机组。在实际运行中一般只运行其中的 1～2 台，根据系统的整体负荷设计相应的群控策略：根据传感器采集的供回水管的温度、压力以及机组的流量数值计算系统的冷负荷，参照设备的运行时间、维护条件以及其他因素进行干预，从而对冷水机组的启停进行综合判断，优先启动运行时间最短的机组，延长机组的使用寿命。对于机组的内部数据，系统通过集成的方式进行读取和控制，从而优化程序、降低能耗。

（3）冷冻水泵的控制

系统通过监测冷冻水泵的运行、故障及手自动状态，根据预设程序对其进行启停控制。首先启动多台水泵中运行时间最短的水泵，保证每台水泵的运行时间基本相等，延长水泵的使用寿命；在系统自动模式下，当前正在使用的水泵出现故障报警时，备用水泵会立即自动投入使用。

冷水机组监控系统同时需要统计水泵的故障报警以及水系统的压力报警，当冷冻水的压力过高时，系统关闭水泵并进行报警；当压力过低时，系统提示管理人员检查有无漏水的情况发生。冷水机组监控系统的控制流程如图 7.2.12 所示。

2. 空调设备监控控制功能

1）送风温度控制。系统通过将实际温度与设定温度进行比较，通过 PID 算法对水阀进行控制。当系统在夏季模式运行时，如果实际温度过高则增加水阀的开度，反之则减小水阀的开度。当系统在冬季模式运行时，若实际温度过高则减小水阀的开度，反之则增大水阀的开度，保证实际温度处于设定范围之内。

2）联锁控制。新风阀和水阀应该与风机的运行状态进行联锁，风机停止运行时，关闭相应的风阀及水阀；启动时，自动打开。低温报警应与风机的启停及水阀开度控制联锁，在冬季模式运行时，风机停止运行后，系统应该关闭新风阀并且控制水阀留有约 30% 的开度，防止盘管冻裂。当有报警时，系统应该联锁停机、关闭新风阀、打开水阀，直至报警解除。

3）根据回风二氧化碳浓度的值控制新风阀的开度，维持系统的最小新风量。

4）中央对系统中各种温度进行监测和设定。

5）过滤网的压差报警，提醒清洗过滤网。

6）编制时间程序自动控制风机启停，并累计运行时间及启停次数。

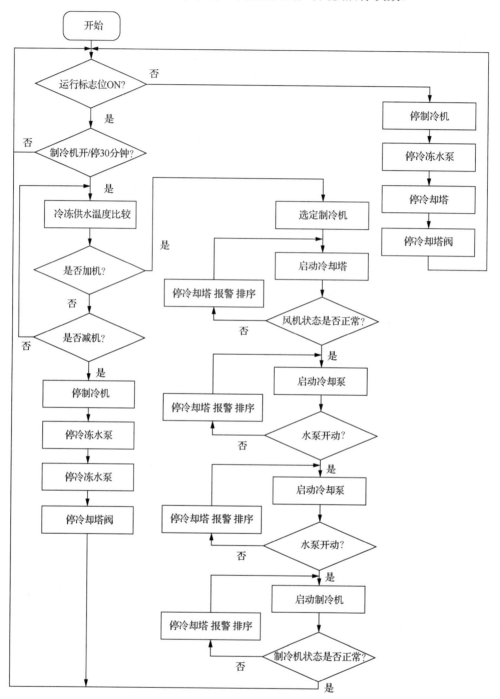

图 7.2.12　冷水机组监控系统的控制流程

3. 给水排水设备监控控制功能

给水排水设备监控系统实现监测集水池水位、统计设备的运行时间与监测水泵运行/故障状态等功能，对给水系统与生活排水系统进行全面的监控控制。

（1）给水系统的监控

给水系统根据水箱液位的高度控制生活泵的启停。生活水箱设有溢流水位、最低报警水位、生活泵停泵水位和生活泵起泵水位4个水位。当高位水箱液面低于起泵水位时，控制器给出信号自动启动生活泵；当高位水箱液面高于停泵水位或蓄水池液面达到停泵水位时，控制器给出信号自动停止生活泵。当工作泵发生故障时，备用泵自动投入运行。

当高位水箱（或蓄水池）液面高于溢流水位时自动报警；当液面低于最低报警水位时也自动报警。为了保障消防用水，蓄水池必须留有一定的消防用水量。发生火灾时，消防泵启动，如果蓄水池液面达到消防泵停泵水位将发生报警。水泵发生故障时也自动报警。

给水系统还可实现运行时间的累计计算，为定时维修提供依据，并根据每台泵的运行时间自动确定是作为运行泵还是备用泵。

（2）生活排水系统的监控

生活排水系统可实现污水集水坑（池）和废水集水坑（池）水位的监测及超限报警，根据污水集水坑（池）与废水集水坑（池）的水位来控制排水泵的启停。当集水坑（池）的水位达到高限时，联锁启动相应的水泵；当水位高于报警水位时，联锁启动相应的备用水泵，直到水位降低至底线时联锁停泵。

生活排水系统还可实现排水泵运行状态的监测及故障报警、累计运行时间，为定时维修提供依据，并根据每天泵的运行时间，自动确定是作为工作泵还是备用泵。

7.3 电梯监控系统设计

现代社会中，电梯已经成为不可缺少的运输设备，电梯的存在使得每幢高层建筑的交通更为便利。电梯监控系统要求对建筑中的电梯进行集中远程监控，对电梯运行状态数据进行管理、维护、统计、分析，并对电梯进行故障诊断及救援，以便于不同部门利用该系统进行有效的监控与管理。

7.3.1 电梯监控系统需求分析

电梯是楼宇中的重要运输设备，电梯监控系统需要实现通过主控制器与轿厢、门厅控制器间的通信，完成对电梯的控制，并可进行远程监控，一般应遵循如下的基本原则。

1）安全性原则：电梯监控系统中的所有设备应符合中国或国际有关的安全标准，可在部分恶劣环境下使用，还可实时监控以及与其他系统联动，充分保证使用环境的安全性。

2）实用性原则：在产品的开发、生产上根据市场的实际需要进行，不单纯追求所谓先进而不实用的产品。电梯监控系统应有良好的可学习性和操作性，管理人员只需经过简单的培训即可正常操作使用。

3）可靠性原则：可靠性是电梯监控系统能否正常运行的基础，硬件的可靠性包括硬件设备和接口的兼容性、系统抗干扰设计；软件的可靠性包括程序结构、程序运行状况等方面。

4）稳定性原则：电梯远程监控系统应保证24小时连续工作，所以系统稳定性尤为重要。

5）可拓展性原则：该系统应满足用户动态的需求，可灵活增减或更新各部分功能，实际使用中应该配置主要参数。

6）抗干扰原则：干扰对测控系统造成的后果可能有数据采集误差过大、控制状态失灵、数据发生变化、程序运行失常等。

7）易维护性原则：在设计、生产上使用的软、硬件结构，应能保证系统的故障率达到最低。

7.3.2　电梯监控系统网络设计

电梯控制技术的发展主要经历了三个阶段：继电器控制阶段、微机控制阶段、现场总线控制阶段。当前阶段，我国国内的电梯控制系统采取的控制方法大部分是通过继电-接触器控制或通过 PLC 控制，只能使用一个主控制器来完成对整部电梯的控制管理，是典型的集中控制系统，会导致主控制器的负担过重，严重影响系统的灵活性，同时可靠性与实时性也比较差。针对电梯通信，所采取的是基于主从结构的网络串行通信，需要在 Modbus 协议之下运行，而总线则是 EIA/TIA-485 序列，只能通过指令和响应来完成通信，这就导致了系统数据传输效率比较低，总线的负荷过重，难以通过节点主动地和其他节点进行数据交换。

对比其他几种现场总线，CAN 总线协议是建立在国际标准组织开放系统互联模型的基础上的。作为工业控制的底层网络，CAN 总线的最高传输速率可达 1 Mbit/s，最远距离可达 10 km，其通信采用短帧结构，数据传输的时间短，受干扰的概率低，并且 CAN 总线协议有良好的检错效果，因此 CAN 总线通信的可靠性较高。在电梯控制器里，应用 CAN 总线技术可实现电梯内部控制器之间的 CAN 通信，通过串行通信方式，构成控制器局域网，仅用 4 根线（其中 2 根为电源线，1 根为信号发送线，1 根为信号接收线）即可实现呼梯、内选以及显示信号的通信，并为进一步实现多台电梯群控、远程监控、楼宇自动化提供便利接口，大幅提高电梯控制器通信传输的可靠性、实时性与安全性。

如图 7.3.1 所示，在某商业楼宇中，采用基于 CAN 总线和以太网的电梯远程监控系统结构，通过设定好的电梯状态数据采集器和现场总线结构，将分布在各处的电梯运行状况和故障信息及时传递到监控中心的监视终端，以实现对各处电梯的远程监测和控制。电梯监控系统由设备层、数据采集层、监控层和网络用户层组成。

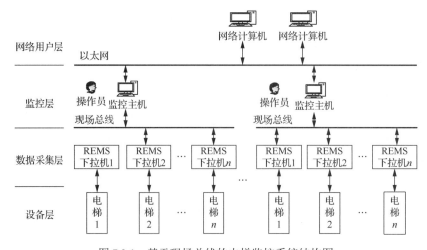

图 7.3.1　基于现场总线的电梯监控系统结构图

1. 电梯监控 CAN 网络总体设计

CAN 总线在电梯控制系统中的运用主要体现在两个方面，即宏观上的单台电梯通信控制系统和群控电梯通信控制系统。

（1）单台电梯通信控制系统

单台电梯通信控制系统的主控板与外围轿厢和外呼控制器之间使用两根通信连线，以实现轿厢信号、外呼信号的可靠通信。CAN 网络中外呼控制器采集楼层上下按钮呼梯、控制呼梯按钮灯的显示、基站的锁梯开关、消防开关等信号，外呼控制器具有地址（实际层楼）设置功能，用来区分总线中的位置。单台电梯通信控制系统的 CAN 网络结构如图 7.3.2 所示。

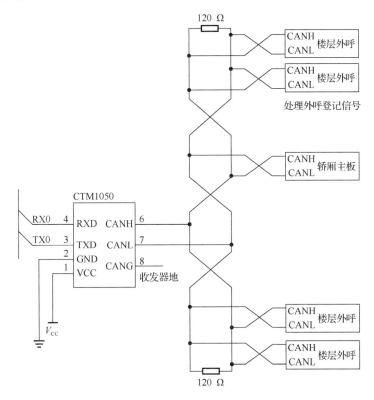

图 7.3.2　单台电梯通信控制系统的 CAN 网络结构

（2）群控电梯通信控制系统

现代楼宇中为了增加运送能力，减少客户的等待时间，通常安装 3 部以上的电梯，这些电梯需要通过统一调度管理，即电梯群控管理。一个电梯群控系统需要进行大量的数据交换，如各电梯轿厢内的选层信号、应答选层的指示灯信号、显示电梯当前位置的指示灯信号和厅外召唤信号，到站提醒、方向预报等，这些信号随着电梯的数量和楼层的增多而迅速增加。

CAN 总线的多主工作方式具有如下特点：CAN 网络上任一个节点均可在任意时刻发送信息，无主从之分；CAN 总线采用非破坏性的总线仲裁，当多节点同时向总线发送报文时，优先级低的节点主动停止数据发送（仲裁丢失），而优先级高的节点可以不受影响地继续发送数据，优先级最高的节点，其数据等待时间小于 134 μs。群控电梯通信控制系统的 CAN 网络结构如图 7.3.3 所示。

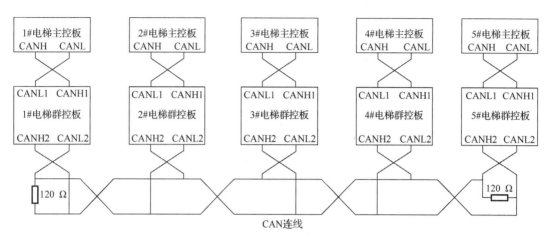

图 7.3.3 群控电梯通信控制系统的 CAN 网络结构

群控电梯通信控制系统采用主从结构，并可实现智能切换群控主板的功能。群控主板定义后，其余都为群控从板，假设当前 1#电梯主控板为群控主板，若由于硬件原因或没通电，群控系统会自动找出当前群控组号为 2#的电梯主控板作为主板，其余 3#、4#、5#仍旧为从板，不会因为群控主板故障而引起整个群控系统瘫痪。另外，群控系统可以智能登记从板，假设某一群控从板发生硬件故障或没通电，群控主板会自动判断这台电梯的在线状态，可以把这台电梯从群控系统中切除，这样一台电梯的故障不会影响整个系统的群控运行。工作时，首先定义群控系统的群控主板和群控从板，采用集中控制的群控技术，即由每台电梯的群控板收集电梯主板数据，然后各群控从板把数据通过另外一条 CAN 总线发给群控主板，再由群控主板根据当前的电梯状态，按照时间最小原则，对电梯指令进行登记和分配。群控电梯通信控制系统充分考虑了每台电梯的登记状态、楼层状态、反向情况、超满载等因素，实时调配具有最快响应时间可能性的电梯来响应每一个召唤，充分发挥了电梯的运输能力，大大提高了电梯的运行效率。

2. 电梯监控 CAN 网络协议

（1）CAN 协议帧设计

CAN 电梯物联网的应用层协议帧划分为起始段、数据段和结束段三部分，如表 7.3.1 所示。

表 7.3.1 CAN 电梯物联网的应用层协议帧组成

字节序号	段名称	符号	定义	CAN 2.0B 对应关系
0	起始段	FRAME_LEN	帧总长度	包含所有字符，最大 14
1		ADDR_DES	目的地址	ID0-ID7
2		ADDR_SRC	源地址	ID8-ID15
3		CMD_TYPE	命令类型	ID16-ID23
4	数据段	DATA[0]	数据 0	CAN 发送和接收缓冲区数据，最多 8 个
5		DATA[1]	数据 1	
6		DATA[2]	数据 2	
7		DATA[3]	数据 3	
8		DATA[4]	数据 4	

续表

字节序号	段名称	符号	定义	CAN 2.0B 对应关系
9	数据段	DATA[5]	数据 5	CAN 发送和接收缓冲区数据,最多 8 个
10		DATA[6]	数据 6	
11		DATA[7]	数据 7	
12	结束段	CHK-CODE	校验码:异或	—
13		END-CODE	结束码	

起始段主要定义协议帧传输的路径和命令类型等,具体包括帧总长度、目的地址、源地址和命令类型;数据段是指帧内的数据内容,对应不同的命令类型,数据段的长度也不同,最多 8 字节,其中,最小帧不包含数据;结束段包括校验码和结束码。

针对电梯运行主要的三个控制器:集选控制器、呼梯控制器和轿厢控制器进行帧格式定义。

如图 7.3.4 所示,集选控制器的通信标准帧具有 6 字节:①功能码 0x22;②显示类型,正常状态为 0x01,故障状态为 0x02,检修状态为 0x03,应答状态为 0x04;③显示内容 1(故障状态、检修状态、应答正确 0x11、应答错误 0x22);④显示内容 2(数字,作为应答帧时,此字节为应答楼层);⑤显示内容 3(箭头方向和状态);⑥校验。

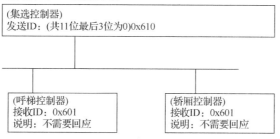

图 7.3.4　集选控制器发送帧格式

如图 7.3.5 所示,呼梯控制器通信标准帧具有 4 字节:①功能码 0x20;②楼层号;③上(0x22)下(0x01)键灯;④校验。

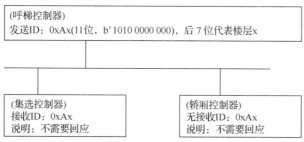

图 7.3.5　呼梯控制器发送帧格式

如图 7.3.6 所示,轿厢控制器通信标准帧具有 5 字节:①功能码 0x24;②信息类型(0x00表示选层信息,0x01 表示空载,0x02 表示满载,0x03 表示超载,0x04 表示无司机,0x05表示直驶,0x06 表示开门到位,0x07 表示应答);③按键状态变化楼层;④变化状态(0

表示灭，1 表示亮）；⑤校验。

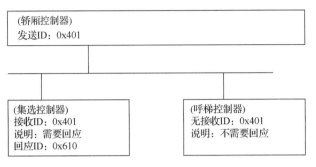

图 7.3.6 轿厢控制器发送帧格式

（2）多主结构通信方式

以 24 层站电梯为例，采用 CAN 2.0A 标准，由于 CAN 没有节点地址的概念，代之以对通信数据块进行编码，支持以数据为中心的通信模式。当电梯层站数不同时，只需要在总线上增减层站控制器的节点数，并对相应的数据帧进行适当的修改即可。CAN 上的节点数主要取决于总线驱动线路，当采用 PCA82C250 时，最多可达 110 个，可用于 107 层以下电梯的控制。

多主结构的数据帧如图 7.3.7 所示，包括 7 个部分：帧起始、仲裁场、控制场、数据场、CRC 场、ACK 场、帧结束。其中，仲裁场包括报文标识符（11 位）和远程发送申请位（RTR）；控制场由 6 位组成，后 4 位为数据长度码，代表数据场字节数；传输信号每一帧数据长度为 16 位，低字节设为控制字，高字节用 D8～D15 共 8 位编码表示具体层楼数，控制字各位在高电平时有效。例如，数据场为 0801H，表示轿厢内选信号第 8 个按钮按下，0802H 表示第 8 层站上行呼梯信号。

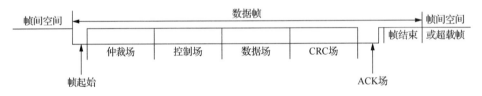

图 7.3.7 多主结构的数据帧

1）多主广播方式。

CAN 总线采用多主结构。总线空闲时，任意节点均可发送数据，其他节点都可接收总线上的数据，解决了 EIA/TIA-485 中从节点无法主动与其他节点交换数据的问题。另外 CAN 只需通过报文滤波即可实现点对点、一点对多点及全局广播等传收方式，无须专门调度。这里用接收码寄存器、接收码屏蔽寄存器实现报文滤波，通过机房控制器接收总线上的一切信息，而层站控制器只接收机房控制器发出的信号，并且使不同层站可同时接收机房控制器的数据。这一点非常有用，在机房向各层站发送方向、层楼显示信号时采用广播方式，可极大地节省传输时间，提高传输效率，增强系统的实时性和可靠性。

2）总线仲裁方式。

报文标识符用于提供传送报文和总线访问优先权信息。当多个总线控制器同时发送报文时，为避免冲突需进行仲裁。仲裁期间，每个进行发送的 P8XC592 都将其发送位电平与监控总线电平进行比较。如果传送的数据和检测到的数据相同，那么该节点继续发送；如果发送一个隐性位电平而监视到一个显性位电平，那么该节点失去仲裁，放弃总线控制权，停止传送信息，P8XC592立即变成总线上较高优先权报文的接收器，而不破坏总线上的任何信息。数据场中的发送数据存储在发送缓存器数据区中，同时，接收数据帧的数据将被存储在接收缓存器中。每段报文包括一个唯一的标识符和报文中描述数据类型的RTR位。标识符和RTR位一起定义该报文的总线访问优先权。仲裁期间，标识符的最高位先被发送，而RTR位最后发送。标识符和RTR位对应二进制数据最低的报文具有最高的优先权。例如，电梯在1楼上升时，先收到了8楼的上楼请求，紧随其后又收到了6楼的上楼请求，如果按先来先服务，则先响应8楼的请求，这显然是不合理的；CAN总线的标识符仲裁，定义了上升时6楼的优先级高于8楼，因此电梯会先响应6楼的上楼请求。

3）差错校验方式。

总线采用位校验、位填充校验、循环冗余校验（CRC）和数据帧格式校验几种校验方式，数据出错概率一般在10%～15%或以下，有效地保证了数据传输的正确性和可靠性。CRC场包括CRC序列和CRC界定符，CRC序列由循环冗余码求得的帧检查序列组成，适用于位数小于127的帧，接收器以与发送器相同的方法计算CRC。若结果与接收到的CRC序列不相同，则检测出一个错误，检测到错误的节点将发送错误标志进行标定，出错标志从应答界定符后面一位开始发送。错误报文失效，并自动进行重发。当节点出现重大故障时，可自动关闭总线，即当某一节点出错次数大于一定数量时，可自动退出总线操作，切断该节点与总线上其他节点之间的联系，使总线上其他节点的操作不受影响，使错误节点对总线的干扰程度降到最低。除CRC之外，CAN还提供了其他检测措施包括发送自检、位填充、报文格式检查等，可使未检出的剩余错误概率为报文出错率的4.7×10^{-11}，从而极大地提高了电梯系统的可靠性、安全性。

3. 电梯监控CAN网络环境

为了更好地实现CAN总线控制通信功能，需要用专门的CAN总线调试软件对其进行调试，掌握不同的CAN数据所代表的含义，同时通过滤波功能进行数据的整合操作。下面以ECAN Tools软件为例，介绍CAN总线调试的主要功能，该软件的界面如图7.3.8所示。

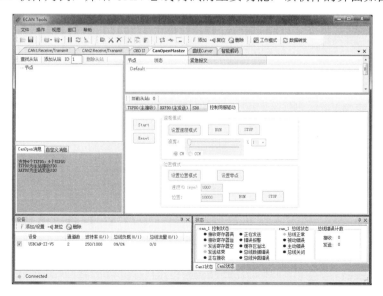

图7.3.8　ECAN Tools软件界面

ECAN Tools 软件是基于广成科技 CAN 分析仪硬件的软件程序，可以运行在安装 CAN 分析仪硬件的计算机上，同时能够处理 11 位标志符模式（CAN 2.0A 协议）和 29 位标识符模式（CAN 2.0B 协议）的 CAN 报文，为客户应用程序实际处理各类 CANbus 报文信息，并提供强大的分析功能。

ECAN Tools 软件现支持的 CAN 分析仪有 USBCAN-I Pro、USBCAN-II Pro、USBCAN-OBD、USBCAN-Mini、ECAN-Pro、CANCore。

ECAN Tools 可实现如下功能：基于 USB 接口的 CAN 总线报文发送与接收、自动识别未知 CAN 总线波特率、CANOpen 主站管理、多段滤波与 ID 屏蔽、实时保存与数据回放、统计模式（如相同帧 ID 归类）显示、总线错误信息管理和 CAN 报文保存/回放功能等，下面对 CAN 调试中最常见的数据发送与接收、波特率识别、总线诊断功能进行介绍。

（1）数据发送与接收

CAN 总线调试数据发送主要包括普通模式发送与文件发送。普通模式发送可以非常直观地编辑要发送的帧数据，可设置循环发送等特殊功能，如图 7.3.9 所示。文件发送可设置文件类型为普通文件或 CAN 批处理文件，普通文件用于对 CAN 总线设备进行烧写程序，需自行开发烧录软件，而 CAN 批处理文件可直接发送，时间间隔默认为 1 ms，如图 7.3.10 所示。

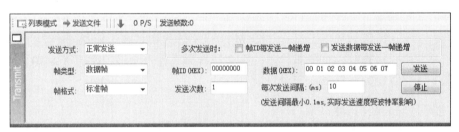

图 7.3.9　ECAN Tools 普通模式发送

图 7.3.10　ECAN Tools 文件发送

当总线设备参数设置完成后，如果总线上有数据，ECAN Tools 接收数据窗口就会有数据显示，如图 7.3.11 所示。

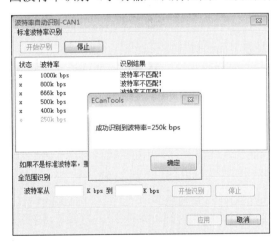

图 7.3.11 ECAN Tools 数据接收窗口

（2）波特率自动识别

当目标设备的波特率未知时，可使用 ECAN Tools 自动识别波特率。波特率自动识别的环境要求：被测设备通电、CAN 总线工作正常、总线上连入两个 120 Ω 电阻。波特率自动识别功能分为标准波特率识别（对标准波特率进行一一识别，如图 7.3.12 所示）与全范围波特率识别（手动输入识别范围，对范围内的波特率进行全面匹配，如图 7.3.13 所示）。

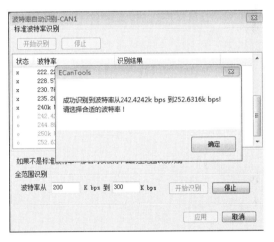

图 7.3.12 ECAN Tools 标准波特率识别　　图 7.3.13 ECAN Tools 全范围波特率识别

（3）总线诊断功能

用户可使用 ECAN Tools 软件右下角的状态界面检查总线是否正常。常见的不正常状态包括主动错误、被动错误及无数据错误。

出现主动错误或被动错误的状态，说明波特率设置不正确或接线有误，也可能发生在总线空载或总线无响应的情况下，如图 7.3.14 所示。

图 7.3.14 ECAN Tools 主动错误或被动错误状态

CAN 总线状态正常但没有接收与发送数据，说明总线空载，无数据可接收，如图 7.3.15

所示。

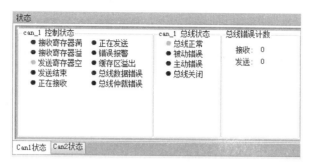

图 7.3.15　ECAN Tools 无数据错误状态

ECAN Tools 软件适用的应用领域如下：

1）嵌入式开发工程师进行 CAN 接口设备的调试与开发，使用 ECAN Tools 软件进行收发测试、波特率修正、滤波器学习等操作。

2）车辆电气工程师进行汽车数据采集分析、OBD 协议解析、CAN 接口设备故障鉴定、车辆运行环境模拟等操作；利用 ECAN Tools 的保存功能采集车辆运行环境，并存储在计算机上，在办公室进行离车回放，节省调试车载设备的时间。

3）现场应用工程师进行总线维护工作，可以使用 ECAN Tools 软件作为上位机，管理 CAN 总线网络中各个节点的运行状况，并对 CAN 数据进行在线存储，用于后期的分析。

7.3.3　电梯监控系统功能实现

基于 CAN 总线的电梯分布式控制系统硬件主要包括变频器、主控制器、外呼控制器、门机控制器、轿厢控制器、轿厢显示器等。

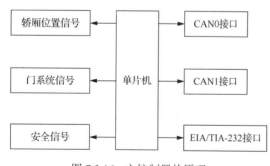

图 7.3.16　主控制器的原理

（1）主控制器

主控制器安装在变频器内，通过 CANT 端口和变频器进行通信，主要根据对召唤指令及采集到的安全信号、速度信号、轿厢位置信号、门系统信号的处理，来控制轿厢的运行和门机的动作。主控制器的原理如图 7.3.16 所示。

主控制器对变频器的控制主要通过 CAN 总线协议完成。变频器上有一块编码器卡，读出编码器的数据后通过 CAN 总线发送给主控制器。在电梯运行阶段，主控制器通过编码器的数据、轿厢位置的信号、安全信号以及门的位置、开关信号，来决定变频器的运行。主控制器通过 CAN 总线将停止、正向运行、反向运行以及速度给定等信号发送给变频器，由变频器来对曳引机进行速度矢量控制。同时主控制器通过继电器输出控制抱闸等开关的通断，以此来保证电梯系统的安全运行。

（2）外呼控制器

外呼控制器采集楼层呼梯信号，控制呼梯灯的显示。基站的外呼控制器增设锁梯开关、消防运行开关等输入功能，它通过 CAN 端口与总线连接。外呼控制器的原理如图 7.3.17

所示。

电梯在工作时，外呼控制器查询上、下呼按钮的开关状态，并将其通过 CAN0 接口发送给主控制器。在到达某一楼层时，主控制器通过 CAN0 接口将显示楼层数发送给外呼控制器显示。此数值将保持到下一显示数据到达时。

（3）门机控制器

门机控制器采集门系统信号及称重传感器信号，并将这些信号通过 CAN0 接口传输到主控制器，主控制器通过 CAN0 接口传送命令控制门机等周边设备，控制电梯门的开、关和速度，如图 7.3.18 所示。

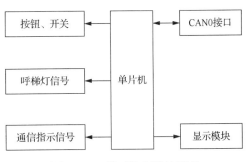

图 7.3.17　外呼控制器的原理

（4）轿厢控制器

轿厢控制器采集轿厢内的呼梯按钮、司机控制器、直驶控制器、自动控制器等操作开关信号，通过 CAN 总线发送给主控制器。主控制器通过 CAN 总线传送按钮状态，返回超载、报警信号，如图 7.3.19 所示。

图 7.3.18　门机控制器的原理　　　　图 7.3.19　轿厢控制器的原理

（5）轿厢显示器

主控制器通过 CAN 总线发送楼层显示信号给轿厢显示器，轿厢显示器的显示方式可通过跳线开关来实现其设置。

（6）其他常用传感器

电梯监控系统为实时采集电梯的各种故障信息，经常使用一些其他的传感器，对门故障、安全回路故障、井道故障等进行监控，具体如下。

三轴加速度传感器安装在电梯轿门上，可以采集 x、y、z 三轴方向的加速度信息，其中，电梯监控系统会用到两个方向的加速度数据来进行分析判断，包括轿门运动方向及轿厢运动方向的加速度数据。轿门运动方向的加速度可以根据加速度的变化情况，来判断轿门是处于开启状态还是关闭状态，并且在经过偏差校准和数据滤波之后，通过积分来获得轿门的实时运动速度以及相对位移。轿厢运动方向的加速度可以获取轿厢的运动状态，如轿厢运动方向、轿厢实时速度等数据信息，并且可以通过和气压计结合，使用卡尔曼算法来获得更加精准的轿厢位置信息。

气压计可以检测轿厢所在的大气压强。忽略温度及天气变化情况，气压和高度具有一定的对应关系。在一定高度范围内，可以近似地将该关系式看成一元一次方程，即高度每上升 9 m，大气压下降 100 Pa。由于天气和温度变化并不剧烈，且电梯运行高度范围大部分在 100 m 之内，所以可以近似地用气压来进行轿厢相对高度的计算。

　　光电门传感器可以实现对气压计信号的矫正。光电门传感器安装于轿厢顶部，该传感器呈 U 字形，在每次到达某一楼层时，会遇到一个挡板挡在 U 字中间，此时光电门信号发生变化，检测到电梯平层。在电梯每次平层或者停梯时，都会对气压计进行数据的校准，即将当前气压值和对应楼层高度值进行匹配。此方法使得利用气压计来计算电梯运行高度时，只会积累电梯在一次运行时间内造成的温度漂移偏差，由于短时间内温度漂移偏差很小，所以利用气压计来计算高度偏差也很小。

　　微电流传感器负责检测电路的电流情况，在轿门以及机房都有布置。该传感器卡在电线上，检测电线当中电流的变化情况，并根据检测结果来判断电梯状态和实现一些故障的检测。例如，机房的微电流传感器会检测主电源电流及厅门回路电流等，并以此来判断主电源是否发生断路以及厅门的运动方向等。

　　摄像头传感器可以监控电梯轿厢内部的状态信息。轿厢视频监控主要实现包括电梯轿门开关状态检测、电梯楼层数检测以及电梯乘客人数识别等功能。除此之外，轿厢内部还配备有扬声器及显示屏投屏等，电梯正常运行时，可以用来播放广告；当出现乘客被困等危险情况时，可以通过摄像头、显示屏及扬声器设备，实现与被困人员的沟通以及对其进行安抚等工作。

7.4　安全防范系统设计

7.4.1　安全防范系统需求分析

　　安全防范系统是以维护整个社会安全为目的，使用一定的安全防范产品以及其他的相关性产品来构成的防止入侵的报警系统、视频化的安全监视监控系统、出口及入口的控制管理系统、防爆炸的安全检查系统等，或者是由这些子系统组合而成的集成化的电子系统和网络系统。

1. 安全防范系统功能概述

　　智能化楼宇的安全防范技术会根据不同的建筑物来制定不同的防护措施，要求对人或者财产起到规定的防护作用。具体功能如下：当用户或智能楼宇的财物受到严重侵害时，整个保护系统能够发出求救信号，发出报警声；能够对楼宇中比较重要的地方和区域进行24 小时不间断监视，并且保存一定时间段的监视记录，为后续的监控提供方便；当智能楼宇发生报警或者其他的紧急情况时，整个系统可以迅速地把报警区域的环境、噪声、图像等关键性数据记录下来，以备后续查验；整个系统可以进行定期自我检查，并且能够消除一些误报或者漏报等。

2. 安全防范系统功能需求

　　如图 7.4.1 所示，智能楼宇安全防范系统主要包括视频监控系统、门禁管理系统、楼宇报警系统。

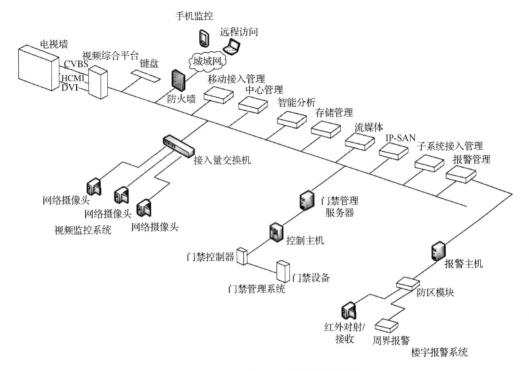

图 7.4.1 智能楼宇安全防范系统架构

（1）视频监控系统

视频化的安全防护和监控系统是整个智能楼宇中的最后一道防线，当整个案件已经发生的时候，它可以将整个案件还原成一种事实，并且能提供一些有力的证据。视频监控系统主要是由前端设备、各种传输设备、控制设备和显示设备四个部分组成。其中，前端设备主要包括摄像机、镜头、支架、防护头罩等，它可以将整个设备监控下来并迅速转换成需要的信号，最后通过传输设备传输到监测控制中心。与此同时，记录仪和显示设备将电信号转换成图像信号进行存储，同时显示在屏幕上。

（2）门禁管理系统

门禁管理系统的基本技术是现代电子与信息技术，通过在建筑物内外的出入口安装自动识别系统，对人或物的进出实施放行、拒绝、记录等操作。该系统通过读卡器或生物识别仪对人/物进行身份辨识，利用门禁控制器采集的数据实现数字化管理，其目的是有效地控制人员的出入，规范内部人力资源管理，提高重要部门、场所的安全防范能力，并且记录所有出入的详细情况，以实现出入口的方便、安全管理，包含发卡、出入授权、实时监控、出入查询及打印报表等，从而有效地解决了传统人工查验证件放行、门锁使用频繁、无法记录信息等的不足。

（3）楼宇报警系统

为了提高智能楼宇的安全性，需要设置一套有效的、快速的周界报警系统。楼宇四周的防报警系统一般可由红外线及接收器、红外线对射器以及传输性电绳组成。这套系统的设备主要安装在园区环境中，以防一些不法分子的入侵。

7.4.2 安全防范系统网络设计

在综合体项目安防系统的建设中，延续以往各子系统独立搭建的思路，将各子系统分别网络化，这样不但满足了执行层分别管理、控制、监管的功能需求，也将各子系统在通信的物理层上联系起来，实现了真正意义的统一管理，分别执行的大系统运行模式，同时也为各子系统之间的联动创建了先天条件，为整套系统的二次功能开发留下了充分的空间。建筑安全防范系统中主要的子系统包括视频监控系统、门禁管理系统与报警系统。

1. 视频监控系统网络设计

如图 7.4.2 所示，视频监控系统的前端设备可选择高清网络摄像机（Internet protocol camera，IPC），根据综合体不同的应用场景及不同的应用需求，选择不同功能组合的摄像头满足现场应用场景需求，实现高清视频数据采集。

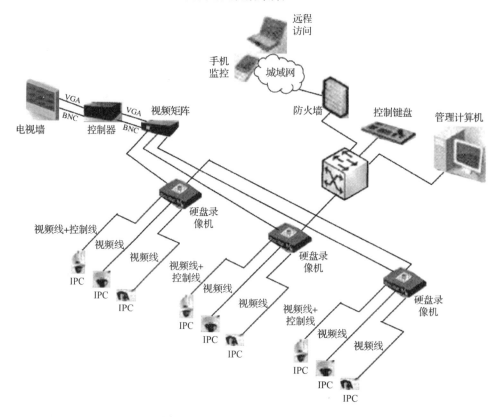

图 7.4.2　视频监控系统的网络架构

视频监控系统的网络传输采用双绞线或光缆、同轴电缆作为视频数据传输的载体，IP网络是摄像头与存储平台设备及视频控制器等设备之间的传输路径，是整个系统的"脉络"。

视频监控系统的视频存储采用网络硬盘录像机（network video recorder，NVR）、中心网络存储器（central video recorder，CVR）、云存储等存储模式对实时视频进行分布式存储或者集中式存储，实现存储系统的高可靠性、高可用性。

视频监控系统的管理平台采用视频综合管理平台，功能模块化部署，具备视频监控系统管理模块，可通过网络来管理 NVR、前端摄像机或编码器，可支持大量高清摄像机实时显示、云台控制、录像操作、回放等功能。

（1）传输网络设计

视频监控系统的网络建设应遵循网络实用性、安全性、先进性、适用性、可靠性等原则，网络设计不仅要求能够满足目前用户使用的要求，而且应适应未来若干年以后的网络发展需要，网络平台应具备多网络协议的支持能力，以避免原有网络设备投资的浪费。

网络系统应是一个安全系统，并具备各种安全保卫手段和措施（如通过 VLAN 的划分和交换机过滤技术来保证网络安全性）。为保证网络能够适应未来网络发展的需要，网络中的硬件与网络协议都应采用与国际标准兼容的开放协议。网络及网络设备均要求具有较高的容错性，以确保网络系统不间断运行。

系统网络层应支持 IP，传输层应支持 TCP 和 UDP；音视频流在基于 IP 的网络上传输时应支持 RTP/RTCP。视频联网系统的网络带宽设计应满足前端设备接入数据中心、中控中心、综合体互联，以及用户终端接入监控中心的带宽要求。监控专网是高流量高并发 IP 网络，其中，网络部署需要尽量采用前端百兆带宽接入，上行汇聚千兆传输。对于汇聚节点及核心网络满足：网络丢包率小于 1%，时延抖动小于 50 ms，最大延迟不超过 400 ms。

（2）监控中心设计

监控中心是整个视频监控系统的核心，其作用是实现整个综合体的视频影像资源的控制及显示，并对视频图像资源进行统一管理和调度。监控中心建设包括视频综合管理平台、视频显示控制部分、视频存储等。

综合管理平台主要部署在中心数据机房，由 IP 网络直接连接至监控中心的管理 PC，由管理 PC 进行平台控制。视频显示部分包括视频控制器及拼接大屏等，拼接大屏的设计是根据客户现场监控中心情况，部署 $M \times N$ 电视墙，可实时观看视频及回放视频，包括报警实时视频弹出等。视频存储主要部署在中心数据机房，进行高清视频监控的码流实时存储；存储部分可采用 NVR 存储方案，IPC 直接接入 NVR，再通过 NVR 接至综合管理平台。NVR 直接获取 IPC 的音视频数据并储存在本机上，实现了视频本地直存。基于业务和管理的需要，其存储系统也可以采用 CVR 集中存储的组网方式或云存储方式。

2. 门禁管理系统网络设计

门禁管理系统的基本功能是对项目区域内重要部位（各重要部门、消防控制室、设备机房等）的通行门和主要的通道口进行出入监视和控制。该系统可采用以下三种方式实现。

1）在通行门上安装门磁感应器。这种方式是一种非常行之有效的监控方式，当通行门开、关时，安装在门上的门磁感应器，会向系统监控管理中心发出该门开、关的状态信号，同时系统监控管理中心将该门开、关的时间、状态、地址，记录在系统中。我们也可以利用时间响应程序，设定某一时间区间内（如日常活动时间段 8:30～17:30）被监视的门开、关时，无须向系统监控管理中心报警和记录，而在另一时间区间（非日常活动时间段 17:30～次日 8:30）被监视的门开、关时，向系统监控管理中心报警，同时记录。

2）在需要监视和控制的通道口（如楼梯间通道门、防火门、弱电井等）上，除了安装门磁开关以外，还要安装电动门锁。系统监控管理中心除了可以监视这些门的状态以外，还可以直接控制这些门的开启和关闭，也可以利用时间响应程序，设定某一时间区间（如日常活动时间段 8:30～17:30），门处于开启的状态，当下班以后，门处于闭锁的状态。也可以利用事件响应程序，如当发生火警时，联动相应楼层的通道门、防火门立即自动开启。

3）在需要监视、控制和身份识别的门上除了安装门磁开关、电控锁，还要安装感应读卡机。智能感应门禁系统功能的灵活性更强，它可通过系统的权限管控，由系统根据预先的设置自动决定是否允许人员通过，同时还有报警功能，当有人非法强行通过时，系统会自动发出报警信息，提示监管人员注意及时处理。

门禁管理系统的基本结构如图 7.4.3 所示。

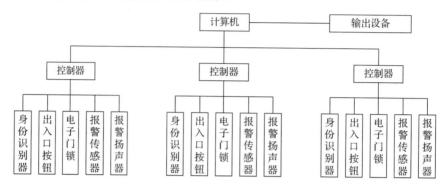

图 7.4.3 门禁管理系统的基本结构

本例中的门禁管理系统可采用 EIA/TIA-485 与 TCP/IP 相结合的方式组建网络，由综合布线系统和网络系统为门禁管理系统配置控制专网，可通过划分 VLAN 的方式配置专网域，实现系统的网络接入与系统数据交互，其网络架构如图 7.4.4 所示。

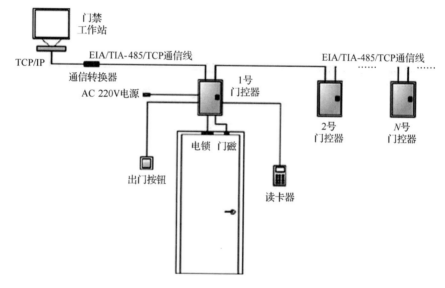

图 7.4.4 门禁管理系统的网络架构

卡片作为一卡通系统用户的唯一识别工具，其安全性和管理的方便性直接影响一卡通系统的应用。针对实际应用中对门禁系统的功能要求，本系统用卡主要选用基于 ISO/IEC 14443 TYPE A 标准的 Mifare 1 卡，该卡可满足门禁系统用户的刷卡需要。

随着技术的发展，指纹识别、人脸识别在门禁系统中的应用越来越成熟，相比传统的卡片识别具有更高的安全性与使用便捷性。

3. 报警系统网络设计

智能建筑行业的报警系统采用集中控制的管理方式，在安防中心设置总控中心，每个单体建筑设立一套报警系统，通过集中管理可以对各个单体建筑的入侵报警系统进行分别管理。同时，本系统可以与视频监控、门禁等子系统实现报警联动。报警系统通常由前端设备（包括探测器和紧急报警装置）、传输设备、中心控制设备三部分构成，如图 7.4.5 所示。

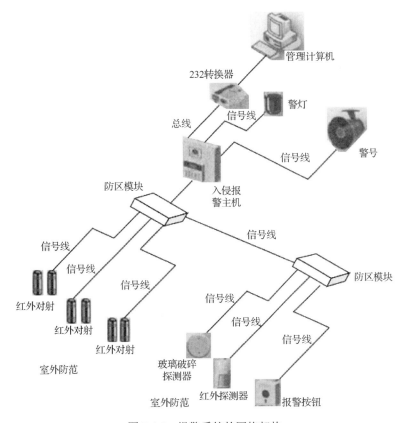

图 7.4.5 报警系统的网络架构

结合国家现行标准《安全防范工程技术标准》（GB 50348—2018）和《入侵和紧急报警系统技术要求》（GB/T 32581—2016）的相关规定，各类报警探测器需遵循如下原则选型：

1）入侵探测器需具有防拆保护、防破坏保护功能。当入侵探测器受到破坏，外壳拆开或信号传输线路短路以及并接其他负载时，探测器应能发出报警信号；

2）探测器应能满足防范区域的要求；

3）探测器应能满足探测信号种类的要求；

4）探测器应能承受常温气流和电磁场的干扰，不产生误报。

7.4.3 安全防范系统功能实现

1. 视频监控系统功能实现

视频监控系统的前端主要由 200 万像素及以上的 IP 网络高清摄像机、IP 网络高清球机等实现综合体室内外各个场景的高清监控，并且以摄像机的不同种类、不同功能分别实现完成对各监控点位的视频图像采集工作。

应用场景可分为综合体道路/出入口、办公楼宇出入口、办公楼宇办公区/走廊/前台/电梯、食堂操作间/食堂收银/就餐区域、楼梯/消防通道等。

1）道路/出入口：出入口室外环境较复杂，人流量大，白天存在下雨、阴天、日光直射等情况，夜间光照条件差，需要看清出入人员面部特征，如广场道路需要 360° 全景覆盖高清监控，看清室外环境情况，建议 200 万及以上像素的红外宽动态摄像机设备及鱼眼摄像头等，如 IP 网络高清球机等。

2）办公楼宇/大厅出入口：大厅出入口光线环境亮度变化较大，白天存在进出口光线逆光环境，夜间光线环境较暗，需要全天候看清进出人员的脸部特征，并且产品需防水防尘，建议使用 200 万像素宽动态红外日夜型网络摄像机。

3）办公楼宇办公区/走廊/前台/电梯：办公区域、走廊、电梯等场景需要看清人员的面部特征及细节，建议使用 200 万像素防水半球型网络摄像机。

4）食堂操作间/食堂收银/就餐区域：在光线环境较好的情况及夜晚无灯光环境下，需要监控是否有人为事件及事故发生，看清现场环境情况及事件人员面部特征，建议使用 200 万像素以上枪机网络摄像机。

5）楼梯/消防通道：楼梯/消防通道等环境白天、夜间光线都较差，需要监控是否有人为破坏性事件发生，建议使用 200 万像素红外阵列枪型网络摄像机。

视频安全监控系统在设计过程中主要实现以下功能：

① 能做到以电子地图的形式和菜单化的管理模式来管理所有的摄像机；

② 能设定所有摄像机的动作顺序；

③ 能对每台摄像机的动作进行有效设置，接收其他系统的报警信息并进行相应动作；

④ 能从窗口中来观察实时化的动态监控数据和图像；

⑤ 能控制整台摄像机的转动、俯仰的角度，实现对焦，可以自动产生各种报警记录和明确的报表数据；

⑥ 如果整栋大楼发生报警，如火灾报警或者一些非法持枪犯罪分子的闯入，可以根据联动关系将离现场最近的摄像机调整到正确角度，对犯罪行为进行拍摄，并迅速将摄像机的图像信号传输到主监控设备上。

2. 探测器选型

（1）周界入侵探测器的选型

规则的外周界可选用主动式红外入侵探测器、遮挡式微波入侵探测器、振动入侵探测器、激光式探测器、光纤式周界探测器、振动电缆探测器、泄漏电缆探测器、电场感应式探测器、高压电子脉冲式探测器等。

不规则的外周界可选用振动入侵探测器、室外用被动红外探测器、室外用双技术探测器、光纤式周界探测器、振动电缆探测器、泄漏电缆探测器、电场感应式探测器、高压电子脉冲式探测器等。

无围墙或围栏的外周界可选用主动式红外入侵探测器、遮挡式微波入侵探测器、激光式探测器、泄漏电缆探测器、电场感应式探测器、高压电子脉冲式探测器等。

内周界可选用室内用超声波多普勒探测器、被动红外探测器、振动入侵探测器、室内用被动式玻璃破碎探测器、声控振动双技术玻璃破碎探测器等。

（2）出入口部位入侵探测器的选型

外周界出入口可选用红外对射探测器、遮挡式微波入侵探测器、激光式探测器、泄漏电缆探测器、电子围栏等。建筑物内对人员、车辆等有通过时间界定的正常出入口（大厅、车库出入口等）可选用室内用微波探测器、室内用被动红外探测器、双鉴入侵探测器、磁开关入侵探测器等。

建筑物内非正常出入口（如窗户、天窗等）可选用室内用微波探测器、室内用被动红外探测器、室内用超声波探测器、双鉴入侵探测器、磁开关入侵探测器、室内用被动式玻璃破碎探测器、振动入侵探测器等。

（3）室内用入侵探测器的选型

室内通道可选用室内用微波探测器、室内用被动红外探测器、室内用超声波探测器、双鉴入侵探测器等。

室内公共区域可选用室内用微波探测器、室内用被动红外探测器、室内用超声波探测器、双鉴入侵探测器、室内用被动式玻璃破碎探测器、振动入侵探测器、紧急报警装置等。

室内重要部位可选用室内用微波探测器、室内用被动红外探测器、室内用超声波探测器、双鉴入侵探测器、磁开关入侵探测器、室内用被动式玻璃破碎探测器、振动入侵探测器、紧急报警装置等。

3. 报警系统报警类型设置

报警系统可分成三种报警类型：即时报警、延时报警和 24 小时防区，可根据不同的探测器和不同的探测区域进行设置。

1）即时报警：在布防状态时，探测器一旦被触发，主机就立刻报警，通过警灯和警号通知安保人员。

2）延时报警：在布防状态时，探测器一旦被触发，主机并不马上响应，而是进入延时状态（通过键盘编程设置），如果超过延时时间尚未撤防，报警主机才通过警灯和警号通知安保人员。

3）24 小时防区：无论是否在布防状态，探测器一旦被触发，主机就会立刻响应进行报警，报警主机通过警灯和警号通知安保人员。

报警系统软件还可绘制电子地图，在地图上表示所有报警点，还可进行地图之间跳转，方便在大范围区域显示各级地图和所有的报警点，还可设置"电脑助理"功能，定时自动对各个报警子系统进行布撤防，减轻操作员的工作负担。

4. 门禁管理系统功能实现

门禁管理系统授权的用户每人将持有一张非接触智能卡，在卡上存有统一编制的特定编码，持卡人将根据所获得的授权，通过出示智能卡进入相应的部门或相应的楼层。系统可以通过对特定管理区域设防报警状态实现报警功能。系统自动记录每次读卡的时间、开门信息、相关的卡编号、报警信息等资料，供查询和统计处理，并生成各种报表。

根据商业楼宇区域规划，通过门禁网络控制器的通信接口把多个门禁管理的分布信号直接传到出入口控制系统的服务器中，同时管理主机也能快捷地与每个区域进行双向通信，即使系统的中间传输设备出现非正常情况也不会影响每个区域的功能。

7.5 智能照明控制系统设计

智能建筑离不开智能照明控制系统，利用在通信和数字技术、数据共享和分析及智能设计等方面取得的全新进展，让建筑更宜居、适应性更强、更健康、更可持续。建筑中通过智能照明传感器和嵌入式设备，利用开放的智能互联网络设施协同工作，降低能耗、优化运营，可达到安全、节能、舒适、高效的目的。

7.5.1　智能照明控制系统需求分析

针对某商业楼宇，要求在采用智能照明控制系统后，使照明系统工作在全自动状态，系统将按预先设置切换若干基本工作状态，根据预先设定的时间自动地在各种工作状态之间转换。此外，还可手动控制面板，根据一天中的不同时间、不同用途精心地进行灯光的场景预设置，使用时只需调用预先设置好的最佳灯光场景，使人产生新颖的视觉效果，还可随意改变各区域的光照度。

智能照明控制系统的具体实现功能包括场景控制、时间控制、实时监测、报警管理及系统安全功能。

1）场景控制：可在软件菜单上设置多种场景模式，使用时只需单击相应的模式，系统便自动执行。场景模式根据需要可随时增减和修改。

2）时间控制：根据季节、作息时间、照度变化编制好时间控制程序，可通过列表或鼠标单击灯具图形来控制各个回路开关和调光。

3）实时监测：能在图形界面上真实显示各照明回路上灯的开关状态，可通过列表及鼠标单击方式显示系统的工作状态，鼠标所指区域即显示相应回路和群组的编号及工作状态。智能照明控制系统还具有自检功能，可监视系统内所有部件的工作状态。

4）报警管理：可显示报警区域、报警点的具体地址；具有运行时间及历史记录功能，并可根据需要灵活设定；具有报表功能，并可根据需要灵活设定；可定期采集照明系统的各项数据，掌握灯具使用寿命及更换光源的时间。

5）系统安全：监控软件内设置安全密码，对不同的操作人员的权限进行限制，根据用户要求不同权限的操作人员进行不同的操作。

商业楼宇智能照明控制区域主要包括办公区域、会议室、公共区域和车库区域等。智能化照明控制系统不仅仅要求控制照明光源的发光照明场景组合，还要考虑系统的经济性、可靠性、实用性和系统运行后的节能特性以及整个建筑的智能化程度。

7.5.2　智能照明控制系统网络设计

PBus 是智能楼宇、智能照明、建筑环境、智能家居领域中的最优秀总线之一，具备高智能、易集成、高速率、高可靠性等特点。

1. 智能照明 PBus 网络总体设计

根据系统的需求分析，系统主要通过各种传感器检测室内照明的照度值，与主控制器程序进行比较分析，并且通过网络将数据发送到用户的手机上。智能建筑中的照明系统可以分为三个层次：感知层、控制层、应用层。感知层与控制层采用 PBus 链路连接，应用层与控制层通过互联网连接。智能照明网络总体设计方案如图 7.5.1 所示。

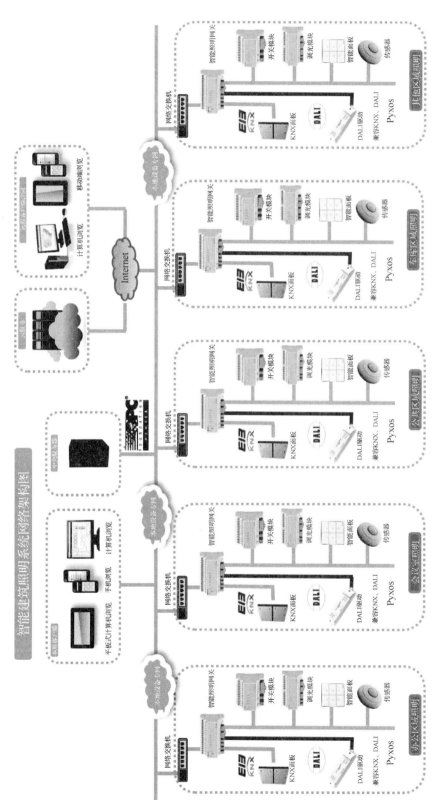

图 7.5.1 智能照明网络总体设计方案

PBus 结构的感知层主要包括现场输入、输出模块，如开关、继电器输出、人体红外感应器、光照度传感器等，安装在建筑特定的位置，采集室内的人体活动以及室内光照度等信号，是 PBus 总线的子节点。

PBus 的控制层是 PBus 的主节点，主要包括主控制器、调光模块、可编程智能控制器等。控制层主要通过 PBus 链路接收感知层检测到的信号数据，主控制器将前端传感器发送的数据进行分析，与程序设定的值进行比较，判断是否启动相应的灯具，并将主控制器联网，通过互联网的方式将数据发送到用户的移动终端上。

PBus 应用层主要包括建筑中央服务器、中控系统、计算机控制系统、移动终端等，通过终端查看某区域或某照明点的照明情况，控制照明设备。

PBus 总线支持总线拓扑结构和自由拓扑结构：总线拓扑网络的组成是由一对主干线将所有的设备连接在一起；自由拓扑网络没有标准的配置，通常依据网络应用决定配置。智能照明控制网络的自由拓扑结构如图 7.5.2 所示。

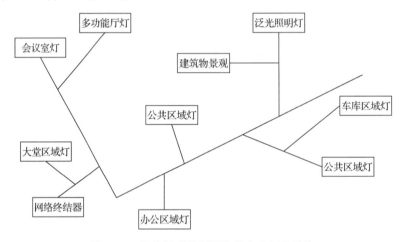

图 7.5.2　智能照明控制网络的自由拓扑结构

在 PBus 系统中，最小的系统结构只有一条总线，我们把这种只有一条总线组成的结构称为支线。这条支线上包含一个可编程智能控制器，最多可支持 32 个节点设备，且该支线中的可编程智能控制器最多可提供 1024 个 I/O 资源供用户编程组态用。以办公区域灯组为例，其支线结构如图 7.5.3 所示。

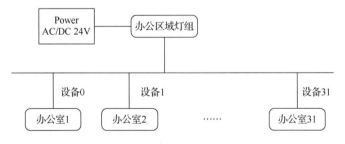

图 7.5.3　办公区域灯组支线结构

在 PBus 系统中，当设备超过一条支线所支持的最大数量时，需要选择另一种称之为域的结构，一个域最多支持 255 条支线，一条支线最多支持 32×2=64 个设备，那么这个域最多可以连接 255×32×2=16320 个设备，提供 1024×255=261120 个 I/O 资源，如图 7.5.4 所示。

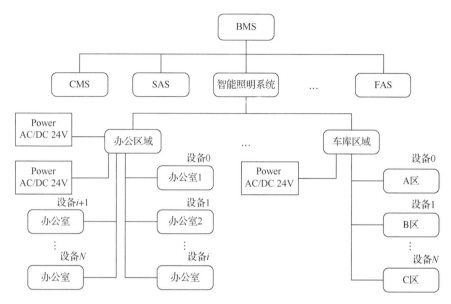

图 7.5.4　智能照明控制系统域结构

2．智能照明控制系统 PBus 网络协议

（1）PBus 数据帧

智能建筑中 Pilot 和 Point 往返交换一个数据包的通信周期称为一个数据帧。每一个数据帧包含一个起始数据包（SOF），随后依次是写时间片和读时间片。写时间片分成一系列的单个数据包，每一个时间片对应一个数据包。类似地，读时间片也分成一系列的单个数据包，每一个时间片对应一个数据包。

一个数据帧最多包含 32 个时间片，标识为 0～$(n-1)$，n 是数据帧中的时间片的个数。时间片标示符被分配给每一个 Point，用来作为写时间片和读时间片的索引。Point 使用这个索引在相应的写时间片接收数据，在读时间片发送数据。

Pyxos FT 协议支持三种类型的数据包：SOF 数据包、写数据包和读数据包。SOF 数据包和写数据包由 Pilot 在一个自动传输事务中发送，而读数据包由每一个 Point 发送，一个时间段内只有一个发送。SOF 数据包和读数据包均包含一个前导用于物理层实现同步，所有的数据包均包含一个 18 bit 的 CRC。SOF 数据包实现的两个主要目的为表示一个数据帧开始和给出数据帧的长度。Points 使用这些信息来判定在何处发现写给自己的数据包，在何时发送自己的数据包。SOF 数据包包含一个模式标记，表示是一个 SOF 数据包，用于区别其他的数据包。SOF 数据包的域值编码有当前数据帧的时间片个数。

Pyxos FT 网络的运行速率为 312.5 kHz，或者 3.2 μs 表示一个数据位。数据帧的持续时间取决于数据帧中的时间片的数目。时间片的数目必须是偶数，取值范围是 2～32。

（2）Pyxos FT 网络的时间槽分配

在初始设置 Pyxos FT 网络的时候，Pyxos Pilot 首先要确定有多少个时间槽可供网络使用，并为每个 Pyxos Point 分配一个时间槽。我们把在 Pyxos 网络中添加 Pyxos Point 的过程称作注册。

在开始注册的时候，Pyxos Pilot 告知网络哪些时间槽是可用的。然后，每个 Pyxos Point 使用自动/手动/硬连线的方式注册到 Pyxos 网络中。

自动注册方式不需要用户参与，每一个 Pyxos Point 发送信息到 Pyxos Pilot 以申请一个空闲的时间槽。Pyxos Pilot 为每个 Pyxos Point 分配一个空闲的时间槽，然后发送信息到 Pyxos Point 以确认它被分配到一个时间槽。自动注册方式需要 Pyxos Point 带有主处理器，因此，无主处理器的 Pyxos Point 的安装不能够采用自动注册方式进行。

对于手动注册方式，在用户开始注册安装的时候，通常需要按一下每个设备上的一个按钮才能被注册。通过这种按钮方式，用户可以引发 Pyxos Point 向 Pyxos Pilot 发送一条请求加入网络中的消息。当 Pyxos Pilot 收到这条消息以后，它会为这个 Pyxos Point 分配一个时间槽，并发送一条消息给这个 Pyxos Point 告知它已经分配了一个时间槽。任何 Pyxos Point 都能够采用手动注册的方式安装，但是无主处理的 Pyxos Point 必须采用手动注册的方式安装。

硬接线注册方式不需要用户参与，Pyxos Point 在出厂的时候就已经分配了时间槽。Pyxos Point 能够在自己的主处理器中存储时间槽信息，也可以存储在线束中或者其他外部的设备标识符中。这时的 Pyxos Pilot 必须为采用硬接线的 Pyxos Point 保留相应的时间槽，而且在向网络发布的空闲时间槽中将不包括这些时间槽。采用硬接线的 Pyxos Point 会发送一条消息给 Pyxos Pilot 以确认自己能够使用这个时间槽。采用硬接线注册方式的 Pyxos Point 需要一个主处理器，因此，无主处理器的 Pyxos Point 不能够采用自动注册方式安装。

1）自管理。

由于每个 Pyxos FT 芯片都有一个出厂时已经定义的 48 位唯一 ID，这就确保了自管理网络中每个 Pyxos FT 设备都是唯一的。每个带有主处理器的 Pyxos Point 都有一个 64 位程序 ID，这是 Pyxos FT 网络的独特之处。因此，当 Pyxos Point 向 Pyxos Pilot 请求一个空闲时间槽的时候，Pyxos Pilot 能够正确地知道是哪一个 Pyxos FT 设备在请求时间槽，以及这个 Pyxos Point 使用的是哪种类型的数据。

对于硬接线注册方式，系统设计人员要注意每一个 Pyxos Point 的时间槽的分配必须是网络中唯一的。

无主处理器的 Pyxos Point 没有 Program ID（所有无主处理器的 Program ID 为"0"）。然而手动注册过程允许多种或同一种无主处理器的 Pyxos Point 在注册的时候有一些自己的顺序和规则。这时，用户需要干预 Pyxos Point 和 Pyxos Pilot 的安装。

2）系统初始化。

在注册过程中，每个 Pyxos Point 都会分配到一个属于自己的时间槽，即 Pyxos Point 的网络地址，所以 Pyxos Pilot 始终能够和 Pyxos Point 保持通信。

除了 Pyxos Point 有唯一的 ID 以外，Pyxos Pilot 还需要知道 Pyxos Point 的接口，以便 Pyxos Pilot 和 Pyxos Point 相互了解对方发送来的数据值并进行处理。例如，如果 Pyxos Point 发送数据值到 Pyxos Pilot，那么 Pyxos Pilot 必须能够确定这个值表示的是温度、压力、数字输入或者其他的数据类型。因此，Pyxos Pilot 的固件程序需要知道所有可能的和 Pyxos FT 网络有连接的 Pyxos Point 接口。在注册过程中 Pyxos Point 会发送它的 Program ID，Pyxos Pilot 依据 Program ID 和 Pyxos Point 的接口类型来完整地处理 Pyxos Point 的数据。

3. 智能照明控制系统 PBus 网络环境

以江苏正泰泰杰赛智能科技有限公司开发的 Pyxos Editor 组态软件为例，对基于 Pyxos 的智能化照明系统进行组态设计，如图 7.5.5 所示，该组态软件具有图形化编程功能，支持串口、网络连接方式，便于对系统进行逻辑组态并跟踪调试。

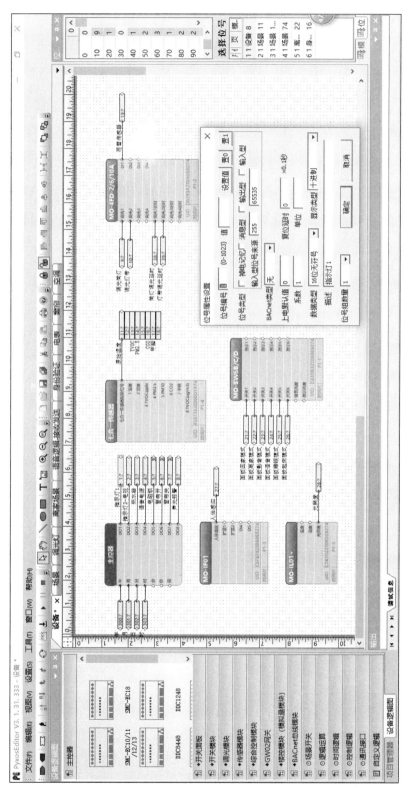

图 7.5.5　Pyxos Editor 智能照明组态设计界面

7.5.3　智能照明控制系统功能实现

1. 智能照明控制系统的硬件选型

智能照明控制系统所有的单元器件（除电源外）均内置 MCU 和存储单元，由一对双绞线（RVS2×1.5）连接成网络。每个单元均设置唯一的单元地址并用软件设定其功能，通过输出单元控制各回路负载。输入单元通过群组地址和输出组件建立对应联系。当有输入时，输入单元将其转变为数字信号在系统总线上广播，所有的输出单元接收并做出判断，从而控制相应的回路输出。

照明控制系统采用模块化结构，系统扩展便捷。同时，通过专用接口元件及软件，可直接接入计算机进行实时监控，或接入以太网进行远程实时监控。因此在设计时更加简单、灵活，任何控制模块均内置 CPU，每个输入模块（场景开关、多键开关、红外传感器等）都可直接与输出模块（调光器、输出继电器）通信（发送指令→接收指令→执行指令），避免了集中式结构 CPU 一旦出现故障就造成整个系统瘫痪的弱点。

（1）智能控制器

以图 7.5.6 所示的 SMC-EC11 型智能控制器为例，其具备 2 路 PBus 通信总线接口、2 路 EIA/TIA-485、1 路 EIA/TIA-232 或 EIA/TIA-485、8 路光电隔离开关量输入、1 路以太网接口，以太网通信同时支持 UDP、TCP-Client、TCP-Server，支持 TCP-Modbus 协议。串口速率 1200～115200 bit/s 可配置，支持标准 Modbus-RTU 协议，可实现逻辑组态，能集时钟、逻辑、排程、网关等功能于一体。

（2）灯控开闭模块

以图 7.5.7 所示的 MO-LC04+型灯控开闭模块为例，采用 PBus 总线扩展模块，通信链路供电，功耗为 40mA/24V；具有 4 路 16A 磁保持继电器输出，输出可手动控制，输出状态指示灯显示；具有 4 路开关量输入，可接入开关、报警、人体红外感应器等信号。

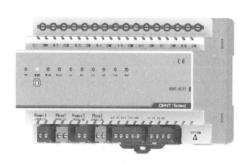

图 7.5.6　智能控制器

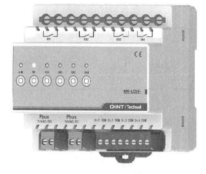

图 7.5.7　灯控开闭模块

（3）调光模块

以图 7.5.8 所示的 MO-4FD-6A 型 4 路 6A 调光模块为例，采用 PBus 总线扩展模块，通信链路供电，功耗为 30mA/24V；具有 4 路 6A 前相晶闸管调光输出，输出可手动控制，输出状态指示灯显示；具有可以调节阻性光源，如白炽灯、卤素灯、前相可控电子变压器等，配合 LED 调光驱动电源可对 LED 调光；可设定调光曲线和时延；具有 4 路开关量输入，可接入开关、报警、人体红外感应器等信号。

（4）多功能场景面板

以图 7.5.9 所示的 M4-S2F/M4-S4F-W/S/G 型多功能场景面板为例，采用 PBus 总线场景面板，通信链路供电，功耗为 45mA/24V；具有灵动轻触按键、LED 背景灯提示等功能，按键指示灯亮度 100 级可调节，每个按键支持长按、短按功能，均可实现开光、调光、场景控制。

（5）人体红外传感器

以图 7.5.10 所示的 MO-IF01-A/B 型人体红外传感器为例，采用 PBus 总线传感器，通信链路供电，功耗为 10mA/24V；采用高灵敏度四元型热释电红外传感器探头；具有特殊运算电路，可探测到人体微小动作，可采用吸顶式或嵌入式安装。

（6）光照度传感器

以图 7.5.11 所示的 MO-IL01 型光照度传感器为例，采用 PBus 总线传感器，通信链路供电，功耗 30mA/24V；测量范围为 0～60000 lx；采用吸顶式安装。

主灯 Main Light	吊灯 Pendant
射灯 Spot Light	走廊灯 Corridor Light
灯带 Light Strip	欢迎 Welcome
壁灯 Wall Lamp	离开 Leaving

| 射灯
Spot Light | 吊灯
Pendant |
| 欢迎
Welcome | 离开
Leaving |

图 7.5.8　调光模块　　　　　　　　　图 7.5.9　多功能场景面板

图 7.5.10　人体红外传感器　　　　图 7.5.11　光照度传感器

为实现智能照明控制，系统上位机软件采用 Windows 操作系统，基于 B/S 结构设计，具有报警管理、日程表、历史记录、密码保护、中文菜单式、图形化编程等软件模块、控制区域及操作管理权限设定功能。

2. 硬件接线图

如图 7.5.12 所示，AC/DC 24 V 给主控制器供电，开关量信号输入接口的作用相当于一个回路的开关，可以接人体红外感应器、光照度传感器、开关、报警器、雨雪传感器及各类传感器。PBus 链路既可以供电也可以传输信号，模块与模块之间都采用 PBus 链路连接。所有的灯具连接到开关量信号输出接口，EIA/TIA-485 接口为通信接口，主控器上的 RJ45 接口与计算机连接，以实现编程功能。

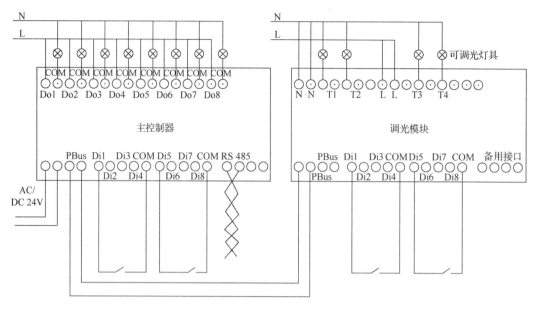

图 7.5.12   硬件接线图

3. 区域照明控制方案

以商业楼宇中主要照明控制区域为例,对办公区域、会议室、公共区域和车库区域的智能照明控制进行设计。区域照明控制方案需要同时考虑系统的功能性、经济性、可靠性、实用性和系统运行后的节能特性以及整个建筑的智能化程度。

(1) 办公区域

如图 7.5.13 所示,由于职员办公区面积大,可以将整个办公区分成若干独立照明区域,采用可编程开关,根据需要开启相应区域的照明。由于出入口多,所以可实现办公室内多点控制,方便使用人员操作。在每个出入口都可以开启和关闭整个办公区的所有的灯,这样可根据需要就近控制办公区域的灯,同时可以根据时间进行控制,例如平时在晚 8 点自动关灯,如有人加班,可切换为手动开关灯。这样,不仅方便了使用人员操作,而且减少了电能的浪费,保护了灯具,延长了灯具的使用寿命。

办公区域照明的控制方式包括中央控制(在监控中心对所有照明回路进行监控,通过计算机操作界面控制灯的开关)、定时控制(平时、清洁、节假日、早上、下班等定时控制)和现场可编程开关控制(通过编程的方式确定每个开关按键所控制的回路,单键可控制单个回路、多个回路)。

(2) 会议室

如图 7.5.14 所示,会议室作为办公楼一个重要的组成部分,采用智能照明控制系统对各照明回路进行调光控制,可预先精心设计多种灯光场景,使得会议室在不同的使用场合都能有不同的合适的灯光效果,工作人员可以根据需要手动选择或实现定时控制。

通过智能照明控制系统特有的链接功能,可以根据会议室的使用需要灵活地实现各种分割和合并,而无须改变原有的系统配置。例如,当使用移动隔板将房间分隔成几个小房间时,只需把配置面板上的键设置成 "OFF" 状态,各房间就可实现单独控制;而当撤去移动隔板成为一个大空间时,只需重新设置配置面板就能实现联动控制,使用极其方便。

图 7.5.13　办公区域照明　　　　　　　　图 7.5.14　会议室照明

会议室的灯光控制系统可以和投影仪设备相连，当需要播放投影时，会议室的灯能自动缓慢地调暗；关掉投影仪后，灯又会自动柔和地调亮到合适的效果。

会议室照明的控制方式包括中央控制（在监控中心对所有照明回路进行监控，通过计算机操作界面控制灯的开关）、现场可编程开关控制（通过编程的方式确定每个开关按键所控制的回路，单键可控制单个回路、多个回路）和调光控制（从 0%到 100%照度连续无级调光控制）。

（3）公共区域

走廊在写字楼中是必不可少的，在走廊的照明最能体现智能照明的节能特点。若没有用到智能照明则在走廊上没有人经过的情况下灯依然会亮着，这就大大浪费了电能。智能照明控制系统可以设置 1/2 和 1/3 场景，根据现场情况自由切换；也可以设置时间控制，在白天的时候，室外日光充足，只需要开启 1/2 或 1/3 场景模式，在傍晚的时候，室外日光逐渐降低，这也是一天中人流量最高的时候，走廊的灯应该全部打开，等到深夜的时候，人流量非常小，又可回到 1/3 场景模式。这样就最大限度地节约了能源。公共区域照明的实例如图 7.5.15 所示。

公共区域照明的控制方式包括中央控制（在监控中心对所有照明回路进行监控，通过计算机操作界面控制灯的开关）、定时控制（白天、傍晚、夜晚、深夜、节假日等模式）、隔灯控制（利用隔灯的方式区分照明回路，实现 1/3、2/3、3/3 照度控制）和现场可编程开关控制（通过编程的方式确定每个开关按键所控制的回路，单键可控制单个回路、多个回路）。

图 7.5.15　公共区域照明

（4）车库区域

写字楼车库的智能照明控制系统在中央控制主机的作用下，处于自动控制状态。每天上下班高峰时段，车库车辆进出繁忙，车库的车道照明和车位照明应处于全开状态，便于车主进出车库。在非高峰时段，白天日光充足，车流量小，可关闭所有车位照明，并对车道照明采用 1/2 或 1/3 隔灯控制，以节省能耗；深夜时候，车流量最小，可关闭所有的车道照明和车位照明，只保留应急指示灯照明，保证基本的照度，以节约能耗。也可根据实际照明及车辆的使用情况，将一天的照明分为几个时段，通过软件的设置，在这些时段内，自动控制灯具开闭的数量，满足控制区域不同的照度需要以供照明，这样既有效利用了灯光的照明，又大大减少了电能的浪费，还保护了灯具，延长了灯具的使用寿命。如有特殊需要，可在管理室用按键开关，手动开启或关闭照明。当符合自动控制的要求时，系统会自动恢复到自动运行的状态，无须手动复位。车库区域照明的实例如图 7.5.16 所示。

图 7.5.16　车库区域照明

此外，在车库入口管理处安装可编程开关，用于车库灯光照明的手动控制。只要按动一个键便可改变整个车库的灯光，不需要管理人员到现场逐一操作，减少了车库的运行费用。

车库区域照明的控制方式包括中央控制（在监控中心对所有照明回路进行监控，通过计算机操作界面控制灯的开关）、定时控制（白天、傍晚、夜晚、深夜定时控制）、隔灯控制（利用隔灯的方式区分照明回路，实现 1/3、2/3、3/3 照度控制）和现场可编程开关控制（通过编程的方式确定每个开关按键所控制的回路，单键可控制单个回路、多个回路）。

7.6　能耗监测管理系统设计

智能自动抄表系统，是通过对现代电子产业、计算机技术、自动控制原理、物联网思想的综合应用来实现的。系统首先由采集设备采集能耗表的能耗量，然后对能耗数据进行处理，接着由另一设备将处理好的数据发送到监控中心，实现能耗数据的远程采集。整个过程无须人员亲自到场，全过程自动化完成。

7.6.1　能耗监测管理系统需求分析

办公楼建筑能耗监测管理系统主要包括对电能、水能、冷热量等消耗情况进行全面的监视，同时完成部分设备的管理工作。建筑能耗监测管理系统与电力监控系统进行对接，实现全面、集中、统一的展示与管理，充分实现监、管、控一体化。

建筑能耗监测管理系统的主要监控范围包括整个楼宇的电、水、冷/暖计量全覆盖，从而对办公楼进行精细化能源计量。

1．能耗监测及数据上传

能耗监测的目的是实现用能分项、分类计量，以及分层、分栋计量。搭建能耗监测系统的初始投资为大型公共建筑年运行能耗费用的 2%~3%，能耗监测系统的运行管理费用不到大型公共建筑年运行能耗费用的万分之一。通过能耗监测系统的建设，可自动检测建筑用能中的待机能耗、用电匹配异常、空调用能异常和其他能耗异常。

（1）待机能耗

待机能耗是建筑中能源浪费的重点，没有主体责任的用电设备特别容易造成待机能耗。

国际经济合作组织的一项调查称，各国因待机而消耗的能量约占能耗总数的 3%～13%，我国的待机能耗要明显高于平均水平，特别是国家机关办公建筑及大型公共建筑中。建筑待机能耗中的主要设备包括空调、计算机、公共区域照明，以及空调机组等大型用电设备。

（2）用电匹配异常

当建筑中某电器的额定功率超过使用中实际需要的功率时，必然会造成能源的浪费。建筑内变压器、水泵、风机等设备的额定功率一般根据理论设计，是否符合实际需要还需通过能耗监测系统进行检验。

（3）空调用能异常

大型公共建筑中，空调用电通常占总能耗的 40% 左右，分项能耗数据在公共建筑空调系统节能运行管理中有着重要的意义，通过对空调系统能效比、冷水机组进行效率（coefficient of performance，COP）、单位面积耗冷量的计算，可发现空调用能中的不合理现象。空调冷水机组的低负荷率、低 COP，都是设备不合理配置的反映。

（4）其他能耗异常

大型公共建筑中一般均存在用电量大的设备或场所，需要重点监测，如机房、空调、水泵等。重点监测场所应设置特殊的用电管理制度以减少待机能耗，减少用电量异常等情况造成的损失。

2. 建筑物节能管理

建筑物节能管理是对能耗监测发现的能耗异常进行报警，配合相应的管理手段实现有效的节能。建筑物节能报警功能是指对于能耗监测发现的能耗异常，PC 端软件会推送报警信息；管理节能的最有效手段是责任人制度，对不同用能设备确定相关责任人，并出台考核措施；用电定额的确立是通过能耗监测统计数据和预测各部门的用能趋势，指导各部门的契约用电量，在此基础上进行能耗排名，作为绩效考核指标。

3. 技术节能评估

能耗监测的出现可对各种节能技术和节能产品进行统一公平的评价，对建筑的节能效果有一个综合的评定，从而促使建筑管理者向更好的方向努力，形成良性循环。

7.6.2 能耗监测管理系统网络设计

能耗监测管理系统对办公楼内各类能耗进行实时监测、采集与存储各类能耗数据，并对数据进行统计与分析，使管理部门对各种能耗进行有效的监测与管理，为办公楼的节能降耗研究及设计改（建）造提供参考数据；为办公楼提供节能效果的真实数据，同时还可以显示、查询、打印、发布、远程传输数据。

1. 能耗监测管理系统网络总体设计

建筑能耗监测管理系统的底层设备以能耗采集器、智能电表等为主，生产厂家及型号众多，因此更适合使用基础的串口 EIA/TIA-485 将建筑物内的智能能耗采集设备的数据采集出来，再以 Modbus 协议与上位机 PC 进行通信，使建筑内不同位置的智能能耗设备组成一个监控系统网络，其系统的网络架构如图 7.6.1 所示。

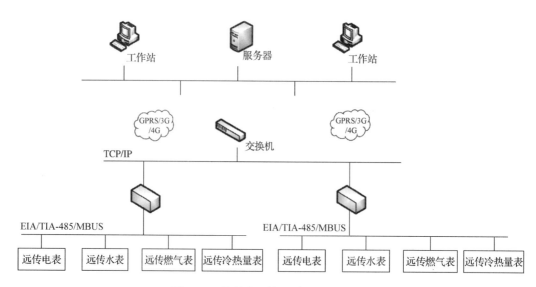

图 7.6.1　能耗监测管理系统的网络架构

建筑能耗监测管理系统自上而下包含管理层、网络通信层和现场设备层三个层面。

（1）管理层

管理层针对的是能耗监测系统的管理人员，是系统的最上层部分，主要由系统软件和必要的硬件设备，如工业级计算机工作站、数据库服务器、大屏幕显示设备、打印机、不间断电源（uninterruptible power system，UPS）、路由器等组成。建筑能耗监测管理系统软件具有良好的人机交互界面，对采集的现场各类数据信息进行计算、分析与处理，并以图形、数显、声音等方式反映现场的运行状况。

（2）网络通信层

网络通信层主要是由以太网设备及总线网络组成。该层是数据信息交换的桥梁，在负责对现场设备回送的数据信息进行采集、分类和传送等的同时，转达上位机对现场设备的各种控制命令。以太网设备包括工业级以太网交换机，通信介质主要采用屏蔽双绞线、光纤等。

（3）现场设备层

现场设备层是数据采集终端，主要由能耗采集器、智能仪表和设备组成，采用具有高可靠性的能耗数据采集器，向数据中心上传现场仪表能耗计量数据。测量仪表担负着基层的数据采集任务，其监测的能耗数据必须完整、准确并实时传送至数据中心。

2. 电力网络仪表 Modbus 通信协议

与 Modbus RTU 协议相比，Modbus ASCII 协议拥有开始和结束标记，而 Modbus RTU 协议没有，所以 ASCII 协议的程序中对数据包的处理更加方便，如表 7.6.1 所示。Modbus ASCII 协议的 DATA 域传输的都是可见的 ASCII 字符，因此在调试阶段就显得更加直观，另外它的 LRC 程序也比较容易编写，这些都是 Modbus ASCII 协议的优点。Modbus ASCII 协议的主要缺点是传输效率低，因为它传输的都是可见的 ASCII 字符，原来用 RTU 传输的数据的每一字节，若用 ASCII 则要把该字节拆分成 2 字节。例如，RTU 传输一个十六进制数 0xF9，ASCII 就需要传输字符 F 和字符 9，对应的 ASCII 值 0x46 和 0x39 两字节，这样它的传输效率肯定比 RTU 低。所以一般来说，如果所需要传输的数据量较小可以考虑使用

ASCII 协议，如果所需传输的数据量比较大，最好使用 RTU 协议。

表 7.6.1 Modbus 的 ASCII 协议和 RTU 协议对比

协议	开始标记	结束标记	校验	传输效率	程序处理
ASCII	：（冒号）	CR，LF	LRC	低	直观、简单、易调试
RTU	无	无	CRC	高	稍复杂

在能耗监测管理系统中，电力网络仪表是核心硬件设备，在远程数据传输时，相同的通信速率下，Modbus RTU 协议可以比 Modbus ASCII 协议传送更多的信息，因此要选用 Modbus RTU 协议，下面介绍 Modbus RTU 协议在电力网络仪表中的应用。

以 PMM 2000/2100 数字式多功能电力网络仪表为例，为了保证变送器与施耐德、西门子、AB、GE 等多个国际著名品牌的可编程顺序控制器（PLC）、RTU、SCADA 系统、DCS 或与第三方具有 Modbus 兼容的监控系统之间进行信息交换和数据传送，需要对通信数据格式进行统一规定，称为通信规约。如表 7.6.2 所示，通过不同的功能码，实现主机与从机的信息交流，执行不同的请求动作。

表 7.6.2 PMM 2000/2100 数字式多功能电力网络仪表中的 Modbus 功能码

功能码	名称	作用
02	读取输入状态	取得一组开关输入的当前状态（ON/OFF）
04	读取输入寄存器	在一个或多个输入寄存器中取得当前的二进制值
05	强制单线圈	强制一个逻辑线圈的通断状态

3. Modbus 软件调试环境

Modbus 调试精灵是常用的一种串口调试助手，是利用计算机软件对设备 Modbus 通信状态进行检查的工具，查看设备是否正常连接、在接收计算机端口发出命令的时候是否能及时做出反应。Modbus 调试精灵界面如图 7.6.2 所示。

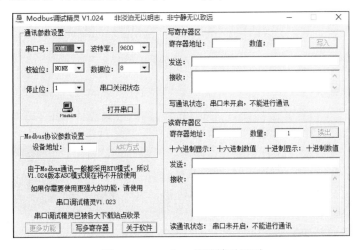

图 7.6.2 Modbus 调试精灵界面

Modbus 调试工具可以在调试设备端口的时候设置数据配置的方案，通过建立测试平台，设置数据寄存器地址，将数据通过协议的方式传输，并收集测试的端口数据。此外，Modbus

调试工具还可以显示通信状态、查看实时的串口通信方式、支持多种进制的数据传输、建立十六进制的传输模式、支持多种数据位测试、使用 RTU 的模式建立设备通信的方式等。

7.6.3 能耗监测管理系统功能实现

能耗监测管理系统的主要硬件设备包括能耗采集器、电能表、数显多功能表、水表等。

图 7.6.3 能耗采集器

（1）能耗采集器

以 SMC-GW-E2004/SMC-GW-E2008 型能耗采集器为例（图 7.6.3），采集器基于 ARM9+ Linux 软硬件平台，具有 4/8 路 EIA/TIA-485 接口，内嵌 WebServer 服务功能，支持水、电、气、暖多种计量仪协议，通信参数可灵活设置，支持非标准仪表协议的定制，支持能耗数据加密传输，保证信息安全，支持能耗数据断点续传，保证分析完整准确，支持远程 FTP\Telnet 管理，方便维护。

（2）电能表

以 DDSU666 系列单相电子式电能表为例（图 7.6.4），电能表具有有功电能计量及电压、电流、功率、功率因数、频率等电参量的测量功能，具有 EIA/TIA-485 通信接口，通信规约支持 Modbus-RTU 及《多功能电能表通信协议》（DL/T 645—2007），具有多费率电能计量及存储功能。

图 7.6.4 电能表

（3）数显多功能表

以 PD666 系列三相数显多功能表（图 7.6.5）为例，支持 3 排 4 位 LED 显示及大屏字段 LCD 显示功能，可测量三相电流、电压、有（无）功功率、功率因数、频率、正（反）向有功电能、四象限无功电能，标配 EIA/TIA-485 通信接口，采用标准 Modbus-RTU 通信协议，波特率可设置，可扩展开关量输入、模拟量输出功能，变送规格 4～20 mA、0～20 mA、4～10 mA 可选，可扩展继电器开关量输出功能，可实现上下限报警输出。

图 7.6.5 三相数显多功能表

（4）水表

以直读远传干式冷水水表为例（图 7.6.6），测量环境水温在 0.1～30℃，水压不超过 1 MPa，计数器部分经真空处理，与外界空气和被测水隔离，计数器清晰、无雾化，表头部分采用防水处理，具有防磁功能，以旋翼式水表为基表，配置光电编码传感器，具有水量远传等功能，通信方式为 Modbus，通信速率为 2400 bit/s。

能耗监测管理系统对整个楼宇的电、水、冷/暖进行监测计量，实现全面、集中、统一的展示与管理，充分实现了监管控一体化，具备数据采集、实时监测、数据统计、能耗查询、数据分析与能耗报警等功能。

图 7.6.6　直读远传干式冷水水表

7.7　消防自动控制系统设计

消防自动控制系统（fire automation system，FAS）主要是指在一定区域内通过相应的控制元件量化火灾发生过程中所产生的温度、光及烟等指标，进而输出相应的信号，然后按照既定的程序做出一系列的反应，使相关人员能够很快了解火灾的发生情况，进而起到一定的预警效用。该系统本身将采取灭火措施灭火，这样的系统称为消防自动控制系统。

7.7.1　消防自动控制系统需求分析

本案例中的商业建筑为总高不超过 100 m 的民用商业建筑，属于一类建筑，需按照防火一级标准设计火灾自动报警系统。由于其具有商场特性，所以应根据建筑内设置的防火分区及消防区域、各空间的功能、建筑内固定设备的分布等实际情况，设立对应的报警区及火灾探测区，确定大型综合建筑应参照的防火类型为一类建筑，进行自动报警及电气火灾监控设计，该设计系统为控制中心报警系统，采用具有消防联动功能的中心控制室统一控制，实现对大型综合建筑的各楼层内电气漏电、火点探测监控并同时报警，迅速联动启动灭火设备，立即切换火警应急广播系统。在消防控制室内的控制集中报警柜上彩色显示具体报警灯，在建筑内的探测区域中，如果探测器发现着火点，报警控制柜会立刻发出声光报警信号，并在 LCD 屏上以文字显示出来。为提高系统的准确性和可靠性，降低误报和错报率，该系统还应具有平面位显功能，使值班人员可以通过平面图形准确、直观地进行判断，确保及时发现并采取相应措施。此系统采用智能寻址方式（也称为总线制式）的火灾自动报警系统。

接收到火灾报警信号之后，消防联动控制器就会立即启动并控制消防联动设备进行消防动作，所有消防联动设备的动作都是必须要完成的，即消防联动设备的动作是一个逻辑"与"组合。

7.7.2　消防自动控制系统网络设计

根据建筑特点、规范要求及建筑本身的防火分区特点，配置一个集中火灾报警控制器、联动启动专用控制消防设备控制器，监控区域内火灾报警控制器两台，包含火灾自动报警系统、火灾联动控制系统与消防广播系统。下面依次对消防系统的网络、网络协议及调试环境进行介绍。

1. 消防系统网络总体设计

（1）有线火灾自动报警系统及联动控制系统

基于总线的火灾自动报警控制网络打破了传统的报警器-电话的模式，将地理位置相对靠近的火灾报警控制器用 Modbus 总线连在一起组成总线式局域控制网，如图 7.7.1 所示。

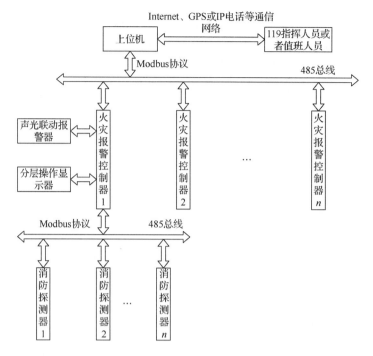

图 7.7.1　基于 Modbus 总线的火灾自动报警系统的网络架构

局域网内只有一个 Modbus 节点连接到上位机，然后上位机通过 Internet 或者 IP 电话等形式的通信网络把消防信号发送到 119 报警控制中心或者值班中心。其余的 Modbus 节点称为分报警控制器。Modbus 总线节点数可达 110 个，但是一个上位机可以管理几十个甚至上百个局域控制网，这样就大大减少了系统电话的租借数目，降低了系统成本，提高了通信的实时性。

考虑到与整个大楼智能化管理系统的兼容协调性和大楼与辅楼之间的相对独立性，因此采用中央监控管理、部门监控管理和现场信息采集控制方式的三层网络监控结构，即整个大楼设置一个独立的中央监控管理中心，负责对主楼及其各个辅楼火灾信息进行集中的监控管理。各辅楼单设一个部门监控管理中心，具有相对的独立性，具体负责各个辅楼火灾信息的采集、监控，负责火灾情况下各楼火灾控制设备的联动控制；同时负责火灾信息对整个系统控制中心的上传和指令的接收。这样既可以形成信息和任务的共享，又可以使各控制相对分散独立，硬件配置相对灵活。

基于 Modbus 与 EIA/TIA-485 的火灾联动控制系统中，火灾报警控制器收到探测器的火灾发生结果后发送消息给消防联动控制器，再通过 Modbus 协议和 EIA/TIA-485 总线，实现开启应急广播、应急照明灯等消防联动控制内容，该系统的网络架构如图 7.7.2 所示。

（2）无线火灾自动报警系统及联动控制系统

随着无线技术的发展日益成熟，无线火灾报警系统的造价随之降低，整体性能也随之提高，具有了更高的性价比。因此，无线火灾控制系统无论在系统的性能上，还是在实现的成本上都优于有线火灾控制系统。同时，由于无线火灾报警系统易于安装，对建筑物损坏小，所以其应用更广泛，潜在市场大，其优势也日益明显。

以 ZigBee 通信技术与 CAN 总线技术为例，如图 7.7.3 所示，在火灾自动报警系统中，在建筑室内屋顶每隔一段距离设置一个参考节点（感温探测器和感烟探测器），并将所得到的数据发送给网关以达到火灾报警和人员定位的目的。定位节点是需要由楼内走动人员携带的，其作用是将人员的位置数据和生命特征信息发送给参考节点，以达到定位人员的目的。每个楼层设置 1 个或多个网关，其作用是将接收到的数据发送给上位管理主机并无线控制消防联动设备。其中，各节点之间采用 ZigBee 技术通信，各楼层间采用 CAN 总线通信。然后以 CAN 总线方式将数据传送到上位管理主机。

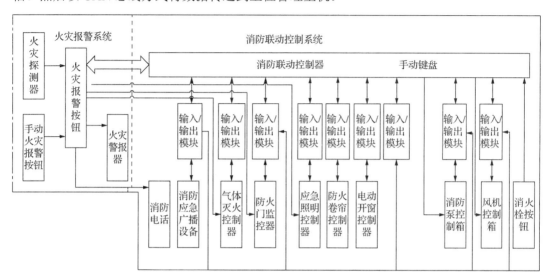

图 7.7.2　基于 Modbus 和 EIA/TIA-485 的火灾联动控制系统的网络架构

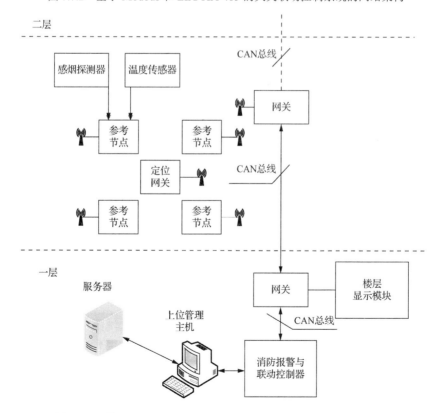

图 7.7.3　基于 ZigBee 和 CAN 总线的火灾自动报警系统的网络架构

基于 ZigBee 和 CAN 总线的火灾联动控制系统中，上位管理中心（即消防控制中心）在接收到由网关传送来的火警报警信号之后，会通过 CAN 总线控制协调器，协调器再通过 ZigBee 技术控制启动声光、风机等消防联动设备并对每个联动设备的运行状态进行有效的实时监控，然后把信息反馈给控制中心。火灾联动控制系统的组成如图 7.7.4 所示。

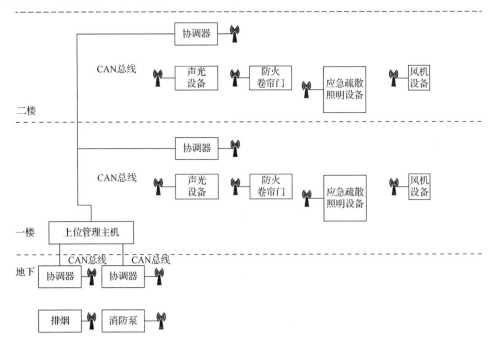

图 7.7.4　火灾联动控制系统的组成

（3）消防广播设计

消防应急广播是消防联动系统中不可缺少的模块，主要功能包括：

1）可以手动或预设控制消防联动，自主选择广播分区，启动或停止紧急广播系统；

2）可以监控消防应急电台；

3）通过扬声器的紧急广播自动记录广播内容；

4）可以将不同分区的广播状态进行显示和控制。

火灾发生后，消防应急广播迅速启动广播信号，广播会向整个大楼播放火灾信号，提醒人员逃生。广播信号发送通常需要 10～20 s 的时间并与报警信号交替输送。声光报警均匀设置在报警区各楼梯、消防电梯前室、建筑物角落等处，声光报警声音不低于 60 dB。火灾确认后，火灾报警控制器启动建筑物内的所有消防声光报警，与消防应急广播交替播放。常见的消防广播系统一般以采用 EIA/TIA-485 总线连接方式的广播控制器为主。基于 EIA/TIA-485 总线的消防广播架构如图 7.7.5 所示。

EIA/TIA-485 串行广播控制器在使用过程中最大可容纳六路功放的接入以便消防使用。广播功能分为一般广播及应急广播两种方式，此两种方式可以在切换中自由发挥优势，但一旦火灾发生，应急广播需即刻启动。

建筑消防专用直通对讲电话系统是独立于普通电话线路系统，为独立的通信网络系统，采用集中式对讲电话，一般将主机设在消防控制室。消防专用电话网络区别于其他的公共电话网络，所采用的通信系统是消防专用独立通信系统。在消防控制室，设有消防电话总机，并配有对讲机等相关通信设备，保证消防工作的落实到位。

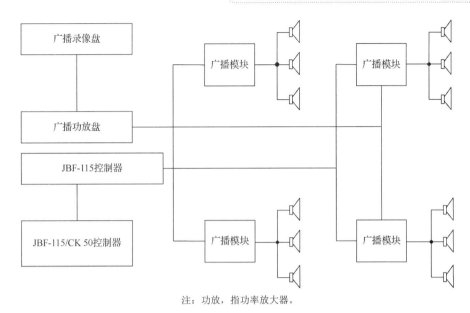

注：功放，指功率放大器。

图 7.7.5　基于 EIA/TIA-485 总线的消防广播架构

2. 消防系统 ZigBee 网络设计

（1）ZigBee 系统设计

如图 7.7.6 所示，基于 ZigBee 无线传感网的建筑火灾监测系统主要由三个子系统组成：火灾数据及节点电量采集子系统、数据传输子系统以及数据监控处理子系统。其中，灾情数据及节点电量采集由布防区域内的各个探测节点完成，分别对布防区域内的温度、湿度、一氧化碳浓度、烟雾浓度及节点电量进行采集。数据传输无线网络是 ZigBee 无线网络，各个信息采集节点获取的数据直接或者通过转发的方式送到协调器节点，协调器节点在得到数据后通过串口再送到数据监控处理中心的服务器。数据监控处理中心主要是负责对火灾数据和节点电池电量信息进行显示，并对多源火灾数据通过数据融合算法处理，及时分析预测火灾状态，并对建筑区域内人员进行报警疏散和通知消防救援人员采取相应措施。

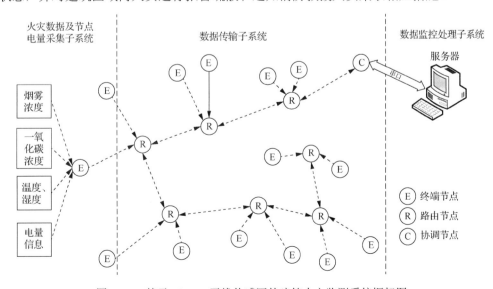

图 7.7.6　基于 ZigBee 无线传感网的建筑火灾监测系统框架图

（2）终端节点设计

建筑无线火灾探测终端节点主要包括 ZigBee 模块、火灾数据探测模块、电池电量检测模块以及电源模块。

如图 7.7.7 所示，ZigBee 模块采用单芯片集成方案，在芯片上集成了 MCU、Flash 存储、I/O 接口单元以及射频收发器。火灾数据探测模块是由各种传感器组合而成，包括温湿度传感器、烟雾浓度传感器、一氧化碳浓度传感器以及与各传感器相匹配的调理电路。电池电量检测模块由测电量芯片和与之配合工作的相关接口电路和调理电路组成。电源模块是火灾探测节点上的能源供应，分别给火灾数据探测模块、ZigBee 模块供电，且对电池电量检测模块提供能源的同时接受电源相关参数的测量。

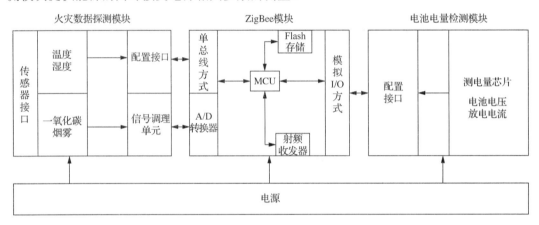

图 7.7.7　无线火灾探测节点硬件结构图

（3）协调器节点设计

协调器节点在无线通信网络中起着非常重要的作用，它负责为无线火灾探测系统的各节点组建无线通信网络，接收来自终端节点的信息数据和来自路由器的转发信息数据。如图 7.7.8 所示，当有新的路由器节点或者新的终端节点加入通信网络时，协调器节点会为它们分配新的网络地址。协调器与监测上位机通过串口通信，协调器将收集到信息发送至监测上位机，监测上位机会对协调器进行相应指令的传达，由协调器将指令信息进行接收并向下传输。

（4）ZStack 协议栈

协议栈是一系列源码的集合，这些源码实现了协议文档上所描述的协议的样子和功能。ZStack 协议栈是德州仪器公司（TI）推出 CC2430 开发平台时编写的 ZigBee 协议源码，使用瑞典公司 IAR 开发的 IAR Embedded Workbench for MCS-51 作为集成开发环境，提供了一个名为操作系统抽象层 OSAL 的协议栈调度程序。用户在进行具体的应用开发时只需要通过调用 API 接口，重点关注应用层的数据是使用哪些函数通过什么方式把数据发送出去或者把数据接收过来，而不需要关心协议栈具体是怎么实现的。

如图 7.7.9 所示，在基于 ZigBee 的无线火灾自动报警系统中，用户实现火灾探测器无线数据通信时，按照下述步骤进行：

1）组网：调用协议栈的组网函数、入网函数，实现网络的建立与节点的加入；

2）发送：发送节点调用协议栈的无线数据发送函数，实现无线数据发送；

3）接收：接收节点调用协议栈的无线数据接收函数，实现无线数据接收。

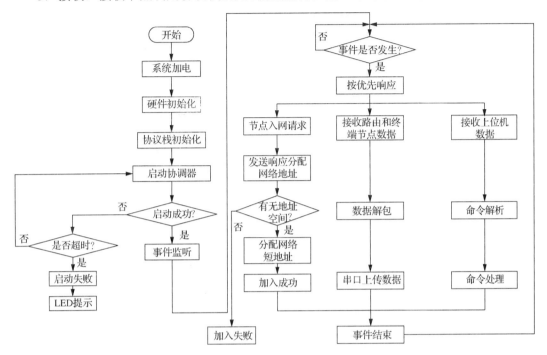

图 7.7.8　ZigBee 无线传感网络协调器节点的工作流程

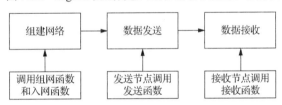

图 7.7.9　无线数据通信示意图

ZStack 协议栈可看作一个采用轮转查询方式的操作系统，先是用启动代码对硬件和软件要用到的各部分进行初始化操作，然后开启操作系统实体，其工作流程如图 7.7.10 所示。

3. 消防系统 ZigBee 网络调试环境

为了可以直接使用 TI 公司提供的 ZStack 协议栈进行开发，工程师常使用 IAR Systems 公司开发的 IAR Embedded Workbench（IAR EW）软件工具，只需要调用 API 接口函数即可进行开发工作，用户只需要安装 ZigBee 协议栈即可实现 ZigBee 网络通信的开发。

如图 7.7.11 所示，IAR EW 是一套高精密且使用方便的嵌入式应用编程开发工具。它具有源程序编译器、程序调试器、项目管理器等功能，同时还兼容标准 VC 程序，这些都为开发人员提供了一个简单方便的开发环境。

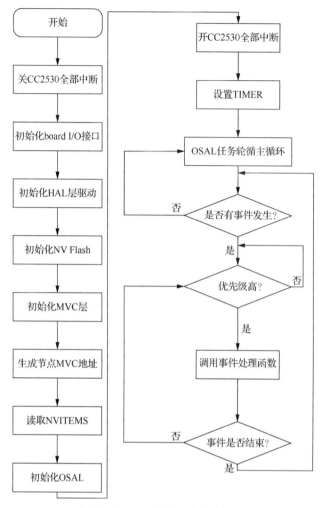

图 7.7.10   ZStack 协议栈工作流程图

图 7.7.11   IAR 软件开发界面

7.7.3 消防自动控制系统功能实现

1. 火灾自动报警系统功能实现

整个消防报警系统根据面积设计预估有 1000 多个报警点，设备选用 JB-QG-LD128E（Q）型火灾报警（联动型）控制器，火灾报警控制器连接如图 7.7.12 所示。

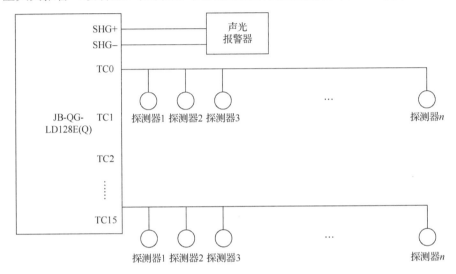

图 7.7.12　火灾报警控制器连接示意图

该控制器可单独使用，也可采用主从方式的对等网络架构设计，每台控制器可显示网络内所有设备的工作情况。

探测器选型时要考虑保护面积和稳定性等因素，设备选择点型感烟火灾探测器及点型感温火灾探测器，如图 7.7.13 和图 7.7.14 所示。探测器内置单片机，具有现场采集参数的能力，还具有准确分析火情、辨别真伪、降低误报率的功能。点型探测器占一个地址点，采用电子编码方式进行编址，操作简便；采用特殊防潮技术、表面贴装生产工艺及超薄式结构设计，无污染、抗潮湿、抗干扰能力强、可靠性高。

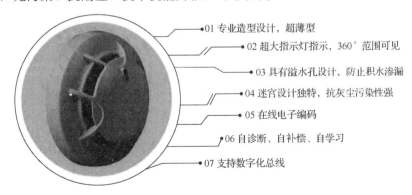

图 7.7.13　点型感烟火灾探测器

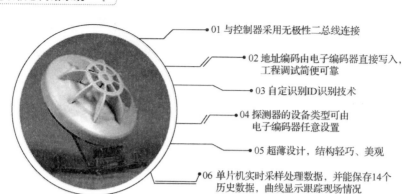

01 与控制器采用无极性二总线连接

02 地址编码由电子编码器直接写入，工程调试简便可靠

03 自定识别ID识别技术

04 探测器的设备类型可由电子编码器任意设置

05 超薄设计，结构轻巧、美观

06 单片机实时采样处理数据，并能保存14个历史数据，曲线显示跟踪现场情况

图 7.7.14　点型感温火灾探测器

探测器的位置和照明灯具之间不得小于 0.2 m 的净距离；探测器与空调出风口之间的距离不应小于 1.5 m，并应安装在靠近出风口；孔大于 0.5 m；嵌入式扬声器的净距不应小于 0.1 m；探测器与各种自动喷水灭火喷头之间的净距离不应小于 0.3 m；探测器和高温灯具之间的净距离不应小于 0.5 m；探测器和火灾报警器之间的距离为 1.5 m；水平距离探测器，墙和梁的边缘不得小于 0.5 m。

当发生火灾时，手动报警装置、总线探测器及火警信号等均由总线传递到大厦中的控制中心，控制器接收火灾信号时联动系统将启动，相应的报警装置会发出报警信号，从而实现火灾自动报警功能。

2. 火灾联动控制系统功能实现

消防联动设备主要的动作有切断非消防电源、启动 UPS 电源、开启火灾事故广播、开启应急广播、开启应急照明灯、开启疏散指示灯、开启灭火系统、开启防烟排烟系统、开启防火卷帘系统、所有电梯降至首层等。根据《火灾自动报警系统设计规范》（GB 50116—2013）的规定，消防联动设备与联动控制设计要求如表 7.7.1 所示。

表 7.7.1　消防联动设备与联动控制设计要求

消防联动设备	联动控制设计要求
火灾警报装置和应急广播	开启应急广播和建筑物内所有的火灾声光警报器
应急照明灯和疏散指示灯	安全区域应全部开启，着火区域应全部关闭
防烟排烟系统	停止着火相关区域的空调送风，关闭电动防火阀；开启着火相关区域的防烟、排烟风机和排烟阀等
防火卷帘系统	感烟火灾探测器报警后，防火卷帘下降至距楼板面 108 m；感温火灾探测器报警后，防火卷帘下降到楼板面
消火栓灭火系统	控制系统的启停；显示消防泵的工作和故障的状态；显示消火栓按钮的位置

根据火灾联动控制要求，联动控制系统主要包括消火栓系统、湿式自动喷水灭火系统、防烟排烟联动系统和消防电梯控制系统。

（1）消火栓系统

在室内消火栓系统中，火警控制器直接连接到消防栓按钮。当发生火灾事故时，消防泵可以直接启动，反馈信号同时发送到消防控制中心。同时，每个消火栓都配有消火栓启动按钮，在消防控制室的联动控制器的手动控制盘上，同样设置了专用线，可直接控制消火栓泵的启停。

（2）湿式自动喷水灭火系统

湿式自动喷水系统包括给水设备、压力开关、湿式报警阀、火灾报警控制器等部件。通常，恒压泵自动启停泵压力开关并自动控制稳压泵以保持管网压力。当供水管道的压力过低时，系统会直接启动稳压泵，进行供水处理。流量指示器向自动火灾报警系统发送流量信号，压力泵驱动湿式报警阀和压力开关实现自动报警控制。当火灾发生时，现场的报警信号通过传输通道，将信息传送到消防控制室，消防控制室打开湿式报警阀，同时，水流指示器、信号阀等开关的动作信号会反馈给消防联动控制器。

（3）防烟排烟联动系统

以某商业楼宇为例，建筑物屋顶设置了两台消防排烟风机，地下车库分别装有四台消防排烟鼓风机和两台风机，在进、排气口的相应位置设置压力供气阀、排气阀和 280° 防火阀，在进、排气口设置控制模块进行联动，消防阀配备输入模块进行监控。

在消防控制室内，可手动控制通风口和排气口的开闭，联动控制器可以通过信号接收的方式控制排气扇等装置，而手动面板也可以对其送风机和排风机的启停进行控制。在通风口处，排烟风扇的启停动作、电气防火阀的关闭等动作信号会反馈给消防联动控制器。

防烟设备可以在人员疏散通道内进行布局，当消防控制室确认收到火灾发生的信号后，会发出启动排烟风机、鼓风机和排气阀联动装置的信号，并接收反馈信号。

（4）消防电梯控制系统

在客梯及消防电梯机房布置电梯控制模块联入总线控制系统，发生火灾时，客梯要落底断电，消防电梯需落底等待消防队员。在控制设计中，给每台客梯分配两个控制模块，消防电梯则分配一个控制模块。如果火灾发生，控制系统接收信号后，电梯会做出响应，停止并打开电梯门。同时，控制系统会将反馈信号传送到消防控制室，切断所有客梯电源。

3. 消防广播设计功能实现

火灾警报在高层建筑中主要是指声光报警器，自动开启的声光报警器的开启顺序和火灾事故广播的开启顺序相同。当火灾发生时，信号通过消防广播主机进行音频切换，应急广播经过功率放大，仅在着火的楼层和相应区域进行广播，不采用全启动方式控制。广播线路按大厦楼层分路，一旦大厦里某位置着火，在大厦一楼的消防控制室中，值班人员可通过在控制柜显示的区域位置，发现着火点，及时确定发生火灾的位置，并立即将普通广播系统切换为紧急广播，指挥着火点现场人员有序撤离火灾现场。

7.8 智能建筑信息网络大数据与云计算应用

智能建筑信息管理过程中会产生海量数据，有效利用它们就能创造巨大的经济和社会效益。大数据处理过程中常用的技术包括数据挖掘、分布式数据系统、云计算、数据可视化等。针对智能建筑信息服务管理的大数据处理模型一般分为数据采集、数据集成、数据分析三个层次，如图 7.8.1 所示。

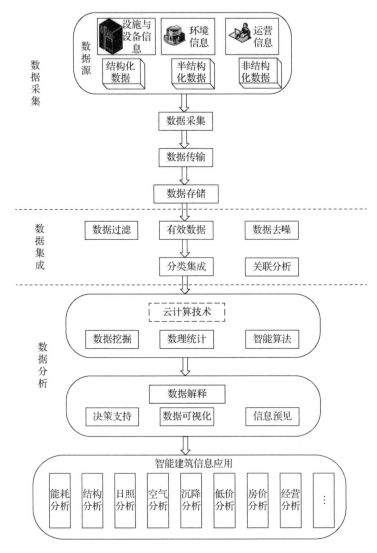

图 7.8.1　智能建筑信息服务管理的大数据处理模型

1. 数据采集

数据采集是指利用一种装置，将来自各种数据源的数据自动收集到一个装置中。被采集数据是已被转换为电信号的各种物理量，如温度、压力、速度、测量值等，可以是模拟量，也可以是数字量。重复采集是一般的采样方式，即每隔一段时间（采样周期）对同一个点的数据重复采集。采集的数据大多是瞬时值，也可以是某段时间内的特征值。

作为大数据处理过程的第一步，数据采集主要来源于智能建筑内各功能子系统设施与设备信息、建筑内外环境信息以及楼宇各子系统运行状态信息，从数据类型上可分为结构化数据、非结构化和半结构化数据。

（1）结构化数据

结构化数据指的是数据以固定格式存储记录文件里面的数据，一般包括弹性分布式数据集和表格数据。结构化数据的关键是表示其存储、处理、登录方式的数据模型，对数据的格式有着特殊的条件限制。结构化数据主要由二维表结构来进行逻辑表达和实现，它严格遵循数据格式与长度规范，主要通过关系型数据库进行存储和管理，其特点是数据以行为单位，一行数据表示一个实体的信息，每一行数据的属性是相同的，如关系型数据库、面向对象数据库中的数据等。在智能建筑中，房间内空气温度的采集就是结构化数据，如表7.8.1所示。

表7.8.1　建筑室内空气温度结构化数据

编号	名称	所属楼层	室内面积/m²	…	平均空气温度/℃
1	办公室1	1	40	…	25.8
2	办公室2	1	35	…	24.5
3	办公室3	2	42	…	25.2

（2）非结构化数据

没有预定设计数据模型的数据被称为非结构化数据，其信息没有预先定义的组织方式。相比较于传统的数据库文件或者标记数据结构类型的文件，非结构化数据中包含大量的文字型数据以及时间、数字等的信息，数据信息的非特征性和歧义性，可能会给数据的读取与分析造成理解困难。在智能建筑信息网络系统中，所有格式的办公文档、文本、图片、XML、HTML、各类能耗数据报表、安防监控图像和音频/视频信息等均属于非结构化数据。

（3）半结构化数据

半结构化数据是介于结构化数据和非结构化数据之间的数据。半结构化数据具有结构化数据的一些特性，如半结构化数据使用特定标记来分隔数据元素并对数据内容进行层次化管理，但它并不符合关系型数据库，也缺少具有关联性的数据表结构模型，因此，它也被称为自描述结构。

在半结构化数据中，同一类数据实体可以拥有不同的属性，并且数据属性顺序并不受数据组合方式的影响，其数据结构和信息内容没有明显的区分。在智能建筑信息网络系统中，各功能子系统的运行日志文件、XML格式计算机信息文档、数据交换格式JSON文档以及办公系统E-mail等均属于半结构化数据。

智能建筑底层感知设备获取数据后可以通过串口、Modbus、Pyxos、BACnet、CAN、ZigBee等多种方式进行数据传输，为数据的集成、汇总提供底层基础。

2. 数据集成

智能建筑中各类设备及系统数据在通过信息网络传输至管理主机后，存储在建筑本地服务器或云服务器中，然而，庞大的数据本身作为结构或非结构的数据集合并没有价值，需要在管理主机处进行数据的集成（数据预处理），包括采用数据清理、数据变换及数据规约等方式挖掘数据背后的信息内涵，以便管理者对智能建筑的运行管理进行判断与决策。

（1）数据清理

智能建筑中采集的现实数据一般存在测量"噪声"，数据测量缺失或网络传送丢包经常发生，对于数据的不完整、有噪声情况，需要使用数据清理的方式填充缺失数据，光滑噪声并纠正数据中的离群点。

处理数据缺失的常见方法：忽略元组法、人工填写方法、全局常量填充法、均值填充法、回归/贝叶斯/决策树推理填充法。处理数据噪声的常见方法：分箱法、回归法和聚类法。

（2）数据变换

数据变换是指将数据转换或统一成适合深度挖掘的形式，首先对数据进行光滑去噪，针对多粒度数据进行数据聚集以分析构造数据立方体，并使用高层概念替换底层数据实现数据泛化，最后将属性数据按比例缩放进行数据规范化（归一化）。

（3）数据规约

原始数据集可能非常大，面对海量数据进行复杂的数据分析和挖掘需要很长的时间。利用数据归约技术可以得到数据集的归约表示，它很小，但仍接近保持原数据的完整性。数据归约策略包括维归约、数值归约、数据压缩。

1）维归约：减少所考虑的随机变量或属性的个数。维归约方法包括小波变换和主成分分析，它们把原数据变换或投影到较小的空间。属性子集选择是一种维归约方法，其中，不相关、弱相关或冗余的属性或维被检测和删除。

2）数值归约：用替代的、较小的数据形式替换原数据。这些技术可以是参数的或非参数的。对于参数方法而言，使用模型估计数据，使之只需要存放模型参数，而不是实际数据（离群点也要存放），回归和对数线性模型就是例子。存放数据归约表示的非参数方法包括直方图、聚类、抽样和数据立方体聚集。

3）数据压缩：通过变换以得到原数据的归约或"压缩"表示。如果原数据能够从压缩后的数据重构而不损失信息，则称该数据归约为无损的。如果只能近似重构原数据，则称该数据归约为有损的。

数据的集成实现了智能建筑信息网络系统中底层数据的整理，并为应用层服务的数据分析与深度应用提供基础，在建筑信息大数据中具有重要的作用。

3. 数据平台

数据平台可以实现与采集器的实时通信，完成能耗数据的接收、预处理和存储功能，实现对建筑能耗采集器的集中管理、配置、状态监控。以建筑能耗管理平台为例，系统的自动计量装置所采集的能耗数据，通过 EIA/TIA-485 或 Modbus 现场总线传输，并采用 TCP/IP 通信协议自动实时上传给数据中心，以保证数据得到有效的管理和支持高效率的查询服务，同时数据传输采取一定的编码规则，实现数据组织、存储及交换的一致性。系统能够很好地与办公楼网络兼容，可以充分利用办公楼网络，对各计量数据实现准确采集及安全传输、汇总，并具有较快的刷新频率。

目前市场上有很多较为成熟的物联网云平台，如 Yeelink、乐为物联、OneNET 以及阿里云等物联网云平台。

以中国移动推出的物联网开放平台和生态环境 OneNET 为例，它适配各种网络环境和协议类型，支持各类传感器和智能硬件的快速接入和大数据服务，提供了丰富的 API 和应用模板以支持各类行业应用和智能硬件的开发，能够有效降低物联网应用开发和部署成本，满足物联网领域设备连接、协议适配、数据存储、数据安全、大数据分析等平台级服务需求。

OneNET Studio 是统一管理应用程序中用到的所有开发资源和代码的工作台，如图 7.8.2 所示，使用 OneNET Studio 可以实现特定的业务功能，如创建系统的前端页面和后台流程处理逻辑。

智能建筑信息网络数据通过 Wi-Fi 方式接入云平台、使用 HTTP 通信协议，通过设置 AT 指令，ESP8266 模块通过 Wi-Fi 方式与云平台建立 TCP 连接，进入透传模式后，通过串口将 HTTP 的 POST 请求报文发送给 ESP8266 模块，向 OneNET 云平台发送 POST 请求，实现数据上传。数据发送流程如图 7.8.3 所示。

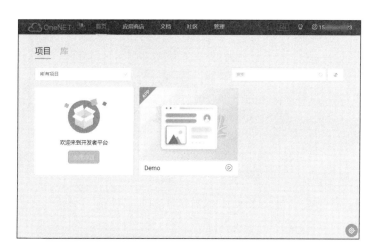

图 7.8.2　OneNET Studio 主界面

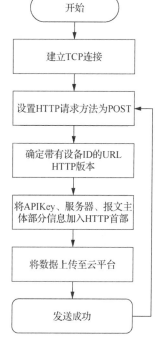

图 7.8.3　数据发送流程

表 7.8.2 是从下位机向云平台发送的 POST 请求报文，相关代码如下。

```
u8 *HTTP_Method="POST/devices/591864015/datapoints?type=5 HTTP/1.1\r\n";
u8 *HTTP_Head="api-key:5s7N71xzswr6aZMVZT1dGD=F4cc=\r\nHost:api.heclouds.
com\r\n";
u8 *Length="Content-Length:";
u8 *Content="\r\n\r\n,;";
//上传温度
u2_printf("%s%s%s%d%stemp,%d\r\n",(u8*)HTTP_Method,(u8*)HTTP_Head,(u8*)
Length,10,(u8*)Content,(int)Temperature):
```

报文由三个部分组成，即开始行、首部行、实体主体。在开始行的 HTTP 方法、URL、HTTP 版本三个字段之间以空格分隔，以回车换行结尾。首部可以有多行，用于说明服务器和报文的主体部分信息等，每行都以回车换行结尾。整个首部行结束时，还有一空行将首部行和后面的实体主体分开。

表 7.8.2　POST 请求报文

HTTP 方法、URL、HTTP 版本	POST /devices/设备 ID/datapoints?type=5 HTTP/1.1\r\n
HTTP 首部	api-key:接口授权\r\n
	Host:api.heclouds.com\r\n
	Content-Length:数据长度\r\n
HTTP 内容	\r\n,;数据流,数据
请求返回	{"errno":0,"error":"succ"}

若要实现将监测数据上传并保存到 OneNET 云平台，必须在云平台上创建产品，添加设备。云平台会为每一个产品分配唯一的 APIKey，APIKey 字段用于判别用户是否具有访问操作的权限，并为产品中的虚拟设备设置设备 ID。产品创建成功界面如图 7.8.4 所示。

图 7.8.4　产品创建成功界面

数据流用于存储数据，根据设计需要，在云平台中建立了不同的数据流，分别用于存储智能建筑功能子系统的监控数据，以数据点的形式存储。

4. 数据分析

数据分析主要是对传输至服务器的智能建筑信息数据进行数据挖掘、统计，通过智能算法实现数据的解释，实现数据可视化功能，为管理者提供决策支持和信息预见，智能建筑信息网络系统的数据分析被广泛运用在建筑能耗分析、结构分析、日照分析、空气分析、沉降分析、经营分析等各个方面。

以智能建筑能耗监测管理系统为例，能耗监测管理系统对整个楼宇的电、水、冷/暖进行监测计量，实现全面、集中、统一的展示与管理，充分实现监管控一体化，具备实时监测、数据统计、能耗查询、数据分析与能耗报警等功能。

（1）实时监测

实时监测实现多级能耗模型，包括区域模型、建筑模型、能耗统计单元模型、能耗表示模型，以及建筑能耗日历的设计，展示计量表具设置参数、运行状态参数，控制命令的执行也便利、快捷，满足各种场合的应用，实时计量数据，还有历史数据全面展示。

实现能耗在线监测界面采用直观的图形化界面来分析展示能耗数据，支持逐时、逐日、逐月、逐季、逐年的自由定义。

（2）数据统计

数据统计可按照分类、分项实现用能的日、周、月、年统计，并能以多种图表格式显示；可以按照建筑、院系等层次结构进行统计，并能够根据用户输入的起始时间和终止时间进行任意时间段的用能统计。

平台数据统计可实现多种统计图表、数据分析，能导出各种符合公共机构统计格式的月、季、年等能源资源消耗报表；能形成完整的公共机关能源财务报告，对比能耗分析报告；能提供以组织机构为单位的能耗定额管理和人均能耗管理、单位面积能耗统计等相关报告和图表。

（3）能耗查询

能耗查询实现按用能项属性查询、实时值查询、分组历史值查询、同类建筑单位面积分项用能查询、同类建筑人均分项用能查询、专题人均用能查询以及自定义建筑用能查询等，并提供多种查询结果的报表导出功能，方便将查询结果作为节能监管部门日常文档的一部分提交。

可以对区域内进行用能的上下限查询，可以对区域内进行限量查询和超量查询；对单个区域、单个部门、多个部门的组合、复合条件筛选出的组合等按时间条件（按日、按月、按季、按年、按指定的一段时间等）对用电情况分析绘制相应图表，同时对多种分析类型生成数据报表。用户可以根据自己的需要，选择不同的查询方式，如能耗类型、组织机构等，系统会生成丰富多样的图形和报表，进行数据分析，以折线图、柱状图、饼图、二维表等形式体现。

（4）数据分析

实现区域内用能趋势分析和用能指标分析，通过实时监测用能数据，对建筑用能进行用能异常分析和线路负荷分析，可实现对设备故障进行故障分析，可以按照区域、分类、分项统计总能耗、单位面积能耗、用电能耗、用水能耗、用热能耗等对周期（日、周、月、年）能耗进行统计分析。

提供专题的能耗分析，为研究人员进行专项的建筑相关科研提供辅助。主要的专题分析包括工作时间、非工作时间高校建筑能效分析及夜间待机能耗专项分析等。

对建筑和用能单位的用能规律进行分析，为用能异常监测提供基础数据，实现多种方式的灵活监测，实现工作时间的用能异常检测数据和非工作时间的用能异常检测数据。对同类建筑的用能进行分析，对比建筑的用能情况，分析建筑能耗指标。

趋势曲线根据数据的显示内容，具备翻看数据的历史值功能，可以任意自由放大缩小时间轴。支持多曲线同一时间的对比分析，支持单条、多条曲线的不同时间段的对比分析，支持曲线显示设置。

（5）能耗报警

系统应具有强大的报警系统，能够对实时、历史的报警和事件进行显示、存储、查询等操作，并能够及时通知操作人员，帮助用户进行故障监控和决策制定。

系统支持多种报警显示窗口，包括实时报警窗口、历史报警窗口和查询窗口。实时报警窗口显示最新的报警信息，报警信息被确认或恢复后，报警信息随之消失；历史报警窗口显示历史报警事件，包括以往的历史报警信息、报警确认信息和恢复信息，报警事件的来源是报警缓存区；查询窗口能够查询报警库中的报警事件，报警事件来源是报警库。

支持多种报警查询条件，对报警信息的查询，可以按报警时间、报警类型或记录类型查询等。

系统提供能耗监测报警（能耗监察、能耗异常追踪）、E-mail 报警、短信报警、能耗报警报告自动生成、能耗报警记录查询等功能。报警记录可以分级别展示，采用主动式报警触发机制自动呈现高异常报警。

系统可以对建筑和用能单位的用能异常进行报警和短信报警，可以对计量设备故障进行报警，可通过邮件系统和短信系统对建筑、院系的限量进行报警。

5. 手机云服务

手机云服务是指以手机终端为载体，通过服务器、网络、终端全部实时连接形成一个统一的生态系统，在这个系统内服务器进行大量的运算和信息存储，高速的网络则负载整个信息的传输。云服务是一个非常广义的概念，在不同的领域有不同的特点。狭义上，使用搜索引擎就是一次云计算，在这个过程当中，我们要求"终端越简单越好，服务器越强大越好"，用户把需求提交上去，搜索结果反馈回来，这就是一次轻量级云计算的过程。

手机云计算中，强大的终端、强大的服务器、高速网络是缺一不可的，在数码行业尤其是手机行业当中，云计算已成为一种重量级的应用，它不仅要求有强大的服务器矩阵存储、搜索、处理内容，还需要高速的无线网络，最为关键的是手机终端性能要足够强大，在满足这些条件后就能够为用户提供良好的视听、互联网、多媒体和应用体验。

如图 7.8.5 所示，在智能建筑信息网络系统中，手机同样是重要的客户端，利用手机云服务功能，可以实现远程移动化监控，可以更便捷地对楼宇智能化系统进行监控与管理。手机 App 访问主控器有两种模式：服务器中转模式和 P2P 模式。

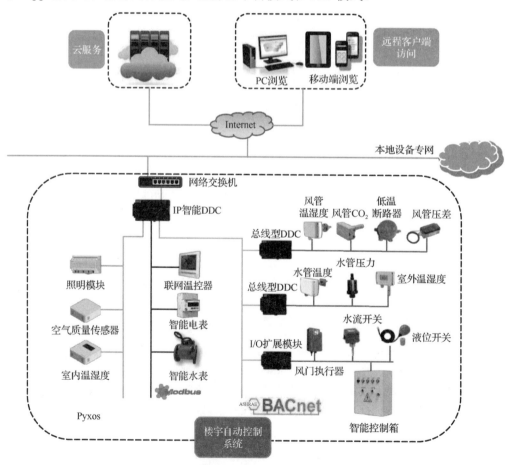

图 7.8.5　手机云服务系统

（1）服务器中转模式

服务器中转模式下，主控制器通过 TCP 与服务器建立连接，手机 App 访问服务器上的手机通信服务，发送查询和控制指令，手机通信服务将手机 App 指令转发给指定的主控制器，由主控制器响应查询指令返回查询结果，或执行控制指令向受控设备写入数据执行动作，如图 7.8.6 所示。

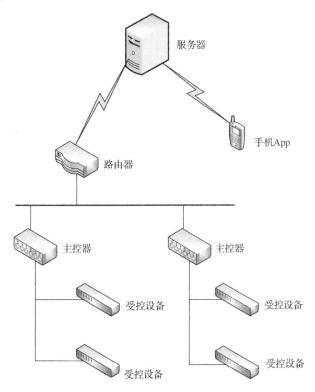

图 7.8.6　手机 App 服务器中转模式通信

（2）P2P 模式

P2P 技术又称对等互联网络技术，依赖的是网络中参与者的计算能力和带宽，而不是把依赖都聚集在较少的几台服务器上（这种技术可以大大减轻服务器的负担）。

如图 7.8.7 所示，系统采用集中式对等网络，部署中央服务器，为网络中各主控制器和移动终端提供目录查询服务。主控制器和手机 App 在服务器中登记各自的 IP 和端口，通过 P2P 技术建立连接进行直接通信，从而实现节点之间的通信，传输内容无须再经过中央服务器。

以智能照明系统为例，使用手机进行远程云控制，智能建筑中的某区域场景前端传感器模块将检测到的数据通过 PBus 链路或者 EIA/TIA-485 串口发送到可编程智能控制器中，系统将 PBus 可编程智能控制器联网，通过网络将检测到的数据发送到云服务中心，云服务中心通过数据处理将现场检测到的数值发送到用户手机 App 上。

如图 7.8.8 所示，当用户运用手机控制智能建筑内的照明设备时，用户在手机 App 上发出控制命令，这段命令在通过网络传输的过程中转换成数据流，然后发送到云服务中心，在云服务中心找到相对应的主控制器 ID。云服务中心再将接收到的控制信号发送给指定建筑智能照明场景中的主控制器，主控制器再控制相对应的模块，从而实现手机云端控制功能。

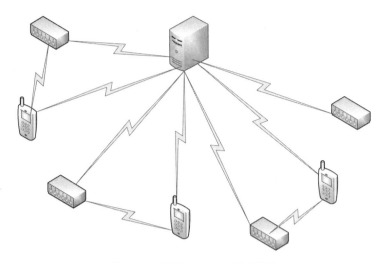

图 7.8.7　手机 App P2P 模式通信

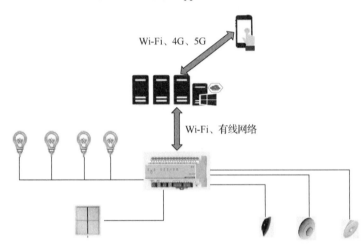

图 7.8.8　手机远程云控制系统图

手机端 App 可实现的功能包括：

1）实现手机 App 软件的自由定制，可以根据需要开发出个性化、多样化的智能控制 App 软件界面；

2）采用图形化编程，通过拖动和连线即可实现编程功能，界面友好，易学易用；

3）支持多种图元，满足 App 软件界面显示要求；

4）支持位号绑定显示、事件动作执行、位号状态响应等功能，满足手机 App 软件各种智能控制功能要求。

手机 App 和 iPad 控制软件采用 HTML5 技术，支持常用的手持终端（包括流行的 Windows Phone、iOS、Android、iPhone），可随时随地掌握楼宇智能照明的运行情况。常见的手机 App 界面如图 7.8.9 所示。

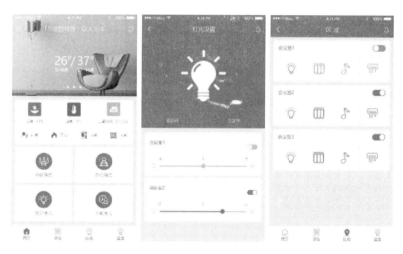

图 7.8.9　手机 App 界面

主要参考文献

陈愔洁，2017. 基于 CAN 总线的教室灯光智能控制系统研究[D]. 苏州：苏州大学.

狄宝盛，2014. 智能楼宇安全防范系统设计与评价[D]. 沈阳：东北大学.

丁熠，王瑞锦，曹晟，2015. 智慧城市中的物联网技术[M]. 北京：人民邮电出版社.

冯博，2019. 基于 WiFi 的智能家居产品研究与设计[D]. 兰州：兰州交通大学.

黄焱，杨林，2020. 华为云物联网平台技术与实践[M]. 北京：人民邮电出版社.

李鹏，2014. 基于 Pyxos FT 的分布式矿用电法水害监测系统[D]. 北京：煤炭科学研究总院.

蔺飞宇，2018. 基于蓝牙 mesh 的室内定位技术研究[D]. 新乡：河南师范大学.

刘天华，孙阳，陈枭，2016. 网络系统集成与综合布线[M]. 2 版. 北京：人民邮电出版社.

缪超，2018. 具有多感染率网络中的传播动力学及节点免疫策略[D]. 南京：南京邮电大学.

牛凯廷，康京山，2017. 防火墙与入侵检测系统联动防护体系研究[J]. 价值工程，36（25）：198-200.

青岛东合信息技术有限公司，2014. ZigBee 开发技术及实践[M]. 西安：西安电子科技大学出版社.

申笛，2018. 基于 BACnet 协议的智能楼宇自控系统的设计与实现[D]. 北京：北京工业大学.

盛伦兵，2017. 下一代防火墙中的边界流量预过滤模块设计与实现[D]. 南京：东南大学.

谭伟，2010. 防火墙与入侵检测系统联动架构的研究[D]. 武汉：武汉理工大学.

王香童，2016. 基于 Zigbee 的智能三表远程抄表系统的设计与实现[D]. 长春：吉林建筑大学.

王映民，孙韶辉，等，2020. 5G 移动通信系统设计与标准详解[M]. 北京：人民邮电出版社.

王用伦，邱秀玲，2018. 智能楼宇技术[M]. 3 版. 北京：人民邮电出版社.

王正勤，2015. 楼宇智能化技术[M]. 北京：化学工业出版社.

韦煜，2019. 基于 ZigBee 无线技术的智能家居系统设计与实现[D]. 成都：电子科技大学.

魏旻，王平，2015. 物联网导论[M]. 北京：中国邮电出版社.

魏文峰，2012. 基于 BACNet 的中央空调控制系统设计与实现[D]. 武汉：武汉理工大学.

吴佳佳，2018. 某综合体消防控制系统的设计与实现[D]. 西安：西安建筑科技大学.

谢林明，2020. 区块链与物联网：构建智慧社会和数字化世界[M]. 北京：人民邮电出版社.

谢希仁，2017. 计算机网络[M]. 7 版. 北京：电子工业出版社.

杨橹星，2015. 网络病毒传播规律及控制策略研究[D]. 重庆：重庆大学.

姚羽，祝烈煌，武传坤，2017. 工业控制网络安全技术与实践[M]. 北京：机械工业出版社.

张春红，裘晓峰，夏海轮，等，2017. 物联网关键技术及应用[M]. 北京：人民邮电出版社.

章全，2019. 计算机网络原理与应用[M]. 南京：南京大学出版社.

赵家玉，2020. 基于多传感器信息融合的电梯监控系统设计与实现[D]. 杭州：浙江大学.

郑浩，伍培，2016. 智能建筑概论[M]. 3 版. 重庆：重庆大学出版社.

郑李明，周霞，2015. 综合布线系统[M]. 北京：中国建材工业出版社.

周云波，2019. 串行通信技术：面向嵌入式系统开发[M]. 北京：电子工业出版社.

朱阿曼，2019. 基于 Modbus/TCP 通信的库房环境监控系统的设计[D]. 武汉：华中师范大学.

朱爱彬，2018. 三级网络技术[M]. 北京：人民邮电出版社.

左卫，程永新，2013. Modbus 协议原理及安全性分析[J]. 通信技术，46（12）：66-69.